基础化学创新课程系列教材

仪 器 分 析

主　编　徐　溢　穆小静

副主编　赵天明　李顺波　徐志宏

科学出版社

北　京

内 容 简 介

本书内容包括：绪论；第一篇光谱分析(光学分析法导论、原子发射光谱法、原子吸收光谱法、紫外-可见吸收光谱法、红外吸收光谱法、激光拉曼光谱法、分子发光分析法)；第二篇电化学分析(电化学分析法导论、电导分析法、电位分析法、电解分析法与库仑分析法、伏安分析法)；第三篇色谱分析(色谱分析法导论、气相色谱法、高效液相色谱法、离子色谱法、毛细管电泳法)；第四篇其他仪器分析法(核磁共振波谱法、质谱法、X 射线荧光光谱法、热分析与有机元素分析)。

本书可作为高等理工院校和师范院校化学、应用化学、化学工程与工艺、制药工程、材料科学与工程、仪器科学与技术等专业的本科生教材，也可供其他相关专业分析测试工作者和自学者参考。

图书在版编目(CIP)数据

仪器分析 / 徐溢，穆小静主编. —北京：科学出版社，2021.12
基础化学创新课程系列教材
ISBN 978-7-03-070921-9

Ⅰ. ①仪… Ⅱ. ①徐… ②穆… Ⅲ. ①仪器分析-高等学校-教材
Ⅳ. ①O657

中国版本图书馆 CIP 数据核字（2021）第 261889 号

责任编辑：侯晓敏 李丽娇 / 责任校对：杨 赛
责任印制：赵 博 / 封面设计：迷底书装

科 学 出 版 社 出版

北京东黄城根北街 16 号
邮政编码：100717
http://www.sciencep.com

保定市中画美凯印刷有限公司印刷
科学出版社发行 各地新华书店经销
*

2021 年 12 月第 一 版 开本：787×1092 1/16
2025 年 1 月第四次印刷 印张：25
字数：640 000

定价：75.00 元
(如有印装质量问题，我社负责调换)

《仪器分析》编写委员会

前　　言

　　仪器分析是化学、化学工程与工艺、环境科学与环境监测、材料科学与工程、药学等多个学科的基础课程之一。目前仪器分析已成为分析化学的主体，在各种分析测试手段中占据重要地位。从传统意义上讲，仪器分析的核心是对无机、有机和生物样本的定性和定量分析，以及对复杂混合物进行高效分离及定性和定量分析测试。仪器分析涉及的各种方法和技术与现代科学技术的发展息息相关、相互渗透、相互促进。近年来随着物理学、微电子学、仪器科学与技术及计算机技术的迅猛发展，仪器分析学科发生了很大的变化，很多仪器从稀少到普及，更有许多新仪器不断涌现，与此同时，各种仪器及其测试方法的应用领域也在不断地新增和拓展。为顺应这种发展趋势，在本书的编写中，在保持课程体系完整性的基础上，尤其注重工科专业学生对该课程知识点和实验技能的需求，考虑不同学校、不同专业的教学需求，同时结合学科发展的特点和需要，在相关教学内容的设置及内容的深度和广度上都有一定的拓展，并对工科特色有明确的体现。

　　本书在简要介绍各类仪器分析方法的基本原理和相关基本概念的基础上，以仪器的基本结构、测试方法及其应用为主体，减少内容零散性，增强知识点的内在逻辑关联性，突出方法的应用特征，引入电子资源拓展教学模式，通过拓展阅读介绍发展历程、新技术和新趋势，使学生全面掌握仪器分析领域的基础知识和专业技能，同时把握本学科当前的发展趋势。

　　本书由重庆大学、贵州理工学院、四川大学、成都理工大学、重庆工商大学、重庆理工大学、西华大学、重庆科技学院等长期从事仪器分析教学的教师共同编写。各章的具体分工为：第 1 章(徐溢，穆小静)，第 2 章(荣丽，陈际达，穆小静)，第 3 章(陈际达)，第 4 章(徐志宏)，第 5 章(荣丽)，第 6 章(刘渝萍)，第 7 章(苏小东)，第 8 章(唐雨榕)，第 9 章(季金苟)，第 10 章(黄荣富)，第 11 章(谭光群)，第 12 章(杨哲涵)，第 13 章(李顺波)，第 14 章(王娟，赵天明)，第 15 章(赵天明)，第 16 章(王娟)，第 17 章(徐彦芹)，第 18 章(付钰洁)，第 19 章(周桢，穆小静)，第 20 章(杨丰庆)，第 21 章(穆小静)，第 22 章(穆小静)。全书由重庆大学徐溢、穆小静、赵天明和李顺波负责统稿。

　　限于编者的水平和经验，书中不当之处在所难免，恳请各位专家和读者批评指正。

编　者

2021 年 1 月于重庆

目　　录

第一篇　光　谱　分　析

第二篇　电化学分析

第三篇　色　谱　分　析

第四篇　其他仪器分析法

第1章 绪 论

【内容提要与学习要求】

本章要求学生对仪器分析课程有一个总体认识，了解仪器分析的内涵、分类及发展趋势，掌握仪器分析的特点和应用特征，尤其应明确仪器分析与化学分析、仪器分析与分析仪器在概念和应用上的异同；工科专业学生在学习仪器分析时应该明确仪器分析与过程分析及质量保证与质量控制之间的关联性，以期更好地利用仪器分析的手段解决实际应用场景中所面临的具体问题。

1.1 概 述

分析化学是一门研究物质的组成、含量、结构和形态等化学信息的分析方法及理论的科学，通常按分析测试的原理将其分为化学分析法和仪器分析法两大类。仪器分析(instrumental analysis)是基于使用特殊或专门仪器测量物质的物理性质或物理化学性质的参数及其变化量来确定被测物质组成、含量、结构等的一类分析方法。

随着信息时代的来临，伴随着生命科学、环境科学、材料科学等多学科和多领域发展的需求，分析化学进入了一个崭新的发展阶段，现代分析化学不再局限于测定物质的组成和含量，而需要进一步开展形态分析、微区表面分析、微观结构分析、对化学和生物特性瞬时追踪、样本无损和在线监测等。这些需求对仪器分析来说，既是严峻的挑战，也是快速发展的机会。发展迄今，仪器分析已形成方法种类繁多、构架完整的分析测试体系，各种仪器分析方法都有其相对独立的测量原理和仪器。根据测量原理和信号特点，仪器分析方法可大致归纳为四大类：光谱分析法、电化学分析法、色谱分析法和其他仪器分析法(表 1.1)。

表 1.1 仪器分析方法分类

方法类型	测量参数或有关性质	相应分析方法
光谱分析法	辐射的发射	原子发射光谱法、火焰光度法等
	辐射的吸收	原子吸收光谱法、分光光度法(紫外、可见、红外)、荧光光谱法
	辐射的散射	比浊法、拉曼光谱法、散射浊度法
	辐射的折射	折射法、干涉法
	辐射的衍射	X 射线衍射法、电子衍射法
	辐射的转动	偏振法、旋光色散法、圆二色谱法
电化学分析法	电导	电导分析法
	电位	电位分析法、计时电位法
	电流	电流滴定法
	电流-电压	伏安法、极谱分析法
	电量	库仑分析法
色谱分析法	两相间分配	气相色谱法、液相色谱法等

续表

方法类型	测量参数或有关性质	相应分析方法
	辐射的吸收	核磁共振波谱法
	质荷比	质谱法
其他仪器分析法	热性质	热重法、差热分析法、差示扫描量热法、热导法
	反应速率	动力学方法
	放射性	放射化学分析法

　　依托于材料科学、仪器科学、机械加工技术及计算机技术的发展，仪器分析所采用的仪器和设备获得了突飞猛进的进步和提升，并在应用方面展示出分析速度快、自动化程度高、灵敏度高、试剂用量少、选择性高、信息量大、用途广泛等优点和特色。与此同时，仪器分析发展的另一个十分显著的特点是多学科交叉、多种技术融合。近年来，现代科技的综合交叉发展，使纳米科学、微流控学、仿生学和物理学等相关学科的新原理、新概念被越来越多地融入分析科学的新方法、新技术、新仪器和新装置的创建中，给分析化学带来了更多的新内涵，使分析化学尤其是仪器分析进入了一个新的天地。例如，与物理学融合并引入物理学新概念和新技术，可创建分析化学新方法，开展新仪器原理和装置的研究；与生命科学结合，可发展生物样品分析新方法，深入探究生物分子相互作用、药物代谢、药物筛选等难点问题；与环境化学结合，可提供环境污染过程方面的信息与新型化学污染物的分析新方法；与数学和计算机技术结合，可提高分析的精密度和灵敏度，实现仪器的自动控制和远程监测，提高工作效率；与纳米科学结合，可发展纳米材料分析表征的新方法。这些发展和拓展使人们进一步意识到分析化学的重要性，更有国内外学者提出分析科学的理念，认为分析科学是科学技术的眼睛，是获得科学数据的源泉，也是科学研究的基础。

1.2　仪器分析与化学分析

　　从本质上讲，化学分析(chemical analysis)和仪器分析并没有严格的界限，化学分析是基础，仪器分析是 21 世纪的发展方向。化学分析是基于化学反应及其计量关系来确定被测物质组成和含量的一类分析方法，在定性分析中其测量的信号是物质的颜色和状态等，在定量分析中其测量的信号是物质的质量和体积等。而仪器分析是使用特殊或专门仪器，通过测量物质的物理性质或物理化学性质的参数及其变化量，以获取被测物质的组成和含量。虽然仪器分析也需要用到化学反应，如光度分析中的显色反应，极谱分析中的电化学反应等，但其测试的理化性质和参数更多，应用范围比化学分析广泛。因此，它们之间的区别十分明显(表 1.2)。

表 1.2　化学分析与仪器分析方法比较

项目	化学分析法	仪器分析法
物质性质	化学性质	物理性质、物理化学性质
测量参数	体积、质量	吸光度、电位、发射强度等
测试误差	0.2%～1%	一般大于 1%
组分含量	1%～100%	一般小于 1%，甚至可以测单分子、单原子

续表

项目	化学分析法	仪器分析法
理论基础	化学、物理化学 (溶液四大平衡)	化学、物理学、数学、电子学、光学、生物学等
解决的问题	定性、定量	定性、定量、结构、形态、能态、动力学等信息

在实际应用中，不可以简单认为仪器分析优于化学分析。从表 1.2 中两种方法的测试误差情况可以看出，对于常量分析，化学分析的测试精度更高，而对于微量分析、痕量分析和超痕量分析，仪器分析更具优势。

1.3　分析仪器

1.3.1　分析仪器的基本结构单元

仪器分析方法的实施必须依托分析仪器，分析仪器是指基于分析物质或体系的物理或化学性质、结构在外场作用下产生或形成可收集、处理、显示并能为人们解释的信号或信息的科学仪器。目前，使用的现代分析仪器的核心构架具有共性，主要包含信号发生器、试样系统、检测器、信号处理器和信息显示器等五个基本部分。其中，信号发生器可使样品产生信号，也可以是样品本身；试样系统的功能是将分析试样引进或放置到仪器系统中，可能包括物理、化学状态的改变、成分分离等，以适应检测的要求，但必须保证试样性质不得改变；检测器是将某种类型的信号转换成可测定的电信号的器件，是实现非电或光测量不可缺少的部分；信号处理器可将微弱的电信号用电子元件组成的电路加以放大，便于读出装置指示或记录信号；信息显示器则是读出装置，可将信号处理器放大的信号显示出来，其形式有表头、数字显示器、记录仪、打印机、荧光屏或用计算机处理等。

目前，所使用的现代分析仪器种类众多，琳琅满目。针对不同的应用测试目标，分析仪器的构造原理不同，结构各异，品种繁多，型号多变，计算机应用和智能化程度等差别也很大。

1.3.2　分析仪器的性能指标

仪器分析方法的建立和应用与分析仪器紧密关联，在表述和衡量这两者时，其主要性能指标见表 1.3。对于仪器分析方法，这些指标也可用于评价选择的分析方法是否合适，而对于分析仪器，这些指标则是评价仪器效能的重要参数。其中，精密度、准确度及检出限是评价分析仪器、分析方法和分析结果的最主要指标。

表 1.3　分析仪器性能指标

判据	性能指标
精密度	标准偏差、相对标准偏差、方差等
误差	绝对误差、相对误差
灵敏度	校正灵敏度、分析灵敏度
检出限	空白标准偏差

续表

判据	性能指标
选择性	选择性系数
线性范围	可以分析的浓度范围
其他原则	分析速度、响应速度 样本的容许量 分析难度/方便性、对操作者技能要求 仪器维护/实用性 分析成本 特殊的安全措施

(1) 精密度：指在相同条件下用同一方法对同一试样进行多次平行测定，其结果的一致程度。同一检测人员在相同条件下测定结果的精密度称为重复性(repeatability)，不同人员在不同实验室测定结果的精密度称为再现性(reproducibility)。精密度一般用测定结果的标准偏差(s)或相对标准偏差(relative standard deviation，RSD)表示，精密度是随机误差的量度，s 和 RSD 值越小，精密度越高。

$$s = \sqrt{\dfrac{\sum\limits_{i=1}^{n}\left(x_i - \bar{x}\right)^2}{n-1}} \tag{1.1}$$

$$\text{RSD} = \dfrac{s}{\bar{x}} \times 100\% \tag{1.2}$$

(2) 准确度：指多次测定的平均值与真值(标准值)相符合的程度。常用相对误差 E 来描述，其值越小，准确度越高。准确度是测量中系统误差和随机误差的综合量度。

$$E = \dfrac{x - \mu}{\mu} \times 100\% \tag{1.3}$$

式中，x 为被测物质含量的测定值；μ 为被测物质含量的真值或标准值。

(3) 选择性：选择性是指分析方法不受试样中基体共存物质干扰的程度。选择性越好，即干扰越少。

(4) 线性范围和标准曲线：标准曲线的直线部分所对应的待测物质浓度或含量范围称为该分析方法的线性范围。线性范围越宽，试样测定的浓度适应性越强。标准曲线是待测物质的浓度或含量与仪器响应信号的关系曲线。

(5) 灵敏度：仪器分析方法的灵敏度是指待测组分单位浓度或单位质量的变化所引起测定信号值的变化程度，以 S 表示。

$$S = \dfrac{\text{信号变化量}}{\text{浓度(质量)变化量}} = \dfrac{\mathrm{d}x}{\mathrm{d}c(\mathrm{d}m)} \tag{1.4}$$

按照国际纯粹与应用化学联合会(International Union of Pure and Applied Chemistry，IUPAC)的规定，灵敏度是指在浓度线性范围内标准曲线的斜率。斜率越大，方法的灵敏度越高，但方法的灵敏度通常随实验条件的变化而变化，故现在一般不用灵敏度作为方法的评价指标。

(6) 检出限：某一方法在给定的置信度下可以检出待测物质的最小浓度或最小质量称为这种方法对该物质的检出限(detection limit)。以浓度表示时称为相对检出限，以质量表示时称为绝对检出限。检出限是分析方法的灵敏度和精密度的综合指标，方法的灵敏度和精密度越高，检出限就越低。因此，检出限是评价分析方法和仪器性能的主要技术指标。

(7) 分辨率：指仪器鉴别两相近组分的能力，不同类型仪器的分辨率指标各不相同，是判定仪器检测效能的重要指标。

(8) 响应速度：指对检测信号的反应速度，定义为仪器达到信号总变化量的一定百分数所需的时间。通常要求响应速度足够快。

1.3.3　分析仪器的校正方法

仪器分析中将分析仪器产生的各种响应信号值转变成被测物质的浓度或质量的过程称为校正(calibration)，包括分析仪器的特征性能指标校正和定量分析方法校正。

分析仪器在出厂前和在实验室安装后，均需要进行调试，使其主要特征性能指标达到设计要求。在使用过程中，对于提供定性、定量和结构特征的重要特征仪器性能参数及灵敏度、检出限等指标，应根据需要经常或定期校正和检测，以保证分析结果的可靠性。

根据标准物质的不同，各类仪器定量分析方法的校正一般分为外标法和内标法。外标法所使用的标准物质与待测物质为同一物质，而内标法的标准物质与待测物质并非同一物质。定量分析方法有标准曲线法、标准加入法和单点比较法。标准曲线法适用于新方法的评价和大量试样的常规分析；标准加入法适用于组成复杂、少量试样的分析；而单点比较法适用于方法线性范围内试样的初步测定。

1.4　仪器分析与过程分析及质量保证与质量控制

1.4.1　分析过程

在仪器分析中，尽管各种分析仪器在测量、表征物理或物理化学参数的形式和方法上各有不同，但分析的一般过程却有很多相似或相同之处。图 1.1 所示的分析测试的基本过程对所有仪器分析都是适用的。

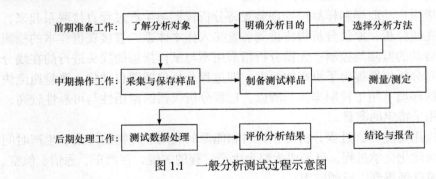

图 1.1　一般分析测试过程示意图

测试前，首先要充分了解分析对象——样品，需要尽量获取更加全面的基本信息，如样品的含量、性质、元素、分子组成、官能团、珍稀程度等，基体或基质材料，杂质信息，待测组分的估计含量等。其次，要明确分析目的，即了解分析要解决的问题，如做定量、定性或结构分析，做整体、微区或者表面分析，定量分析要求的准确度，单一组分测定还是多组分分析，样品是否可以破坏，是否需要寻求一种连续监测的自动化系统等，确保获得的分析结果是有用的。最后，需要选择合适的分析方法，而合适的分析方法一般不是"唯一的"或

"最好的"。

　　分析的操作工作包括三个步骤：样品的采集与保存、样品的制备、信号测量，这三个步骤对结果的可靠性都具有重要的影响，而且前一步往往更有决定结果可靠性的优先权。由于样品的性质限制了分析结果的可靠性，因此取样是任何分析过程中非常关键的步骤，应包含两方面的工作：一是确定取样计划，二是处理这些样品。大多数情况下，需要对样品进行分解和预处理，即制备测试样品。测量/测定时，应说明仪器的特性参数。以样品中未知成分的信号与已知成分的标准系列产生的信号相比较，是大部分仪器(必须校准仪器)分析方法的基础。此外，还需要与空白样品或对照样品的信号进行对照。

　　测试后期处理工作包括测试数据处理、评价分析结果、提出结论和报告。直接信号的获取只是取得有效信号的第一步，而对信号的识别与处理、能正确地将检测信号转为有效的分析信息是仪器分析的关键，也是仪器分析的最终目的。现代分析仪器在自动化与计算机控制的基础上，可获得大量的、不同类型的实验数据。如果不对这些数据进行科学、系统的分析处理，就不可能获得准确可靠的有效信息。通过有效的数据处理方法和应用软件，可将分析物的浓度或者结构等转换为与分析相关的术语。

　　最后，根据获得的有效数据和性能指标，对分析结果进行总结，给出清楚的分析报告，避免报告任何不确定的数据。

1.4.2　过程分析

　　过程分析起源于对化学工业过程的监测与控制。自 20 世纪 50 年代初期，国际上有了化学商品和石油化学工业后，就有了过程分析化学(process analytical chemistry，PAC)。过程分析是指将分析过程中的采样、制样、测量、数据的解析等全部或部分功能实时地集成为一个整体，得到定性或定量的信息，并应用这些信息控制或优化化学过程，主要研究内容包括过程测量科学、过程分析化学计量学及开发相关的智能化在线分析仪器。仪器分析在其中扮演着重要的角色。过程分析与自动化分析和过程控制相结合，以实现生产过程最优化为特征，可以实现在线分析、原位分析、无损分析等功能。

　　在线分析指用自动取样和样品预处理装置将分析仪器与生产过程直接联系起来，实现连续的、自动的在线分析；原位分析指将检测装置接入样本体系，直接获得样本的检测信号，实现连续的、自动的监测与控制；无损分析指采用不与试样接触的探头进行的在线分析。因此，过程分析对分析仪器提出了更高的要求，即过程分析仪器需自动化、测量速度快，且必须能够在恶劣的环境下用于长期操作。所以，过程分析仪器的耐用性与可靠性较高，一般通用性差，只专用于特定的测量。

　　因此，从应用角度看，过程分析可在原料和能源的利用、废物的产出、生产时间、产品质量和纯度方面优化化学过程，已经成为整个生产过程的关键，在汽车、通信、航空、制药、环境保护等领域已经得到广泛的应用。

1.4.3　分析的质量保证与质量控制

　　随着科技的发展，分析测试技术中的仪器设备也有了巨大的变化，令使用者具有更好的使用体验，同时也对分析环境和分析人员提出了更高的要求。针对工业过程和众多实际的分析测试任务，质量保证和质量控制是十分重要的概念和工作指导依据。根据国际标准化组织(ISO)的定义，质量保证(quality assurance，QA)是指为保证产品、生产过程或服务符合质量要求而采取的所有计划和系统的、必要的措施。质量保证不仅是具体技术工作，也是一项实验室管理工作。质量保证工作必须贯穿分析全过程。测定均会产生测量误差，误差来源于取样和样品处理、试剂和水的纯度、仪器量度和仪器洁净度、分析方法、测定过程、数据处理等。质量保证的任务就是在影响数据有效性的各个方面采取一系列的有效措施，对分析结果进行质量评价，及时发现分析过程中的问题，把所有误差(系统误差、随机误差、过失误差)减至最小，确保分析结果的可靠性。质量控制(quality control, QC)指达到质量要求的操作技术和工作。质量控制包括两个方面：监控生产过程和为达到质量要求而消除不合格操作因素。为了达到所需要的质量要求，应使分析结果和分析方法具有可靠性。分析结果的可靠性要求分析数据具有代表性、准确性、精密性、平行性、重复性、再现性、可比性和完整性；分析方法的可靠性通过灵敏度、检出限、最佳测定范围、校准曲线(标准曲线、工作曲线)、空白值、加标回收率和干扰试验等进行评价。而分析结果和分析方法的可靠性依赖于一系列具体的质量保证和质量控制措施。

　　针对分析测试的过程，具体的质量保证和质量控制包含以下方面：①测试前，对采样的质量保证主要依赖于采样过程、样品处理、样品运输和样品储存的质量控制，其核心是要确保所采集的样品在空间和时间上具有合理性和代表性，没有物理或化学变化，符合检测对象的真实状况。②分析监测过程中，样品的预处理、分析测试过程、室内复核、登记及填发报等质量控制关键点是质量保证的主体。③测试后，重点是对分析测试数据的处理和解析，所有分析数据需要按分析数据处理的基本要求进行，遵守数字修约规则，慎重对待异常值的取舍。数据处理的关键点包含：分析数据的准确记录、分析数据有效性检查、分析数据离群值检验(Q 检验法、格鲁布斯法等)、分析数据统计检验(t 检验法和 F 检验法)、分析数据方差分析、分析数据回归分析等。④在实际分析过程中，实验室质量保证也同样是质量保证和控制的重要内容，包括分析人员的技术能力、仪器设备管理水平、仪器设备的定期检查、实验室应具备的基础条件等因素，如实验室环境、水、化学试剂、器皿、溶液配制和标准溶液等实验室的基础条件往往会优先决定分析质量。

1.5　仪器分析发展趋势

1.5.1　历史沿革

　　仪器分析的产生和发展与生产实践的需求、科学技术发展的迫切需要、新方法核心原理的发现及相关技术的进步等有密切关联，正逐步发展为一个综合多学科知识、技术和成果的新兴学科领域。

　　20 世纪早期，化学工作者就开始探索使用经典化学分析以外的其他方法解决分析问题，开始出现一些大型分析仪器及仪器分析方法。例如，1919 年阿斯顿(F. W. Aston)设计制造了第一台质谱仪并用于测定同位素，被视为早期仪器分析的典型代表。当科学家发现纳克级甚至含量更低的化学物质有可能对材料、健康、环境等产生巨大的影响，直接引导分析化学突破经典化学分析为主的局面，朝着具有更高精度和检测灵敏度的仪器分析方向推进。

　　20 世纪 40~60 年代，是仪器分析的发展时期，在这个阶段物理学、电子技术与精密仪器制造技术有机结合，促进了分析化学中物理和物理化学分析方法(仪器分析方法)的建立和发展，加快了分析速度，促进了化学和其他工业的发展，进一步确立了仪器分析的地位和作用。

此时，出现了各种仪器分析方法，并丰富了这些分析方法的理论体系。在此阶段，化学分析与仪器分析并重，仪器分析的自动化程度较低。

20 世纪 70 年代末开始至今，以计算机应用为标志的分析化学的第三次变革推动仪器分析进入了快速发展时期。以计算机控制的分析数据采集和处理可实现分析过程的连续、快速、实时和智能监测，促进了化学计量学的建立，这时分析人员能获得非常多的化学信息。在这期间，光谱分析、色谱分析、电化学分析、联用技术和微型分析等领域都有了长足的进展，以计算机为基础的新仪器层出不穷，典型的有傅里叶变换红外光谱仪、气相色谱-质谱联用仪等。

1.5.2　发展现状和趋势

21 世纪是生命科学和信息科学的时代，对仪器分析学科又是一次自身发展的新机遇。随着人们对美好生活的追求和科学技术的进步，仪器分析的对象将继续发生变化，需要解决的问题将更加复杂，涉及的领域也将更加广泛，因此对仪器分析会提出更高的要求，也意味着仪器分析的发展前景更加广阔。

随着生产和现代科学技术的发展，对分析的要求已不再局限于定性和定量分析，而要求提供更多、更全面的信息。人们的关注点从常量分析到微量分析和微粒分析，从组成到形态分析，从总体到微区分析，从宏观组分到微观结构分析，从整体到表面及逐层分析，从静态到快速反应动态追踪分析，从破坏试样到无损分析，从离线到在线分析等。仪器分析方法和技术也不断呈现出新的面貌。

(1) 分析仪器向自动化、智能化、信息化和微型化方向发展，机器人是实现基本化学操作自动化的重要工具，专家系统是人工智能的前沿。电子计算机在仪器分析中的应用已经十分普遍，使分析准确度和分辨率进一步提高，数据处理及复杂的数学运算得以加快，从而在很大程度上节省了人力并提高了分析的速度和精度。

风云三号气象卫星就是一个很好的示例(图 1.2)。

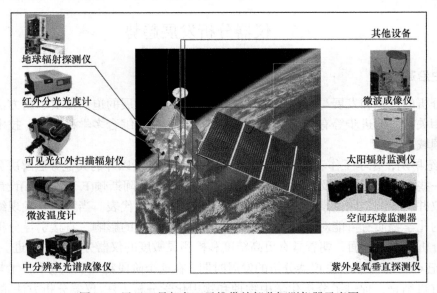

图 1.2　风云三号气象卫星携带的部分探测仪器示意图

(2) 联用技术在仪器分析中的作用更加突出，通过优化组合充分发挥各自的优点，在各领域呈现出强大的生命力，如色谱-质谱联用、色谱-光谱联用及多维色谱等色谱联用技术正日益完善和发展，成为复杂体系多组分同时定性、定量分析最有力的分析手段。

(3) 提高灵敏度、选择性仍是各种仪器分析方法所追求的长期目标，尤其是对复杂体系的分析和痕量分析，仍然是仪器分析的难点。

(4) 建立原位、实时、在线的动态分析检测方法，无损探测、遥测方法以及多元多参数的检测监视方法。朝着及时检测的方向发展，即不受时间空间的限制，使仪器分析走出实验室，走进生活。

(5) 研究重点将集中在生命科学和生物医药学，在细胞、分子甚至原子水平研究生命过程、生理、病理变化和药物代谢、基因寻找和改造。生物传感器、酶联免疫吸附测定(enzyme-linked immunosorbent assay，ELISA)技术、聚合酶链反应(polymerase chain reaction，PCR)技术等生物分析技术也得到了迅速发展，成为药物研发、临床诊断和治疗的重要手段；芯片实验室(lab-on-a-chip)将进样系统、样品预处理系统、毛细管电泳(capillary electrophoresis，CE)分离系统及衍生化系统等部件集成在一块芯片上，实现分析的超微化、集成化及自动化，故又称微全分析系统(micro-total analysis system，m-TAS)，已广泛应用于药学和生命科学等多个领域。

【拓展阅读】

过程分析：化学制药中反应底物与产物浓度的实时分析实例

通过近红外光谱(NIR)技术，实时检测一个典型的立体特异性催化加氢反应(图 1.3)过程中，底物浓度及反应产物浓度随时间变化的趋势。

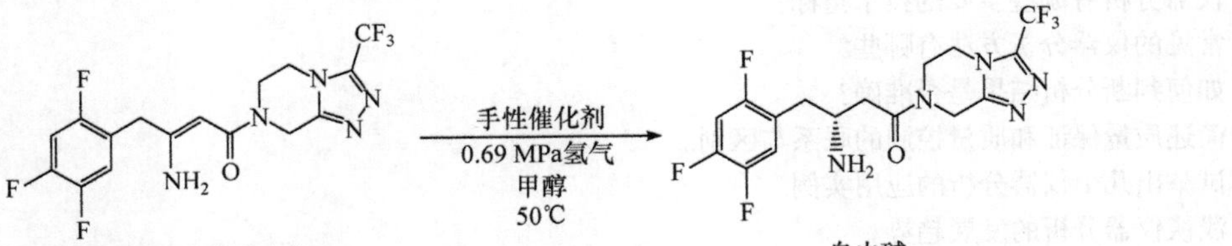

图 1.3 一个典型的立体特异性催化加氢反应

在不对称加氢还原过程中，起始物烯胺-酰胺类化合物转化为手性产物自由碱需要使用手性催化剂，反应在 0.69 MPa 压力的 H_2 中，50℃下反应 15～21 h 结束。高效液相色谱(HPLC)作为常用离线分析手段，可用于确定反应终点，但此方法耗时费力，需要在间隔的时间中，从高温、高压的反应釜中取出样品至试管进行后续分析，因此不利于生产的连续性。反应较长时间还会导致产物降解。若将在线分析技术应用于该还原过程，持续检测被测量物质中/近红外区域的特征光谱，就可实现对全部反应过程的监控。

图 1.4 反映了在加氢过程中收集得到的典型光谱图，由图可知此项技术可根据起始物烯胺-酰胺类化合物以及产物自由碱的羰基伸缩振动吸收峰位，很轻松地将两者进行区分，通过使用多元线性回归(multivariate linear regression，MLR)和偏最小二乘回归(partial least squares regression，PLSR)等化学计量学方法对反应过程近红外光谱图进行处理、建模，即可得到两者浓度随反应过程进行的实时动态变化曲线(图 1.5)。

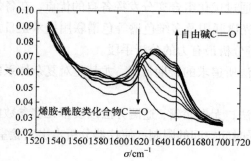

图 1.4　加氢反应过程的光谱变化

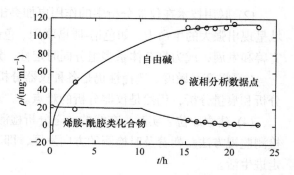

图 1.5　反应底物和产物浓度动态变化曲线

数据显示出在线 NIR 检测与离线 HPLC 检测的高度一致性，证明了在线 NIR 检测的可行性及优势。

【参考文献】

白玲, 郭会时, 刘文杰, 等. 2019. 仪器分析[M]. 北京: 化学工业出版社.

干宁, 沈昊宇, 贾志舰, 等. 2018. 现代仪器分析[M]. 北京: 化学工业出版社.

毛金银, 杜学勤, 李国喜, 等. 2017. 仪器分析技术[M]. 2 版. 北京: 中国医药科技出版社.

Huang X C, Quesada M A, Mathies R A. 1992. DNA sequencing using capillary array electrophoresis[J]. Analytical Chemistry, 64: 2149-2154.

Kellner R, Mermet J M, Otto M, 等. 2001. 分析化学[M]. 李克安, 金钦汉, 等, 译. 北京: 北京大学出版社.

【思考题和习题】

1. 试说明仪器分析和化学分析的联系与区别。
2. 试说明仪器分析方法的分类及仪器分析的特点。
3. 试说明仪器分析、分析仪器、分析技术和仪器分析方法的联系与区别。
4. 仪器分析有哪些主要的技术指标？
5. 常见的仪器分析方法有哪些？
6. 如何判断分析结果是否准确？
7. 简述质量保证和质量控制的联系与区别。
8. 试举出几个仪器分析的应用实例。
9. 浅谈仪器分析的发展趋势。

第一篇　光　谱　分　析

第 2 章　光学分析法导论

【内容提要与学习要求】

本章简要介绍了电磁辐射与物质的相互作用、光学分析法的分类和特点，以及原子和分子光谱的产生机制。要求学生熟悉电磁波谱的波长、频率与能量的关系，了解各种光谱方法的波长范围，掌握光谱方法分类及原子光谱和分子光谱是如何产生的。

在现代分析化学中，根据物质发射、吸收电磁辐射以及物质与电磁辐射的相互作用来进行分析的方法，在广义上称为光学分析法。光学分析法应用广泛，是农业、医药、材料、环境、化工等多个行业标准的常用方法。

2.1　电磁辐射与物质的相互作用

2.1.1　电磁辐射的基本性质

根据经典物理学，在空间传播的交变电磁场称为电磁辐射(电磁波)，在空间传播过程中能发生衍射、折射、反射、干涉等现象。电磁辐射是一种光量子流，每个光子或光量子都具有一定的波长 (λ)。波长与频率 (ν) 及波数 (σ) 的相互关系可表达为式(2.1)。

$$\sigma = \frac{1}{\lambda} = \frac{\nu}{c} \tag{2.1}$$

式中，c 为电磁辐射在真空中的传播速度，其值为 2.9979×10^{10} cm·s^{-1}；λ 为波长，nm 或 Å；ν 为频率，Hz；σ 为波数，cm^{-1}。

电磁辐射与物质相互作用时发生电磁辐射的吸收、发射等现象。电磁辐射是在空间高速运动的光量子(光子)流，每个光量子都具有一定的能量(E)，由式(2.2)可以看出：频率越大，波长越短，能量越大。

$$E = h\nu = h\frac{c}{\lambda} \tag{2.2}$$

式中，h 为普朗克常量，其值为 6.63×10^{-34} J·s。

2.1.2　电磁波谱

在整个电磁辐射范围内，把电磁辐射按照波长或频率大小顺序排列即得到电磁波谱，不同电磁波谱的波长、频率及能量各不相同，表 2.1 列出了不同波长的电磁波和相应的能级跃迁类型。

表 2.1　电磁波谱

波谱区	波长范围*	跃迁能级类型
γ 射线	<0.01 nm	核能级
X 射线	0.01~10 nm	原子内层电子能级
远紫外光	10~200 nm	
近紫外光	200~380 nm	原子及分子的价电子
可见光	380~780 nm	或成键电子能级
近红外光	0.78~2.5 μm	分子振动能级
中红外光	2.5~50 μm	
远红外光	50~300 μm	分子转动能级
微波	0.3~100 cm	
射频	1~1000 m	电子自旋、核自旋

*波长范围的划分并不是严格统一的，不同的领域、国家法律、规格中多少有些不同。

　　不同波长的电磁辐射具有不同的能量，当其照射在不同物质上，与物质发生相互作用，因为物质的结构和性质的差异而产生不同的吸收、发射、反射、散射、衍射等，可用于物质的结构分析和含量测定。

2.2　光学分析法分类

　　一般情况下，光学分析法可分为光谱法和非光谱法两大类。光谱法是基于物质与辐射能作用时，测量由物质内部发生量子化的能级之间的跃迁而产生的发射、吸收辐射的波长和强度进行分析的方法，测量辐射的波长及强度。在这类方法中通常需要测定试样的光谱，而这些光谱是由物质的原子或分子的特定能级的跃迁产生的，因此根据其特征光谱的波长可进行定性分析。而光谱的强度与物质的含量有关，故可进行定量分析。

　　原子光谱是由原子外层或内层电子能级的变化产生的，伴随着吸收或发射一定频率的光，它的表现形式为线光谱，属于这类分析方法的有原子发射光谱法(atomic emission spectrometry，AES)、原子吸收光谱法(atomic absorption spectrometry，AAS)、原子荧光光谱法(atomic fluorescence spectrometry，AFS)、X 射线荧光光谱法(X-ray fluorescence spectrometry，XFS)等。原子光谱法一般不用于测定有机化合物。分子光谱是由分子中电子能级、振动和转动能级的变化产生的，表现形式为带光谱，属于这类分析方法的有紫外-可见分光光度法(ultraviolet-visible spectrophotometry，UV-vis)、红外吸收光谱法(infrared absorption spectrometry，IR)、拉曼光谱法(Raman spectrometry)、分子荧光光谱法(molecular fluorescence spectrometry，MFS)、分子磷光光谱法(molecular phosphorescence spectrometry，MPS)和化学发光法(chemiluminescence)等。

　　另外，一些光学分析法并不涉及光谱的测定，即非光谱法。它是基于物质与电磁辐射相互作用时，引起辐射在方向上的改变或物理性质的变化，测量辐射的这些性质，如散射、偏振、折射、干涉、衍射等变化的分析方法，属于这类分析方法的有旋光色散法和圆二色谱法等。在这些方法中，旋光色散法和圆二色谱法是利用偏振的原理。旋光色散法一般应用于手性化合物的旋光度测定，圆二色谱法常应用于蛋白质溶液的二级结构解析。这两种方法一般只在特定的学科中应用，因此在本教材中未作详细介绍。

2.3　原子光谱

2.3.1　原子能级

物质由不同元素的原子组成，而原子由原子核与核外电子组成，电子绕原子核不断运动。现代量子物理学认为原子核外电子的可能状态是不连续的，因此各状态对应的能量也是不连续的或量子化的，这些量子化的能量值就是原子能级(atomic energy level，AEL)。这种将原子中的一个外层电子从基态跃迁至激发态所需的能量称为激发电位(excitation potential，EP)或激发能(excitation energy，EE)，通常用电子伏特(electron volt，eV)来度量。1 eV 是指一个电子经过电场中具有 1 V 电位差的两点时所获得或释放的能量($1\ eV = 1.6021892 \times 10^{-19}\ J$)。

当原子获得的能量足够大时，原子核外的一个电子可以脱离原子核的束缚成为自由电子，使原子电离成为离子。原子失去一个电子需要的能量称为一级电离能(first ionization energy，FIE)或一级电离电位(first ionization potential，FIP)。当离子进一步获得能量时，离子还可以进一步电离成为二级离子(失去两个外层电子)或三级离子(失去三个外层电子)等，并具有相应的电离电位或电离能。与原子能级相似，离子也具有量子化的能量或能级，离子中的外层电子也能被激发，其所需的能量即为相应离子的激发电位或激发能。

每一个原子或离子都有自己特征的能级分布，将原子或离子所有可能的状态(能级及能级跃迁)用图解的方式表示出来，即为原子或离子的能级图(energy level diagram，ELD)，图 2.1 是钠原子的能级图。

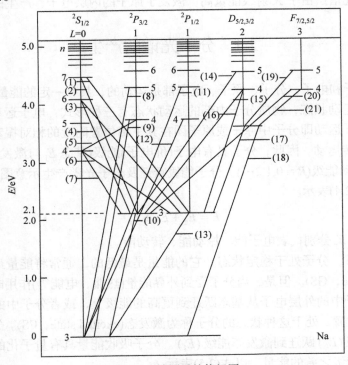

图 2.1　钠原子的能级图

2.3.2 原子光谱的产生

光源发射一定频率的光，被一定的元素吸收使原子的外层电子从基态跃迁至激发态，产生原子吸收光谱。原子中的外层电子从基态跃迁至激发态，处于激发态的原子极不稳定，在极短的时间内(约 10^{-8} s)自发从高能级跃迁至基态或其他较低能级，同时释放出多余的能量，即产生原子发射光谱。激发态原子释放的能量可以传递给其他的原子或粒子，也可以是以一定波长的电磁辐射的形式辐射出去，产生的电磁辐射可以用式(2.3)表示：

$$\Delta E = E_2 - E_1 = h\nu = hc / \lambda \tag{2.3}$$

式中，E_2、E_1 分别为原子的高能级、低能级的能量，通常以 eV 为单位；h 为普朗克常量($h = 6.63 \times 10^{-34}$ J·s)；ν 和 λ 分别为原子发射电磁波的频率和波长；c 为光在真空中的速度(2.9979×10^{10} cm·s^{-1})。

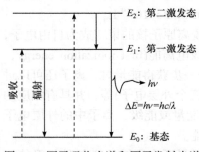

图 2.2　原子吸收光谱和原子发射光谱的产生原理示意图

从式(2.3)可见，一种跃迁方式将产生一个频率(波长)的电磁辐射，并将一个频率(波长)的电磁辐射称为一条谱线(spectral line)。由于原子的能级很多，且每一种特定元素的原子都有自己特征的能级分布，因此每一种元素的原子光谱均是一系列具有特征波长的谱线或光谱线组[原子光谱(atomic spectrum)]。与激发态原子跃迁产生原子光谱类似，激发态的离子也可以产生光谱，离子产生光谱同样是线状光谱，该光谱也是一系列具有特征波长的光谱。图 2.2 是原子吸收光谱和原子发射光谱的产生原理示意图。

以上讨论了原子吸收光谱和原子发射光谱的产生原理。X 射线荧光光谱法由于 X 射线能量高，激发了原子的内层电子，产生的原因另述。

2.4　分子光谱的产生

分子中有原子和电子，分子、原子、电子都是运动的，具有一定的能量。在一定条件下，分子处于一定的运动状态，物质分子内部的运动状态有三种形式：电子运动即电子绕原子核做相对运动；原子运动即分子中原子或原子团在其平衡位置附近的相对振动；分子转动即分子绕其重心的旋转运动。因此，分子具有电子(价电子)能级(基态 E_1 与激发态 E_2)、振动能级($V = 0,1,2\cdots$)和转动能级($R = 0,1,2\cdots$)。分子能级跃迁及分子光谱产生示意图如图 2.3 所示。分子的能量 E 以式(2.4)表示。

$$E = E_e + E_v + E_r \tag{2.4}$$

式中，E_e、E_v、E_r 分别代表电子能、振动能、转动能。

在正常情况下，分子处于稳定状态，它的能量是最低的，通常将能量最低的这种状态称为基态(ground state，GS)。但是，当分子受到外界能量(热能、电能等)作用时，分子可以获得外界能量，使分子中的外层电子从基态跃迁到更高的能级上，或者分子中的原子振动和转动偏离基态的平衡位置，处于这种状态的分子称为激发态(excited state，ES)。分子从外界吸收能量后，从基态能级 (E_0) 跃迁到激发态能级 (E_1)。分子吸收能量具有量子化的特征，即分子只能吸收等于两个能级之差的能量，以式(2.5)表示。

$$\Delta E = \Delta E_{\mathrm{e}} + \Delta E_{\mathrm{v}} + \Delta E_{\mathrm{r}} = E_1 - E_0 = h\nu = \frac{hc}{\lambda} \tag{2.5}$$

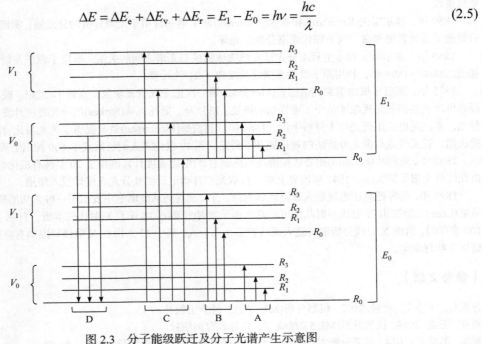

图 2.3　分子能级跃迁及分子光谱产生示意图

　　由于分子的能级跃迁是分子总能量的改变，当分子发生电子能级跃迁时，同时伴随振动能级和转动能级的改变，由于三种能级跃迁所需能量不同($\Delta E_{\mathrm{e}} > \Delta E_{\mathrm{v}} > \Delta E_{\mathrm{r}}$)，因此需要不同波长的电磁辐射使跃迁发生，即在不同的波长区出现吸收带。

　　其中，分子的转动能级差最小，如图 2.3 中的 A 所示的能级跃迁；其次是振动能级差，如图 2.3 中 B 所示的能级跃迁。分子结构中振动能级耦合了转动能级。振动能级伴随着转动能级的跃迁，吸收光辐射，产生红外光谱。分子吸收一定波长的能量使外层价电子从基态(E_0)跃迁到激发态(E_1)，产生紫外-可见光谱，如图 2.3 中 C 所示。如果分子吸收一定波长的能量，价电子跃迁至激发态(E_1)，由于激发态不稳定，返回基态的过程以辐射的方式释放出能量，产生荧光，如图 2.3 中 D 所示。发射荧光的分子在基态和激发态时，其分子轨道中的电子都是自旋配对的，即处于单重态。但是如果分子受到激发，电子在跃迁的过程中，自旋方向也发生了改变，成为处于分立轨道上的非成对电子即三重态，分子从激发三重态回到基态的过程释放出光子，产生了磷光。三重态的能级比对应的单重态低，如果分子价电子跃迁至激发态的能量(E_1)由化学反应提供，并从激发态返回基态的过程中以光辐射的方式释放能量，便产生化学发光。

　　分子的"电子光谱"实际上是许多电子能级、振动能级和转动能级间跃迁产生的若干谱线聚集在一起的谱带，吸收峰展宽，称为"带状光谱"。

【拓展阅读】

光谱分析的发展历史

　　1666 年，牛顿(Newton)透过棱镜观察太阳光，发现太阳光是由各种颜色的光组成的，并将太阳光经色散系统(棱镜、光栅)分光后，按颜色(波长、频率)依次排列的图案称为"光谱"。

　　1802 年，沃拉斯顿(Wollaston)采用细长狭缝代替牛顿实验中的圆孔，首次观察到了太阳光谱是不连续的系列谱线。

1859 年，基尔霍夫(Kirchhoff)和本生(Bunsen)研制了第一台用于光谱分析的分光镜，实现了光谱检验，先后发现了新元素铯和铷，成为现代光谱分析的先导。

1860 年，基尔霍夫和本生利用分光镜发现物质组成与光谱之间的关系，奠定了原子发射光谱定性分析的基础。1860~1894 年，利用原子发射光谱线共发现了 21 种元素。

1575 年，西班牙植物学家莫纳德斯(Monardes)第一次记录到荧光现象。直到 17 世纪，玻意耳(Boyle)和牛顿等再次观察到荧光现象才给予了更详细的描述。1852 年，斯托克斯(Stokes)用分光光度计发现荧光是一种发射光，首次提出应用荧光作为分析手段。1880 年，利伯曼(Lieberman)最早提出了荧光与化合物结构关系的经验法则，较系统地对荧光分析法的理论展开了研究。到 19 世纪末人们已发现了 600 种以上荧光化合物。

1892 年，朱利叶斯(Julius)用岩盐棱镜及测热辐射计(电阻温度计)，测得了 20 多种有机化合物的红外光谱，由此红外光谱受到关注。1947 年世界上第一台双光束自动记录红外分光光度计投入使用。

1895 年，伦琴把高压电流通入真空玻璃泡内，首次观察到从玻璃泡中发出了一种未知的辐射线。1911 年，劳厄(Laue)大胆提出 X 射线照射晶体可能发生相干散射(衍射)，揭开了 X 射线的本质。自 X 射线发现以来的 100 多年间，借助 X 射线分析取得重大成就者多达几十人，其中 13 人因在 X 射线研究中有突破性进展而获得诺贝尔物理学奖。

【参考文献】

方惠群, 于俊生, 史坚. 2002. 仪器分析[M]. 北京: 科学出版社.

胡坪, 王氢. 2019. 仪器分析[M]. 5 版. 北京: 高等教育出版社.

吴润, 彭蜀晋. 2014. 光谱分析方法的演变与百年诺贝尔奖[J]. 化学教育, 35(16): 58-63.

袁存光, 祝优珍, 田晶, 等. 2012. 现代仪器分析[M]. 北京: 化学工业出版社.

【思考题和习题】

1. 简述分子光谱是如何产生的。
2. 简述分子光谱为什么是带状光谱。
3. 简述原子发射光谱和原子吸收光谱是如何产生的。

第 3 章 原子发射光谱法

【内容提要与学习要求】

本章要求学生掌握原子发射光谱产生的原理、方法、用于定性定量测定的依据；掌握仪器的基本结构；熟悉仪器的各种光源优缺点，尤其是 ICP 光源的优点；熟悉化学干扰、物理干扰、电离干扰、基体干扰及消除方法；熟悉背景干扰和谱线重叠干扰的原因及排除方法；了解原子发射光谱分析在各领域的应用。

原子发射光谱是一种研究最早、应用最为广泛的光谱分析技术，它是利用物质发射的光谱实现物质组成和含量分析的一门分析检测技术。原子发射光谱的历史可以追溯到 17 世纪。早在 1666 年，牛顿透过棱镜观察太阳光发现了光谱；1859 年，基尔霍夫和本生研制出第一台用于光谱分析的分光镜，并获得了某些元素的特征光谱，为光谱定性分析奠定了基础，成为现代光谱分析的先导；1925 年，格拉赫(Gerlach)提出了内标分析技术，为光谱定量分析提供了可行性；1931 年，塞伯(Seheibe)和罗马金(Lomakin)提出了光谱谱线强度与浓度的定量关系经验式[塞伯-罗马金公式(Seheibe-Lomakin equation，SLE)]，为发射光谱定量分析奠定了理论和应用基础。20 世纪 60 年代，电感耦合等离子体(inductively coupled plasma，ICP)光源的引入极大地推动了原子发射光谱的发展。近年来，随着面阵式固体检测器电荷耦合器件(charge coupled device，CCD)和电荷注入器件(charge injection device，CID)的应用，多元素同时检测的速度、准确度、精密度等不断提高。目前，原子发射光谱作为元素检测最有效、最灵敏的分析技术之一，在材料科学、生命科学、环境科学等相关学科领域具有其他分析技术无法取代的作用，并随着科学技术、信息技术、制造技术的进步而不断完善和发展。

3.1 概 述

原子发射光谱法对科学的发展起着重要的作用，尤其在建立原子结构理论的过程中，它提供了大量的、最直接的实验数据。科学家通过观察和分析物质的发射光谱，逐渐认识了组成物质的原子结构。在元素周期表中，有不少元素是利用原子发射光谱发现或通过光谱法鉴定而被确认的，如金属元素铷、铯、镓、铟、铊，稀有气体元素氦、氖、氩、氪、氙及一部分稀土元素等。

3.1.1 原子发射光谱法的特点

20 世纪 50~60 年代，原子吸收光谱法的崛起，以及当时原子发射光谱自身的一些缺陷，使原子发射光谱法显得比原子吸收光谱法有所逊色，呈现出原子吸收光谱法取代原子发射光谱法的趋势。但是，到了 20 世纪 70 年代，由于激发温度高、稳定性好的激发光源的开发和应用，以及新的进样方式和先进检测技术的出现，原子发射光谱技术获得新生，在生产和科研的各个领域发挥着重要作用,使其再次成为仪器分析中重要的、不可或缺的分析方法之一。

1. 原子发射光谱的优点

原子发射光谱在元素定性和定量分析方面具有如下一些优势:

(1) 超过 70 种元素可以用原子发射光谱分析,如金属元素、磷、硅、砷、碳、硼、溴、碘等均可用原子发射光谱实现分析检测。

(2) 能同时测定多种元素,分析速度快。样品一经激发后,不同元素都发射特征光谱,这样就可同时测定多种元素,可在几分钟内同时对几十种元素进行定性、定量分析。

(3) 选择性好。每种元素因其原子能级结构不同,发射出各自不同的特征光谱。这种谱线的差异对于分析一些化学性质极为相似的元素具有特别重要的意义。例如,铌、钽、锆、铪和十几种稀土元素用其他方法分析都很困难,而原子发射光谱分析可以毫无困难地将它们区分开,并分别加以测定。

(4) 检出限低。一般激发光源检出限可达 $0.1 \sim 10 \ \mu g \cdot g^{-1} (\mu g \cdot mL^{-1})$,ICP 光源检出限可达 $ng \cdot mL^{-1}$ 级。

(5) 准确度较高。一般激发光源相对误差为 5%～10%,ICP 光源相对误差可达 1%以下。

(6) 应用广泛。无论气体、固体还是液体样品,都可以直接激发、分析。

(7) 试样消耗少。一般使用 10～100 mg,就可以完成光谱全分析。

(8) 校准曲线线性范围宽。一般激发光源的线性范围为 1～2 个数量级,ICP 光源的线性范围可达 4～6 个数量级。

2. 原子发射光谱的局限

基于原子发射光谱的分析检测原理,以及现有的技术水平限制,原子发射光谱存在如下一些局限:

(1) 只能分析试样的元素组成和含量,不能给出试样分子结构的信息,也不能给出试样中待测元素的价态和形态。

(2) 主要用于微量成分分析,当用于常量组分分析时,测定结果的准确度不足或误差较大。

(3) 大多数非金属元素灵敏度较低,部分元素不便测定。例如,卤族元素中的氟和氯由于激发电位大,难以获得发射光谱,目前不能测定;稀有气体元素灵敏度不高,无应用价值;碳元素可以测定,但空气中二氧化碳本底太高;氧、氮、氢可以激发,但必须隔离空气和水;部分非金属元素(硫、硒、碲等)灵敏度较低;铀、钍、钚等放射性元素可以测定,但要求防护条件。

原子发射光谱可以实现元素定性分析(qualitative analysis)和定量分析(quantitative analysis)。其中,原子发射光谱定性分析是通过识别样品的光谱中是否存在待测元素的光谱,实现元素的定性分析;原子发射光谱定量分析是通过测定样品的光谱中待测元素的特征谱线强度,完成待测元素的定量分析。

事实上,原子发射光谱分析中,不仅可以选择研究对象的原子谱线进行分析,也可以选择研究对象的离子谱线进行分析,所以采用“发射光谱分析法”代替早期使用的“原子发射光谱分析法”更为科学、准确。但由于历史的原因,人们仍然习惯使用原子发射光谱的概念。

3.1.2　基态原子数与激发态原子数之间的关系

根据热力学原理，在一定温度下达到热平衡时，基态与激发态原子数的比例遵循玻尔兹曼(Boltzmann)分布定律，见式(3.1)：

$$\frac{N_i}{N_0}=\frac{g_i}{g_0}\exp\left(-\frac{E_i}{k_{\mathrm{B}}T}\right) \tag{3.1}$$

式中，N_i 和 N_0 分别为激发态和基态原子数；g_i 和 g_0 分别为激发态和基态的统计权重；E_i 为激发能；k_{B} 为玻尔兹曼常量；T 为热力学温度。一定波长的原子谱线，其 g_i / g_0、E_i 的值是已知的，可计算一定温度下的 N_i / N_0。

根据玻尔兹曼分布，可以得出如下结论：激发态的原子数通常很少，即使在 3000 K 的温度下，一般金属元素的激发态原子数与基态原子数的比值为 $10^{-7}\sim10^{-3}$，且激发态的原子数受温度影响显著，因此基于激发态原子数目的原子发射光谱分析要求仪器的激发源具有温度高、稳定性好的特点。与激发态原子数不同，基态原子数较多，一般在 3000 K 的情况下，基态原子数与总原子数的比值大于 90%，温度波动对基态原子数的影响较小，因此基于基态原子数目的原子吸收光谱分析，样品的原子化温度波动对测定结果的影响相对较小。

3.2　原子发射光谱仪

根据 3.1 节的内容可知，原子发射光谱分析包括如下过程：①将样品引入原子发射光谱仪器中；②给样品提供能量，使待测元素发射特征的电磁辐射；③将元素特征的电磁辐射按波长(频率)在空间上排列形成光谱；④记录并测定特征光谱的波长和谱线的强度，从而实现对样品的定性和定量分析。由于原子发射光谱仪中，样品引入是光源(激发源)的一部分，因此一般认为原子发射光谱仪由三个部分组成：①光源(激发光源或激发源)；②色散系统(光谱仪或分光系统)；③检测记录系统。图 3.1 为原子发射光谱仪基本构造示意图。

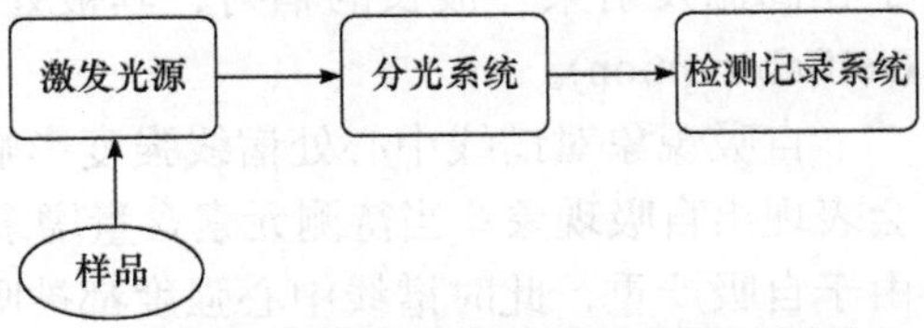

图 3.1　原子发射光谱仪基本构造示意图

3.2.1　激发光源

1. 激发光源的功能

激发光源的基本功能是提供足够的能量使试样蒸发、原子化、激发，并自产生元素的特征光谱。因此，激发光源的性能决定了原子发射光谱分析的灵敏度、准确度和抗干扰能力。一般要求激发光源具有灵敏度高、稳定性好、光谱背景小、无自吸效应、结构简单、操作方便、安全等特点。

由于激发光源的种类和特性直接决定了样品的进入方式，光谱分析的精密度、准确度和检出限，因此原子发射光谱的激发光源经历了漫长的发展历史，从早期的火焰、电弧、电火花逐渐发展到电感耦合等离子体、微波等离子体、辉光放电、激光诱导等激发光源。

2. 激发光源中物质经历的物理化学过程

在激发光源中，样品获得激发光源提供的能量，经过一系列物理化学过程后自发辐射出待测元素的特征光谱。现对各过程的具体作用描述如下：

(1) 脱溶剂：在激发光源的能量作用下，液体样品的溶剂蒸发，将待测成分转化为固体状态。

(2) 蒸发：固体状态的待测物进一步获得能量，转化为气态分子。

(3) 原子化：待测物气态分子获得能量，解离为气态原子。

(4) 激发：待测物气态原子进一步获得能量，转化为激发态的原子或离子。

(5) 发射：激发态的待测原子或离子自发从激发态向低能级跃迁，同时发射出待测元素的特征光谱。

光谱定量分析是一种相对分析方法，即在相同的实验条件下，当样品中待测元素分析波长的谱线强度等于标准品中同一谱线的强度时，则认为样品中待测元素的浓度等于标准品中该元素的浓度。如果激发光源性能不够理想，即使样品和标准品中待测元素的浓度相等，也可能由于实际样品的基体成分与标准品存在差异，影响两者在激发光源中的物理化学行为，从而导致两者的待测元素谱线强度呈现差异，使测定结果出现偏差，因此从某种意义上讲，激发光源的性能决定了发射光谱分析的灵敏度、准确度和抗干扰能力。本节以电感耦合等离子体作为示例介绍发射光谱的激发光源。

3. 电感耦合等离子体相关概念

等离子体(plasma)是指包含分子、原子、离子、电子等各种粒子的电中性集合体，一般指电离度大于 0.1%，且其正、负电荷相等的电离气体，是物质三种形态——固体、液体、气体之外的第四种物质形态。

激发光源具有一定的体积，温度与原子浓度在其各部位分布不均匀，中央部位温度高，边缘温度低。电感耦合等离子体中心区域激发态原子多，边缘处基态与较低能级的原子较多，激发态原子从中心发射的电磁辐射必然要通过边缘到达检测器，这样所发射的电磁辐射就可能被处在边缘的同一元素基态或较低能级的原子吸收，接收到的谱线强度就减弱了。这种原子在高温发射某一波长的辐射，其被处在边缘低温状态的同种原子所吸收的现象称为自吸(self-absorption)。

自吸现象对谱线中心处谱线强度影响很大。当激发源中待测元素的含量较低时，一般不会表现出自吸现象；当待测元素含量增多时，自吸现象增强，当待测元素浓度达到一定值时，由于自吸严重，此时谱线中心强度都被吸收了，呈现出类似两条谱线的状态，这种现象称为自蚀(self-reversal)。

由于自吸现象影响谱线强度，必然影响定量分析结果的准确度，因此在光谱分析中是一个必须注意的问题。在原子发射光谱中，不同类型的激发光源，其自吸的程度不同。其中，电感耦合等离子体激发光源几乎没有自吸现象，是目前原子发射光谱中最好的一种激发光源。

4. 电感耦合等离子体光源

ICP 光源是 20 世纪 60 年代研制的新型光源，由于它的性能优异，在 70 年代迅速发展，是目前应用最广泛的激发光源。

1) ICP 光源构成

ICP 光源是高频感应电流产生的类似火焰的激发光源。仪器主要由高频发生器、等离子体炬管、雾化器三部分组成，如图 3.2(a)所示。高频发生器的作用是产生高频磁场供给等离子体能量，频率多为 27～50 MHz，最大输出功率通常是 2～4 kW。

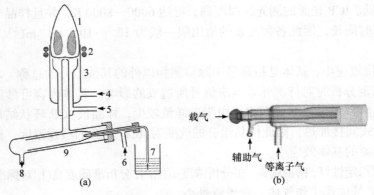

图 3.2　ICP 光源构成示意图

1. 等离子体炬管；2. 高频感应线圈；3. 石英炬管；4. 冷却气流；5. 辅助气流；6. 载气；7. 试样溶液；8. 废液；9. 雾化器

ICP 光源的主体部分是放在高频感应线圈内的等离子体炬管。等离子体炬管是一个三层同心的石英管，如图 3.2(b)所示。感应线圈为 2～5 匝空心铜管。沿外层石英管切线方向通入等离子气(Ar)，用于维持和稳定等离子体，并防止等离子体的高温将石英管烧坏；中层石英管通入辅助气(Ar)，用于"点燃"等离子体及保护中心石英管不被烧坏；中心石英管以 Ar 为载气，高速流动的 Ar 使最内层管口处形成负压，从而抽吸液体样品或气体样品并以气溶胶形式引入等离子体中。

2) ICP 光源温度分布

ICP 光源等离子体焰炬外观像火焰，但它不是化学燃烧火焰而是气体放电。它分为三个区域：焰心区、内焰区、尾焰区。

焰心区：位于感应线圈区域内，白色不透明的焰心，是高频电流形成的涡流区，温度最高达 10000 K，电子密度也很高。该区域发射出很强的连续光谱，不能用这个区域进行光谱分析。该区域内试样气溶胶被预热、蒸发，因此又称为预热区。

内焰区：在感应线圈上 10～20 mm 处，呈淡蓝色半透明的焰炬，温度为 6000～8000 K。试样在此区域进行原子化、激发，然后发射出很强的原子线和离子线，是光谱分析所利用的区域，又称为透明区、测光区。在 ICP 光源中，将感应线圈以上的高度称为观测高度。

尾焰区：在内焰区上方，无色透明，温度低于 6000 K，只能发射激发能较低的谱线，一般也不是光谱分析的利用区域。

3) ICP 光源特点

高频电流具有"趋肤效应"。高频感应电流绝大部分流经导体外围，越接近导体表面，电流密度越大。涡流主要集中在等离子体的表面层内，形成环状结构，造成一个环形加热区。环形的中心是一个进样的中心通道，气溶胶能顺利地进入等离子体内，使等离子体焰炬有很高的稳定性。试样气溶胶可在高温焰心区经历较长时间加热，在测光区平均停留时间可达 2～8 ms，比经典光源停留时间(10^{-3}～10^{-2} ms)长得多。高温与较长的平均停留时间确保样品充分原子化，并有效地消除了化学干扰。由于样品从 ICP 光源环形的中心进入，周围的环形加热区通过热传导与辐射方式间接对样品加热，因此样品组分的改变对 ICP 光源影响较小，同时由于样品的进样量较少，确保了 ICP 光源的基体效应小，且试样不会扩散到 ICP 焰炬周围而形成具有自吸特性的冷原子蒸气层，避免了自吸效应的产生。环状结构是 ICP 光源具有优良性能的根本原因。因此，以 ICP 为激发光源的原子发射光谱具有如下特点：

(1) 检出限低。ICP 光源的测光区温度高，可达 6000~8000 K，并且样品气溶胶在等离子体中心通道停留时间长，因此各种元素的检出限一般为 $10^{-5}\sim10^{-1}$ $\mu g \cdot mL^{-1}$。可分析检测 70 多种元素。

(2) 基体干扰效应小。基体是指样品中除待测物以外的其他组分的总称。基体效应是指试样基体成分在测定分析时对待测元素响应信号所造成的影响，具体内容可参见本章中光谱干扰及消除的相关内容。在 ICP 光源中，由于进样量较少，样品被 ICP 环状结构的加热区通过热传导与辐射方式间接加热，因此样品组分的改变对 ICP 光源的蒸发温度、激发温度等影响很小，即 ICP 光源的基体效应小。

(3) ICP 光源稳定性好，精密度高。在分析浓度范围内，分析准确度高(相对标准偏差约为 1%)。

(4) 采用稀有气体作工作气体，光谱背景小。

(5) 自吸效应小，分析校准曲线动态范围宽，可达 4~6 个数量级，既可对低含量元素进行分析，也可对高含量元素进行分析。

(6) 由于电子密度高，因此碱金属的电离引起的干扰较小。

(7) ICP 光源属无极放电，不存在电极污染现象。

ICP 光源也存在自身的局限性，主要表现为对非金属测定灵敏度低、仪器价格较贵、运行和维护费用也较高。

3.2.2 分光系统

1. 分光系统的功能和构成

分光系统的作用是将激发光源发射的电磁辐射经色散后，得到按波长(频率)顺序排列的光谱。一般要求分光系统分辨率高、集光本领强、能够观察待测元素发射的全部谱线。分光系统主要由照明系统、准直系统、色散系统和投影系统构成。图 3.3 为典型棱镜分光系统。

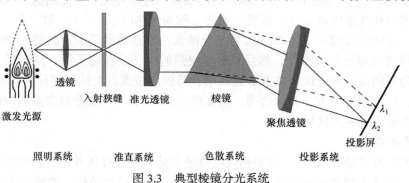

图 3.3　典型棱镜分光系统

(1) 照明系统：由透镜构成的照明系统，其作用是使光源发射出的电磁辐射(光)均匀地照射狭缝的全部面积，即狭缝全部面积上的各点照度一致。

(2) 准直系统：包括入射狭缝和准光透镜，其作用是将通过狭缝的电磁辐射(光)经过准光透镜后形成平行光束照射在色散系统上。

(3) 色散系统：按照使用色散元件的不同，可分为棱镜光谱仪与光栅光谱仪。现代光谱仪采用的是光栅分光系统。光谱仪的好坏主要取决于它的色散装置，用于衡量光谱仪光学性能的主要指标有色散率、分辨率与集光本领，由于发射光谱是基于元素特征光谱的谱线波长和强度进行定性、定量分析，因此这三个指标至关重要。

(4) 投影系统：将色散系统分光后获得的在空间上按波长(频率)排列的光谱影像投影在检测记录系统上，以便对光谱的波长和强度进行测定。

2. 棱镜光谱仪

由于原子发射光谱谱线大多集中在近紫外区，石英对紫外光区有较好的折射率，因此在20 世纪 40~50 年代，主要的原子发射光谱仪器均是以石英棱镜为色散系统。由于棱镜的线色散率与波长有关，且分辨率不及光栅，目前已无厂家再生产棱镜光谱仪了，但已有的石英棱镜摄谱仪仍在使用。

(1) 棱镜的线色散率(linear dispersion，LD)：光学系统把不同波长的光分散开的能力。

$$\frac{\mathrm{d}l}{\mathrm{d}\lambda} = \frac{2xf_2 \sin\frac{\alpha}{2}}{\sin\theta\sqrt{1 - n^2 \sin^2\frac{\alpha}{2}}} \tag{3.2}$$

式中，$\dfrac{\mathrm{d}l}{\mathrm{d}\lambda}$ 为线色散率，即波长相差 $\mathrm{d}\lambda$ 的两条光线在投影面上相差的距离 $\mathrm{d}l$，线色散率越大，越有利于检测器对光谱的准确检测；x 为棱镜的个数；f_2 为投影透镜的焦距；α 为棱镜的顶角；θ 为焦平面与光轴的夹角；n 为棱镜材料折射率，$n = A + \dfrac{B}{\lambda^2} + \dfrac{C}{\lambda^4}$($A$、$B$、$C$ 为各项对应系数，是常数)，λ 为光的波长，$\dfrac{\mathrm{d}n}{\mathrm{d}\lambda} = -\dfrac{2B}{\lambda^3} - \dfrac{4C}{\lambda^5} \approx -\dfrac{2B}{\lambda^3}$。

(2) 棱镜的分辨率(resolution)：指光学系统能够正确分辨出紧邻两条谱线的能力，采用瑞利准则(Rayleigh criterion，RC)判断两条谱线的分离情况。分辨率一般定义为两条可以分辨开的谱线平均波长与其波长差 $\Delta\lambda$ 的比值，见式(3.3)。对于棱镜系统，其分辨率用式(3.4)计算。

$$R = \frac{\lambda_{平均波长}}{\Delta\lambda} \tag{3.3}$$

$$R = x \cdot b \cdot \frac{\mathrm{d}n}{\mathrm{d}\lambda} \tag{3.4}$$

式中，x 为棱镜的个数；b 为棱镜底边的长度；n 为棱镜材料折射率。

(3) 棱镜的集光本领：指光学系统传递电磁辐射的能力，集光本领又称为聚光本领。集光本领越强，表示仪器可以检测微弱光信号的能力越强。棱镜的集光本领用式(3.5)计算。

$$L = \frac{\pi}{4} \cdot \tau \cdot \sin\theta \cdot \left(\frac{d_2}{f_2}\right)^2 \tag{3.5}$$

式中，τ 为集光透镜对光的透过率；f_2 为投影透镜的焦距；d_2 为投影透镜的直径；θ 为光轴与投影面的夹角。

3. 光栅光谱仪

图 3.4 为平面光栅示意图。

(1) 光栅的线色散率：式(3.6)为光栅的线色散率计算式，可以看到光栅的线色散率与波长无关。

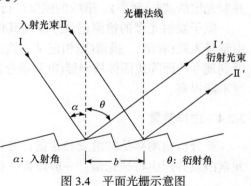

图 3.4　平面光栅示意图

$$\frac{\mathrm{d}l}{\mathrm{d}\lambda} = f_2 \frac{\mathrm{d}\theta}{\mathrm{d}\lambda} = f_2 \frac{m}{b \cdot \cos\theta} \tag{3.6}$$

式中，m 为光栅衍射级；f_2 为投影透镜的焦距；b 为光栅刻槽间距；θ 为光栅衍射角。

(2) 光栅的分辨率：式(3.7)为光栅的分辨率计算式。

$$R = \frac{\lambda_{平均波长}}{\Delta\lambda} = m \cdot N \tag{3.7}$$

式中，m 为光栅衍射级；N 为光栅的总刻槽数目。

例如，一块光栅，刻线密度为 400 条·mm^{-1}，宽度为 5 cm，则一级光谱的分辨率为

$$R = \frac{\lambda_{平均波长}}{\Delta\lambda} = m \cdot N = 1 \times 400 \times 50 = 20000$$

该计算示例说明，增加光栅的长度或单位长度刻槽数量，可以获得很高的分辨率，分离波长非常近的谱线。

发射光谱的光栅分光系统经历了平面光栅、凹面光栅、闪耀光栅、中阶梯光栅(反射式阶梯光栅)、中阶梯光栅-棱镜双色散系统的不断发展，使仪器的光学性能明显提高。

近年来，中阶梯光栅-棱镜双色散系统和固体检测器的全谱型 ICP-AES 光谱仪器的分辨率达到"极致"。近期的光谱仪均标称其光学分辨率达到 0.003 nm 或像素分辨率为 0.002 nm，仪器的谱线实际分辨率可以达到 0.007 nm，最优化的条件下可达到 0.005 nm，有效地克服了 ICP-AES 分析的谱线干扰问题。表 3.1 给出了当前 ICP-AES 商品仪器的分辨率。

表 3.1　当前 ICP-AES 商品仪器的分辨率

光栅	参数	数值			
高刻线光栅	光栅密度/(条·mm^{-1})	2400	3600	4320	4960
	适用波长范围/nm	160~800	160~510	160~420	160~372
	实际分辨率/nm	约 0.010	约 0.008	约 0.006	约 0.005
中阶梯光栅	光栅密度/(条·mm^{-1})	50~79			
	光学分辨率(200 nm 处)/nm	0.003			
	像素分辨率/nm	0.002			

3.2.3　检测记录系统

检测记录系统的主要功能是将经分光系统投影在焦平面上的光谱真实、客观地进行记录，并对光谱的波长(频率)、谱线的强度进行测定，从而实现定性和定量分析的目标。

原子发射光谱的检测记录系统与其他系统一样，同样经历了由经典到现代的发展过程。由最早人眼(看谱)、摄谱(照相记录、检测)、光电直读[光电倍增管(photomultiplier，PMT)]发展到现今的面阵式固体检测器(电荷耦合器件及电荷注入器件)，检测记录的速度、准确度、精度不断提高。

3.2.4　进样装置

要分析检测样品的组成和含量，必须将样品引入发射光谱的激发光源中，使样品中待测元素激发并产生特征光谱。一般而言，试样引入激发光源的方式主要由试样的性质及激发光

源的种类确定。

目前，主流的等离子体发射光谱仪直接通过雾化器的毛细管将液态试样(溶液)或气态试样引入 ICP 光源，具体方法是将雾化器上的毛细管直接插入样品溶液即可。

3.3　原子发射光谱定性分析

3.3.1　光谱定性分析原理

由于每种元素的原子能级具有自身特征，在光源的激发作用下，试样中每种元素都发射出自身的特征光谱，即每一种元素具有区别于其他元素的多条特征谱线，因此只要发现光谱中存在某种元素的特征谱线，就可以确定该元素的存在。

然而，每种元素发射的特征谱线有多有少，多的可达数千条。当进行定性分析时，不需要将所有的谱线全部检出，只需检出几条区别于其他元素的特征谱线就可以了。值得注意的是，如果在某试样的光谱中没有某种元素的谱线，并不表示在此试样中该元素绝对不存在，而仅仅表示该元素的含量低于所用检测仪器的灵敏度。仪器的灵敏度取决于元素的性质(蒸发、激发行为)、激发光源种类和性质、分光系统、检测记录系统及所采用的实验条件。

1. 基本概念

(1) 分析线(analytical line，AL)是指原子发射光谱分析中作为定性、定量分析的特征谱线。一般用于定性、定量分析的谱线灵敏度高，选择性强。在定性分析中，如果只发现某种元素的一条特征谱线，一般不能断定该元素确实存在于试样中，因为有可能是其他元素谱线的"重叠"干扰。因此，一般认为元素有 3 条及以上不受干扰的特征谱线同时出现时，才能判定该元素存在于试样中。

(2) 灵敏线(sensitive line，SL)是指各种元素谱线中最容易激发或激发电位较低的谱线，大多是该元素的共振线。

(3) 共振线(resonance line，RL)是指由激发态直接跃迁至基态时辐射的谱线。其中，由第一激发态(能量最低的激发态)直接跃迁至基态时辐射的谱线为第一共振线，一般也是元素的最灵敏线。

(4) 最后线(persistent line，PL)是指元素的谱线强度随着元素浓度的降低而逐渐减弱，当元素浓度降低到一定值时，一些强度较弱的谱线会渐次消失，而强度较大的灵敏线则最后消失，称为最后线。最后线一般也是该元素的最灵敏线。

(5) 特征线(characteristic lines，CL)一般是指元素的多重谱线组，如钠的双重线——589.6 nm和 589.0 nm，硅六线——250.69 nm、251.43 nm、251.61 nm、251.92 nm、252.41 nm、252.85 nm。这些谱线组中的谱线强度相近，具有特征性，很容易辨认。当然，如果试样中待测元素含量较高时，不一定采用灵敏线(最后线)进行定性判断，而是采用一些特征的谱线组作为定性分析判断依据更为有利。

2. 光谱添加剂

(1) 光谱载体。为了更好地完成发射光谱分析，可在试样中加入一些有利于分析的物质，通常称这些物质为载体。载体的作用是将试样蒸发并载入激发光源中，但它们起的作用绝不只是促进试样的蒸发, 有时还可以增加谱线强度, 提高分析灵敏度、准确度和消除干扰。它们多是一些盐类、碳粉等。当然, 光谱载体中不能含有待测元素。光谱载体主要是在早期的激发光源中使用, 如在电弧、电火花类激发光源中应用较多。

光谱载体能控制试样中元素的蒸发行为。通过化学反应, 待测元素从难挥发性化合物(主要是氧化物)转变为沸点低、易挥发的化合物。例如, 卤化物就是一种光谱载体, 它可使沸点很高的 ZrO_2、TiO_2、稀土氧化物转化为易挥发的卤化物。

在电弧或电火花激发光源中, 光谱载体用量较大, 可以控制电极温度, 从而控制试样中元素的蒸发行为并改变基体效应。例如, 在测定 U_3O_8 中的杂质元素时加入 Ga_2O_3 作载体, Ga_2O_3 是中等沸点的物质, 不影响试样中杂质元素 B、Cd、Fe、Mn 等的挥发, 但大大抑制了沸点很高的 U_3O_8 的蒸发, 因此铀的谱线数目减少、强度减弱, 可以在很大程度上避免铀元素对杂质元素测定的干扰。

光谱载体还可以稳定和控制电弧温度。电弧温度由电弧中电离能低的元素控制, 因此可选择适当的载体稳定和控制电弧温度, 减少电弧的漂移, 从而得到对待测元素有利的激发条件。

另外, 当电弧区域中有大量载体原子蒸气时, 可以阻碍待测元素在等离子区中自由运动, 增加它们在电弧中的停留时间, 从而提高谱线强度。

(2) 光谱缓冲剂。在试样中加入一种或几种辅助物质, 用来减小试样组成对测定结果的影响, 这种物质称为光谱缓冲剂。实际分析测试中, 使试样与标准样品组成完全一致往往是难以办到的。因此, 在试样和标准样品中加入较大量的缓冲剂, 可以减小试样组成的影响。在电弧、电火花激发光源中, 以加入碳粉最为普遍, 其他化合物用得也相当多。当然, 它们也能起到控制电极温度与电弧温度的作用。因此, 光谱载体与光谱缓冲剂很难分开, 两者名称也因而常常被混用。

3.3.2 光谱定性分析方法

随着光谱分析检测技术和设备的不断发展与进步, 光谱定性分析方法也由早期耗时、费力的铁谱比较法、波长测定法逐渐发展到智能系统定性法, 但是无论具体方法是什么, 其定性分析原理是相同的。本节以智能系统定性法为例, 简要介绍光谱定性分析方法。

现代的原子发射光谱仪器一般信息处理能力较强, 对每种分析元素均有"默认分析条件", 当待测元素在"默认分析条件"确定波长处的谱线强度显著大于"空白样品"时, 则判定该元素存在, 实现对样品的定性分析。但是, 由于仪器厂商、设备型号、软件系统不同, 定性分析操作略有差异。

例如, Perkin Elmer 公司制造的 Optima 5300DV 型电感耦合等离子体原子发射光谱仪(全扫描型 ICP-AES), 利用化学工作站提供的全扫描分析方法, 在"默认分析条件"下, 可以同时测定 69 种元素。具体操作步骤如下: 第一步, 测定空白溶液中仪器可以分析的所有元素的特征谱线强度; 第二步, 在相同条件下, 测定待测样品中所有元素的特征谱线强度; 第三步, 比较空白溶液和样品的信号。当样品中某元素的特征谱线强度明显高于空白溶液中的对应谱线强度时, 即认为待测样品中含有该元素, 否则认为待测样品中不含有该元素。

例如, 分析某铬铁矿样品中含有元素的种类时, 利用化学工作站提供的全扫描分析方法, 在"默认分析条件"下, 获得样品中特征元素谱线强度远远大于空白溶液的元素有 29 种(表 3.2)。结果表明, 该铬铁矿样品中至少含有 Cr、Fe、Al、Mg、Zn、Co、Ni 等 29 种元素。

表 3.2　铬铁矿样品中存在的元素

元素	空白样品峰强	铬铁矿样品峰强	元素	空白样品峰强	铬铁矿样品峰强
Zn	1292.8	31070.8	Pd	806.7	11497.9
Co	−308.5	5884.5	Ho	−17.7	12631.4
Ni	−21.2	17574.1	Eu	1892.8	26275.8
Fe	6479.2	6771006.3	U	1626.1	36820.1
Ru	−121.8	28499.2	Al	2924.8	2809622.2
Si	12620.5	236800.9	Nd	−2242.4	2099.4
Mn	3128.3	611711.1	Li	12216.6	120265.5
Au	125.1	6083.8	K	45452.5	89691.7
Cr	8403.7	4225343.1	V	6658.4	25186.0
Mg	13251.4	4557533.6	La	−970.3	2794.3
Nb	−8749.6	6811.7	Sc	−97.0	3802.5
Ca	22759.6	37230.5	Hf	47.3	20168.6
Cu	−561.8	9238.7	Cs	−2944812.2	2934740.9
Yb	−4454.6	4865.7	Er	814.0	233919.4
Ti	3499.0	1544978.7			

3.4　原子发射光谱定量分析

3.4.1　光谱定量分析基本原理

　　光谱定量分析是基于待测元素特征谱线强度与浓度或含量呈正相关，即元素的特征谱线强度 I 与该元素在试样中的浓度 c 的关系，可用如下经验公式表示：

$$I = ac^b \tag{3.8}$$

式(3.8)称为塞伯-罗马金公式，是光谱定量分析的基本公式。式中，a 和 b 为两个常数，a 为与试样蒸发、激发过程和试样组成等有关的一个参数；b 为自吸系数，它的值与谱线的自吸有关，当元素浓度很低、激发光源自吸效应较小时，可以认为待测元素无自吸效应，此时 $b=1$。

3.4.2　内标法基本原理

　　式(3.8)中 a 和 b 随待测元素含量和实验条件(蒸发、激发条件、试样组成、试样量等)的改变而变化，这种变化往往难以完全避免，尤其是早期激发光源稳定性和可控性差的条件下，很难获得"完全相同"的实验条件。因此，根据谱线的绝对强度进行定量分析是不可能得到准确结果的。1925 年，格拉赫提出了应用内标法消除不可控的工作条件变化对测定结果的影响，才使得原子发射光谱的定量分析得以实现。以 ICP 作为激发光源的仪器稳定性好、准确度高，一般不使用内标法。但是，当试样基体或组成复杂，引起激发光源不稳定、待测元素的原子化效率(进样效率)等变化时，使用内标法可以保证测定结果的准确度。

1. 基本关系式

　　内标法是相对强度法，首先要选择分析线对，即选择一条待测元素的谱线为分析线，再选择其他元素的一条谱线为内标线，所选内标线对应的元素称为内标元素。内标元素可以是试样的基体元素，也可以是外加的且试样中不存在的元素。分析线与内标线组成分析线对。

设分析线强度为 I，内标线强度为 I_0，待测元素浓度与内标元素浓度分别为 c 与 c_0，b 与 b_0 分别为分析线与内标线的自吸系数，a 与 a_0 分别为分析线与内标线的常数。根据式(3.8)，有

$$I_0 = a_0 c_0^{b_0} \tag{3.9}$$

设分析线与内标线强度的比为 R，称为相对强度，则由式(3.9)可得

$$R = \frac{I}{I_0} \tag{3.10}$$

式中，当内标元素浓度 c_0 为常数，实验条件一定时，a_0、b_0 均为常数，则

$$R = \frac{I}{I_0} = \frac{a}{I_0} \cdot c^b = A \cdot c^b \tag{3.11}$$

式中，A 为新的常数，此即为内标法光谱定量分析的基本关系式。由式(3.11)也可以看出，内标法可以消除由于试样组成或实验条件波动引起的分析线强度导致的测量误差。在实际操作中，以相对强度 R 对浓度作图，即为标准曲线。当待测元素的自吸效应忽略不计($b=1$)时，式(3.11)可以简化为

$$R = A \cdot c \tag{3.12}$$

2. 内标元素与分析线对的选择

欲利用内标法消除由于试样组成或实验条件波动引起的测量误差，选择的内标元素和分析线对应遵循如下原则：

(1) 内标元素与待测元素在激发光源作用下应有相近的蒸发性质。

(2) 内标元素若是外加的，必须是试样中不含或含量极少可以忽略的元素。

(3) 分析线对的类型必须一致。例如，两条谱线都是原子线或者都是离子线，避免一条是原子线，另一条是离子线。

(4) 分析线对应该是"均匀线对"，即内标元素与被测元素的电离电位相近，分析线对的激发电位也相近。

(5) 分析线对的谱线强度相差不大，无相邻谱线干扰，无自吸或自吸小。

(6) 分析线对波长尽可能接近，确保分析线对在检测记录装置上的灵敏度相同。

3.4.3 定量分析方法

目前，主流的原子发射光谱仪基本采用 ICP 光源，并采用 CID、CCD 检测记录系统。因此，这里介绍的定量分析方法只以直读光谱仪为例，不介绍基于摄谱(照相记录)的定量分析方法。

1. 标准曲线法(工作曲线法)

标准曲线法是最常用的定量分析方法。准备 3 个或 3 个以上含不同浓度的待测元素的标准样品与待测试样，在相同实验条件下，测定待测元素的发射光谱，以分析线强度 I 对标准样品中待测元素浓度作图，从而得到一条标准曲线(图 3.5)。在标准曲线上查出待测试样分析线强度相应的浓度即可。

若使用直读光谱仪定量分析，可将各元素标准曲线事先输入计算机中，测定时可直接得到元素的含量。

2. 标准加入法

当试样的组成比较复杂，基体干扰较大，且找不到合适的基体来配制标准试样时，采用标准加入法比较好。标准加入法的具体操作是取几份相同量的试样，分别加入不同浓度(0，c_0，$2c_0$，$\cdots$，nc_0)的待测元素标准溶液，然后在相同实验条件下测定上述样品中待测元素分析线的谱线强度，然后以分析线强度 I(或 R)对加入的标准物质浓度 c_i 作图(图 3.6)。将各样品分析线强度形成的直线外推至与横坐标相交，则截距的绝对值即为试样中待测元素的浓度 c_x。

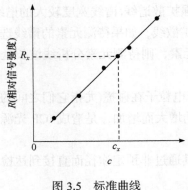
图 3.5　标准曲线

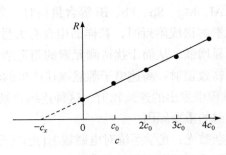
图 3.6　标准加入法曲线

3.4.4　定量分析的干扰及其消除

在待测物含量未发生改变的情况下，任何引起检测信号(分析线强度)变化的因素均称为干扰(interference)。依据干扰的特性，可将原子发射光谱的干扰分为光谱干扰和非光谱干扰两大类。

1. 光谱干扰及其消除

光谱干扰主要分为两类。一类是谱线重叠干扰(interference of spectral overlap，ISO)，它是在光谱仪色散率不够大的情况下，某些共存元素的谱线重叠在分析线上引起的干扰；另一类是背景干扰(background interference，BI)，它是激发光源中产生的连续光谱叠加在分析线上的干扰。

1) 谱线重叠干扰及其消除

对于谱线重叠干扰的消除，可以选择其他没有重叠干扰的分析线从而避免谱线干扰，这是最简单实用的消除谱线干扰的方法。一般为避免谱线干扰，通常选择次灵敏线作为分析线，虽然可以消除谱线干扰，但是将导致分析灵敏度降低。

2) 光谱背景干扰及其消除

(1) 光谱背景干扰。

光谱背景干扰是指除了待测元素外，在激发光源中产生的连续光谱进入检测器，使待测元素分析线波长处测定获得的谱线强度增大，其测定的谱线强度等于待测元素在分析线波长处的谱线强度与背景在该波长处的强度之和。因此，光谱背景若不扣除，必然会使分析结果产生误差。为确保分析结果的准确度，在实验过程中应尽量设法降低光谱背景或扣除光谱背景干扰。

(2) 光谱背景来源。

在激发光源中，光谱背景主要来源于连续辐射、分子辐射、谱线的扩散、韧致辐射、杂散光等。

连续辐射：例如，电弧、电火花等经典激发光源中，主要是来自炽热的电极头或蒸发过程中，被带入弧焰中的固体质点等炽热的固体发射的连续光谱形成背景干扰。

分子辐射：在激发光源作用下，试样与空气作用生成的氧化物、氮化物等分子发射的带状光谱。这些化合物解离能都很高，不容易解离，容易形成激发态的分子，产生分子辐射。

谱线的扩散：待测元素分析线附近有其他元素的强扩散谱线(谱线宽度较大的谱线)，如 Zn、Al、Mg、Sb、Pb、Bi 等含量高时，会产生很强的扩散线，如果待测元素的谱线选择在这些元素的谱线附近时，若样品中含有大量的这些干扰元素，则待测元素分析线波长处的背景会明显增强，从而干扰待测元素的测定结果。

韧致辐射：高速电子骤然减速产生的辐射。泛指带电粒子在碰撞(尤指它们之间的库仑散射)过程中发出的连续辐射，这种连续背景随电子密度的增大而增加，是造成 ICP 光源连续背景辐射的重要原因。

杂散光：光学系统对电磁辐射(光)进行散射时，使其通过非预定途径而直接到达检测器的任何不希望的电磁辐射(光)。

(3) 背景的扣除。

原子发射光谱背景扣除方法包括：空白背景校正法、动态背景校正法和干扰系数校正法。

空白背景校正法：又称在峰校正法，是以不含试样的空白溶液在分析线波长处进行背景及其他光谱干扰信号的测量，换算为与分析物浓度相当的"净空白等效浓度"，再从分析物表观浓度中扣除。但是，当空白背景依赖时间变化或空白与试样无法实现完全匹配，这种扣除背景的方式会造成较大的误差。

动态背景校正法：又称为离峰校正法，是仪器自动校正背景的一种方法。动态背景校正法通过测量分析线附近背景的强度，以此来推断分析线位置处的背景情况，特别适用于以 CCD、CID 为检测器的光谱仪。动态背景校正法的实质是在比分析线波长略小和略大的两个波长处，分别测定对应波长处的光谱强度，并以两个波长处的光谱强度平均值作为背景值，然后用分析线处测定的光谱强度减去背景值，从而实现扣除背景的目的。目前，动态背景校正法几乎都已经内置于仪器的软件中，日常检测几乎不用操作者手动进行动态背景校正。但当光谱背景比较复杂时，动态背景校正法计算获得的背景强度会与实际背景值不一致，甚至相差很大。

干扰系数校正法：通过测定干扰元素标准溶液在待测元素分析线波长处的强度，求出干扰等效浓度(干扰系数)，再计算应扣除的干扰谱线影响的浓度值。该校正方法考虑了背景变化和共存元素浓度变化的普遍情况。但是，需要指出的是，干扰系数值与所用光谱仪分光系统、激发光源运行参数等有关，因此不同的实验室环境下需要重新测定。

2. 非光谱干扰及其消除

非光谱干扰主要包括化学干扰(chemical interference，CI)、物理干扰(physical interference，

PI)、电离干扰(ionization interference，II)、基体效应(matrix effect，ME)等，在实际分析检测过程中，各类干扰很难截然分开。一般在 ICP 激发光源中，化学干扰相对较小，物理干扰、电离干扰和基体效应比较常见。

1) 化学干扰

化学干扰是指试样中待测元素与共存元素发生化学反应并生成难挥发、难解离的化合物，使待测元素的激发态原子减少而引起的干扰效应。其本质是试样中待测元素的化合物与标准样品中待测元素的化合物种类不同，致使样品在蒸发、解离、原子化等过程的行为与标准样品不同而引起的干扰效应。

例如，磷酸钙的解离温度约 200℃，氯化钙的解离温度约 1000℃。如果有两个样品，其钙元素的浓度相同，但一个样品是磷酸钙，另一个样品是氯化钙。当激发光源的温度较低时，由于磷酸钙和氯化钙的解离温度相差较大，两个样品最终形成气态钙原子的浓度存在差异，从而导致测定结果出现偏差。一般而言，ICP 激发光源的蒸发、激发温度高，化学干扰可以忽略不计。

2) 物理干扰

物理干扰是指试样溶液与标准溶液的物理性质存在差异而产生的干扰。例如，两个样品溶液中待测元素浓度相等，但两个溶液的黏度、表面张力或溶液的密度等物理性质存在差异，则两个样品溶液的进样量、雾化效率和气溶胶粒径等也将存在差异，最终导致待测元素分析线强度不相等。

3) 电离干扰

电离干扰是指待测元素在激发光源中因为电离而产生的干扰。原子在激发光源中的电离度与激发光源的类型、激发温度、样品组成等有关，当待测元素是易电离元素时，由于其电离度比较大，试样中共存元素的电离会显著影响待测元素的电离平衡，从而改变待测元素的原子谱线或离子谱线的强度，对测定结果产生干扰。例如，测定样品中钙元素含量时，标准溶液由硝酸钙配制，不含其他共存的易电离元素。若样品中不仅含有钙元素，还含有大量钾、钠等易电离共存元素时，则样品中钙元素的电离程度将小于标准样品中钙的电离程度，导致测定误差产生。

4) 基体效应

基体：在国际纯粹与应用化学联合会的命名法中，基体是指除待测物外，试样中具有各自性质的所有成分的集合。

基体效应，又称基体干扰(matrix interference，MI)，是指基体各成分对待测物测量的联合效应或干扰。因此，基体效应除包含上述化学干扰、物理干扰、电离干扰外，还包含改变蒸发温度和激发温度、产生元素分馏效应等其他一些干扰。基体效应难以彻底消除，一般认为匹配样品和标准的基体是最理想的消除基体效应的方法，然而实际分析测试中，很难找到与样品基体物理和化学性质都相近的标准样品。

对于液态样品以雾化方式进样的激发光源，含盐量的增加将影响待测元素的"蒸发速度"。当样品中含有大量可溶盐类时，待测样品溶液液态气溶胶脱溶剂后，待测元素固态气溶胶必然会被大量的固体盐类包裹，导致样品待测元素的固态气溶胶颗粒直径远远大于标准样品待测元素的固态气溶胶颗粒直径。显然，大小不同的固态气溶胶颗粒的"蒸发、原子化速度"

必然有差异，导致待测样品和标准样品中相同浓度的待测元素发射的光谱强度不同，从而影响测定结果的准确度。

对于以固态样品进样的激发光源(激光剥蚀、电弧、电火花)，基体会影响激发光源的蒸发温度和激发温度。一般情况下，蒸发温度随基体组分沸点的升高而升高，激发温度则随基体中易电离成分浓度的增大而降低。另外，样品中不同组分的沸点不同，蒸发的先后顺序不同，会产生样品元素蒸发的分馏效应，最终改变待测元素发射光谱强度。

5) 非光谱干扰校正方法

为了消除非光谱干扰给定量分析所带来的影响，通常可采用如下方法：

(1) 通过加入光谱添加剂(如光谱缓冲剂、挥发剂和稀释剂等)的方式，使待测试样标准溶液具有相似的基体组成。

(2) 采用标准加入法，使待测试样标准溶液的基体组成相近。

(3) 若试样溶液的浓度高，还可采用稀释法降低样品的基体效应。

3.5　原子发射光谱法的应用

3.5.1　应用领域及范围

1. 应用领域

原子发射光谱法具有不经过分离就可以同时进行多种元素快速定性、定量分析的特点，特别是 ICP 激发光源的应用。ICP 激发光源具有检出限低、基体效应小、精密度高、灵敏度高、线性范围宽，以及多元素同时分析等诸多优点，使原子发射光谱法在科学研究及电子、机械、食品工业、钢铁冶金、矿产资源开发、环境监测、生化临床分析、材料分析等学科方面得到了广泛的应用。

例如，许多针对元素含量检测的标准分析方法均采用发射光谱技术，包括：《照相化学品 无机物中微量元素的分析 电感耦合等离子体原子发射光谱(ICP-AES)法》(GB/T 27598—2011)；《照相化学品 有机物中微量元素的分析 电感耦合等离子体原子发射光谱(ICP-AES)法》(GB/T 24794—2009)；《低合金钢 多元素含量的测定 电感耦合等离子体原子发射光谱法》(GB/T 20125—2006)；《固体废物 22 种金属元素的测定 电感耦合等离子体发射光谱法》(HJ 781—2016)等。

美国材料与试验协会标准分析方法：《电感耦合等离子体原子发射光谱法 (ICP-AES) 对原油进行多元素分析的标准试验方法》(ASTM D7691—2016)；《电感耦合等离子体原子发射光谱法(ICP-AES)分析石油焦炭中痕量金属的标准试验方法》(ASTM D5600—2014)；《电感耦合等离子体原子发射光谱法(ICP-AES)多元分析原油的标准试验方法》(ASTM D7691—2011)等。

2. 应用注意事项

原子发射光谱应用领域广泛，在具体应用中也需要注意其应用范围：

(1) 原子发射光谱只能分析待测物的元素组成和含量，不能给出试样的分子结构信息，也不能给出试样中元素的价态和形态。

(2) 原子发射光谱是一种微量成分分析手段，不能用于常量组分分析，如果用于常量组分 (高含量组分)分析，由于自吸、背景干扰等原因，分析结果的准确度较差。

(3) 原子发射光谱仪器的激发光源不同，其分析应用也存在明显的差异。例如，ICP-AES 主要用于金属和大多数非金属元素的定性、定量分析，其灵敏度和准确度高；微波诱导等离子体发射光谱分析法(microwave-induced plasma optical emission spectrometry，MIP-OES)在非金属元素检测方面具有独特的优势，主要作为色谱等其他仪器的检测器，其检出限比其他光源都要低；辉光放电发射光谱分析法(glow discharge optical emission spectrometry，GD-OES)既可以应用于材料的成分分析，又可以应用于深度分析，其深度分析分辨率小于 1 nm，分析深度由纳米级至 300 μm，分析速度达到 1~100 μm · min^{-1}，成为材料分析领域表面深度和逐层分析(如镀层厚度、化学组成和镀层质量)的有力工具，但分析的灵敏度和准确度不及 ICP-AES；激光诱导击穿光谱法(laser induced breakdown spectroscopy，LIBS)主要应用于微小区域材料分析、薄膜分析、缺陷检测等方面，尤其在原位分析、太空探测方面的应用具有明显的优势，但分析结果的准确度较差。

3.5.2　应用示例

某硅锰合金厂冶炼废渣中 Cu、Ni、Zn、Co、Pb、Cr、Cd、Mn 含量的测定，采用《固体废物 22 种金属元素的测定 电感耦合等离子体发射光谱法》(HJ 781—2016)进行测定，具体过程如下。

1. 试样制备

准确称取适量样品，置于微波消解罐中，用少量去离子水润湿样品后，加入适量混合酸，用微波消解仪消解后全部转移至 25 mL 容量瓶中，用 1%硝酸溶液定容至标线，混匀、待测。

2. 待测元素标准溶液配制

分别用移液管移取各元素标准储备液，用 1%硝酸溶液稀释，配制成系列浓度的标准溶液。

3. 分析步骤

(1) 仪器测量条件。不同型号的仪器最佳测试条件不同，根据仪器说明书要求优化 ICP-AES 测试条件。仪器参考测量条件见表 3.3。以氩气(纯度不低于 99.99%)为工作气体，点燃等离子体后，按照厂家提供的工作参数设定，待仪器预热至各项指标稳定后，开启仪器背景校正功能，开始测量。

表 3.3　仪器参考测量条件

高频功率/kW	反射功率/kW	载气流量/(L · min^{-1})	蠕动泵转速/(r · min^{-1})	流速/(mL · min^{-1})	测定时间/s
1.0~1.6	<5	1.0~1.5	100~120	0.2~2.5	1~20

(2) 标准曲线的绘制。将系列标准溶液由低浓度至高浓度依次导入电感耦合等离子体原子发射光谱仪(ICP-AES)，按照设置的测定条件测量元素的分析线强度，以目标元素系列浓度为横坐标，分析线强度为纵坐标，建立目标元素的标准曲线。

（3）试样测定。分析测试前，用 1%硝酸溶液冲洗仪器系统直到空白强度降至最低，待分析信号稳定后，再用与建立标准曲线相同的实验条件分析试样。试样测定过程中，若待测元素浓度超过标准曲线范围，则对试样进行稀释后重新测定，或重新建立标准曲线后再测定。

（4）空白试样测定。按照与测定试样相同的操作步骤测定空白试样。

4. 结果的计算

固体废物中金属元素的含量 w 按式(3.13)计算：

$$w = \frac{(\rho_1 - \rho_0) \times V_0}{m_1} \tag{3.13}$$

式中，w 为固体废物中金属元素的计算含量，$mg \cdot kg^{-1}$；ρ_1 为由校正曲线查得待测试样中目标元素的浓度，$mg \cdot L^{-1}$；ρ_0 为空白试样的测定浓度，$mg \cdot L^{-1}$；V_0 为消解后试样的定容体积，mL；m_1 为样品的称取量，g。

【拓展阅读】

激光诱导击穿光谱法

激光诱导击穿光谱法是利用激光作为激发光源的光谱分析方法，图 3.7 为激光诱导击穿光谱仪的基本结构示意图。

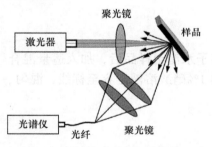

图 3.7　激光诱导击穿光谱仪的基本结构示意图

1. 激光诱导等离子体原理

激光诱导击穿光谱仪基本原理是利用激光脉冲作用于分析对象，在激光的聚焦区内，分析对象的原子、分子等经多光子电离，产生初始的自由电子。随着激光的增强，原子继续吸收光子能量而电离，产生大量的初始电子。当激光功率足够强，脉冲持续时间足够长时，自由电子在激光的作用下加速。当电子有足够的能量去轰击原子时，原子被轰击后电离产生新的电子，而这些电子加速后也会继续与原子发生碰撞使之继续电离，形成雪崩效应，从而在很短的时间内使原子不断地电离，产生由大量的自由电子和离子形成的近似电中性的等离子体(激光诱导等离子体)。当激光脉冲作用结束后，伴随着等离子体的冷却，处于激发态的原子和离子向低能级或基态跃迁，产生待测元素的特征光谱，可实现光谱分析。

2. 激光诱导击穿光谱法的特点

（1）无损伤分析。与其他原子光谱技术(如微波诱导击穿光谱、电感耦合等离子体原子发射光谱等)相比，激光诱导击穿光谱法由于其激发光源——激光自身具有良好的光束质量，对分析对象表面破坏较小，可认为是无损伤分析。

（2）可分析气体、非导体材料，以及难熔材料。激光具有高功率密度和高能量，在分析难蒸发、难激发元素方面有其独特的优势。

（3）在实施样品分析时，可将高强度的激光束直接聚焦在样品上进行激发，操作简便快捷，无须烦琐的样品前处理过程。对样品尺寸、形状及物理性质要求不严格，可分析不规则样品。

（4）可测定固体、液体、气体样品，可进行现场分析以及高温、恶劣环境下的分析，在环境、地质、考古、冶金、燃料能源、核工业、材料、生物、医药等领域得到应用，在微小区域材料分析、薄膜分析、缺陷检测等方面，在原位分析、太空探测上的应用有明显的优势，被誉为"未来分析化学之星"。其将为分析领域带来革命性的创新应用。

3. 激光诱导击穿光谱法的局限

激光和物质相互作用过程十分复杂,影响等离子体辐射信号的因素较多,主要包括:①样品的物理性能(热传导、密度、硬度、均匀性等);②样品的化学元素组成(共存元素、浓度);③激光特性(能量、波长、脉宽、光束质量等);④实验条件(激光在样品中的聚焦深度、激光聚焦大小、光谱信号收集方式、测量对应等离子体的时间空间位置、脉冲重复烧蚀次数)。

定量分析困难,主要体现在以下几个方面:

(1) 基体效应的影响。当基体成分发生变化时,不同原子的平均原子序数和对激光发射谱能量的吸收系数都不相同,导致所测的元素含量和原子发射谱线强度不呈线性关系,这就是“基体效应”。基体效应主要通过基体对待测元素的发射谱的吸收或者增强来实现,在激光诱导击穿光谱法的应用中,基体效应受激光烧灼样品的速率、等离子体状态(尤其是等离子体温度)等因素影响。

(2) 环境气体的性质和压力的影响。环境气体会影响等离子体的形成,从而对收集到的 LIBS 信号产生作用。首先,不同气氛下气体对激光的散射率不同,由此影响激光在样品表面的烧灼程度,导致等离子体的产生概率不同,从而影响检测的灵敏度。其次,不同气体产生的背景信号也不同,由于样品产生的等离子体与环境气体之间的相互作用的过程十分复杂,因此很难消除环境气氛的影响。最后,气体分压对等离子体也有很大的影响,实验发现,当气体的气压较低时,发射的特征光谱强度较弱,谱线变化范围较小,随着气压的不断增加,发射谱信号强度逐渐增强,当气压增大到一定程度时,信号强度不再增加,当气压很高时,LIBS 发射峰强度甚至有所下降。

(3) 谱线收集时间的影响。在等离子体形成过程中,待测样品中的原子要吸收激光脉冲能量后才能产生激发态原子或离子,从高能级跃迁到低能级的过程需要几微秒的时间,由于不同元素的气化或蒸发所需的能量不同,因此不同原子达到最大的谱线强度的时间可能有所不同。

(4) 自吸效应。自吸效应在激光诱导击穿光谱法定量分析中起很重要的作用,它可以吸收自身原子的发射峰能量,影响发射谱线的强度,当自吸现象特别严重时,谱线中央消失,形成自蚀。

(5) 激光参数的影响。激光的参数特别是激光的光子能量或者波长对 LIBS 定量分析应用影响很大。激光的光子能量影响等离子体形成过程,而 LIBS 的成分分析主要是对等离子体进行分析的。同样,激光的脉冲宽度也会对 LIBS 的定量和激光光谱的强度产生影响。例如,当激光周期长时,激光驻留样品表面的时间较长,导致样品表面不同区域的温度不同,从而在样品表面出现分馏效应,此时得到的组成不能正确代表待测物质的组成。

【参考文献】

冯国栋. 2005. 小型微波等离子体炬全谱仪的研制及其应用基础研究[D]. 长春: 吉林大学.

李倩. 2011. 激光在原子发射光谱分析中的应用研究[D]. 沈阳: 沈阳理工大学.

马钢. 2013. 激光诱导击穿光谱的定量分析及应用研究[D]. 杭州: 杭州电子科技大学.

郑丽娟. 2016. 激光诱导击穿光谱定量分析及应用研究[D]. 上海: 华东师范大学.

朱明华, 胡坪. 2008. 仪器分析[M]. 4 版. 北京: 高等教育出版社.

Boumans P W J M. 1980. Line Coincidence Tables for Inductively Coupled Plasma Atomic Emission Spectrometry[M]. New York: Pergamon Press.

Winge R K. 1985. Inductively Coupled Plasma Atomic Emission Spectroscopy: An Atlas of Spectral Information[M]. Amsterdam: Elsevier.

【思考题和习题】

1. 原子发射光谱是怎样产生的?
2. 原子发射光谱法的特点是什么?
3. 简述 ICP 光源的原理及特点。

4. 原子发射光谱仪由哪几部分构成？各部分的功能或作用是什么？

5. 请列出常见的激发光源、分光系统、检测记录系统。

6. 原子发射光谱定性分析的方法有哪些？

7. 解释下列名词：

   (1) 分析线、共振线、灵敏线、最后线、原子线、离子线。

   (2) 定量分析内标法中的内标线、分析线对。

8. 光谱定量分析为什么用内标法？请简述其原理，并说明如何选择内标元素与内标线，再写出内标法基本关系式。

9. 简要解释什么是化学干扰、物理干扰、电离干扰、基体效应以及它们的消除方法。

10. 简要说明背景干扰、谱线重叠干扰的产生原因及消除方法。

第 4 章　原子吸收光谱法

【内容提要与学习要求】

　　本章主要介绍原子吸收光谱法的基本原理，原子吸收光谱仪的仪器构成及各部件功能，定量分析方法及测定条件选择，原子吸收光谱的干扰及其消除方法，原子吸收光谱法的特点、应用及其发展趋势。学习中要求掌握原子吸收光谱的基本原理、干扰及其抑制方法、原子吸收光谱分析条件的选择与定量分析方法；熟悉原子吸收光谱仪器构成及各组成部件功能、原子吸收光谱法的特点及应用；了解原子吸收光谱法的发展趋势。

　　常见的原子光谱法包括原子发射光谱法、原子吸收光谱法和原子荧光光谱法。它们都是利用原子在气体状态下发射或吸收特种辐射所产生的光谱进行元素定性、定量分析的方法。原子吸收光谱法(又称为原子吸收分光光度法)是一种基于待测基态原子对特征谱线的吸收而建立的分析方法。

4.1　原子吸收光谱法基本原理

4.1.1　原子吸收光谱的产生

　　在通常情况下，原子处于最稳定的最低能量状态(基态)，当外来的电磁辐射能量(共振辐射)与某种元素的原子外层电子能级匹配时，处于基态的原子就会吸收其共振辐射，外层电子由基态跃迁至激发态而产生原子吸收光谱(图 4.1)。原子外层电子能级差与紫外区和可见区的电磁辐射的能级相当，因此原子吸收光谱位于电磁波谱的紫外区和可见区。

4.1.2　原子吸收线的轮廓

　　从理论上讲，原子吸收线属于线状光谱，但原子吸收线并不是几何学上的一条线，而是具有一定频率或波长范围的轮廓(图 4.2)。

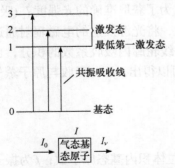

图 4.1　原子外层电子能级跃迁示意图

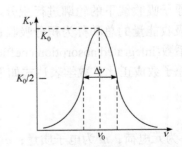

图 4.2　原子吸收线的轮廓

　　谱线轮廓(line profile)是谱线强度随频率(波长)变化的曲线。一般习惯用吸收系数 K_ν 随频率的变化来描述。原子吸收线的轮廓以吸收线的中心频率 ν_0 (中心波长 λ_0)和半宽度 $\Delta\nu$ 来表征。中心频率 ν_0 (中心波长 λ_0)是指吸收系数最大值 K_0 所对应的频率(波长)，由原子能级决定。半宽度是中心频率(中心波长)位于最大吸收系数一半处，谱线轮廓上两点之间频率或波长的距离，以 $\Delta\nu$ 或 $\Delta\lambda$ 表示。

半宽度受到很多因素的影响，下面讨论几种主要变宽的因素。

(1) 自然宽度：由激发态原子的固定寿命决定，不同的谱线有不同的自然宽度。自然宽度比其他原因引起的谱线宽度小得多，一般在 10^{-5} nm 数量级，大多数情况下可以忽略。

(2) 多普勒(Doppler)变宽：由原子无规则热运动产生，又称为热变宽，是谱线变宽的主要因素。从物理学中可知，无规则热运动发光的原子运动方向背离检测器，则检测器接收到的光的频率较静止原子所发的光的频率低。反之，检测器接收光的频率较静止原子发的光频率高，这就是多普勒效应。原子吸收光谱中气态原子处于无规则的热运动中，使检测器接收到的吸收频率稍有不同，于是谱线变宽。被测元素的相对原子质量越小，温度越高，谱线的多普勒变宽越大。多普勒变宽一般在 10^{-3} nm 数量级。

(3) 压力变宽：当原子吸收区气体压力变大时，相互碰撞引起的变宽是不可忽略的。原子之间相互碰撞导致激发态原子平均寿命缩短，引起谱线变宽，称为压力变宽。根据与其碰撞的原子不同，又可分为洛伦兹(Lorentz)变宽和霍尔兹马克(Holtsmark)变宽两种情形：洛伦兹变宽是指被测元素原子和其他不同种类的粒子碰撞引起的变宽，它随吸收区内气体压力增大和温度升高而增大；霍尔兹马克变宽是指和同种原子碰撞而引起的变宽，也称为共振变宽，它只是在被测元素浓度高时才起作用，在原子吸收光谱法中可忽略不计。洛伦兹变宽和多普勒变宽有相同的数量级，也可达 10^{-3} nm。

除了上述因素外，自吸效应和场效应(包括强电场和磁场)也会使谱线变宽。谱线变宽导致原子吸收光谱的分析灵敏度下降，且使原子吸收光谱采用普通光源测量困难，必须采用特殊的光源(详见 4.2.1)。通常的实验条件下，谱线变宽主要受多普勒变宽和洛伦兹变宽的影响。当原子吸收光谱测量的共存原子浓度很小时，多普勒变宽起主要作用。

4.1.3 原子吸收光谱的测量

1. 积分吸收

原子吸收光谱法的定量分析基础是基于光吸收定律[朗伯定律(Lambert's law)](详见 4.1.4)，光强度 I_ν (吸光度 A)的测量涉及吸收系数 K_ν 。由于原子吸收线不是几何学上的一条线，而是有一定频率宽度的轮廓(图 4.2)，即频率 ν 不是一个常数，为了获取准确的光强度 I_ν (吸光度 A)，必须对原子吸收线下的轮廓进行积分。原子吸收光谱中，将光源发射的电磁辐射通过原子蒸气时被吸收能量的总和称为积分吸收；也可表示为吸收线轮廓内吸收系数的积分，也就是积分吸收系数(integrated absorption coefficient)。从理论上可以得出，积分吸收与原子蒸气中吸收辐射的原子数成正比，数学表达式如下：

$$\int K_\nu \, \mathrm{d}\nu = \frac{\pi e^2}{mc} N_0 f \tag{4.1}$$

式中，e 为元电荷；m 为电子质量；c 为光速；N_0 为单位体积内基态原子数；f 为振子强度，表示平均每个原子中能够发射特定频率光的电子数，对特定的元素，在一定条件下 f 值变化不大，可视为定值。式(4.1)是原子吸收光谱法的重要理论依据。若能测定积分吸收，则可求出原子浓度。然而，原子吸收线虽然由于自然宽度、多普勒变宽和压力变宽等原因存在一定频率分布的轮廓，但是这个轮廓频率分布范围仅有 10^{-3} nm，测定谱线宽度仅为 10^{-3} nm 轮廓的积分吸收，需要分辨率很高的色散仪器，这在目前的技术水平下还很难实现。另外，原子吸收光谱仪如果使用传统光学仪器的连续光源，经过分光系统中的单色器和狭缝分光后，获取定量分析所需的共振线，即使选用目前技术水平可以达到的最小狭缝(0.1 nm)，所获取的谱带宽度(光谱通带)仍然有 0.2 nm 宽度。可见，若以宽通带(0.2 nm)的连续光源对窄吸收线(10^{-3} nm)进行吸光度 A 的测量

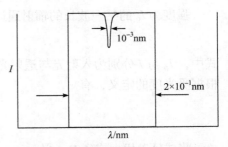

图 4.3　连续光源光谱通带与原子吸收线轮廓宽度对比示意图

时，由待测原子吸收所引起的光强度的减少量，仅相当于总入射光强度的 0.5% (10^{-3} nm/0.2 nm)，灵敏度极低(图 4.3)。这也是 100 多年前就已发现原子吸收现象，却一直未能用于分析化学的原因。

2. 峰值吸收

由于前述原因测定积分吸收存在困难，延误了原子吸收技术的实际应用，人们一直在寻找解决途径。1955 年，澳大利亚的物理学家沃尔什(Walsh)提出，在温度不太高的稳定火焰条件下，峰值吸收系数与火焰中被测元素的原子浓度成正比。吸收线中心波长处的吸收系数 K_0 为峰值吸收系数，简称峰值吸收(peak absorption)(图 4.2)。峰值吸收法是直接测量吸收线轮廓的中心频率或中心波长所对应的峰值吸收系数，来确定蒸气中的原子浓度。峰值吸收系数数学表达式为

$$K_0 = \frac{2}{\Delta \nu_\mathrm{D}} \sqrt{\frac{\ln 2}{\pi}} \frac{\pi e^2}{mc} N_0 f \tag{4.2}$$

式中，K_0 为峰值吸收系数；$\Delta \nu_\mathrm{D}$ 为多普勒变宽，其他物理量含义同式(4.1)。

在通常原子吸收测定条件下，原子吸收线轮廓取决于多普勒变宽，可以看出峰值吸收系数与原子浓度成正比，只要能测出 K_0，就可以获取基态原子数 N_0。在一定条件下，峰值吸收处测得的吸光度与试样中被测元素的浓度呈线性关系，这就是原子吸收光谱法定量的基础。

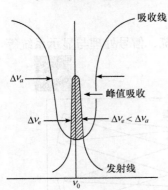

图 4.4　峰值吸收测量示意图

由此可见，峰值吸收的测定是至关重要的，沃尔什还提出测量峰值吸收，从而解决了原子吸收的实用测量问题。锐线光源是发射线半宽度 $\Delta \nu_e$ 远小于吸收线半宽度 $\Delta \nu_a$ 的光源(图 4.4)，如空心阴极灯。发射线与吸收线的中心频率一致，在发射线中心频率 ν_0 很窄的频率范围 $\Delta \nu$ 内，K_ν 随频率的变化很小，可以近似地视为常数，并且等于中心频率处的吸收系数 K_0(峰值吸收系数)。因此，原子吸收光谱仪若使用锐线光源，即可实现通过测量峰值吸收，利用式(4.2)所反映出来的定量关系进行定量分析。

4.1.4　原子吸收光谱定量基础

在实际分析工作中，通过测量吸光度 A 求出试样中的被测元素含量。

强度为 I_0 的某一波长的辐射通过均匀的原子蒸气时，根据朗伯定律，有

$$I = I_0 \exp(-K_0 l) \tag{4.3}$$

式中，I_0 与 I 分别为入射光与透射光的强度；K_0 为峰值吸收系数；l 为原子蒸气吸收层厚度。根据吸光度的定义，有

$$A = \lg \frac{I_0}{I} = 0.4343 K_0 l \tag{4.4}$$

将式(4.2)代入式(4.4)，得

$$A = 0.4343 \frac{2}{\Delta \nu_D} \sqrt{\frac{\ln 2}{\pi}} \frac{\pi e^2}{mc} fl N_0 \tag{4.5}$$

在原子吸收测定条件下，如前所述，原子蒸气中基态原子数 N_0 近似地等于原子总数 N。在实际测量中，要测定的是试样中某元素的含量，而不是蒸气中的原子总数，但是实验条件一定，被测元素的浓度 c 与原子蒸气中原子总数保持一定的比例关系，即

$$N_0 = ac \tag{4.6}$$

式中，a 为比例常数。代入式(4.5)中，则

$$A = 0.4343 \frac{2}{\Delta \nu_D} \sqrt{\frac{\ln 2}{\pi}} \frac{\pi e^2}{mc} flac \tag{4.7}$$

实验条件一定，各有关的参数都是常数，吸光度为

$$A = Kc \tag{4.8}$$

式中，K 为比例常数。式(4.8)表明吸光度与试样中被测元素的含量成正比。这是原子吸收光谱法定量分析的基本关系式。

4.2 原子吸收光谱仪

原子吸收光谱仪主要由光源、原子化器、分光系统、检测系统、信号处理与显示系统等部件组成(图 4.5)。

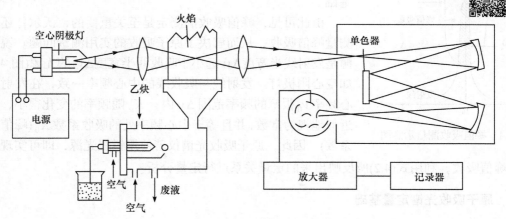

图 4.5 原子吸收光谱仪结构示意图

4.2.1　光源

光源的功能是发射被测元素的特征共振辐射。对光源的基本要求是发射的共振辐射的半宽度要明显小于吸收线的半宽度；辐射强度大；背景低，低于特征共振辐射强度的1%；稳定性好，30 min 内漂移不超过 1%；噪声小于 0.1%；使用寿命长于 5 A·h。常用空心阴极灯等锐线光源。

目前广泛使用的空心阴极灯主要由一个钨棒和一个空心圆柱形阴极组成(图 4.6)，阴极内含有或衬有待测元素的金属或合金，两电极密封于充有低压稀有气体(氖或氩)的玻璃管中(带有石英窗)。灯与电源接通后，即在空心阴极内发生辉光放电。电子从阴极流向阳极，使充入的稀有气体的原子电离，生成的气体离子又去轰击空心阴极内壁，使自由原子从阴极四处溅出。溅射出来的原子再与稀有气体原子碰撞而被激发，发射出阴极元素的共振线，同时也包含一些充入气体的原子线和离子线。

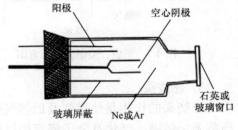

图 4.6　空心阴极灯结构示意图

为保证灯发射的稳定性，需要一个可提供稳定电流的电源。空心阴极灯的启动电压一般比工作电压(150～300 V)高 100～200 V。

4.2.2　原子化器

原子化器的功能是提供能量，使试样干燥、蒸发和原子化。在原子吸收光谱分析中，试样中被测元素的原子化是整个分析过程的关键环节。实现原子化的方法，最常用的有两种：一种是火焰原子化法[火焰原子化器(flame atomizer)]，是原子光谱分析中最早使用的原子化方法，至今仍在广泛应用；另一种是非火焰原子化法，其中应用最广的是石墨炉电热原子化法。

1. 火焰原子化器

火焰原子化器是利用火焰使试液中的元素变为原子蒸气的装置，它对原子吸收光谱法测定的灵敏度和精密度有重大的影响。常见的燃烧器有全消耗型(紊流式)和预混合型(层流式)两种类型。全消耗型燃烧器是将试液直接喷入火焰，预混合型燃烧器是用雾化器先将试液雾化，在雾化室内除去较大的雾滴，使试液的雾滴均匀化，然后再喷入火焰中。一般多采用预混合型燃烧器(图 4.7)，它由雾化器、预混合室和燃烧头三部分组成。

1) 雾化器

雾化器(图 4.8)的作用是将试液变成高度分散的雾状形式。雾滴越小、越细，越有利于基态原子的生成。通常采用气动同轴雾化器。具有一定压力的助燃气(压缩空气、氧、氧化亚氮等)高速进入雾化器，造成负压区，从而将试液沿毛细管吸入，并被高速气流分散成雾滴(气溶胶)，喷出的雾滴经节流管碰在撞击球上，进一步分散成细雾。雾化器的性能对火焰原子化测定的精密度和化学干扰等有显著影响，因此要求喷雾稳定，雾滴细小而均匀，以及雾化效率高。雾化器的雾化效率一般在 10%左右。

2) 预混合室

试液经雾化器雾化后，还含有一定数量的大雾滴。预混合室的作用：①使较大雾粒沉降、凝聚，从废液口排出；②使雾粒与燃气、助燃气均匀混合形成气溶胶，再进入火焰原子化区；

③起缓冲、稳定混合气气压的作用，以便使燃烧器产生稳定的火焰。

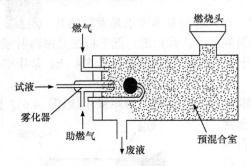

图 4.7　预混合型燃烧器示意图

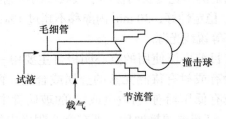

图 4.8　雾化器示意图

3) 燃烧头

燃烧头的作用是使燃气及助燃气通过燃烧时产生的火焰(温度达 2000～3500 K)，为雾滴蒸干、熔融、气化及分子解离提供所需的能量。燃气、助燃气和试液喷成的细雾都预先

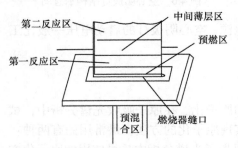

图 4.9　单缝燃烧头示意图

在预混合室中混合再进入燃烧器，这种形式为预混合型的层流燃烧器，这类燃烧器的火焰燃烧稳定，层次清晰。常用的是单缝燃烧头(图 4.9)。燃气和助燃气在预混合室中预混合后，在燃烧器缝口点燃形成火焰。正常火焰由预燃区(干燥区：火焰燃烧不完全，温度不高，试液在这里干燥)、第一反应区(蒸发区：燃烧不充分，半分解产物多，温度未达到最高点，干燥的试样在这里被熔化、蒸发或升华，较少用这一区域作为吸收区进行分析，但对于易于原子化、干扰效应小的碱金属可在该区进行分析)、中间薄层区(原子化区：燃烧完全，温度高。被蒸发的化合物在这里被原子化，是原子吸收光谱分析的主要应用区域)、第二反应区(电离区：燃气在这里反应充分，温度高，部分原子被电离，这一区域不能用于分析)组成，界限清楚、稳定。

火焰的选择与类型：在原子吸收光谱中，火焰的作用是提供一定的能量，促使试样雾滴蒸发、干燥，并经过热解离或还原作用产生大量基态原子。因此，原子吸收光谱法所使用的火焰，只要其温度能使待测元素解离成游离基态原子就可以了。如果超过所需要的温度，从玻尔兹曼方程式[式(4.1)]可以看出，激发态原子将增加，电离度增大，基态原子减少，这对原子吸收是很不利的。因此，在确保待测元素充分解离为基态原子的前提下，低温火焰比高温火焰具有更高的灵敏度。但对于某些元素来说，如果温度过低，则其盐类不能解离，反而使灵敏度降低，并且还会发生分子吸收，干扰可能会增大。

燃烧火焰由不同种类的气体混合产生，火焰的组成关系到测定的灵敏度、稳定性和干扰等，因此对不同的元素，应选择不同的恰当的火焰。燃气和助燃气种类、流量不同，火焰的最高温度也不同。一般易挥发或电离电位较低的元素(如 Pb、Cd、Zn、Sn、碱金属及碱土金属等)，应使用低温且燃烧较慢的火焰。与氧易生成耐高温氧化物而难解离的元素(如 Al、V、Mo、Ti 及 W 等)，应使用高温火焰。表 4.1 列出了几种常见火焰的温度及燃烧速度。

表 4.1　火焰的温度及燃烧速度

燃气	助燃气	最高温度/K	燃烧速度/(cm · s⁻¹)
煤气	空气	2110	55
丙烷	空气	2195	82
氢气	空气	2320	320
乙炔	空气	2570	160
氢气	氧气	2970	900
乙炔	50%氧+50%氮	3085	640
乙炔	氧气	3330	1130
乙炔	氧化亚氮	3200	180

原子吸收光谱法常用的火焰有乙炔-空气、乙炔-氧化亚氮、氢气-空气火焰等，下面介绍应用最多的两种火焰。

乙炔-空气火焰：这种火焰应用最广泛，能为 35 种以上元素充分原子化提供最适宜的温度，最高火焰温度约为 2600 K，但测定易形成难解离化合物的元素时灵敏度很低。这种火焰在短波长范围内对紫外线吸收较强，使信噪比降低，应根据不同的分析要求选择不同的火焰类型。根据火焰的燃气与助燃气的比例不同，可将火焰分为三种类型：化学计量火焰、富燃火焰、贫燃火焰。

(1) 化学计量火焰：按照化学计量关系计算的燃气和助燃气比例燃烧的火焰。它具有温度高、干扰少、稳定、背景低等特点。除碱金属和易形成难解离氧化物的元素，大多数常见元素常用这种火焰。

(2) 富燃火焰：使用过量燃气时的火焰。由于燃烧不完全，火焰具有较强的还原性气氛，所以这种火焰也称为还原性火焰。它适用于测定较易形成难解离氧化物的元素，如 Mo、Cr、稀土元素等。

(3) 贫燃火焰：使用过量助燃气时的火焰。由于大量冷的助燃气带走火焰中的热量，这种火焰温度比较低。又由于助燃气充分，燃气燃烧完全，火焰具有氧化性气氛，所以这种火焰又称为氧化性火焰。它适用于碱金属元素的测定。

乙炔-氧化亚氮火焰：燃烧过程中氧化亚氮分解出氧和氮，并释放出大量热，乙炔借助其中的氧燃烧，因此火焰温度高，最高温度达 3200 K，并且还可形成强还原性气氛，能用于乙炔-空气火焰所不能分析的难解离元素，如 Al、B、Be、Ti、V、W、Si 等，并且可以消除在其他火焰中可能存在的化学干扰现象。

2. 非火焰原子化器

火焰原子化器重现性好，易于操作，已经成为原子吸收光谱分析的标准方法，但其主要缺点是原子化效率低(只有 10%左右)，这成为提高原子吸收光谱法测定灵敏度的主要障碍。非火焰原子化器试图提高原子化效率，近年来在这方面取得了较大的成就，原子化效率大大提高，灵敏度增加了 10～200 倍。非火焰原子化装置很多，如电热高温石墨管、石墨坩埚、空心阴极溅射、高频感应加热炉、等离子喷焰、激光等，以及一些其他的特殊原子化方法，如氢化物原子化法、冷原子化法等。下面主要介绍石墨炉原子化器。

石墨炉原子化器的工作原理是大电流通过石墨管产生高热、高温，使试样原子化，这种方法又称为电热原子化法。如图 4.10 所示，石墨管装在炉体中，固定在两个电极之间，石墨管长轴与原子吸收分析光束的通路重合，光源发出的光由石墨管中心穿过，管中部有一进样口。管内外都有保护性气体通过，为了防止试样及石墨管氧化、烧蚀，需要在不断通入惰性气体(氮气或氩气)的情况下，通以大电流(250~500 A)加热，惰性气体可除去测定过程中产生的基体蒸气，同时保护已经原子化的原子不再被氧化。在炉体的夹层中还通有冷却水，使达到高温的石墨炉在完成一个样品的分析后，能迅速降到室温。石墨管接通电源，加热温度最高可达 3300 K 而使试样原子化，一般最大功率不超过 5000 W。

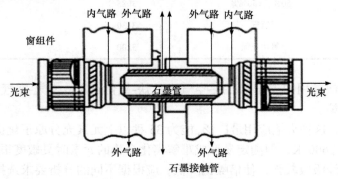

图 4.10　石墨炉原子化器示意图

石墨炉电热原子化法的过程分为 4 个阶段(图 4.11)，即干燥、灰化、原子化和净化除残。可在不同温度下、不同时间内分步进行，同时温度可控，时间可控。干燥温度一般稍高于溶剂沸点，其目的主要是去除溶剂，以免溶剂存在导致灰化和原子化过程飞溅；灰化的目的是在不损失待测元素的前提下，进一步除去基体组分；原子化是使待测元素转变成基态原子；最后数秒钟升温至 3000℃，净化除去残渣。

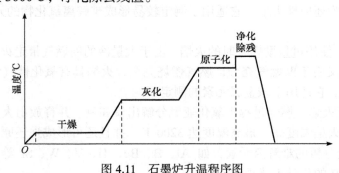

图 4.11　石墨炉升温程序图

石墨炉原子化器的优点是：①检出限绝对值低，可达 10^{-14}~10^{-12} g，比火焰原子化法低 3 个数量级；②原子化是在强还原性介质与惰性气体中进行的，有利于破坏难熔氧化物和保护已原子化的自由原子不重新被氧化，自由原子在石墨管内平均停留时间长，可达 1 s 甚至更久；③可直接以溶液、固体进样，进样量少，通常溶液为 5~50 μL，固体试样为 0.1~10 mg；④可在真空紫外区进行原子吸收光谱测定；⑤可分析元素范围广。石墨炉原子化器的缺点是存在基体效应、化学干扰较多、有较强的背景、测量的重现性比较差。

除了石墨炉原子化器，还有石英管原子化器等方法。石英管原子化器是将气态分析物引入石英管内，在较低温度下实现原子化，该方法又称为低温原子化法。它主要是与蒸气发生法配合使用。蒸气发生法是将被测元素通过化学反应转化为挥发态，包括氢化物发生法、汞蒸气法等。其中，氢化物发生法主要用来测定 As、Sb、Bi、Sn、Ge、Se、Pb 和 Ta 等元素，这些元素易生成气态氢化物，氢化物可在较低的温度下原子化。汞蒸气法也称冷原子化法，是含汞化合物被还原为金属汞后，用空气流将汞蒸气带入石英管实现原子化进行测量。

4.2.3 分光系统

分光系统由入射和出射狭缝、反射镜和色散元件组成，其作用是将所需要的共振吸收线分离出来。分光系统的关键部件是色散元件，商品仪器都是使用光栅。原子吸收光谱仪对分光系统的分辨率要求不高，曾以能分辨开镍三线 Ni 230.003 nm、Ni 231.603 nm、Ni 231.096 nm 为标准，后采用 Mn 279.5 nm 和 Mn 279.8 nm 代替镍三线来测定分辨率。分光系统是放置在原子化器之后，以阻止来自原子化器内的所有不需要的辐射进入检测器。

4.2.4 检测系统

检测系统主要由检测器(光电倍增管)、交流放大器、对数交换器、指示仪表(表头、记录器、数字显示或数字打印等)组成。目前同时测定多元素光谱的商品仪器以多个元素灯组合的复合光为光源。原子吸收光谱仪的检测系统广泛使用光电倍增管，一些仪器也采用电荷耦合器件作为检测器。

4.2.5 背景校正装置

1. 利用氘灯连续光源校正背景吸收

氘灯背景校正法是指利用氘灯自动背景校正装置(图 4.12)进行原子吸收光谱分析中的背景扣除。该法以空心阴极灯为测量光束，测定总吸收值，即原子吸收信号加背景吸收信号。以氘灯为参比光束，测量背景吸收信号。利用差减法求得原子吸收信号。

氘灯背景校正器中切光器可使锐线光源与氘灯连续光源交替进入原子化器。锐线光源测定的吸光度值为原子吸收与背景吸收的总吸光度值。氘灯连续光源所测吸光度为背景吸收，因为在使用氘灯连续光源时，被测元素的共振吸收相对于总入射光强度是可以忽略不计的，因此氘灯连续光源的吸光度值即为背景吸收。将锐线光源吸光度值减去氘灯连续光源吸光度值，即为校正背景后的被测元素的吸光度值。

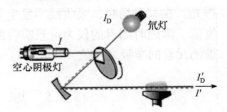

图 4.12 氘灯背景校正光路示意图

2. 塞曼效应背景校正法

塞曼效应(Zeeman effect)是指在磁场作用下简并的谱线发生分裂的现象。塞曼效应背景校正法是在原子吸收光谱分析中利用塞曼磁场分裂谱线的方法进行背景扣除。利用磁场将吸收线分裂为具有不同偏振方向的组分，利用这些分裂的偏振组分来区别被测元素和背景的吸收，即将一强磁场置于光源或原子化器上使原子谱线分裂成 π、$\sigma_{\pm}$ 组分。前者波长不变作为测量光束，其吸收值为原子吸收与背景吸收之和；后者波长改变作为参比光束，其吸收值为背景吸收。两者之差即为原子吸收。

调制方法主要分为两大类：光源调制法与吸收线调制法。光源调制法是将强磁场加在光源上，吸收线调制法是将磁场加在原子化器上，吸收线调制法应用较广。吸收线调制有两种方式，即恒定磁场调制方式和可变磁场调制方式。

(1) 恒定磁场调制方式如图 4.13 所示，在原子化器上施加一恒定磁场，磁场垂直于光束方向。在磁场作用下，由于塞曼效应，原子吸收线分裂为 π 和 σ± 组分。π 组分平行于磁场方向，波长不变；σ± 组分垂直于磁场方向，波长分别向长波和短波方向移动。这两个分量之间的主要差别是 π 分量只能吸收与磁场平行的偏振光；而 σ± 分量只能吸收与磁场垂直的偏振光，而且很弱。引起背景吸收的分子完全等同地吸收平行与垂直的偏振光。光源发射的共振线通过偏振器后变成偏振光，随着偏振器的旋转，某一时刻平行磁场方向的偏振光通过原子化器，吸收线 π 分量对组分和背景都产生吸收。测得的是原子吸收和背景吸收的总吸光度。另一时刻垂直于磁场的偏振光通过原子化器，不产生原子吸收，此时只有背景吸收。两次测定吸光度之差就是校正了背景吸收之后的被测元素的净吸光度值。

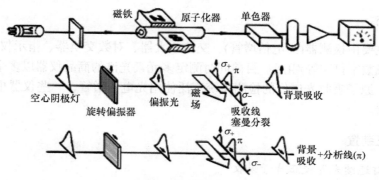

图 4.13　塞曼效应背景校正装置示意图

(2) 可变磁场调制方式是在原子化器上加一电磁铁，电磁铁仅在原子化阶段被激磁，偏振器是固定不变的，它只让垂直于磁场方向的偏振光通过原子化器，去掉平行于磁场方向的偏振光。在零磁场时，吸收线不发生分裂，测得的是被测元素的原子吸收与背景吸收的总吸光度值。激磁时测得的仅为背景吸收的吸光度值，两次测定吸光度之差就是校正了背景吸收后被测元素的净吸光度值。

4.3　原子吸收光谱定量分析方法

4.3.1　标准曲线法

标准曲线法(图 4.14)是用标准物质配制一系列已知浓度的标准试样，在标准条件下，测得每一浓度对应的吸光度值，以吸光度对浓度作图，绘制标准曲线。在相同条件下测定样品吸光度，从标准曲线上读取样品浓度。

标准曲线法的优点是适用范围广，快速简便，适合大批量样品的测定；不足是测定准确度受基体干扰严重。

4.3.2　标准加入法

若试样的基体组成复杂，且试样的基体对测定又有明显的干扰，则在一定浓度范围内工作曲线呈线性关系的情况下，可用标准加入法进行测定。

标准加入法(图 4.15)又名标准增量法或直线外推法,是一种被广泛使用的检验仪器准确度的测试方法。这种方法尤其适用于检验样品中是否存在干扰物质。

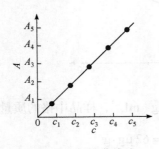

图 4.14　标准曲线法

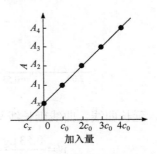

图 4.15　标准加入法

当很难配制与样品溶液相似的标准溶液,或样品基体成分很高而且变化不定或样品中含有固体物质而对吸收的影响难以保持一定时,采用标准加入法是非常有效的。将一定量已知浓度的标准溶液加入待测样品中,测定加入前后样品的浓度。加入标准溶液后的浓度将比加入前的高,其增加的量应等于加入的标准溶液中所含的待测物质的量。如果样品中存在干扰物质,则浓度的增加值将小于或大于理论值。

取若干份(如五份)体积相同的试样溶液,从第二份开始分别按照比例加入不同量的待测元素的标准溶液,然后用溶剂稀释至一定体积。设试样中待测元素的浓度分别为 $c_x + c_0$、$c_x + 2c_0$、$c_x + 3c_0$、$c_x + 4c_0$,分别测定其吸光度 A_1、A_2、A_3 及 A_4,以 A 对 c 作图,得到如图 4.15 所示的直线,与横坐标交于 c_x,c_x 即为所测试样中待测元素的浓度。

使用标准加入法时应注意以下几点:

(1) 待测元素的浓度与其对应的吸光度应呈线性关系。

(2) 至少采用四个点(包括试样溶液)来作外推曲线,并且第一份加入的标准溶液与试样溶液的浓度之比应适当。这可通过试喷试样溶液和标准溶液,比较两者的吸光度来判断。

(3) 此法只能消除基体效应带来的影响,不能消除分子吸收、背景吸收等的影响。

(4) 如形成斜率太小的曲线,容易引入较大的误差。

【例 4.1】　称取某含铬试样 2.1251 g,经处理溶解后,移入 50 mL 容量瓶中,稀释至刻度。在四个 50 mL 容量瓶内,分别精确加入上述样品溶液 10.00 mL,然后依次加入浓度为 0.1 mg·mL^{-1} 的铬标准溶液 0.00 mL、0.50 mL、1.00 mL、1.50 mL,稀释至刻度,摇匀,在原子吸收光谱仪上测定相应的吸光度分别为 0.061、0.182、0.303、0.415,求试样中铬的质量分数。

解　首先,将上述数据列表如下:

物理量	加入铬标准溶液体积/mL			
	0.00	0.50	1.00	1.50
浓度增量/(μg·mL^{-1})	0.00	1.00	2.00	3.00
吸光度	0.061	0.182	0.303	0.415

其次,以吸光度对浓度增量作图:

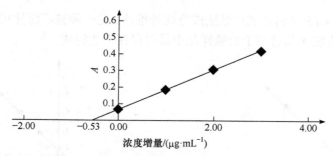

最后，延长曲线，曲线延长线与浓度轴交点为 $-0.53\ \mu g \cdot mL^{-1}$，样品中铬的质量分数：

$$w = \frac{0.53\ \mu g \cdot mL^{-1} \times 50\ mL \times 50\ mL}{10\ mL \times 2.1251\ g} = 62\ \mu g \cdot g^{-1}$$

4.4　原子吸收光谱中的干扰及其抑制方法

原子吸收光谱分析法与原子发射光谱分析法相比，尽管干扰较少并易于克服，但在实际工作中干扰效应仍然经常发生，而且有时表现得很严重，因此了解干扰效应的类型、本质及其抑制方法很重要。原子吸收光谱中的干扰效应一般可分为三类：物理干扰、化学干扰(包括电离干扰)和光谱干扰(包括背景干扰)。

4.4.1　物理干扰

物理干扰又称基体效应(图 4.16)，指试样在前处理、转移、蒸发过程中物理因素(如黏度、表面张力、溶剂的蒸气压等)变化而导致吸光度变化引起的干扰效应，主要影响试样喷入火焰的速度、雾化效率、雾滴大小等。物理干扰是非选择性的，对溶液中各元素的影响基本相似。

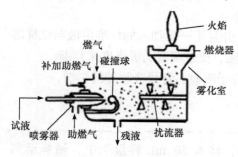

图 4.16　物理干扰示意图

消除和抑制物理干扰常采用如下方法：

(1) 配制与待测试样溶液组成相似的标准溶液，并在相同条件下进行测定。如果试样组成不详，采用标准加入法可以消除物理干扰。

(2) 尽可能避免使用黏度大的硫酸、磷酸来处理试样；当试液浓度较高时，适当稀释试液也可以抑制物理干扰。

4.4.2　化学干扰

化学干扰是指待测元素在分析过程中与干扰元素发生化学反应，生成了更稳定的化合物，从而降低了待测元素化合物的解离及原子化效果，使测定结果偏低。这种干扰具有选择性，对试样中各种元素的影响各不相同。化学干扰的机理比较复杂，消除或抑制其化学干扰应该根据具体情况采取以下具体措施。

1. 加入干扰抑制剂

(1) 加入释放剂。释放剂与干扰元素生成更稳定的或更难挥发的化合物，从而使被测元素从含有干扰元素的化合物中释放出来，如锶和镧可有效消除磷酸根对钙测定的干扰。

(2) 加入保护剂。保护剂多数是有机配合物。它与被测元素或干扰元素形成稳定的配合物，避免待测元素与干扰元素生成难挥发化合物，如加入 EDTA 生成 EDTA-Ca，避免磷酸根与钙作用。

(3) 加入缓冲剂。有的干扰，当干扰物质达到一定浓度时，干扰趋于稳定，这样把被测溶液和标准溶液加入同样量的干扰物质时，干扰物质对测定就不会发生影响。

(4) 加入饱和剂。加入足够的干扰元素，使干扰趋于稳定。例如，测钛时，铝有干扰，在试样和标准溶液中加入 $300 \text{ mg} \cdot \text{L}^{-1}$ 以上的铝盐，使铝对钛的干扰趋于稳定。

(5) 加入消电离剂。加入大量易电离的物质，产生大量的电子，以抑制待测元素的电离。例如，加入足量的铯盐抑制 K、Na 的电离；测定 Ca 时加入大量 KCl，常用的消电离剂有 CsCl、KCl 和 NaCl 等。

2. 选择合适的原子化条件

提高原子化温度，化学干扰一般会减小，使用高温火焰或提高石墨炉原子化温度，可使难解离的化合物分解。

3. 加入基体改进剂

用石墨炉原子化器时，在试样中加入基体改进剂，使其在干燥或灰化阶段与试样发生化学变化，其结果可能增强基体的挥发性或改变待测元素的挥发性，使待测元素的信号区别于背景信号。

当以上方法都未能消除化学干扰时，可采用化学分离的方法，如溶剂萃取、离子交换、沉淀分离等。

4.4.3　光谱干扰

光谱干扰是指在单色器的光谱通带内，除了待测元素的分析线之外，还存在与其相邻的其他谱线而引起的干扰。

1. 吸收线重叠

一些元素谱线与其他元素谱线重叠，相互干扰。可另选灵敏度较高而干扰少的分析线抑制干扰或采用化学分离方法除去干扰元素。

2. 光谱通带内的非吸收线

这是与光源有关的光谱干扰，即光源不仅发射被测元素的共振线，还发射与其邻近的非吸收线。对于这些多重发射，被测元素的原子若不吸收，它们被检测器检测，产生一个不变的背景信号，使被测元素的测定敏感度降低；若被测元素的原子对这些发射线产生吸收，将使测定结果不准确，产生较大的正误差。

消除方法：可以减小狭缝宽度，使光谱通带减小到可以阻挡多重发射的谱线，若波长差很小，则应另选分析线，降低灯电流也可以减少多重发射。

3. 背景干扰

背景干扰也是一种光谱干扰。分子吸收与光散射是形成光谱背景的主要因素，背景干扰包括分子吸收、光散射等。分子吸收是原子化过程中生成的碱金属和碱土金属的卤化物、氧化物、氢氧化物等的吸收和火焰气体的吸收，是一种带状光谱，会在一定波长范围内产生干扰。光散射是原子化过程中产生的微小固体颗粒使光产生散射，吸光度增加，造成假吸收。波长越短，散射影响越大。

背景干扰都使吸光度增大，产生误差。石墨炉原子化法背景吸收干扰比火焰原子化法严重，有时不扣除背景会给测定结果带来较大误差。

目前，用于商品仪器的背景矫正方法主要是氘灯扣除背景、塞曼效应扣除背景(见 4.2.5)。

4.5　原子吸收光谱测定条件选择

测定条件的选择对测定的灵敏度、稳定性、线性范围和重复性等有很大的影响。最佳测试条件应根据实际情况进行选择。

1. 分析线

通常选择待测元素的共振线作为分析线，但测量较高浓度时，可选用次灵敏线。例如，测钠用 $\lambda = 589.0$ nm 作分析线，较高浓度时则用 $\lambda = 330.3$ nm 作分析线。As、Se 等共振线处于远紫外区(200 nm 以下)，火焰对其有明显吸收，故不宜选共振线作分析线。此外，稳定性差时，也不宜选共振线作分析线。例如，铅的灵敏线为 216.7 nm，稳定性较差，若用 283.31 nm 次灵敏线作分析线，则可获得稳定结果。表 4.2 列出了常用的各元素分析线。

表 4.2　原子吸收光谱法中常用的分析线

元素	λ/nm	元素	λ/nm	元素	λ/nm
Ag	328.07，339.29	Dy	421.17，404.60	Lu	335.96，328.17
Al	309.27，308.22	Er	400.80，415.11	Mg	285.21，279.55
As	193.64，197.20	Eu	459.40，462.72	Mn	279.48，403.68
Au	242.8，267.60	Fe	248.33，352.29	Mo	313.26，317.01
B	249.68，249.77	Ga	287.42，294.42	Na	589.00，330.30
Ba	553.55，455.4	Gd	368.41，407.87	Nb	334.37，358.03
Be	234.86	Ge	265.16，275.46	Nd	463.42，471.90
Bi	223.06，222.83	Hf	307.29，286.64	Ni	323.00，341.48
Ca	422.67，239.86	Hg	253.65	Ru	349.89，372.80
Cd	228.80，236.11	Ho	410.38，405.39	Sb	217.58，206.83
Ce	520.0，369.7	In	303.94，325.61	Sc	391.18，402.04
Co	240.71，242.49	Ir	209.26，208.88	Se	196.09，703.99
Cr	357.87，359.35	K	766.49，769.90	Si	251.61，250.69
Cs	852.11，455.54	La	550.13，418.73	Sm	429.67，520.06
Cu	324.75，327.40	Li	670.78，323.26	Sn	224.61，286.33

续表

元素	λ/nm	元素	λ/nm	元素	λ/nm
Sr	460.73，407.77	Os	290.91，305.87	U	351.46，358.49
Ta	271.47，277.59	Pb	216.70，283.31	V	318.40，385.58
Tb	432.65，431.89	Pd	447.64，244.79	W	255.14，294.74
Te	214.28，225.90	Pr	495.14，513.34	Y	410.24，412.83
Th	371.9，380.3	Pt	265.95，306.47	Yb	398.80，346.44
Ti	364.27，337.15	Rb	780.02，794.76	Zn	213.86，307.59
Tl	273.79，377.58	Re	346.05，346.47	Zr	360.12，301.18
Tm	409.4	Rh	343.49，339.69		

2. 工作电流

空心阴极灯的发射特征取决于工作电流。工作电流过小，放电不稳定，光输出的强度小；工作电流过大，发射谱线变宽，导致灵敏度下降，灯寿命缩短。选择工作电流时，应在保证稳定和有合适的光强输出的情况下，尽量选用较低的工作电流。一般商品空心阴极灯都标有允许使用的最大电流与可使用的电流范围，通常选用最大电流的 1/2～2/3 为工作电流。实际工作中，最合适的工作电流应通过实验确定。空心阴极灯一般需要预热 10～30 min。

3. 火焰种类及火焰类型

火焰类型和状态对原子化效率起着重要的作用。在火焰中容易原子化的元素如 As、Se 等，可选用低温火焰，如空气-氢火焰。在火焰中较难解离的元素如 Ca、Mg、Fe、Cu、Zn、Pb、Co、Mn 等，可选用中温火焰，如空气-乙炔火焰。在火焰中难以解离的元素如 V、Ti、Al、Si 等，可选用 N_2O-C_2H_4 高温火焰。一些元素如 Cr、Mo、W、V、Al 等在火焰中易生成难解离的氧化物，宜用富燃性火焰；另一些元素如 K、Na 等易电离的元素，宜用贫燃性火焰。火焰状态可通过调节燃气与助燃气的流量来决定。

4. 燃烧器高度

观测高度的选择是通过调节燃烧器高度，使来自空心阴极灯的光束通过自由原子浓度最大的火焰区，此时灵敏度高，测量稳定性较好。

5. 石墨炉升温程序

石墨炉电热原子化法的过程分为 4 个阶段，即干燥、灰化、原子化和净化除残(详见 4.2.2)。

4.6　原子吸收光谱法灵敏度与检出限

在考虑试样中某元素能否应用原子吸收光谱法分析时，首先要查看待测元素的灵敏度和检出限。如果灵敏度能达到要求，则需进行测定工作条件的选择，最后确定方法的精密度和准确度。

1. 灵敏度

灵敏度是指在一定浓度时，测定值(吸光度)的增量(Δx)与相应的待测元素浓度(或质量)的增量(Δc或Δm)之比

$$S_c = \frac{\Delta x}{\Delta c} \text{ 或 } S_m = \frac{\Delta x}{\Delta m} \tag{4.9}$$

式(4.9)说明待测元素浓度或质量改变一个单位时吸光度的变化量，也就是标准曲线的斜率，斜率大，则灵敏度高。

在火焰原子吸收光谱法中常用特征浓度来表征元素的灵敏度，所谓特征浓度是指对应于1%净吸收$\left(\dfrac{I_s - I_r}{I_s} = \dfrac{1}{100}\right)$的待测元素浓度($I_r$为样品光强度，$I_s$为溶剂空白强度)；或对应于 0.0044 吸光度$[A = -\lg(I_s / I_r) = -\lg 99\% = 0.0044]$的待测元素浓度$c_c$，特征浓度的单位为$\mu g \cdot (mL \cdot 1\%)^{-1}$。

$$c_c = \frac{0.0044 \Delta c}{\Delta x} \tag{4.10}$$

在石墨炉原子吸收光谱中常用特征质量来表征灵敏度，所谓特征质量是指产生 0.0044 吸光度所对应的待测元素的质量m_c，特征质量的单位为$g \cdot (1\%)^{-1}$。

$$m_c = \frac{0.0044 \Delta m}{\Delta x} \tag{4.11}$$

【例 4.2】　已知镁溶液的浓度为 0.4 $\mu g \cdot mL^{-1}$，用空气-乙炔原子吸收光谱仪测定的吸光度为 0.225，测得溶液空白的吸光度为 0.005，求镁元素的特征浓度。

解　　　　　$c_c = \dfrac{0.0044 \times (0.4 - 0)}{0.225 - 0.005} = 0.008 [\mu g \cdot (mL \cdot 1\%)^{-1}]$

可根据公式对灵敏度估算适宜的浓度测量范围。吸光度在 0.1～0.5 时测量准确度较高，此时浓度为灵敏度的 25～120 倍。

---

2. 检出限

检出限是指能以适当的置信度检出的待测元素的最小浓度或最小量。它是用接近于空白的溶液，经若干次(通常为 10 次或 20 次)重复测定所得吸光度标准偏差的 3 倍来求得。

在火焰原子吸收光谱中，检出限表示为

$$c_{DL} = \frac{3S_b}{S_c} \tag{4.12}$$

式中，c_{DL}为用待测元素的最小浓度表示的检出限，$\mu g \cdot mL^{-1}$；3 为置信因子；S_c为待测元素的灵敏度，即标准曲线的斜率；S_b为标准偏差，由下式求出：

$$S_b = \sqrt{\frac{\sum\limits_{i=1}^{n}(x_i - \bar{x})^2}{n-1}} \tag{4.13}$$

式中，x_i为单次测定值；$\bar{x}$为 n 次测定的平均值。

高温石墨炉原子吸收光谱法，用绝对检出限 m_{DL} 表示

$$m_{DL} = \frac{3S_b}{S_m} \tag{4.14}$$

式中，S_m 为标准曲线的斜率。

求检出限的方法是配制一系列标准溶液和接近于空白的溶液(该溶液约产生 0.0044 的吸光度)，一次测量吸光度，后者需重复测定 10 次以上。将由标准曲线算出斜率 S_c 和算出的标准偏差 S_b 代入式(4.12)，即可求出检出限 c_{DL}。

4.7　原子吸收光谱法的特点及发展趋势

原子吸收光谱法在金属元素定量分析中具有突出的优势，其具备以下特点：①检出限低、灵敏度高。原子蒸气中基态原子占绝大多数，测定的是绝大多数的原子。原子吸收光谱法是目前最灵敏的方法之一。火焰原子化法检出限可测定 1 ng·mL^{-1} 级，石墨炉原子化法可测定 0.1～0.01 pg·mL^{-1} 级。②选择性好、谱线干扰较少。因为原子吸收带宽很窄，原子吸收线比发射线数目少得多，谱线重叠的概率小得多。空心阴极灯光源一般不发射邻近波长的辐射线，因此即使邻近线分离不完全，其光谱干扰也较小。③精密度高。火焰原子化法的精密度较高，在日常的一般低含量测定中，RSD 为 1%～3%，石墨炉原子化法的 RSD 一般为 3%～5%。如果仪器性能好，采用高精度测量方法，精密度 RSD＜1%。④应用范围广。元素周期表中的绝大多数金属元素和部分非金属元素都可以用原子吸收光谱法直接测定，其可测元素达 70 多个，且相互干扰小，还可以用间接法增加其应用范围。⑤仪器操作简单，分析速度快。

当然，原子吸收光谱法也有其局限性，如：①不能多元素同时分析，测定元素不同，必须更换光源灯；②火焰原子化温度比较低，对于一些易于形成稳定化合物的元素，原子化效率低，检出能力差，受化学干扰严重，结果不能令人满意；③石墨炉原子化器虽然原子化效率高、检出限低，但是重现性和准确度较差。

原子吸收技术的发展推动了原子吸收仪器的不断更新和发展，而其他科学技术的进步也为原子吸收仪器的不断更新和发展提供了技术和物质基础。使用连续光源和中阶梯光栅，结合使用光导摄像管、二极管阵列多元素分析检测器，设计出了微机控制的原子吸收光谱仪，为解决多元素同时测定开辟了新的前景。微机控制的原子吸收光谱系统简化了仪器结构，提高了仪器的自动化程度，改善了测定准确度，使原子吸收光谱法的面貌发生了重大的变化。联用技术(色谱-原子吸收联用、流动注射-原子吸收联用)日益受到人们的重视。色谱-原子吸收联用在解决元素的化学形态分析方面和在测定有机化合物的复杂混合物方面都有重要的用途，是一个很有前途的发展方向。

近年来多元素同时测定技术取得了显著进展，现在已有多元素同时测定原子吸收光谱仪问世，可以实现多灯快速切换、多灯同时使用、火焰和石墨炉原子化同时使用。

4.8　原子吸收光谱法的应用

4.8.1　环境分析

火焰法可测定水、海水、冶金废水及土壤消解液和固体废物浸出液的 Cu、Zn、Pb、Cd、

Cr、Fe、Co、Ni、Mn、Ag 等重金属及碱金属、碱土金属元素。

　　石墨炉法多用于地表水、饮用水源地表水及大气颗粒物中重金属元素的检测分析。例如，国家标准 GB/T 5750.6—2006《生活饮用水标准检验方法 金属指标》中用直接火焰原子吸收光谱法测定生活饮用水及其水源水中铜、铁、锰、锌、镉和铅。澄清的水样可直接进行测定，悬浮物较多的水样，分析前需酸化并消化有机物。若需测定溶解的金属，则应在采样时将水样用 0.45 μm 滤膜过滤，然后按每升水样加 1.5 mL 硝酸酸化使 pH<2。水样中的有机物一般不干扰测定，为了使金属离子能全部进入水溶液和促使颗粒物质溶解以有利于萃取和原子化，可采用盐酸-硝酸消化法。于每升酸化水样中加入 5 mL 硝酸，混匀后取定量水样，按每 100 mL 水样加 5 mL 盐酸的比例加入盐酸。在电热板上加热 15 min。冷至室温后，用玻芯漏斗过滤，最后用纯水稀释至一定体积。将各种金属标准储备溶液用每升含 1.5 mL 硝酸的纯水稀释，并配制成下列浓度(mg·L^{-1})的标准系列：铜 0.20～5.0；铁 0.30～5.0；锰 0.10～3.0；锌 0.050～1.0；镉 0.050～2.0；铅 1.0～20。每种金属元素用各自的空心阴极灯发出的共振线(铜：324.7 nm；铅：283.3 nm；铁：248.3 nm；锰：279.5 nm；锌：213.9 nm；镉：228.8 nm)，将标准溶液、空白溶液和样品溶液依次喷入火焰，测量吸光度。绘制标准曲线并查出各待测金属元素的质量浓度。

4.8.2　农业领域

　　原子吸收光谱法可用于测定土壤、植物、水果、蔬菜、食品、饲料和水产品中的金属元素，如 K、Na、Ca、Mg、Cu、Mn、Zn、Fe、Mo 等。

　　例如，国家标准 GB 5009.13—2017《食品安全国家标准 食品中铜的测定》：将固体食品等样品磨碎，过 20 目筛，混匀。称取 1.00～5.00 g 试样，置于石英或瓷坩埚中，加 5 mL 硝酸，放置 0.5 h，小火蒸干，继续加热炭化，移入马弗炉中，500±25℃灰化 1 h，取出放冷，再加 1 mL 硝酸浸湿灰分，小火蒸干。再移入马弗炉中，500℃灰化 0.5 h，冷却后取出，以 1 mL 硝酸(1∶4)溶解 4 次，移入 10.0 mL 容量瓶中，用水稀释至刻度，备用。吸取 0 mL、1.0 mL、2.0 mL、4.0 mL、6.0 mL、8.0 mL、10.0 mL 铜标准溶液(1.0 μg·mL^{-1})，分别置于 10 mL 容量瓶中，加硝酸(0.5%)稀释至刻度，混匀。容量瓶中每毫升溶液分别相当于 0 μg、0.10 μg、0.20 μg、0.40 μg、0.60 μg、0.80 μg、1.00 μg 铜。将处理后的样液、空白试剂和各容量瓶中铜标准溶液分别导入调至最佳条件的火焰原子化器中进行测定。参考条件：灯电流 3～6 mA，波长 324.8 nm，光谱通带 0.5 nm，空气流量 9 L·min^{-1}，乙炔流量 2 L·min^{-1}，灯头高度 6 mm，氘灯背景校正。以铜标准溶液含量和对应吸光度，绘制标准曲线或计算直线回归方程，将试样吸光度与曲线比较或代入方程求得含量。

4.8.3　冶金工业

　　钢铁中除分析线处于真空紫外区的 C、S、P 元素外，其他元素几乎都可以用原子吸收光谱法测定。钢铁及高温合金钢中的有害杂质元素，如 Pb、Bi、As、Sb、Sn 等，可以采用氢化物原子化法进行测定。

4.8.4　石油工业

　　原子吸收光谱法可以用于原油、中间产品、最终产品和添加剂中金属及润滑油中的金属杂质的分析。

4.8.5 医药卫生

原子吸收光谱法在医药卫生方面主要用于毒性元素的分析,《中华人民共和国药典》按照毒性大小规定了多种毒性元素的限值。例如,《中华人民共和国药典(2015 年版)》规定的明胶空心胶囊中重金属的检查方法为：取本品 0.5 g, 置聚四氟乙烯消解罐内, 加硝酸 5～10 mL, 混匀浸泡过夜, 盖上内盖, 旋紧外套, 置适宜的微波消解炉内进行消解。消解完全后, 取消解罐置电热板上缓缓加热至棕红色蒸气挥发并近干, 用 2%硝酸转移至 50 mL 容量瓶中, 并用 2%硝酸稀释至刻度, 摇匀, 作为供试品溶液；同时制备试剂空白溶液；另取铬单元素标准溶液, 用 2%硝酸溶液稀释制成每 1 mL 含铬 1.0 μg 的铬标准储备液, 临用时, 分别精密量取铬标准储备液适量, 用 2%硝酸溶液稀释制成每 1 mL 含铬 0～80 ng 的对照品溶液。取测试样品溶液与对照品溶液, 以石墨炉为原子化器, 按照原子吸收光谱法(通则 0406 第一法, 即标准曲线法)在 357.9 nm 的波长处测定, 计算即得。含铬不得超过百万分之二。

原子吸收光谱法也可用于血清中常见元素, 如 Ca、Zn、K、Na 等的分析, 对于一些特别要求的痕量元素, 如 Se、Li、Cr、Pb 等需将血清用 HNO_3-$HClO_4$ 充分消化后再用火焰或石墨炉原子化法测定。有些元素可用三氯乙酸除蛋白后, 适当稀释上清液用以测定。

生物学固体样品分析包括生物组织(如内脏、肌肉等)、骨骼、毛发等中元素的分析。头发分析常用来评价一个人的微量元素水平。微量元素对生命现象有着巨大的影响, 在生物的生长、发育、衰老直至死亡的各个阶段都起着十分重要的作用。某些元素在体内的缺乏或过量均可引起机体生理功能及代谢的异常。人体中含有多种元素, 如 Ca、Zn、Mg 等, 这些元素与人体健康密切相关, 摄入量过多或过少均会不同程度地引发疾病。例如, 钙摄取量过高会导致骨骼钙化、尿路结石；缺锌会影响营养吸收、易患眼部疾病；缺镁会导致生长停滞、骨痛等。头发作为参与人体新陈代谢的重要部分, 具有易于采集、运输及保存等特点, 且对微量元素具有一定的富集作用, 因此可以在一定程度上反映身体中微量元素的含量。可以用头发作为分析对象, 利用原子吸收光谱仪测定头发中 Ca、Fe、Zn、Mg、Mn、Cu 等元素的含量。

《美国药典》(USP)对于微量元素注射液的鉴别, 采用原子吸收光谱法。USP38 中氯化锌注射液的鉴别：按氯化锌注射液含量测定项下描述的方法配制对照液和供试液, 以水为空白进行原子吸收测定, 在锌的发射波长 213.8 nm 处有最大吸收。

【拓展阅读】

多元素同时检测 AAS 仪器的出现

常规的 AAS 大多采用能够发射元素分析线的空心阴极灯作光源, 称为线光源 AAS, 带线光源的仪器不能对多个元素同时进行分析检测, 且由于无法提供分析谱线的轮廓信息及其侧翼光谱背景信息, 同时其背景都较大, 需要配置专门的背景校正装置, 限制了原子吸收光谱的应用。近年来, 随着高光谱分辨能力的中阶梯光栅光谱仪技术和具有多通道检测能力的半导体图像传感器技术的日趋成熟, 出现了使用连续光源的原子吸收光谱仪(CS-AAS)。

德国 Jena 公司推出的 CS-AAS(Contr AA)是对 AAS 的重大突破。常规线光源原子吸收光谱仪(LS-AAS)一个灯只能做一个元素的分析, 而该公司的 Contr AA 仪器采用高聚焦短弧氙灯作为连续光源, 该光源是一个气体放电光源, 灯内充有高压氙气, 在高频高压电压的激发下形成弧光放电, 辐射出从紫外到近红外的强连续光谱, 能量比一般氙灯大很多, 电极距离<1 nm, 发光点只有 200 μm, 发光点温度高达 10000 K。同时 CS-AAS 采用交叉色散系统和 CMOS 图像传感器的形式, 不需要移动光路中的任何部件, 可以同时检测从 As 193.64 nm 到 Cs 852.11 nm 之间的多条任意分析谱线, 具有同时多元素定性、定量分析能力, 检出限和精密度达到或超

过 LS-AAS 水平。

　　这样的设计使仪器提供的光谱信息非常丰富，提高了分析结构准确性和测量精度。光源点亮后即能很快达到接近最大光输出，不再需要通过灯预热来防止产生漂移。多元素测定时，可测量元素周期表中 60 多个金属元素，并可以测量放射性元素，为研究原子光谱的机理提供了分析手段。

【参考文献】

朱明华, 胡坪. 2008. 仪器分析[M]. 4 版. 北京: 高等教育出版社.

叶宪曾, 张新祥, 等. 2007. 仪器分析教程[M]. 2 版. 北京: 北京大学出版社.

四川大学工科基础化学教学中心, 分析测试中心. 2001. 分析化学[M]. 北京: 科学出版社.

孙凤霞. 2011. 仪器分析[M]. 2 版. 北京: 化学工业出版社.

周梅村. 2008. 仪器分析[M]. 武汉: 华中科技大学出版社.

杭太俊. 2017. 药物分析[M]. 8 版. 北京: 人民卫生出版社.

【思考题和习题】

1. 原子吸收光谱法为什么选择共振线作吸收线？

2. 请解释下列名词：

　　(1) 谱线的半宽度；(2) 积分吸收；(3) 峰值吸收；(4) 锐线光源。

3. 原子吸收光谱仪主要由哪几部分组成？每部分的作用是什么？

4. 原子吸收光谱法主要采用什么光源？它的工作原理及特点是什么？

5. 火焰原子吸收光谱中的干扰有哪些？简述抑制各种干扰的方法。

6. 在火焰原子吸收光谱法中为什么要调节灯电流、燃气与助燃气的比例、燃烧器高度、测试波长等仪器工作条件？

7. 用标准加入法测定一无机试样溶液中镉的浓度。试液在加入不同体积的镉标准溶液($10\ \mu g \cdot mL^{-1}$)后，用水稀释至 50 mL，测得其吸光度如下表所示。求镉的浓度。

序号	试液的体积/mL	加入镉标准溶液	吸光度
1	20	0	0.042
2	20	1	0.080
3	20	2	0.116
4	20	4	0.190

第 5 章　紫外-可见吸收光谱法

【内容提要与学习要求】

本章的内容主要包括紫外-可见吸收光谱与化合物电子跃迁的关系；紫外-可见分光光度计的构成；影响化合物紫外-可见吸收的因素；紫外-可见吸收光谱法定性分析、定量分析及应用等。要求学生掌握紫外-可见吸收光谱法的基本原理，包括光的基本性质、分子吸收光谱和吸收曲线的产生；掌握朗伯-比尔定律和吸光度的加和性定律；掌握紫外-可见分光光度计的基本构成；熟悉紫外-可见吸收光谱法在定性分析、定量分析、结构分析、纯度检查中的应用；了解多种型号的分光光度计。

光谱分析法是在电磁辐射的作用下，物质内部发生能级跃迁，测量由物质产生的发射、吸收或散射辐射的波长和强度来进行分析的方法，而根据物质对光的选择性吸收建立起来的分析方法称为吸光光度法。紫外-可见吸收光谱法是基于分子内价电子跃迁产生的吸收光谱进行分析的一种常用光谱分析法。紫外光通常是指波长在 10～380 nm 的光，其中远紫外光的波长为 10～200 nm，近紫外光的波长为 200～380 nm，可见光的波长为 380～780 nm。

该方法在测定物质的含量、判定未知化合物的共轭骨架等方面应用广泛。由于紫外-可见吸收光谱所对应的电磁辐射波长较短且能量大，在电子能级改变的同时，往往伴随振动能级的跃迁，因此其光谱图比较简单，但峰形较宽，能用于定性分析的信号较少。应用中，紫外-可见吸收光谱法显示出灵敏度高、准确度好、操作简便、分析速度快等特点，多应用于共轭体系(共轭烯烃和不饱和羰基化合物)及芳香族化合物的定量分析。

5.1　紫外-可见吸收光谱与化合物电子跃迁的关系

紫外-可见吸收光谱是基于分子内价电子跃迁产生，不同结构的化合物具有不同的电子跃迁类型(不同的能级差)，因而产生不同的紫外-可见吸收光谱。吸收波长由电子跃迁的类型决定。

5.1.1　电子跃迁类型

紫外-可见吸收光谱是由分子中价电子能级跃迁产生的，因此吸收光谱取决于分子中价电子的分布情况。分子的电子结构分布是有规律的，根据分子轨道理论，原子轨道经过线性组合生成分子轨道，两个原子轨道可形成一个成键轨道和一个相对应的反键轨道。s 轨道和杂化轨道经线性组合后组成轨道，分子中的单键属于 σ 轨道，位于轨道上的电子称为 σ 电子。2个 p 轨道相互重叠后形成 π 轨道，位于 π 轨道上的电子称为 π 电子。杂原子上的孤对电子在成键后仍然排布在非成键的原子轨道上，非成键轨道又称为 n 轨道，排布在 n 轨道上的电子称为 n 电子(p 电子)。当外层电子吸收紫外或可见辐射后，吸收能量，就从基态向激发态(反键轨道)跃迁。一般有以下几种类型(表 5.1 和图 5.1)。

表 5.1　电子能级跃迁类型

	跃迁类型			
	$\sigma \rightarrow \sigma^*$	$n \rightarrow \sigma^*$	$\pi \rightarrow \pi^*$	$n \rightarrow \pi^*$
吸收波长/nm	<150	150～250	>160	>200
吸收峰强度	强	弱	强	弱
化合物结构	饱和碳氢化合物	含未成键孤对电子的饱和烃衍生物	不饱和烃、共轭烯烃、芳香烃类	含杂原子不饱和键(硝基)化合物

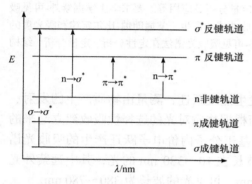

图 5.1　电子能级跃迁示意图

$\sigma \rightarrow \sigma^*$ 跃迁：位于 σ 成键轨道上的电子跃迁至 σ^* 反键轨道。饱和烃中的 C—C 键是 σ 键。产生跃迁所需能量最大，只有吸收远紫外光的能量才能发生跃迁。一般吸收波长小于 150 nm 的电磁辐射，所以在真空紫外光谱区有吸收，只能被真空紫外分光光度计检测到。

$n \rightarrow \sigma^*$ 跃迁：位于 n 轨道上的孤对电子跃迁至 σ^* 反键轨道。含有未成键孤对电子(n 电子)的杂原子(O、N、S、卤素等)的饱和烃衍生物都可发生此类跃迁。它的能量小于 $\sigma \rightarrow \sigma^*$ 跃迁。吸收波长为 150～250 nm 的电磁辐射，只有一部分在近紫外区域内，同时吸收峰强度弱，所以也不易在近紫外区观察到。

$\pi \rightarrow \pi^*$ 跃迁：位于 π 成键轨道上的电子跃迁至 π^* 反键轨道。不饱和烃、共轭烯烃和芳香烃类均可发生此类跃迁，所需能量较小，吸收波长处于远紫外区的近紫外端或近紫外区(其中孤立的双键的最大吸收波长小于 200 nm)的电磁辐射，吸收峰强度强。

$n \rightarrow \pi^*$ 跃迁：位于 n 轨道上的孤对电子跃迁至 π^* 反键轨道。分子中有孤对电子 n 电子和 π 键同时存在时，会发生 $n \rightarrow \pi^*$ 跃迁，所需能量最小，吸收波长大于 200 nm 的电磁辐射，这类跃迁在跃迁选律上属于禁阻跃迁，吸收峰强度很弱。

由图 5.1 可知，这些跃迁所需要的能量大小为

$$E(\sigma \rightarrow \sigma^*) > E(n \rightarrow \sigma^*) \geqslant E(\pi \rightarrow \pi^*) > E(n \rightarrow \pi^*)$$

5.1.2　有机化合物的紫外-可见吸收光谱

紫外-可见吸收光谱图是由吸收电磁辐射的波长 λ (横坐标)、吸收电磁辐射的强度(纵坐标)和吸收曲线(吸收强度与吸收波长之间的关系曲线)组成。不同结构的化合物，其外层电子的分布不同，电子跃迁方式不同，因此有不同的吸收光谱图，这里将重点介绍有机化合物的紫外-可见光谱特性。

1. 饱和烃及其取代衍生物

饱和烃类分子中只含有 σ 键，因此只能产生 $\sigma \rightarrow \sigma^*$ 跃迁，即 σ 电子从成键轨道(σ)跃迁到反键轨道(σ^*)。饱和烃的吸收波长一般小于 150 nm，已超出紫外-可见分光光度计的测量范围(只能在真空条件下测定)。当饱和烃的氢被氧、氮、硫、卤素等杂原子取代后，由于这类

杂原子含有孤对电子(n 电子)，可产生 $n{\rightarrow}\sigma^*$ 的跃迁。由于 n 电子比 σ 键电子易于激发，$n{\rightarrow}\sigma^*$ 跃迁的能量低于 $\sigma{\rightarrow}\sigma^*$ 跃迁，从而使吸收峰向长波方向移动，这种现象称为深色移动或红移。例如，一氯甲烷、甲醇、三甲基胺的 $n{\rightarrow}\sigma^*$ 跃迁的最大吸收波长 λ_{max} 分别为 173 nm、183 nm 和 227 nm(甲烷的 λ_{max} 为 125 nm)，这种能使吸收峰向长波方向移动的杂原子基团称为助色团 (auxochrome)，如—NH_2、—NR_2、—OH、—OR、—SR、—Cl、—Br、—I 等(表 5.2)。直接用烷烃和卤代烃的紫外吸收光谱分析这些化合物的实用价值不大，但是它们是测定紫外和(或)可见吸收光谱的良好溶剂。

表 5.2　助色团在饱和烃中的紫外吸收峰

助色团	化合物	溶剂	吸收峰波长 λ_{max}/nm	摩尔吸光系数*ε_{max}/(L·mol^{-1}·cm^{-1})
—	CH_4，C_2H_6	气态	150，165	—
—OH	CH_3OH	正己烷	177	200
—OH	C_2H_5OH	正己烷	186	
—OR	$C_2H_5OC_2H_5$	气态	190	100
—NH_2	CH_3NH_2	—	173	213
—NHR	$C_2H_5NHC_2H_5$	正己烷	195	2800
—SH	CH_3SH	乙醇	195	1400
—SR	CH_3SCH_3	乙醇	210	1020
—Cl	CH_3Cl	正己烷	173，229	200，140
—Br	$CH_3CH_2CH_2Br$	正己烷	208	300
—I	CH_3I	正己烷	256	400

*摩尔吸光系数 ε_{max}，也称摩尔消光系数，是物质对某波长的光的吸收能力的量度，指当吸光物质的浓度为 1 mol·L^{-1}，吸收池厚为 1 cm，以一定波长的光通过时，引起的吸光度 A。

2. 不饱和烃及共轭烯烃

在不饱和烃类分子中，除含有 σ 键电子外，还含有 π 键电子，当这类化合物吸收电磁辐射能量后可以产生 $\sigma{\rightarrow}\sigma^*$ 和 $\pi{\rightarrow}\pi^*$ 两种跃迁。由于 $\pi{\rightarrow}\pi^*$ 跃迁的能量小于 $\sigma{\rightarrow}\sigma^*$ 跃迁，吸收峰波长向长波方向移动。例如，在乙烯分子中，$\pi{\rightarrow}\pi^*$ 跃迁产生的最大吸收波长为 171 nm(乙烷 λ_{max} 为 135 nm)。若在饱和碳氢化合物中，引入含有 π 键的不饱和基团，将使该化合物的最大吸收峰波长移至紫外及可见区范围内，这类基团称为生色团(chromophore)。常见的生色团见表 5.3，可以看到生色团是含有 $\pi{\rightarrow}\pi^*$ 或 $n{\rightarrow}\pi^*$ 跃迁的基团。

表 5.3　常见生色团的紫外吸收峰

生色团	化合物	溶剂	λ_{max}/nm	ε_{max}/(L·mol^{-1}·cm^{-1})	跃迁类型
烯	$H_2C{=}CH_2$	气态	171	15530	$\pi{\rightarrow}\pi^*$
	$C_6H_{13}CH{=}CH_2$	正庚烷	177	13000	$\pi{\rightarrow}\pi^*$
炔	$HC{\equiv}CH$	气态	173	6000	$\pi{\rightarrow}\pi^*$
	$C_5H_{11}C{\equiv}CH$	正庚烷	178	10000	$\pi{\rightarrow}\pi^*$

生色团	化合物	溶剂	λ_{max}/nm	$\varepsilon_{max}/(L \cdot mol^{-1} \cdot cm^{-1})$	跃迁类型
羰基	CH_3COCH_3	异辛烷	279	13	$n \to \pi^*$
	CH_3COH	异辛烷	290	17	$n \to \pi^*$
羧基	CH_3COOH	乙醇	204	41	$n \to \pi^*$
酰胺	CH_3CONH_2	水	214	60	$n \to \pi^*$
偶氮基	$CH_3N{=}NCH_3$	乙醇	339	5	$n \to \pi^*$
硝基	CH_3NO_2	异辛烷	280	22	$n \to \pi^*$
亚硝基	C_4H_9NO	乙醚	300	100	$n \to \pi^*$
硝酸酯	$C_2H_5ONO_2$	二氧六环	270	12	$n \to \pi^*$

　　具有共轭双键的化合物，相间的 π 键与 π 键相互作用(π-π共轭效应)，生成大 π 键。由于大 π 键各能级间的距离较近(键的平均化)，电子容易激发，电子跃迁时所需能量减小，吸收峰的波长增加，生色作用大为加强。例如，乙烯(孤立双键)的 λ_{max} 为 171 nm(ε_{max} =15530 L · mol^{-1} · cm^{-1})，而丁二烯($CH_2{=}CH{-}CH{=}CH_2$)由于两个双键发生共轭，吸收峰发生深色移动(λ_{max}=217 nm)，吸收强度也显著增加(ε_{max}=21000 L · mol^{-1} · cm^{-1})。这种由于共轭双键中π→π*跃迁所产生的吸收带称为 K 吸收带[从德文 Konjugation(共轭作用)得名]。K 吸收带的波长及强度与共轭体系的数目、位置、取代基的种类等有关。随着共轭双键的增加，共轭体系增大，吸收峰波长越长，深色移动越显著，甚至产生颜色，据此可以判断共轭体系的存在情况。

　　共轭二烯类化合物上取代基对π—π*跃迁的最大吸收波长 λ_{max} 可以通过伍德沃德-菲泽(Woodward-Fieser)经验规律式(5.1)进行计算。

$$\lambda_{max} = \lambda_{母体二烯} + \sum n_i \lambda_i \tag{5.1}$$

式中，$\lambda_{母体二烯}$ 为母体二烯的最大吸收波长(表 5.4)；λ_i 为取代基引起的波长增量(表 5.5 和表 5.6)；n_i 为取代基个数。

表 5.4　母体二烯的最大吸收波长

化合物					
λ_{max}/nm	217	253	214	228	241

表 5.5　取代基对开链及非稠环共轭二烯的最大吸收波长的影响

取代基	每延长一个共轭双键	烷基取代	环外双键	卤素取代
波长增量/nm	30	5	5	17

表 5.6　取代基对稠环共轭二烯的最大吸收波长的影响

取代基	每延长一个共轭双键	烷基取代	环外双键	—OAc	—OR	—SR	—Cl、—Br	—NR$_2$
波长增量/nm	30	5	5	0	6	30	5	60

　　应用此规则时应注意：对于有些化合物同时可满足多个母体结构，这时需要选择基数较大的为基值。烷基取代基必须是连接在母体 π 电子体系上或者是连接在母体共轭体系延长的 π 电子体系上，同时整个体系必须为共轭体系。如果其他的双键不在共轭体系内，那么连接在其上的烷基是不能算作烷基取代基的。共轭体系的延长就是在母体的基础上，每增加一个共轭双键，其修正值加 30 nm，但是双键必须和母体形成共轭体系。增加的双键必须和共轭体系在"一条线"上，即增加的双键必须连接在母体双键的两端，而不适用于交叉共轭体系和芳环体系。环外双键特指 C=C 双键中有一个 C 原子在环上，而另一个 C 原子不在该环上的情况。对于有些环外双键，会同时连接在两个环上，此时这个环外双键应该算作两个环外双键。该经验规律适用于共轭二烯、共轭三烯、共轭四烯的计算，而不适用于共轭五烯以上的共轭烯烃和交叉二烯。

【例 5.1】　计算下面化合物的 λ_{max}。

解	同环共轭二烯母体基本值	253 nm
	增加共轭双键(2×30)	+ 60 nm
	环外双键(3×5)	+ 15 nm
	烷基取代(去掉母体)(5×5)	+ 25 nm
	酰氧基取代	+ 0 nm
	λ_{max} 计算值	353 nm
		(实测值：356 nm)

【例 5.2】　计算下面化合物的 λ_{max}。

解	异环共轭二烯母体基本值	214 nm
	增加共轭双键(1×30)	+ 30 nm
	环外双键(3×5)	+ 15 nm
	烷基取代(5×5)	+ 25 nm
	λ_{max} 计算值	284 nm
		(实测值：283 nm)

3. 羰基化合物

羰基($\diagdown$C=O)化合物主要可产生$\pi \rightarrow \pi^*$、$n \rightarrow \sigma^*$、$n \rightarrow \pi^*$三个吸收带。其中跃迁能量最低的为$n \rightarrow \pi^*$，落在近紫外区($\lambda_{max} > 200$ nm)。

生色团或助色团中$n \rightarrow \pi^*$跃迁所产生的吸收带又称 R 带(德文 Radical，基团)，它是醛酮的特征吸收带，落于近紫外或紫外光区，吸收强度较弱($\varepsilon_{max} < 100$ L·mol^{-1}·cm^{-1})，是判断醛、酮存在的重要依据。

羧酸及羧酸的衍生物(如酯、酰胺等)都含有羰基，但羧酸及羧酸的衍生物的羰基碳原子直接连接含有未共用电子对的助色团(如—NR$_2$、—OH、—OR、—NH$_2$、—X)，由于这些助色团上的 n 电子与羰基双键的 π 电子产生 $n \rightarrow \pi$ 共轭，导致 π^* 轨道的能级有所提高，但这种共轭作用并不能改变 n 轨道的能级，因此导致 $n \rightarrow \pi^*$ 跃迁所需的能量变大，使 $n \rightarrow \pi^*$ 吸收带移至较短波长，但 ε_{max} 变化不大。这种波长向短波长方向移动的现象称为光谱蓝移或蓝移。

当羰基双键与碳碳双键共轭时，称为α, β不饱和醛或酮，由于共轭效应使碳碳双键$\pi \rightarrow \pi^*$跃迁红移至 220～260 nm 成为 K 吸收带，羰基双键 R 带红移至 310～330 nm。伍德沃德、菲泽和斯科特(Scott)总结出这类化合物的 K 吸收带的最大吸收波长λ_{max}的经验公式：

$$\lambda_{max} = \lambda_{母体} + \sum n_i \lambda_i + \lambda_{溶剂} \tag{5.2}$$

式中，$\lambda_{母体}$为α, β不饱和醛或酮母体的基本值(表 5.7)；λ_i为取代基引起的波长增量(表 5.8)；n_i为取代基个数；$\lambda_{溶剂}$为溶剂引起的波长增量(表 5.9)。

表 5.7　α, β-不饱和醛或酮母体的基本值(甲醇或乙醇溶剂)

母体	吸收波长基本值/nm
直链和六元环或七元环α, β不饱和酮	215
五元环α, β不饱和酮	202
α, β不饱和醛	207

表 5.8　取代基对α, β不饱和醛或酮的最大吸收波长的影响(甲醇或乙醇溶剂)

取代基位置	取代基波长增量*								
	—R	—OAc	—OR	—OH	—SR	—Cl	—Br	—NR$_2$	苯环
α	10	6	35	35		15	25		
β	12	6	30	30	85	12	30	95	63
γ	18	6	17	30					
δ	18	6	31	30					

*延长共轭双键、烷基取代、环外双键的波长增量与共轭二烯类化合物相同。同环共轭双键的波长增量为 39 nm。γ以后烷基取代的波长增量均为 18 nm。

表 5.9　溶剂对α, β不饱和醛或酮的最大吸收波长的影响

溶剂	甲醇	氯仿	二氧六环	乙醚	己烷	环己烷	水
波长增量/nm	0	+1	+5	+7	+11	+11	−8

【例 5.3】　计算下列化合物的最大吸收波长 λ_{max}。

解　六元环或七元环 α, β-不饱和酮的基本值　　　　215 nm

延长 2 个共轭双键(2×30)　　　　　　　　　　+60 nm

同环共轭双键　　　　　　　　　　　　　　　+39 nm

1 个 β 位烷基取代　　　　　　　　　　　　　+12 nm

3 个 γ 位以后的烷基取代(3×18)　　　　　　+54 nm

1 个环外双键　　　　　　　　　　　　　　　+5 nm

λ_{max} 计算值　　　　　　　　　　　　　　　385 nm

（乙醇溶剂中实测值 388 nm）

　　α, β-不饱和羧酸和酯的 K 吸收带的最大吸收波长 λ_{max} 同样也可以用经验规则进行计算，母体的基本值及取代基引起的波长增量如表 5.10 所示。

表 5.10　α, β-不饱和羧酸和酯母体基本值及取代基波长增量(乙醇溶剂)

母体基本值/nm	烷基单取代羧酸和酯(α 或 β)	208
	烷基双取代羧酸和酯(α, β 或 β, β)	217
	烷基三取代羧酸和酯(α, β, β)	225
取代基波长增量/nm	环外双键	+5
	双键在五元环或七元环内	+5
	延长一个共轭双键	+30
	γ 位或 δ 位烷基取代	+18
	α 位 OCH_3、OH、Br、Cl 取代	+15～20
	β 位 OR 取代	+30
	β 位 NR_2 取代	+60

【例 5.4】　计算下列化合物的最大吸收波长 λ_{max}。

解　β 位取代羧酸的基本值　　　　　　208 nm

延长 1 个共轭双键　　　　　　　　　+30 nm

1 个 δ 位烷基取代　　　　　　　　　+18 nm

λ_{max} 计算值　　　　　　　　　　　256 nm

（乙醇溶剂中实测值 254 nm）

4. 苯及其衍生物

苯及其衍生物为环状共轭体系。图 5.2 为苯的紫外-可见吸收光谱(乙醇为溶剂)。由图可见，苯有三个吸收带，均为由 $\pi \rightarrow \pi^*$ 跃迁引起的。其中，180 nm($\varepsilon_{max} = 60000\ \text{L} \cdot \text{mol}^{-1} \cdot \text{cm}^{-1}$) 和 204 nm($\varepsilon_{max} = 8000\ \text{L} \cdot \text{mol}^{-1} \cdot \text{cm}^{-1}$)处出现的两个强吸收带分别称为 E_1 和 E_2 吸收带(德文 Ethylenic，乙烯型)，是苯环中三个乙烯组成的环状共轭体系的跃迁产生的，是苯及其衍生物的特征吸收峰；除此以外，在 255 nm($\varepsilon_{max} = 200\ \text{L} \cdot \text{mol}^{-1} \cdot \text{cm}^{-1}$)处还有一较弱的一系列吸收带出现，称为 B 吸收带(德文 Benzenoid，苯化合物)，也称为精细结构吸收带，这是由苯环的振动跃迁和 $\pi \rightarrow \pi^*$ 跃迁的叠加引起的。在气态或非极性溶剂中，苯及其许多同系物的 B 吸收带有许多的精细结构；在极性溶剂中，这些精细结构会简单化甚至消失(图 5.3)。当苯环上有取代基时，苯的三个特征谱带都会发生显著的变化，其中影响较大的是 E_2 带和 B 谱带(图 5.4)。

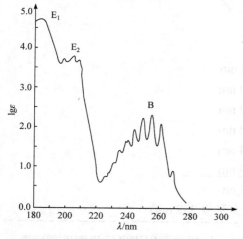

图 5.2　苯的紫外-可见吸收光谱(乙醇为溶剂)

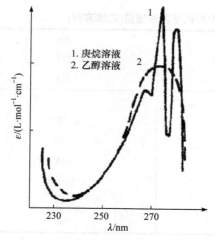

图 5.3　苯酚的 B 吸收带

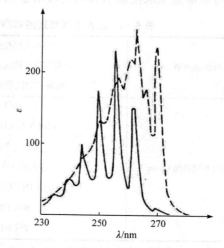

图 5.4　苯(实线)和甲苯(虚线)的 B 吸收带

5. 稠环芳烃及杂环化合物

稠环芳烃(如萘、蒽、芘等)均显示苯的三个吸收带，但是与苯本身相比，这三个吸收带均发生红移，且强度增加。随着苯环数目的增多，共轭范围增大，E_2 吸收带波长红移越多，吸收强度也相应增加；而 B 吸收带可能消失。当芳环上的—CH 基团被氮原子取代后，相应的氮杂环化合物(如吡啶、喹啉)的吸收光谱与相应的碳化合物极为相似，即吡啶与苯相似，喹啉与萘相似。

此外，由于引入含有 n 电子的 N 原子，这类杂环化合物还可能产生 $n \rightarrow \pi^*$ 跃迁的 R 吸收带。

5.1.3　无机化合物的紫外-可见吸收光谱

无机化合物紫外-可见吸收光谱的电子跃迁形式一般分为两大类：电荷迁移跃迁和配位场跃迁。

电荷迁移跃迁：当配合物受电磁辐射激发后，配合物的中心离子和配位体中，一个电子由配体(电子给予体)的轨道跃迁到与中心离子(电子接受体)相关的轨道上，可产生电荷迁移吸收光谱。例如，

$$M^{n+} - L^{b-} \xrightarrow{hv} M^{(n-1)+} - L^{(b-1)-}$$
$$[Fe^{3+} - SCN]^{2+} \xrightarrow{hv} [Fe^{2+} - SCN]^{2+}$$

呈现电荷迁移光谱的配合物的组分之一具有电子接受体(中心离子 M)的性质，而另一组分具有电子给予体(配体 L)的性质。这种吸收光谱通常发生在具有 d 电子的过渡金属与含有 π 键共轭体系的生色团的试剂反应所生成的配合物以及许多水合无机离子中。此外，一些具有 d^{10} 电子结构的过渡元素形成的卤化物和硫化物如 AgI、HgS 等，也是由于电荷迁移跃迁而产生颜色。电荷迁移吸收光谱出现的波长位置，取决于电子给予体和电子接受体相应电子轨道的能量差。例如，SCN^- 的电子亲和力比 Cl^- 小，Fe^{3+}-SCN^- 配合物的最大吸收波长大于 Fe^{3+}-Cl^- 配合物，前者在可见光区，而后者在紫外区。

配位场跃迁：元素周期表中第四、五周期的过渡金属元素分别含有 3d 和 4d 轨道，镧系和锕系元素分别含有 4f 和 5f 轨道。自由态的过渡金属离子(即在没有电磁场存在下)，5 个 d 轨道的能量相同。在配体的存在下，由于配体中电子给予体的电子对与中心金属离子的各种 d 轨道或 f 轨道电子之间的静电斥力不同而引起过渡元素 5 个能量相等的 d 轨道和镧系元素 7 个能量相等的 f 轨道分别分裂成几组能量不等的 d 轨道和 f 轨道。当这些离子吸收电磁辐射后，低能态的 d 电子或 f 电子可分别跃迁至高能态的 d 轨道或 f 轨道，这两类跃迁分别称为 d-d 跃迁和 f-f 跃迁。由于这两类跃迁必须在配体的配位场作用下才可能发生，因此又称为配位场跃迁。配体的配位场越强，d 轨道分裂能越大，吸收峰的波长就越短。例如，H_2O 的配位场强度小于 NH_3，因此铜的水合离子 $[Cu(H_2O)_4]^{2+}$ 呈浅蓝色，吸收峰位于 794 nm，而铜的氨合离子 $[Cu(NH_3)_4]^{2+}$ 呈深蓝色，吸收峰位于 663 nm。

常见配体的配位场强弱顺序为：

$I^- < Br^- < Cl^- < OH^- < C_2O_4^{2-} = H_2O < SCN^- < 吡啶 = NH_3 < 乙二胺 < 联吡啶 < 邻二氮菲 < NO_2^- < CN^-$

5.2　紫外-可见分光光度计

5.2.1　紫外-可见分光光度计的基本结构

紫外-可见分光光度计由光源、单色器、吸收池、检测器及数据处理及记录系统(计算机)等部分组成(图 5.5)。

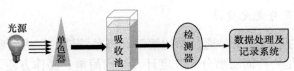

图 5.5　紫外-可见分光光度计示意图

1. 光源

光源的作用是提供电磁辐射，一般要求光源具有足够的辐射强度、较好的稳定性及较长的使用寿命。光源有钨丝灯和氘灯两种。可见光区使用钨丝灯(380~1000 nm)，紫外光区使用氘灯(150~400 nm)。紫外光的波长为 10~380 nm，其中 10~200 nm 为远紫外区，由于空气中的水分子、氧气、氮气、二氧化碳等会吸收该区域的紫外光产生紫外吸收光谱，因此进行远紫外区的测定时，为避免空气的干扰，必须使仪器的测量系统处于真空环境，所以远紫外区又称为真空紫外区，由于操作烦琐，应用价值不大。常用波段是 200~380 nm(近紫外)和 380~780 nm(可见)。因此，通常所说的紫外-可见吸收光谱实际上是指近紫外和可见光区，这些光区中的吸收峰位置和强度能够提供实际有用的结构信息。

2. 单色器

单色器由入射狭缝、准直装置(透镜或反射镜，使入射光呈平行光)、色散元件(棱镜或光栅)、聚焦装置和出射狭缝组成，其作用是将光源辐射的复合光分解成单一波长的单色光。

3. 吸收池

吸收池用于盛放分析试样，一般有石英和玻璃材料两种。石英吸收池适用于可见光区及紫外光区；由于玻璃要吸收紫外线，因此玻璃吸收池只能用于可见光区。由于吸收池材料本身的吸光特性以及吸收池的厚度和精度等对分析结果均有影响，因此在高精度的分析测定中(紫外区尤其重要)，吸收池要配对使用。为了减少光的损失，吸收池的光学面必须完全垂直于光束方向。

4. 检测器

检测器是检测信号、测量入射光透过溶液后光强度变化的一种装置。常用的检测器有光电池、光电管、光电倍增管、光导摄像管等。其中光电倍增管是检测微弱光最常用的光电元件，其灵敏度比一般的光电管高 200 倍，因此可使用较窄的单色器狭缝，提高对光谱中精细结构的分辨能力。

5. 数据处理及记录系统

数据处理及记录系统是将放大信号以适当的方式记录下来的一种装置。常用直读检流计、电位调节指零装置以及数字显示或自动记录装置等。目前，很多型号的紫外-可见分光光度计配有微处理机，一方面可对紫外-可见分光光度计进行操作控制，另一方面可进行数据处理。

5.2.2　紫外-可见分光光度计的类型

紫外-可见分光光度计的类型有很多，通常可分为以下三种(图 5.6)。

1. 单光束紫外-可见分光光度计

经单色器分光后的平行光交替通过参比溶液和样品溶液，以进行吸光度的测定。单光束紫外-可见分光光度计是一种简易型分光光度计，结构简单、操作方便、价廉，适用于在给定波长处测量吸光度或透光度，一般不能做全波段光谱扫描，要求光源和检测器具有很高的稳定性，适用于常规分析。

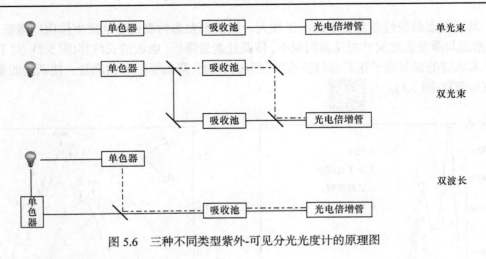

图 5.6　三种不同类型紫外-可见分光光度计的原理图

2. 双光束紫外-可见分光光度计

经单色器分光后的平行光，经反射镜分解为强度相等的两束光，并分别通过参比池和样品池。分光光度计能自动比较两束光的强度，此比值即为试样的透射比，再经对数变换将其转换成吸光度并作为波长的函数记录下来。

双光束紫外-可见分光光度计能快速进行全波段扫描，并自动记录吸收光谱曲线。单光束紫外-可见分光光度计会因为光源不稳定、检测器灵敏度变化等因素引起较大误差，而双光束紫外-可见分光光度计中，有两束光同时通过参比池和样品池，因此这两束光的相对比值不会因为上述因素变化而发生明显改变，因此测试误差小。双光束的紫外-可见分光光度计结构复杂，价格较高。

3. 双波长紫外-可见分光光度计

由同一光源发出的光被分成两束，分别经过两个单色器，得到两束不同波长(λ_1 和 λ_2)的单色光，利用切光器将两束光以一定的频率快速交替通过同一吸收池后到达检测器，产生交流信号。双波长紫外-可见分光光度计在测试中无须参比池，两波长同时扫描即可获得导数光谱。

双波长紫外-可见分光光度计可以通过波长的选择，方便地校正背景吸收、消除吸收光谱重叠的干扰，常用于多组分混合物、浑浊试样(如生物组织液)的定量分析。

5.3　紫外-可见吸收光谱的影响因素

在一定的实验条件下，化合物的紫外-可见吸收光谱图是一定的。实验条件改变，会对吸收峰的波长、吸收强度和形状产生影响。

5.3.1　溶剂效应

溶剂对紫外-可见吸收光谱的影响比较复杂。改变溶剂的极性，会引起吸收带形状的变化。例如，当溶剂的极性由非极性改变到极性时，精细结构消失，吸收曲线变得平滑，如溶剂极性对芳香环 B 吸收带的影响。

改变溶剂的极性，还会使吸收带的最大吸收波长发生变化。对于大多数发生$\pi \rightarrow \pi^*$跃迁的分子，其激发态的极性总是比基态的极性大，因而激发态与极性溶剂发生作用所降低的能量大，使基态与激发态之间的能量差别变小，使跃迁能量降低，吸收波长红移(图5.7)。对于$n \rightarrow \pi^*$跃迁，未成键的孤对电子在基态与极性溶剂形成氢键，降低了基态的能量，使跃迁能量增加，吸收波长蓝移(图5.8)。

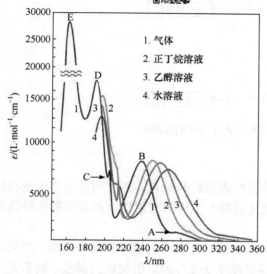

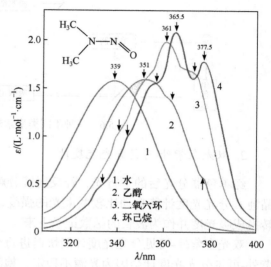

图5.7　不同溶剂中硝基苯($\pi \rightarrow \pi^*$跃迁)的吸收光谱图　　图5.8　不同溶剂中N-亚硝基二甲胺的吸收光谱图

　　因此，记录紫外-可见吸收光谱时应注明所用溶剂，在将未知物的吸收光谱与已知化合物的吸收光谱做比较时，要使用相同的溶剂。

　　选择溶剂时注意下列几点：

　　(1) 溶剂应能很好地溶解被测试样，溶剂对溶质应该是惰性的，即所形成的溶液应具有良好的化学和光化学稳定性。

　　(2) 在溶解度允许的范围内，尽量选择极性较小的溶剂。

　　(3) 溶剂在样品的吸收光谱区应无明显吸收。有些溶剂本身对紫外-可见光区的电磁辐射有一定吸收，如果和溶质的吸收带重叠，将影响对溶质吸收带的观察。因此，溶质的吸收波长低于溶剂的最低波长极限时(表5.11)，溶剂的吸收不可忽略。

表5.11　常用溶剂的最低波长极限

溶剂	最低波长极限/nm	溶剂	最低波长极限/nm	溶剂	最低波长极限/nm
乙醚	220	乙醇	215	乙酸正丁酯	260
环己烷	210	2,2,4-三甲戊烷	215	乙酸乙酯	260
正丁醇	210	对二氧六烷	220	甲酸甲酯	260
水	210	正己烷	220	苯	280
异丙醇	210	甘油	220	甲苯	285
甲醇	210	1,2-二氧乙烷	230	吡啶	305
甲基环己烷	210	二氯甲烷	233	丙酮	330
96%硫酸	210	氯仿	245	二硫化碳	380

5.3.2　取代基的影响

在电磁辐射的作用下，有机化合物都可能被极化，即转变为激发态。当共轭双键的两端有容易使电子流动的基团(给电子基或吸电子基)时，极化现象将显著增加。

1. 给电子基

给电子基是带有未共用电子对的原子的基团。给电子基上的未共用电子对能够和 π 电子相互作用，引起永久性的电荷转移，形成 p-π 共轭，电子跃迁时所需能量减小，最大吸收波长λ_{max}红移。给电子基的给电子能力越强，电子跃迁时所需能量越小，最大吸收波长λ_{max}红移越显著。常见给电子基的给电子能力顺序为

$$—N(C_2H_5)_2 > —N(CH_3)_2 > —NH_2 > —OH > —OCH_3 > —NHCOCH_3 > —OCOCH_3 > —CH_2CH_2COOH > —H$$

2. 吸电子基

吸电子基是易吸引电子的基团。当共轭体系中引入吸电子基后，由于吸电子作用，将使 π 电子发生永久性转移，最大吸收波长λ_{max}红移。同时由于 π 电子流动性增加，吸收强度增加。常见吸电子基的作用强度顺序是

$$—NO_2 > —SO_3H > —COH > —COO^- > —COOH > —COOCH_3 > —Cl > —Br > —I$$

3. 给电子基与吸电子基同时存在

当给电子基与吸电子基同时存在时，产生分子内电荷转移吸收，λ_{max}红移非常显著。对于二取代苯，对位取代时λ_{max}和ε_{max}都较大，而邻位和间位取代的λ_{max}和ε_{max}较小(图 5.9)。

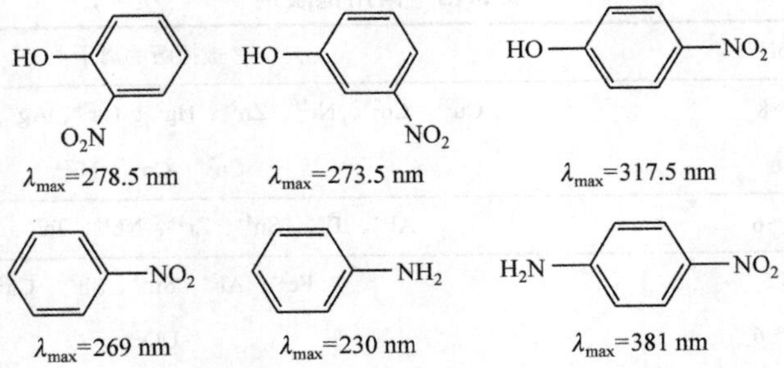
HO
O2N
λmax=278.5 nm
HO
NO2
λmax=273.5 nm
HO
NO2
λmax=317.5 nm
NO2
λmax=269 nm
NH2
λmax=230 nm
H2N
NO2
λmax=381 nm

图 5.9　取代基对最大吸收波长的影响

5.3.3　空间位阻

在具有共轭体系的化合物中，有时取代基的空间阻碍会破坏共轭体系，从而导致电子跃迁时需要的辐射能量增加，最大吸收波长蓝移，最大吸收强度减小。例如，α-及α'-位有二取代基的二苯乙烯(图 5.10)，当取代基不同时，空间位阻不同，最大吸收波长和最大吸收强度均不同(表 5.12)。

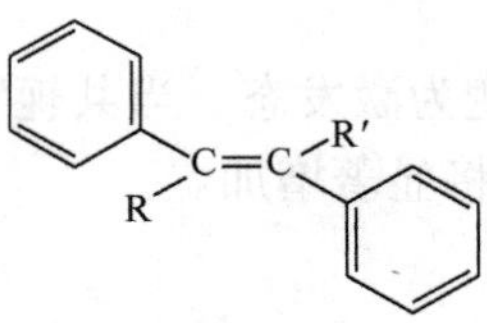

图 5.10　α, α'-二取代基的二苯乙烯

表 5.12　α-及α'-位有取代基的二苯乙烯的吸收光谱值

R	R′	λ_{max}	ε_{max}
H	H	294	27600
H	CH_3	272	21000
CH_3	CH_3	243.5	12300
CH_3	C_2H_5	240	12000
C_2H_5	C_2H_5	237.5	11000

5.3.4　干扰与消除

利用紫外-可见吸收光谱法分析实际样品时，样品通常比较复杂，样品中共存离子可能会干扰测定，因此必须消除共存离子的干扰。常用的消除干扰方法有：

(1) 控制溶液的酸度。例如，用磺基水杨酸测定 Fe^{3+} 时，如果溶液中存在 Cu^{2+} 将会干扰 Fe^{3+} 的测定，如果将溶液酸度控制在 pH = 2.5，Cu^{2+} 不能与磺基水杨酸反应，干扰即可被消除。

(2) 选择适当波长。当被测离子和干扰离子显色产物的吸收曲线有较大差异时，可利用它们的最大吸收波长不同，选择适当波长以避开干扰离子的干扰。

(3) 选择合适的参比溶液。选择合适的参比溶液可以消除显色剂和某些有色共存离子的干扰。例如，邻菲啰啉显色法测 Fe^{2+} 含量时，为了消除还原剂盐酸羟胺、酸度调节剂乙酸钠、显色剂邻菲啰啉对测定的干扰，应选用空白参比。

(4) 加入掩蔽剂。通过配位反应或氧化还原反应掩蔽干扰离子是一种常用的消除干扰的方法。常用的掩蔽剂见表 5.13。

表 5.13　常用掩蔽剂

掩蔽剂	pH	被掩蔽的离子
KCN	>8	Cu^{2+}、Co^{2+}、Ni^{2+}、Zn^{2+}、Hg^{2+}、Ca^{2+}、Ag^+、Ti^{4+}及铂族元素
	6	Cu^{2+}、Co^{2+}、Ni^{2+}
NH_4F	4～6	Al^{3+}、Ti^{4+}、Sn^{4+}、Zr^{4+}、Nb^{5+}、Ta^{5+}、W^{6+}、Be^{2+}
酒石酸	5.5	Fe^{3+}、Al^{3+}、Sn^{4+}、Sb^{3+}、Ca^{2+}
	5～6	UO_2^{2+}
	6～7.5	Mg^{2+}、Ca^{2+}、Fe^{3+}、Al^{3+}、Mo^{4+}、Nb^{5+}、Sb^{3+}、W^{6+}、UO_2^{2+}
	10	Al^{3+}、Sn^{4+}
草酸	2	Sn^{4+}、Cu^{2+}及稀土元素
	5.5	Zr^{4+}、Th^{4+}、Sr^{2+}、Sb^{3+}、Ti^{4+}
柠檬酸	5～6	UO_2^{2+}、Th^{4+}、Sr^{2+}、Zr^{4+}、Sb^{3+}、Ti^{4+}
	7	Nb^{5+}、Ta^{5+}、Mo^{4+}、W^{6+}、Ba^{2+}、Fe^{3+}、Cr^{3+}
抗坏血酸	1～2	Fe^{3+}
	2.5	Cu^{2+}、Hg^{2+}、Fe^{3+}
	5～6	Cu^{2+}、Hg^{2+}

(5) 分离干扰离子。当没有合适的方法消除干扰时，应采用适当的分离方法如电解法、沉淀法、溶剂萃取法或离子交换法等，将被测组分与干扰离子分离，然后再进行测定。

5.4　紫外-可见吸收光谱法定性分析

紫外-可见吸收光谱法可用于在紫外-可见区范围对有吸收的化合物进行鉴定及结构分析，其中主要是有机化合物的分析和鉴定、同分异构体的鉴别、物质结构的测定等。但是，有机化合物在紫外区中有的没有吸收谱带，有的仅有较简单而宽阔的吸收光谱。另一方面，如果材料组成的变化不影响生色团及助色团，就不会显著地影响其吸收光谱。例如，甲苯和乙苯的紫外吸收光谱实际上是相同的。因此，紫外-可见吸收光谱基本上是化合物分子中生色团及助色团的特性，而不是它的整个分子的特性。所以，单根据紫外-可见吸收光谱不能完全决定化合物的分子结构，还必须与红外吸收光谱、核磁共振波谱、质谱及其他化学和物理化学方法共同配合起来，才能得出可取的结论。当然，紫外-可见吸收光谱也有其特有的优点。例如，具有电子及共轭双键的化合物，在紫外区有强烈的吸收带，其摩尔吸光系数 ε 可达 $10^4 \sim 10^5$ L·mol^{-1}·cm^{-1}，检测灵敏度很高。其次，紫外-可见吸收光谱分析所用的仪器比较简单，操作方便，准确度也较高，因此它的应用是很广泛的。

1. 化合物鉴定

用紫外-可见吸收光谱进行有机化合物鉴定时，一般是在相同的测定条件下，采用光谱比较法。即将未知化合物的紫外-可见吸收光谱图(吸收峰的数目、位置、相对强度及吸收峰的形状)与已知标准化合物的紫外-可见吸收光谱图进行比较。如果两者的谱图相同，则可认为二者含有相同的生色团。由于具有相同生色团的不同结构的化合物有时会产生相同的紫外吸收光谱，但摩尔吸光系数是有差别的，因此比较 λ_{max} 的同时，还要比较 ε_{max}，如果二者都相同，则可考虑是同一物质。无标准物时可借助标准图谱比较。

2. 纯度检查

如某化合物在紫外某区域没有吸收峰，而杂质有较强吸收，即可方便地检出其中痕量杂质，如乙醇中杂质苯的检查、四氯化碳中二硫化碳($\lambda_{max} = 318$ nm)的检查等。

如果化合物的主成分在紫外-可见光区有吸收，而杂质无吸收，则可在主成分 λ_{max} 处测量摩尔吸光系数 ε_{max}，并与理论值比较来检查纯度。

3. 结构分析

根据紫外-可见吸收光谱虽然不能对一种化合物进行准确鉴定，但是可以推测化合物所含官能团和共轭体系。一般有如下规律：

(1) 若在 220～750 nm 波长范围内无吸收峰，可能是直链烷烃、环烷烃、饱和脂肪族化合物、羧酸、氯(氟)代烃或仅含一个双键的烯烃等，没有醛、酮(饱和脂肪族溴化物在 210～220 nm 处有吸收)。

(2) 若在 270～350 nm 波长范围内有低强度吸收峰($\varepsilon = 10 \sim 100$ L·mol^{-1}·cm^{-1}，n→π*跃迁)，则可能含有一个简单非共轭的、具有 n 电子的生色团，如羰基等。

(3) 若在 250～300 nm 波长范围内有中等强度的吸收峰且有一定的精细结构，则可能含苯环。

(4) 若在 210～250 nm 波长范围内有强吸收峰，则可能含有共轭双键；若在 260～330 nm 波长范围内有强吸收峰，则说明该有机物含有 3～5 个以上共轭 π 键。

(5) 若在 270～300 nm 波长范围内存在一个随溶剂极性增大而向短波方向移动的弱吸收带，则说明该化合物有羟基存在。

(6) 若该有机物的吸收峰延伸至可见光区，则该有机物可能是长链共轭或稠环化合物。

紫外-可见吸收光谱也可以用来对某些化合物的同分异构体进行判别，如化合物 I 和化合物Ⅱ。

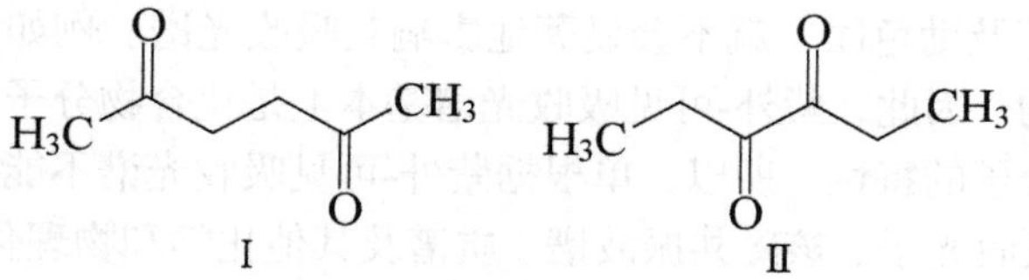

I　　　　Ⅱ

二者的紫外-可见吸收光谱有很大的差别。化合物 I 在 270 nm 处有最大吸收，吸收峰的位置与丙酮相似，吸收峰强度约为丙酮的 2 倍；而化合物Ⅱ由于两个碳氧双键发生了共轭，吸收峰红移至 400 nm。

又如，1,2-二苯乙烯具有顺反两种异构体，如图 5.11 所示。由于顺式异构体空间位阻大，影响了苯环与侧链双键的共平面性，使共轭程度降低，因而最大吸收波长向短波方向移动且摩尔吸光系数降低，因此可判断顺反异构体的存在。

利用紫外-可见吸收光谱还可以观察某些化合物的互变异构现象。例如，乙酰乙酸乙酯有酮式和烯醇式互变异构体(图 5.12)。

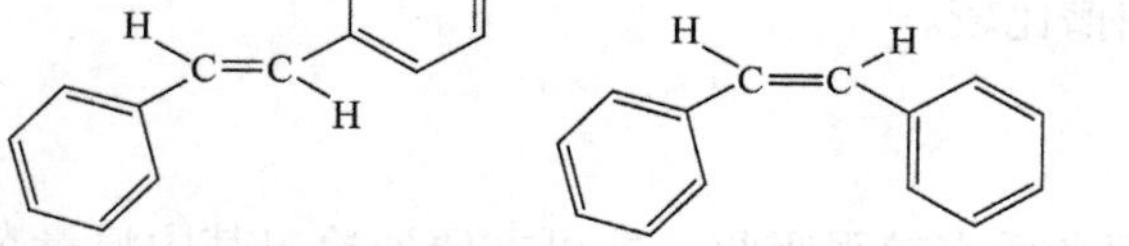

反式　λ_{max}=295 nm　ε=27000 L·mol^{-1}·cm^{-1}

顺式　λ_{max}=280 nm　ε=10500 L·mol^{-1}·cm^{-1}

图 5.11　1, 2-二苯乙烯具有顺反异构体

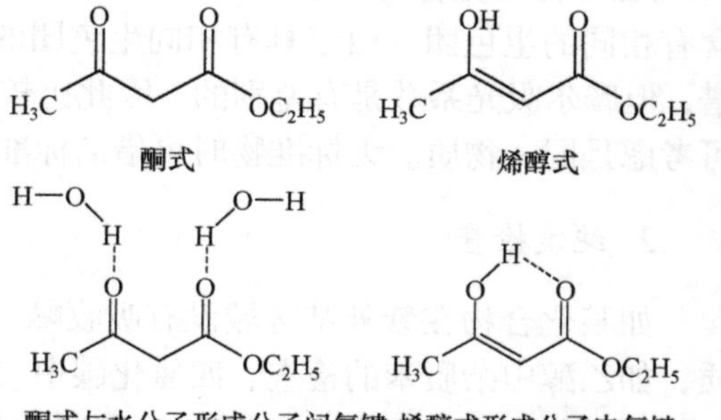

图 5.12　乙酰乙酸乙酯有酮式和烯醇式互变异构体

在极性溶剂(如 H_2O)中，乙酰乙酸乙酯最大吸收波长 λ_{max} = 272 nm(ε = 16 L · mol^{-1} · cm^{-1})，说明该吸收峰由 n→π*跃迁引起，因此在极性溶剂中，乙酰乙酸乙酯应以酮式为主；而在非极性溶剂中(如正己烷)，出现了 λ_{max} = 243 nm 的强吸收峰，说明在非极性溶剂中乙酰乙酸乙酯形成了分子内氢键，以烯醇式为主。

5.5　紫外-可见吸收光谱法定量分析

5.5.1　朗伯-比尔定律

当一束平行单色光通过均匀、非散射的溶液时，如果样品吸收单色光，则存在如下关系：

$$A = \lg \frac{I_0}{I_t} = \lg \frac{1}{T} = \varepsilon b c \qquad (5.3)$$

式中，A 为吸光度；T 为透光度；I_0 为入射光的强度；I_t 为透射光的强度；c 为物质的量浓度，$mol \cdot L^{-1}$；b 为光通过吸收池的厚度，cm；ε 为摩尔吸光系数，$L \cdot mol^{-1} \cdot cm^{-1}$，表征物质吸收光的能力，在一定条件下为常数，不随物质的浓度改变，但随波长而变(当物质浓度 c 用 $g \cdot L^{-1}$ 表示时，吸光系数用 a 表示，单位为 $L \cdot g^{-1} \cdot cm^{-1}$)。

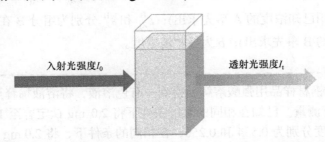

入射光强度I_0　　　　　　　　　透射光强度I_t

式(5.3)表明，吸光度与溶液中吸光质点的浓度和吸收层厚度的乘积成正比，这就是光的吸收定律，称为朗伯-比尔定律(Lamber-Beer law)。由朗伯-比尔定律可知：以吸光度对物质浓度作图应得到一条通过原点的直线，但实际工作中测得的吸光度与浓度之间的线性关系常出现偏离朗伯-比尔定律的现象，这主要是由于该定律本身的局限性和实验条件的影响。因此，使用朗伯-比尔定律时应注意：入射光只能是单色光；控制酸度、浓度、介质等条件，使吸光质点形式不变且分布均匀；只适用于稀溶液(一般将吸光度控制在 0.15～0.8)。

5.5.2　吸光度的加和性

在多组分体系溶液中，如果各组分吸光物质都有光吸收，且组分之间没有相互作用，则体系的总吸光度等于各组分吸光度之和，即吸光度具有加和性。

$$A^\lambda = A_1^\lambda + A_2^\lambda + A_3^\lambda + \cdots + A_n^\lambda = \varepsilon_1^\lambda b c_1 + \varepsilon_2^\lambda b c_2 + \varepsilon_3^\lambda b c_3 + \cdots + \varepsilon_n^\lambda b c_n \qquad (5.4)$$

式(5.4)表示体系在某一波长处吸光度等于各自组分在此波长处的吸光度之和。

5.5.3　普通分光光度法

1. 单组分定量分析

对于只含一种组分的溶液，可直接利用朗伯-比尔定律中物质浓度与吸光度之间的线性关系进行定量分析。通常用待测组分的标准样品配制成一系列不同浓度的标准溶液，在一定的实验条件和合适的波长下，分别测定其吸光度，然后以吸光度对物质的浓度作图，即可得吸光度与浓度标准曲线，利用该标准曲线的线性关系及待测组分的吸光度，可以求得待测组分中该物质的含量。

2. 多组分定量分析

对于含多种组分的溶液，当各组分的吸收光谱不发生重叠或在测量波长处无重叠时，每一组分都可直接利用朗伯-比尔定律进行定量分析；当各组分的吸收光谱之间发生严重重叠时，在定量分析中会互相干扰，则可根据吸光度的加和性求解联立方程组从而得出各组分的含量。如对于含有 A 和 B 两组分的混合溶液，A 和 B 的浓度可用吸光度的加和性原则进行测量。分别在 A 和 B 的最大吸收波长 λ_A 和 λ_B 处测定混合溶液的吸光度 $A_{\lambda_A}^{A+B}$ 和 $A_{\lambda_B}^{A+B}$，然后通过解二元一次方程组[式(5.5)、式(5.6)]求 A 和 B 组分的浓度。

$$A_{\lambda_A}^{A+B} = (\varepsilon_{\lambda_A}^{A} c^A + \varepsilon_{\lambda_A}^{B} c^B)b \tag{5.5}$$

$$A_{\lambda_B}^{A+B} = (\varepsilon_{\lambda_B}^{A} c^A + \varepsilon_{\lambda_B}^{B} c^B)b \tag{5.6}$$

式中，$A_{\lambda_A}^{A+B}$ 和 $A_{\lambda_B}^{A+B}$ 分别为混合溶液在 λ_A 和 λ_B 处的吸光度；$\varepsilon_{\lambda_A}^{A}$ 和 $\varepsilon_{\lambda_B}^{A}$ 分别为组分 A 在 λ_A 和 λ_B 处的摩尔吸光系数(用已知浓度的 A 事先求出)；$\varepsilon_{\lambda_A}^{B}$ 和 $\varepsilon_{\lambda_B}^{B}$ 分别为组分 B 在 λ_A 和 λ_B 处的摩尔吸光系数(用已知浓度的 B 事先求出)；b 为吸收池厚度。

【例 5.5】　将 1 g 某钢材样品用强酸溶解，得到一有色溶液，将溶液稀释至 100 mL，用紫外-可见吸收光谱法进行测量。已知在相同的溶解条件下将 2.0 mg 钛定容至 100 mL，在 400 nm 和 460 nm 处的吸光度分别为 0.534 和 0.256；在相同的条件下，将 2.0 mg 钒定容至 100 mL，在 400 nm 和 460 nm 处的吸光度分别为 0.068 和 0.082。两种钢材样品经过同样的处理，紫外-可见吸收光谱法进行测量的结果如下表所示：

样品	A_{400}	A_{460}
1	0.186	0.124
2	0.417	0.362

试计算两种钢材样品中钛和钒的质量分数。

解　设 1 g 某钢材样品中钛和钒的质量分别为 x mg 和 y mg，则该样品在 400 nm 和 460 nm 处的吸光度 A_{400} 和 A_{460} 分别为

$$A_{400} = (0.534x + 0.068y)/2 \tag{1}$$

$$A_{460} = (0.256x + 0.082y)/2 \tag{2}$$

联立求解方程(1)和(2)得

$$x = 6.22A_{400} - 5.16A_{460} \tag{3}$$

$$y = 40.49A_{460} - 19.41A_{400} \tag{4}$$

对于样品 1，钛和钒的质量分别为

Ti：$x = 6.22A_{400} - 5.16A_{460} = 6.22 \times 0.186 - 5.16 \times 0.124 = 0.517(\text{mg})$

V：$y = 40.49A_{460} - 19.41A_{400} = 40.49 \times 0.124 - 19.41 \times 0.186 = 1.41(\text{mg})$

计算得钛和钒的质量分数分别为 0.0517%和 0.141%。

对于样品 2，钛和钒的质量分数分别为

Ti：$x = 6.22A_{400} - 5.16A_{460} = 6.22 \times 0.417 - 5.16 \times 0.362 = 0.726(\text{mg})$

V：$y = 40.49A_{460} - 19.41A_{400} = 40.49 \times 0.362 - 19.41 \times 0.417 = 6.56(\text{mg})$

计算得钛和钒的质量分数分别为 0.0726%和 0.656%。

【例 5.6】　已知 25℃下，0.01 mol·L^{-1} HCl 溶液中，浓度为 c_0 的未解离的 2-硝基-4-氯苯酚在 427 nm 处的吸光度为 0.062；在 0.01 mol·L^{-1} NaOH 溶液中，完全解离的 2-硝基-4-氯苯酚在

427 nm 处的吸光度为 0.855；而在 pH=6.22 的缓冲溶液中，2-硝基-4-氯苯酚在 427 nm 处的吸光度为 0.356。试计算 2-硝基-4-氯苯酚在水中的解离常数。

解 设未解离的 2-硝基-4-氯苯酚在 427 nm 处的摩尔吸光系数为 ε_1，完全解离的 2-硝基-4-氯苯酚在 427 nm 处的摩尔吸光系数为 ε_2，溶液的光程长为 b，则有

$$A_1 = \varepsilon_1 b c_0 = 0.062 \tag{1}$$

$$A_2 = \varepsilon_2 b c_0 = 0.855 \tag{2}$$

对于在 pH=6.22 缓冲溶液中的 2-硝基-4-氯苯酚，有

$$A = \varepsilon_1 b c_1 + \varepsilon_2 b c_2 = 0.356 \tag{3}$$

式中，c_1 和 c_2 分别为未解离和完全解离的 2-硝基-4-氯苯酚的浓度，且有

$$c_0 = c_1 + c_2 \tag{4}$$

将式(1)、式(2)和式(4)代入式(3)可得

$$c_2/c_1 = 0.589 \tag{5}$$

设 2-硝基-4-氯苯酚的解离过程可表示为

$$HA \underset{}{\overset{K_a}{\rightleftharpoons}} A^- + H^+$$

则 2-硝基-4-氯苯酚在水中的解离常数可表示为

$$K_a = \frac{[A^-][H^+]}{[HA]} = \frac{c_2}{c_1}[H^+] = 0.589 \times 10^{-6.22} = 3.55 \times 10^{-7} (mol \cdot L^{-1})$$

5.5.4 双波长法

相互干扰的多组分混合物、浑浊试样(如生物组织液)或背景吸收较大的复杂试样的定量分析多采用双波长法，此方法不需要空白溶液作参比，但需要两个单色器获得两束单色光(λ_1 和 λ_2)交替照射同一溶液，以参比波长 λ_1 处的吸光度 A_{λ_1} 作为参比来消除干扰。两处波长的吸光度差值 ΔA 与待测组分浓度成正比，如式(5.7)所示：

$$\Delta A = A_{\lambda_2} - A_{\lambda_1} = (\varepsilon_{\lambda_2} - \varepsilon_{\lambda_1})bc \tag{5.7}$$

式中，ε_{λ_1} 和 ε_{λ_2} 分别为待测组分在 λ_1 和 λ_2 处的摩尔吸光系数。

5.5.5 示差法

普通分光光度法一般只适用于测定微量组分，当待测组分含量较高时，将产生较大误差。此时多采用示差法，即提高入射光强度，并采用稍低于待测溶液浓度的标准溶液作参比溶液。此时测得的吸光度相当于普通法中待测溶液与标准溶液的吸光度之差 ΔA，与两溶液的浓度差值成正比，如式(5.8)所示：

$$\Delta A = A_x - A_s = \varepsilon b (c_x - c_s) = \varepsilon b \Delta c \tag{5.8}$$

由标准曲线上查得相应的 Δc 值即可计算出待测溶液浓度 c_x。

5.5.6 导数光谱法

利用吸光度(或透光度)对波长的导数曲线来进行定量分析，称为导数光谱法。通常对吸收

光谱曲线进行一阶或高阶求导[如式(5.9)所示，n 为导数的阶数]，即可得到各种导数光谱线。导数光谱即为吸光度随波长变化率对波长的曲线，如图 5.13 所示。

$$\frac{\mathrm{d}^n A_\lambda}{\mathrm{d}\lambda^n} = \frac{\mathrm{d}^n \varepsilon_\lambda}{\mathrm{d}\lambda^n} bc \tag{5.9}$$

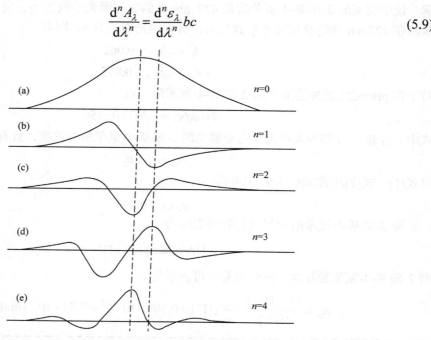

图 5.13　吸收光谱曲线(a)及其 1 阶～4 阶导数曲线[(b)～(e)]

由于导数光谱较原吸收光谱谱带变窄，故其减少了与干扰谱带重叠的可能性，减小了干扰；由于吸收光谱分析的背景光都为斜线，而斜线的一阶导数为常数、二阶导数为 0，故可消除背景干扰。因此，该方法能够大大提高分辨率：能够分辨两个或两个以上完全覆盖或以很小波长差相重叠的吸收峰，能够分辨吸光度急剧上升时所掩盖的弱吸收峰，能够确认宽吸收带的最大吸收峰(随导数阶数的增加，吸收峰的尖锐程度增大，能较为准确地确定 λ_{max})。因此，在多组分同时测定、浑浊样品分析、消除背景干扰、加强光谱的精细结构及复杂光谱的辨析等方面显示出很大的优越性。

5.6　紫外-可见吸收光谱法的应用及发展

紫外-可见吸收光谱法广泛应用在化学、生物学、医学、食品、环境等领域。凡在 200～780 nm 内对电磁辐射有吸收的物质或与试剂反应后有吸收的物质，都可以利用紫外-可见吸收光谱法进行分析。

1. 白油紫外吸光度测定法

取 25 mL 试样、25 mL 正己烷和 5.0 mL 二甲基亚砜于分液漏斗中，剧烈振荡混合液 1 min 以上。将下层透明溶液放入另一分液漏斗中，加入 2 mL 正己烷，剧烈振荡，静置至下层溶液透明，将下层溶液作为"试样萃取液"。另取 25 mL 正己烷和 5.0 mL 二甲基亚砜于另一分液漏斗中，剧烈振荡混合液 1 min 以上，静置至下层溶液透明，将下层溶液作为"参比溶液"。在

260~420 nm 波长范围内，用"参比溶液"作为参比，测定"试样萃取液"的吸光度。本标准适用于化妆品、医用及食品级白油的测定。

2. 基于双波长紫外吸收的乳脂肪快速测定

采用正庚烷-乙醇混合溶剂[V(正庚烷)∶V(乙醇) = 1∶1.4]萃取样本中的乳脂肪，以乙酸锌-亚铁氰化钾作为蛋白质沉淀剂。将萃取液直接用于紫外吸收光谱采集，以双波长吸光度差 $\Delta A_{204\,nm} - \Delta A_{230\,nm}$ 和乳脂肪质量浓度建立定量标准曲线，可用于各类乳品以及乳品加工管壁中乳脂肪含量的快速测定。此方法的检出限为 130 μg · mL^{-1}，变异系数不大于 3%，回收率为 95.6%~102.9%。该方法操作简单且灵敏度较高，尤其适用于低质量浓度样本的快速检测。

3. pH 示差法测定"烟 73"葡萄中花青素含量

花青素在自然状态下常与各种单糖形成糖苷，称为花色苷。花色苷发色团的结构转换是 pH 的函数，而起干扰作用的褐色降解物的特性不随 pH 变化。将新鲜葡萄去籽称量，按 1∶3 的料液比加入 63% 的乙醇(95%乙醇∶水 = 2∶1)，常温提取 3 次，合并提取液，旋转蒸发仪浓缩得到浓缩液 580 mL。浓缩液经 HPD2100A 大孔吸附树脂纯化后，用 5% HCl-EtOH(15∶85) 溶液稀释至一定体积，用稀氢氧化钠和稀盐酸调节 pH，观察提取液在不同 pH 下的颜色变化并进行 200~800 nm 全波长扫描。此方法在花青素最大吸收波长下确定两个对花色苷吸光度差别最大但是对花色苷稳定的 pH，并计算出花色苷总量。

4. 紫外-可见及其二阶导数光谱法分析蓝黑墨水

可疑文件中蓝黑墨水字迹是法庭科学领域中常见的一类物证，其监测分析可为相关案件的侦破提供重要证据。对不同品牌或型号蓝黑墨水样品的紫外-可见吸收光谱图进行比较发现：各种样品的谱图是由其所含不同化学成分叠加而构成的图谱，精细结构不太明显。而紫外光谱二阶导数谱图可以去掉一些高频噪声及组分之间的干扰，样品二阶导数图谱差异性更为明显，可根据其具体吸收峰鉴别不同品牌及型号的墨水，因此可为法庭可疑文件中鉴别蓝黑墨水字迹的真伪及判断字迹笔画先后顺序的研究提供参考。

总之，紫外-可见吸收光谱法虽然对复杂的混合物体系进行整体的分析和鉴定存在一定的不足之处，但由于其具有快速、准确、样品用量少、操作简便等优势，在分析化学方法中仍占有很大比重，特别是随着分析试剂的发展，尤其是具有识别能力的特效显色剂的发展，使紫外-可见吸收光谱法可能出现一个迅速发展阶段。随着社会的发展和生活水平的提高，样品分析的现场化、家庭化的呼声越来越高，相应的紫外-可见分析仪器的小型化、智能化要求也越来越迫切。

【拓展阅读】

紫外-可见分光光度计的最新进展

紫外-可见吸收光谱法在分析领域的应用已有数十年的历史，至今仍然是应用最为广泛的分析方法之一。其广泛应用于化学、生物学、医学、材料、环境科学等研究领域，以及化工、医药、环境监测、冶金等领域的现代生产与管理部门。紫外-可见分光光度计的制作技术已相对成熟，但构成紫外-可见分光光度计的任何一部分的新技术都可能推动紫外-可见分光光度计性能指标不断提高，并向自动化、智能化、高速化和小型化等方向发展。

1. 光源

传统光源：卤素钨灯和氘灯或氙灯。

新型光源：发光二极管(light emission diode，LED)。功率为 1 W 的冷白色 LED 光源在可见光区域有很好的响应，使 LED 成为一种低能耗、低成本光源。由于 LED 灯体积小、发光效率高、响应时间快、可控性大，目前以 LED 为光源的小型便携又价格低廉的紫外-可见分光光度计已经逐渐成为研究开发的热点。

2. 光栅——分光系统的核心元件

传统光栅：棱镜和机刻光栅。由棱镜和机刻光栅组成的分光系统，杂散光一般较多，衍射率较高，分辨率不是很高。机刻光栅分为扫描光栅和固定光栅，扫描光栅的单色器置于样品室前，而固定光栅的单色器置于样品室后。

新型光栅：全息光栅。由全息光栅组成的分光系统，杂散光极小；全息光栅的槽形通常近似于正弦波形，没有明显的闪耀特性，因此衍射效率较低、杂散光小、不产生伪线；全息技术使光栅刻线总数大幅度增加，从而使色散率和分辨率得到大幅度提高。

3. 检测器——将光信号转换成电信号

传统检测器：光电倍增管。灵敏度较高，不易疲劳，在传统的紫外-可见分光光度计中应用广泛。

新型检测器：阵列型光电检测器。测量速度快，多通道同时曝光，检测时间仅毫秒量级，也可累积光照，积分时间最长可达几十秒，因此能探测微弱信号，动态范围大。

4. 记录显示系统和仪器的控制软件

记录显示系统和控制软件是分析仪器自动化、智能化的关键因素。紫外-可见分光光度计的测量波长的设置、光栅的驱动和控制、光源的自动切换、滤光片的自动选择、检测器的驱动、光电信号转换的同步、数据传送至计算机及测量结果的显示，均由软件进行控制。较高级的紫外-可见分光光度计通常备有微处理机、荧光显示屏和记录仪等，可将图谱、实验数据和操作条件全部显示出来。

【参考文献】

常建华，董绮功. 2012. 波谱原理及解析[M]. 3 版. 北京: 科学出版社.

方惠群，于俊生，史坚. 2015. 仪器分析[M]. 北京: 科学出版社.

胡坪，王氢. 2019. 仪器分析[M]. 5 版. 北京: 高等教育出版社.

武汉大学. 2007. 分析化学(下册) [M]. 5 版. 北京: 高等教育出版社.

袁存光，祝优珍，田晶，等. 2012. 现代仪器分析[M]. 北京: 化学工业出版社.

张汉辉，郑威，陈义平. 2011. 波谱学原理及应用[M]. 北京: 化学工业出版社.

朱明华，胡坪. 2008. 仪器分析[M]. 4 版. 北京: 高等教育出版社.

Christian G D. 2014. Analytical Chemistry[M]. 7th ed. New Jersey: John Wiley & Sons.

【思考题和习题】

1. 电子跃迁有哪些类型？各自对应的吸收带处于什么波长范围？
2. 名词解释：助色团、生色团、红移、蓝移。
3. 为什么溶剂极性增大，$n \rightarrow \pi^*$ 跃迁产生的吸收带发生蓝移，而 $\pi \rightarrow \pi^*$ 跃迁产生的吸收带发生红移？
4. 为什么苯酚的吸收光谱受 NaOH 的影响较大，而受 HCl 的影响较小？
5. 比较 A、B、C 三种物质最大吸收波长的大小，并指出哪一种物质的最大吸收波长与 D 的最接近。

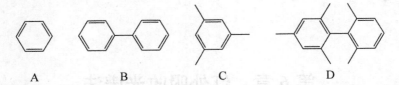

A   B   C   D

6. 用紫外-可见吸收光谱法测定 KCl 中的微量 I⁻ 时，在酸性条件下加入过量 $KMnO_4$，将 I⁻ 氧化成 I_2，然后加入淀粉溶液，生成 I_2-淀粉蓝色物质，则参比溶液应选择(　　)

    A. 蒸馏水   B. 试剂空白

    C. 含 $KMnO_4$ 的溶液   D. 不含 $KMnO_4$ 的溶液

7. 指出下列化合物中，哪种化合物的紫外吸收波长最大？(　　)

    A. $CH_3CH_2CH_3$ B. CH_3CH_2OH

    C. $CH_2{=}CHCH_2CH{=}CH_2$ D. $CH_3CH{=}CHCH{=}CHCH_3$

8. 已知某化合物的一个吸收带在己烷中的 λ_{max} 为 327 nm，在水中的 λ_{max} 为 305 nm，从溶剂效应角度分析此吸收带是由哪种跃迁引起的。

9. 下图是物质 **1** 和物质 **2** 中一种物质在乙醇中的紫外吸收曲线，试判断该吸收曲线是哪种物质(图中最大吸收波长为 235 nm)的吸收曲线。

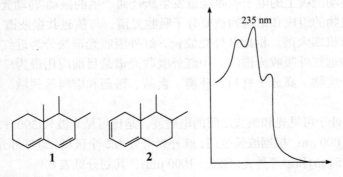

235 nm

1   **2**

10. 计算下列化合物的最大吸收波长 λ_{max}。

11. 计算下列化合物的最大吸收波长 λ_{max}。

第6章　红外吸收光谱法

【内容提要与学习要求】

本章主要介绍红外吸收光谱法的基本理论和测试原理、红外吸收光谱仪的构成和各部件功能、红外吸收光谱的定性分析应用及其发展趋势。要求学生了解红外吸收光谱的概念；掌握红外吸收光谱的形成与产生条件；牢记红外吸收光谱的特征吸收峰及常见官能团特征区，红外吸收光谱的主要影响因素；熟悉红外吸收光谱仪的构成与各组成部件功能；了解样品制备过程和数据处理技术；重点掌握红外吸收光谱的定性解析方法；了解红外吸收光谱的发展趋势。

红外吸收光谱(infrared absorption spectrometry)简称红外光谱(IR)。是由于在红外光辐射作用下分子振动和转动能级上的电子吸收能量发生跃迁而产生的振动-转动光谱，是一种常规的分析有机物和无机物的组成和结构的重要分子吸收光谱，与核磁共振波谱、紫外-可见吸收光谱和质谱并称为有机四大谱。根据红外光波长，红外吸收光谱法分为近红外吸收光谱法、中红外吸收光谱法和远红外吸收光谱法。中红外吸收光谱是目前应用最为广泛的振动光谱，已广泛应用于化学、生物、高分子材料、环境、食品、医药和染料等领域，本章将重点讨论中红外吸收光谱。

红外光是波长处于可见光和微波之间的电磁波，是比可见光波长(390～780 nm)长的非可见光，波长为 0.78～1000 μm。根据波长范围，红外光可分为 3 个区域：近红外光区(0.78～2.5 μm)、中红外光区(2.5～25 μm)和远红外光区(25～1000 μm)，其划分见表 6.1。

表 6.1　红外光的三个光区

区域	波长 λ/μm	波数 σ/cm^{-1}	能级跃迁类型
近红外光区(泛频区)	0.78～2.5	12800～4000	O—H、N—H 及 C—H 等键的倍频吸收
中红外光区(基本振动区)	2.5～25	4000～400	分子振动和分子转动
远红外光区(转动区)	25～1000	400～10	分子转动和晶格振动

近红外光区和中红外光区是产生振动光谱的主要区域，远红外光区是分子转动能级产生的转动光谱。对于大多数气体、液体、固体分子主要产生振动光谱，而只有简单的气体或者气态分子才能产生纯转动光谱。①近红外光区：其波长为 0.78～2.5 μm，接近可见光波长。近红外光区的吸收主要是由低能电子跃迁、含氢原子团(单键 O—H、N—H、C—H)伸缩振动的倍频及组合频吸收产生。例如，O—H 伸缩振动的第一倍频吸收带位于 7100 cm^{-1}(1.4 μm)，适合样品中含有微量的水、酚、醇和有机酸等含氢原子团化合物的定量分析。②中红外光区：其波长为 2.5～25 μm，绝大多数有机、无机化合物和表面吸附物的基频吸收带都出现在中红外光区。分子基频振动是红外光谱中吸收最强的分子振动，因此中红外光区是标准谱库数据最丰富、最适合物质定性和定量的红外光谱区域。常说的红外光谱是指中红外光区的光谱，中红外光谱仪也是最成熟的一类红外光谱仪。图 6.1 是苯甲酸的红外光谱图。③远红外光区：

其波长为 25～1000 μm，有机金属化合物的键振动、一些无机分子和离子的键振动、晶体的晶格振动，气体分子中纯振动跃迁、振动-转动跃迁吸收都出现在远红外光区，特别适合研究无机化合物。

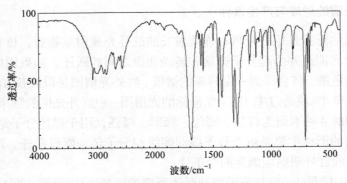

图 6.1　苯甲酸的红外光谱图

红外光谱与紫外-可见吸收光谱的对比见表 6.2。它们主要的不同之处在于，红外光波长比紫外-可见光波长长得多，因而光子能量低。分子在吸收红外光后，只会产生振动和转动能级跃迁，不会产生电子跃迁，因此红外光谱一般被称为振动-转动光谱。紫外-可见吸收光谱主要用于研究不饱和有机化合物，特别是具有共轭体系的有机化合物，而红外光谱主要用于研究在振动中伴随偶极矩变化的化合物，因此单原子分子和同核分子等非极性分子在红外光区没有吸收，如 He、H_2 等，而几乎所有的有机化合物在红外光区均有吸收。

表 6.2　红外光谱与紫外-可见吸收光谱对比

区别	紫外-可见吸收光谱	红外光谱
跃迁类型	电子跃迁	振动和转动跃迁
谱带形状	电子带不合并，一般振动精细结构模糊或消失	振动带不合并，一般转动精细结构消失
谱带强度	$\varepsilon_{max} = 10^4 \sim 10^5 \ \mathrm{L \cdot mol^{-1} \cdot cm^{-1}}$	$\varepsilon_{max} = 10^2 \sim 10^3 \ \mathrm{L \cdot mol^{-1} \cdot cm^{-1}}$
仪器光源	卤钨灯、氘灯、氙灯	硅碳棒
波长选择器	光栅	干涉仪、光栅
检测器	光电倍增管	真空热电偶、热释电检测器
应用	主要定量，其次定性	主要定性，其次定量

红外光谱法的一般特点有：①具有极高特征性的"分子指纹"，除光学异构外几乎没有两种化合物具有完全相同的红外光谱；②具有高可靠性，红外光谱中一般具有几组相关峰可以相互佐证，可以增强物质结构定性分析的可靠性；③测定的样品范围广，无机物、有机物、高分子等气体、液体、固体样品都可直接测定，甚至涂层、薄膜、不融熔弹性体等都可直接测试红外光谱；④试样用量少(一般只需数毫克)，测定速度快(干涉型红外全程扫描谱图仅需数秒)，不破坏试样，操作简单，重现性好等。红外光谱谱带的波数、波峰的数目及其强度反映了分子结构的特点，可用于鉴定未知物的分子结构组成或确定化学官能团；红外光谱谱带的吸收强度与分子组成和化学基团的含量有关，可用于物质定量分析和纯度鉴定；红外光谱法还可测定链、位置、顺反、晶型等异构体。

6.1　红外吸收光谱的基本原理

6.1.1　红外吸收光谱的形成与产生条件

　　红外吸收光谱的形成是用一束具有连续波长的红外光照射某物质，该物质分子会吸收一部分波长的红外光光能，并引起分子振动和转动能级之间的跃迁。如果用单色器对透过的、减弱的红外光进行色散，将会得到一带暗条的谱带。红外光谱图是以波长λ(μm)或波数σ(cm^{-1})为横坐标，以吸光率$A\%$或透过率$T\%$为纵坐标的光谱图。中红外光区的频率常用波数来表示。红外光谱图中常用的 4 种术语为峰数、峰位、峰形、峰强，用于描述分子结构特征。

　　红外吸收光谱的形成主要是由于分子振动能级和分子转动能级跃迁，产生了能量吸收。因此，物质分子吸收红外辐射应满足两个条件：

　　(1) 辐射光子的能量($h\nu$)应与分子振动跃迁所需的能量(ΔE_ν)相等，即$\Delta E_\nu = h\nu$。

　　以双原子分子的纯振动光谱为例，双原子分子可以近似看作谐振子。根据量子力学，其振动能量E_ν是量子化的：

$$E_\nu = \left(\upsilon + \frac{1}{2}\right)h\nu \tag{6.1}$$

式中，ν为分子振动频率；h为普朗克常量；υ为振动量子数，$\upsilon = 0、1、2、3、\cdots$。由此，分子中不同振动能级的能量差为$\Delta E_\nu = \Delta \upsilon h\nu$。分子吸收一定频率$\nu_a$光子的能量$h\nu_a$必须恰好等于不同振动能级的能量差，化简得到：

$$\nu_a = \Delta \upsilon \nu \tag{6.2}$$

　　在常温下绝大多数分子都处于基态($\upsilon = 0$)，从基态跃迁到第一振动激发态($\upsilon = 1$)所产生的吸收谱带称为基频谱带。那么，$\Delta \upsilon = 1$，因此

$$\nu_a = \nu \tag{6.3}$$

　　可见，要使分子振动能级从基态跃迁到第一振动激发态时，红外吸收的基频谱带频率ν_a应与分子振动的频率ν相等。

　　(2) 辐射与物质之间存在耦合作用，即分子振动过程分子偶极矩大小或方向必须有一定变化，分子偶极矩$\Delta\mu \neq 0$。

　　分子中各个原子的电负性不同，分子表现出不同的极性，分子极性的大小用偶极矩μ表征。分子的正、负电中心不重合，就会产生偶极矩。当分子的偶极矩来自于分子中原子的电负性时，这种偶极矩称为永久偶极矩。当分子的偶极矩来自于分子振动瞬间过程时，这种偶极矩称为瞬间偶极矩。正、负电中心的电荷分别为$+q$和$-q$，正、负电荷之间的距离为d，则偶极矩

$$\mu = qd \tag{6.4}$$

偶极矩的单位为德拜(Debye)，用 deb 表示，1 deb $= 10^{-18}$ esu $\cdot$ cm。

　　分子振动过程中，分子偶极矩变化才能诱导分子有红外光谱吸收，不是分子发生振动就一定产生红外吸收。也就是说，只有分子偶极矩在振动过程中周期性变化才会产生交变偶极场，偶极场的交变频率与匹配的红外光交变电磁场产生耦合作用，分子就会吸收红外光的能

量，从基态振动能级跃迁到更高的振动能级，才能测出红外吸收光谱。这种伴随分子偶极矩变化的振动称为红外活性振动。因此，只有偶极矩变化($\Delta\mu \neq 0$)的分子振动才能产生红外吸收光谱，分子才具有红外活性；没有偶极矩变化($\Delta\mu = 0$)的分子振动不能产生红外吸收光谱，分子为非红外活性。对称分子(N_2、O_2、Cl_2 等)没有偶极矩，红外辐射不能引起对称分子共振，无红外活性振动。虽然 CO_2 分子不具有永久偶极矩，但是不对称伸缩振动和弯曲振动能引起 CO_2 分子瞬间偶极矩的变化，这两种振动是具有红外活性的振动，有红外吸收光谱带，而对称伸缩振动不能引起 CO_2 分子偶极矩的变化，这种振动是不具有红外活性的振动，不会出现红外吸收光谱带。非对称分子(H_2O、NH_3 等)有偶极矩，在分子振动时偶极矩会发生变化，也有红外活性振动。HCl 分子振动时没有永久偶极距，电荷中心不能位移，故无红外吸收光谱。

可见，某一频率的红外光照射分子时，若分子中某一基团的振动频率与某一频率的红外光一致，二者就会产生振动，光的能量将通过分子偶极矩的变化而传递给分子，这个基团就吸收该频率的红外光，产生振动跃迁；若该红外光的频率和分子中各基团的振动频率均不一致，则该部分红外光就不会被吸收。若用连续波长的红外光带去照射物质分子，物质分子对不同频率红外光吸收程度不同，通过物质后红外光波数发生改变，记录透过率和波数的关系得到该物质的红外光谱图。

6.1.2　分子振动能级与振动频率

1. 分子振动能级

与原子光谱形成机理相似，分子光谱的形成机理也是由能级跃迁引起的。分子内部运动比原子复杂，不仅有价电子的运动，还有内部原子在平衡位置的振动和分子绕其质心的转动，因此分子具有电子能级、振动能级和转动能级。在同一电子能级中，分子的能量还要因振动能级的不同而分为若干"支级"，称为振动能级。当分子在同一电子能级和同一振动能级时，其能量因转动能量的不同分为若干"分级"，称为转动能级。因此，分子能量 $E_{分子}$ 为

$$E_{分子} = E_{电} + E_{振} + E_{转} \tag{6.5}$$

式中，$E_{电}$、$E_{振}$、$E_{转}$ 分别代表电子能量、振动能量和转动能量。这些能量都是量子化的，只有辐射光子的能量恰好等于两能级之间的能量差时，才能被吸收。用频率为 ν 的电磁辐射照射分子，当电磁辐射的能量 $h\nu$ 恰好等于该分子较高能级与较低能级能量差 ΔE 时，才能观测到分子能级从低能级向高能级跃迁，即

$$\Delta E = h\nu = h\frac{c}{\lambda} \tag{6.6}$$

式中，h 为普朗克常量；λ 为电磁辐射波长。

分子内部的三种能级跃迁所需能量大小顺序为 $\Delta E_{电} > \Delta E_{振} > \Delta E_{转}$，因此需要不同能量(波长)的电磁辐射才能使分子能级跃迁，就会在不同波长光学区出现吸收谱带。根据吸收电磁辐射的波长范围不同，分子吸收光谱可分为远红外光谱、红外光谱和紫外-可见吸收光谱三类。

2. 分子振动频率

那么，什么因素决定分子能级跃迁的吸收光谱频率(或波数)？吸收光谱频率是多少？这可以通过经典力学原理中谐振子的简谐振动模型来建立分子振动模型来解答。以双原子分子为

例，双原子分子是以化学键连接而成，分子中两个原子组成的质点系统可以近似为谐振子。假设化学键为失重弹簧，两端原子为弹簧两侧的小球，分子中两个原子核之间振动可以近似为谐振子的简谐振动，即以两个原子核平衡点为中心，相对于这个平衡点以非常小的振幅做周期性振动。根据经典力学原理，简谐运动遵循胡克定律，可以推导出分子振动方程：

$$\nu = \frac{1}{2\pi}\sqrt{\frac{K}{m}} \tag{6.7}$$

式中，ν 为分子中每个谐振子(化学键)的振动频率；m 为两个原子的折合质量，即 $m = \dfrac{m_1 m_2}{m_1 + m_2}$，$m_1$、$m_2$ 为原子质量；K 为化学键力常数，即化学键强度，$N \cdot cm^{-1}$。分子振动频率也可用波数 σ 表示，即

$$\sigma = \frac{\nu}{c} = \frac{1}{2\pi c}\sqrt{\frac{K}{m}} \tag{6.8}$$

式中，c 为光速，$3 \times 10^8 \, m \cdot s^{-1}$。根据原子质量和原子摩尔质量的关系，式(6.8)可改写为

$$\sigma = \frac{\sqrt{N_A}}{2\pi c}\sqrt{\frac{K}{M}} = \frac{1}{2\pi c}\sqrt{\frac{K}{M/N_A}} \tag{6.9}$$

式中，N_A 为阿伏伽德罗常量，6.024×10^{23}；M 为两个原子的折合摩尔质量。式(6.9)可化简为

$$\sigma = 1307\sqrt{\frac{K}{M}} \tag{6.10}$$

式(6.10)为分子振动方程。

常见化学键的键长和力常数见表 6.3。根据化学键的力常数可计算出双原子分子或复杂分子中化学键的振动频率。

表 6.3　化学键的键长和力常数

化学键	C—C	C=C	C≡C	C—H	O—H	N—H	C=O
键长/pm	154	134	120	109	96	100	122
$K/(N \cdot cm^{-1})$	4.5	9.6	15.6	5.1	7.7	6.4	12.1

【例 6.1】　计算复杂分子中 C—H 键的伸缩振动频率。

解　查表 6.3，C—H 键的 $K = 5.1 \, N \cdot cm^{-1}$，

$$M = M_1 M_2 / (M_1 + M_2) = 12 \times 1/(12 + 1) = 0.9231$$

$$\sigma_{C-H} = 1307\sqrt{K/M} = 1307\sqrt{5.1/0.9231} = 3072(cm^{-1})$$

实际上在烯烃和芳烃中的碳氢键伸缩振动频率 ν 在 3030 cm^{-1} 附近；在饱和碳氢化合物中，—CH_3 的 ν_{as} 在 2960 cm^{-1}，ν_s 在 2860 cm^{-1}；—CH_2 的 ν_{as} 在 2930 cm^{-1}，ν_s 在 2850 cm^{-1}。

由分子振动方程可知，化学键的力常数 K 和折合摩尔质量 M 的大小直接影响化学键基本振动频率的大小，化学键的力常数 K 越大，折合摩尔质量 M 越小，分子化学键振动频率越大，吸收峰将出现在高波数区；反之，吸收峰将出现在低波数区，举例如下：

(1) 对于同类原子组成的不同化学键，其伸缩振动频率随化学键强度的增大而升高，有：

$$\nu_{\text{单键}} < \nu_{\text{双键}} < \nu_{\text{三键}}$$

$$\nu_{\text{C—C}} < \nu_{\text{C=C}} < \nu_{\text{C≡C}}$$

(2) 对于同类化学键的不同原子团，其伸缩振动频率随相对原子质量的增大而降低，$\nu_{\text{C—H}}$、$\nu_{\text{N—H}}$、$\nu_{\text{O—H}}$ 在 3700～2800 cm^{-1}，$\nu_{\text{C—C}}$、$\nu_{\text{C—N}}$、$\nu_{\text{C—O}}$ 在 1300～1000 cm^{-1}，$\nu_{\text{C—Cl}}$、$\nu_{\text{C—Br}}$、$\nu_{\text{C—I}}$ 在 <1000 cm^{-1}，有 $\nu_{\text{C—H}} < \nu_{\text{C—C}} < \nu_{\text{C—Cl}}$。

(3) 对于化学键和折合原子质量都相同的基团，其键长变化吸收的能量比键角变化吸收的能量更高，伸缩振动频率出现在高波数区(短波长区)，变形振动频率出现在低波数区(长波长区)，即 $\nu_{\text{as}} > \nu_{\text{s}} > \delta$。

可见，发生分子振动能级跃迁所需要的能量大小取决于化学键强度、键两端原子的折合原子质量，即取决于分子的结构特征。除此之外，邻近基团的电效应、空间效应、氢键效应等内部因素，以及物态效应、溶剂效应等外部因素也是影响基本振动频率的重要因素。

3. 分子振动形式

分子中的基团有两种基本振动形式：伸缩振动(stretching vibration)和弯曲振动(bending vibration)。

(1) 伸缩振动 ν：指分子中化学键两端的原子沿键轴直线方向的来回周期伸长或缩短运动，是键长发生变化而键角不变的振动。伸缩振动分为对称伸缩振动 ν_{s} 和不对称伸缩振动 ν_{as}。其中对称伸缩振动 ν_{s} 在振动过程中所有键同时伸长或缩短；不(反)对称伸缩振动 ν_{as} 在振动过程中有些键伸长而有些键缩短。

(2) 弯曲振动 δ(变形振动或变角振动)：指分子中基团的原子运动方向与键轴相垂直，即键角发生周期变化而键长不变的振动。根据振动方向是否在基团所在平面，变形振动又分为面内变形振动和面外变形振动。面内变形振动又分为剪式振动(δ)和平面摇摆振动(ρ)，面外变形振动又分为非平面摇摆振动(ω)和扭曲振动(τ)。

亚甲基的各种振动形式如图 6.2 所示。弯曲振动的力常数比伸缩振动的力常数小，故同一基团的弯曲振动都在其伸缩振动的低频端出现。

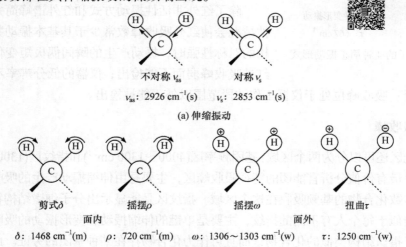

图 6.2 亚甲基的简正振动模式示意图

+、−分别表示运动方向垂直纸面向里和向外；s 为强吸收，m 为中等强度吸收，w 为弱吸收

伸缩振动和变形振动的数目称为振动的自由度，即基频吸收峰的数目。分子中每个原子都沿着空间三个相互垂直的坐标 x、y、z 方向运动，即每个原子的运动有三个自由度。那么，一个有 N 个原子的分子有 $3N$ 个自由度，但是其中有 3 个属于平移，3 个属于转动，计算分子振动自由度时需要扣除平移和转动自由度。

(1) 以非线型分子 H_2O 分子为例，其振动自由度为

$$3N - 6 = 3 \times 3 - 6 = 3$$

因此，水分子有 3 种振动方式，水分子有 3 个红外吸收峰，如图 6.3 所示，恰好等于以上计算得到的基本振动数。

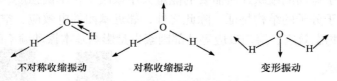

不对称收缩振动　　　　对称收缩振动　　　　变形振动

图 6.3　水分子的 3 种简正振动形式

(2) 以线型分子(包括双原子分子)CO_2 为例，它只有 2 个转动自由度，以键轴为轴的转动惯量为零，不发生能量变化，所以它的自由度为

$$3N - 5 = 3 \times 3 - 5 = 4$$

因此，二氧化碳分子有 4 种振动方式，二氧化碳有 2 个吸收峰，如图 6.4 所示。其中在 1388 cm^{-1} 处的对称伸缩振动，由于当一个原子离开平衡位置振动时刚好被另一个原子在相反方向振动所抵消，故其无偶极矩变化，因此不吸收红外辐射能，即不产生红外吸收峰，即这种振动方式是红外非活性的振动。此外，两种变形振动吸收峰均为 667 cm^{-1}，虽然它们的振动方式不同，但其振动频率相同而彼此简并。

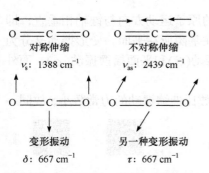

图 6.4　CO_2 分子的 4 种简正振动形式

除了红外非活性振动方式和红外谱峰简并外，还有其他情况会使红外吸收峰数常少于其基本振动数：当分子结构的对称性强时，振动产生的瞬间偶极矩变化小，产生的红外吸收峰弱而不能检出；仪器的低分辨率不能分开一些相邻弱吸收峰；吸收峰位处于仪器工作波段范围以外不能被检出。

6.1.3　特征吸收峰

中红外光区还可以分为两个区域：基团频率区(4000～1300 cm^{-1})和指纹区(1300～400 cm^{-1})。基团频率区是最有价值分析官能团的特征吸收峰区，主要是由伸缩振动产生的吸收谱带，分辨率高，绝大多数化合物的基频吸收在这个区域。指纹区是能显示出分子细微结构特征差异的红外吸收区，类似于每个人有不同的指纹，主要是单键的伸缩振动和变形振动的吸收谱带。指纹区不仅有利于指认结构类似的化合物，而且可作为化合物存在某种基团的旁证。此外，一个基团常有数种振动形式，每种有红外活性的振动通常都相应地产生一个吸收峰，也称这些相互依存而又相互可以佐证的吸收峰为相关峰。例如，甲基(—CH_3)的相关峰有 $\nu_{as(C-H)} \approx 2960\ cm^{-1}$、

$\nu_{s(C-H)} \approx 2870 \ cm^{-1}$、$\delta_{as(C-H)} \approx 1470 \ cm^{-1}$、$\delta_{s(C-H)} \approx 1380 \ cm^{-1}$、$\delta_{C-H}$(面外)$\approx 720 \ cm^{-1}$ 等。

1. 基团频率区(官能团区)

$4000 \sim 1300 \ cm^{-1}$ 区称为基团频率区、官能团区或特征区。基团频率是指不同分子中同一类型的化学基团红外吸收总是出现在一个较窄频率带范围，也称红外光谱特征吸收峰。重键($-C\equiv C-$、$-C=C-$、$-C=N-$、$C=O$ 等)及 X—H 键(X=N、O、C)的吸收峰均位于这个红外光高频区，受分子中其他结构的影响较小。基团频率区分为 3 个区域，分述如下：

(1) $4000 \sim 2500 \ cm^{-1}$ 区：其为化学键 X—H 伸缩振动频率区，典型基团代表是 C—H、O—H、N—H 和 S—H。O—H 的伸缩振动的吸收峰出现在 $3650 \sim 3200 \ cm^{-1}$，是判断有无醇类、酚类和有机酸类的重要依据。胺和酰胺的 N—H 伸缩振动出现在 $3500 \sim 3100 \ cm^{-1}$，N—H 伸缩振动可能会对 O—H 伸缩振动有干扰。C—H 的伸缩振动可分为饱和及不饱和两种。

(i) 饱和 C—H 伸缩振动出现在 $3000 \sim 2800 \ cm^{-1}$，吸收强度较弱，但受取代基影响很小。例如，$-CH_3$ 的伸缩吸收出现在 $2960 \ cm^{-1}$(ν_{as})和 $2870 \ cm^{-1}$(ν_s)附近；$-CH_2$ 的吸收在 $2930 \ cm^{-1}$(ν_{as})和 $2850 \ cm^{-1}$(ν_s)附近；—CH 的吸收出现在 $2890 \ cm^{-1}$ 附近。

(ii) 不饱和 C—H 伸缩振动出现在 $3000 \ cm^{-1}$ 以上，可判别化合物中是否含有不饱和的 C—H 键。苯环的 C—H 伸缩振动出现在 $3030 \ cm^{-1}$ 附近，它的特征是吸收峰尖锐，但吸收峰强度比饱和的 C—H 键稍弱。不饱和的双键=CH 的吸收出现在 $3040 \sim 3010 \ cm^{-1}$，末端=CH_2 的吸收出现在 $3085 \ cm^{-1}$ 附近，而三键$\equiv$CH 上的 C—H 伸缩振动出现在更高的区域($3300 \ cm^{-1}$)。醛类与羰基的 C—H 伸缩振动的特征峰是 $2740 \ cm^{-1}$ 和 $2855 \ cm^{-1}$ 的 $\nu_{(C-H)}$ 双重峰，对于其鉴定有重要价值。

(2) $2500 \sim 1900 \ cm^{-1}$ 区：其为三键和累积双键区，典型基团代表是$-C\equiv C-$、$-C\equiv N$ 等三键的伸缩振动，以及$-C=C=C-$、$-C=C=O$ 等累积双键的不对称伸缩振动。对于炔类化合物，$R-C\equiv CH$ 的伸缩振动出现在 $2140 \sim 2100 \ cm^{-1}$ 和 $R'-C\equiv C-R$ 出现在 $2260 \sim 2190 \ cm^{-1}$。如果分子 R'=R 是对称的，则分子是非红外活性的。$-C\equiv N$ 的伸缩振动在非共轭的情况下出现在 $2260 \sim 2240 \ cm^{-1}$，当与不饱和键或芳香核共轭时，伸缩振动吸收峰出现在 $2230 \sim 2220 \ cm^{-1}$。若分子中含有 C、H、N 原子，则$-C\equiv N$ 的吸收峰比较强而尖锐。若分子中含有 O 原子，且 O 原子离$-C\equiv N$ 的距离越近吸收越弱，甚至观察不到。

(3) $1900 \sim 1200 \ cm^{-1}$ 区：其为双键伸缩振动区，该区域主要包括三种伸缩振动。

(i) C=O 伸缩振动出现在 $1900 \sim 1650 \ cm^{-1}$，是红外光谱中酮类、醛类、酸类、酯类及酸酐等有机化合物的特征且最强的吸收峰。酸酐的羰基有振动耦合，表现出双峰吸收谱带。

(ii) C=C 伸缩振动。烯烃的伸缩振动(C=C)出现在 $1680 \sim 1620 \ cm^{-1}$，吸收峰强度较弱。芳环骨架振动有 $2 \sim 4$ 个特征峰出现在 $1600 \ cm^{-1}$ 和 $1500 \ cm^{-1}$ 处，是由单核芳烃的 C=C 伸缩振动引起，用于判断芳环的存在。

(iii) 苯衍生物的碳氢（=C—H）变形振动的泛频谱带在 $2000 \sim 1650 \ cm^{-1}$ 有吸收峰，可用于取代苯的表征，但是吸收峰很弱。

2. 指纹区

指纹区是指整个化合物分子的"指纹"特征,大量的吸收峰并不与特定官能团相对应,仅显示化合物的红外特征。

(1) 1300~900 cm^{-1}区:这是C—O、C—N、C—F、C—P、C—S、P—O、Si—O等单键的伸缩振动和C=S、S=O、P=O等双键的伸缩振动吸收。其中约1375 cm^{-1}的谱带为甲基的$\delta_{(C-H)}$对称弯曲振动,可用于判断甲基。C—O的伸缩振动在1300~1000 cm^{-1},是该区域最强的、最易识别的吸收峰。

(2) 900~400 cm^{-1}区:该区域的吸收峰是变形振动产生的,可用于判断苯环取代类型。900~400 cm^{-1}区域某些吸收峰可用于确认化合物的顺反构型。双键取代情况极大地影响烯烃的=C—H面外变形振动吸收峰位置。在反式构型中吸收峰出现在990~970 cm^{-1};而在顺式构型中吸收峰出现在690 cm^{-1}。芳烃的C—H面外弯曲振动吸收峰也可用于确认苯环的取代类型。

可见,从官能团区可鉴定化合物存在的官能团,再对比标准谱图的指纹区,利用相关峰进行佐证,进行未知物的红外光谱解析。

3. 常见官能团的特征频率

复杂分子中的各个原子基团(化学键)在分子被激发后,都会产生特征的振动。分子的振动实质上可以归结为化学键的振动,因此红外光谱的特征性与化学键振动的特征性是分不开的,基团振动频率可以用来判别化合物分子结构。表6.4是典型官能团的特征频率。表6.5是部分无机化合物的主要特征峰。

表 6.4 典型官能团的特征频率(ν/cm^{-1})

化合物	基团	X—H 伸缩振动区	三键区	双键伸缩振动区	部分单键振动和指纹区
烷烃	—CH$_3$	ν_{as} (CH): 2962±10(s)			δ_{as} (CH): 1450±10(m)
		ν_s (CH): 2872±10(s)			δ_s (CH): 1375±5(s)
	—CH$_2$—	ν_{as} (CH): 2926±10(s)			δ (CH): 1465±20(m)
	—(CH$_2$)$_n$—($n>4$)	ν_s (CH): 2853±10(s)			δ (CH): 720
		ν (CH): 2890±10(w)			δ (CH): ≈1340(w)
烯烃	C=C(H,H)	ν (CH): 3040~3010(m)		ν (C=C): 1695~1540(m)	δ (CH): 1310~1295(w) τ (CH): 770~665(s)
	C=C(H,H)	ν (C—H): 3040~3010(m)		ν (C=C): 1695~1540(w)	τ (CH): 970~960(s)
炔烃	—C≡C—H	ν (CH): ≈3300(m)	ν (C≡C): 2270~1667(w)		

续表

化合物	基团	X—H 伸缩振动区	三键区	双键伸缩振动区	部分单键振动和指纹区
芳烃	（苯环）	ν (CH)： 3100～3000(变)		泛频： 2000～1667(w) ν (C=O)： 1650～1430(m) 2～4 个峰	δ (CH)： 1250～1000(m) τ (CH)： 910～665
					单取代： 770～730(vs)≈700(s) 邻双取代： 770～735(vs) 间双取代： 810～750(vs) 725～680(m) 900～860(m) 对双取代： 860～790(vs)
醇类	R—OH	ν (OH)： 3700～3200(变)			δ (OH)： 1410～1260(w) ν (CO)： 1250～1000(s)
酚类	Ar—OH	ν (OH)： 3705～3125(s)		ν (C=C)： 1650～1430(m)	τ (OH)： 750～650(s)
脂肪醚	R—O—R′				δ (OH)： 1390～1315(m)
酮	R—C(=O)—R′			ν (C=O)： ≈1715(vs)	ν (CO)： 1335～1165(s) ν (CO)： 1230～1010(s)
醛		ν (CH)： ≈2820，≈2720 双峰		ν (C=O)： ≈1725(vs)	
羧酸		ν (OH)： 3400～2500(m)		ν (C=O)： 1740～1690(m)	δ (OH)： 1450～1410(w) ν (CO)： 1266～1205(m)
酸酐				ν_{as} (C=O)： 1880～1850(s) ν_s (C=O)： 1780～1740(s)	ν (CO)： 1170～1050(s)
酯	—C(=O)—O—R			ν (C=O)： 1770～1680(s)	ν (COC)： 1300～1000(s)
胺	—NH₂	ν (NH₂)： 3500～3300(m) δ (NH)： 1650～1590(s，m)			ν (CN)(脂肪)： 1220～1020(m，w) ν (CN)(芳香)： 1340～1250(s)
	—NH	ν (NH)： 3500～3300(m) δ (NH)： 1650～1550(vw)			ν (CN)(脂肪)： 1220～1020(m，w) ν (CN)(芳香)： 1350～1280(s)

化合物	基团	X—H 伸缩振动区	三键区	双键伸缩振动区	部分单键振动和指纹区
酰胺	—C(=O)—NH₂	ν_{as}(NH)：≈3350(s) ν_s(NH)：≈3180(s) δ(NH)：1650～1250(s)		ν(C=O)：1680～1650(s)	ν(CH)：1420～1400(m) τ(NH₂)：750～600(m)
	—C(=O)—NHR	ν(NH)：≈3270(s)		ν(C=O)：1680～1630(s)	ν(CN)+τ(NH)：1310～1200(m) δ(NH)+τ(CN)：1750～1515(m)
	—C(=O)—NRR′			ν(C=O)：1670～1630	
酰卤	—C(=O)—X			ν(C=O)：1810～1790(s)	
腈	—C≡N		ν(C≡N)：2260～2240(s)		
硝基化合物	R—NO₂			ν_{as}(NO₂)：1565～1543	ν_s(NO₂)：1385～1360(s) ν(CN)：920～800(m)
	Ar—NO₂			ν_{as}(NO₂)：1550～1510(s)	ν_s(NO₂)：1365～1335(s) ν(CN)：860～840(s)
吡啶类	（吡啶环）	ν(CH)：≈3030(w)		ν(C=C)及ν(C=N)：1667～1430(m)	δ(CH)：1175～1000(w) τ(CH)：910～665(s)
嘧啶类	（嘧啶环）	ν(CH)：3060～3010(w)		ν(C=C)及ν(C=N)：1580～1520(m)	δ(CH)：1000～960(m) τ(CH)：825～775(m)

注：表中 vs、s、m、w、vw 用于定性地表示吸收强度很强、强、中、弱、很弱。

表 6.5　部分无机化合物的主要特征峰

基团	谱带/cm⁻¹
CO_3^{2-}	1450～1410(vs)，880～860(m)
HCO_3^-	2600～2400(w)，1000(m)，850(m)，700(m)，650(m)
SO_3^{2-}	1000～900(s)，700～625(vs)
SO_4^{2-}	1150～1050(s)，650～575(m)
ClO_3^-	1000～900(m,s)，650～600(s)
ClO_4^-	1100～1025(s)，650～600(s)
NO_2^-	1380～1320(w)，1250～1230(vs)，840～800(w)
NO_3^-	1380～1350(vs)，840～815(m)

续表

基团	谱带/cm^{-1}
NH_4^+	3300～3030(vs)，1430～1390(s)
PO_4^{3-}	
HPO_4^{2-}	1100～1000(s)
$H_2PO_4^-$	
CN^-	
SCN^-	2200～2000(s)
OCN^-	
各种硅酸盐	
各种磷的含氧盐	1100～900(s)
CrO_4^{2-}	900～775(s,m)
$Cr_2O_7^{2-}$	900～825(m)，750～700(m)
MnO_4^-	925～875(s)

注：表中 vs、s、m、w 用于定性地表示吸收强度很强、强、中、弱。

6.1.4　峰位变化的主要影响因素

基团频率主要是由基团中原子的质量及原子间的化学键力常数决定，但是分子内部结构和外部环境改变会影响基团频率，同样基团在不同分子和不同外界环境中，基团频率不一定出现在同一位置，而是出现在一段区间。影响基团频率位移的因素大致可以分为外部因素和内部因素。

1. 外部因素

影响基团频率的外部因素有氢键作用、浓度效应、温度效应、试样的状态、制样方法及溶剂极性等。

(1) 物理状态的影响：同一样品的不同相态，光谱差别很大。气态时，分子伸缩振动频率高，液态次之，固态最小。同一种物质由于状态不同，分子间相互作用力不同，测得的光谱也不同。一般在气态下测得的谱带波数最高，并能观察到伴随振动光谱的转动精细结构，在液态或固态下测定的谱带波数相对较低。例如，丙酮在气态时的 $\nu_{C=O}$ 为 1742 cm^{-1}，而在液态时为 1718 cm^{-1}。

(2) 溶剂的影响：同一物质与不同溶剂的相互作用不同，在不同溶剂中物质的振动吸收峰也不相同。通常在极性溶剂中，溶质分子的极性基团的伸缩振动频率随溶剂极性的增加而向低波数方向移动，并且强度增大。因此，在红外光谱测定中，应尽量采用非极性溶剂。

(3) 粒度的影响：粒度越大，基线越高，峰变宽而强度低；粒度越小，基线下降，峰变窄而强度高。通常要求粒度大小必须小于测定波长。

2. 内部因素

(1) 电子效应：化学键电子分布不均匀会引起诱导效应和共轭效应，使基团特征红外光吸收频率发生位移。

(i) 诱导效应(I 效应)：不同取代基具有不同的电负性，对分子中电子云分布有静电诱导作用，会改变基团化学键的力常数，从而基团特征频率发生位移，这种作用称为诱导效应或 I 效应。吸电子基团(如卤素等)引起的诱导效应为–I 效应，推电子基团(如甲基等)引起的诱导效应为+I 效应。常见的吸电子和推电子基团引起的–I 效应顺序如下：

$$F > Cl > Br > OCH_3 > NHCOCH_3 > C_6H_6 > H > CH_3$$

在红外吸收光谱法中，诱导效应一般是指吸电子基的影响(即–I 效应)。吸电子基团会增大化学键的力常数，提高吸收频率，使吸收峰向高波数方向移动。例如，羰基化合物 $\overset{X}{\underset{R}{}}C{=}\overset{..}{\underset{..}{O}}$，当取代基卤素 X 为吸电子基时，羰基化合物的电子云密度按箭头方向移动，使 C=O 键上的电子云密度变得更对称，氧原子上的孤对电子向碳上移动，使 C=O 双键键能增强，键的力常数增大，双键性增强，极性降低，伸缩振动峰频率增加，向高波数移动。这种峰向高频(波数)移动的现象称为蓝移。随着吸电子基的数目或电负性增大，$\nu_{C=O}$ 的吸收峰会移向更高的波数，见表 6.6。

表 6.6　基团电负性对 $\nu_{C=O}$ 的影响

$\nu_{C=O}$ /cm^{-1}	1715	1800	1828	1928
化合物	R—C(=O)—R′	R—C(=O)—Cl	Cl—C(=O)—Cl	F—C(=O)—F

(ii) 共轭效应(C 效应)：分子中由大 π 键对基团所引起的作用称为共轭效应(也称 C 效应)。在 π-π 共轭体系中，共轭效应(+M 效应)使基团的电子云离域，使原来的双键伸长，双键键能降低，键的力常数减小，双键性减小，伸缩振动频率降低，向低频(波数)方向移动。这种峰向低频(波数)移动的现象称为红移。例如，酮 C=O 与苯环共轭使 C=O 键的力常数减小，振动频率降低，见表 6.7。

表 6.7　共轭效应对 $\nu_{C=O}$ 的影响

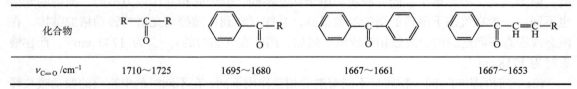

化合物	R—C(=O)—R	(苯环)—C(=O)—R	(苯环)—C(=O)—(苯环)	(苯环)—C(=O)—CH=CH—R
$\nu_{C=O}$ /cm^{-1}	1710~1725	1695~1680	1667~1661	1667~1653

(iii) 中介效应：含有孤对电子 n 电子的原子与多重键的原子相连时，也有类似的共轭作用，称为 n-π 共轭效应或中介效应(属于+M 效应)。多重键基团电子云密度取决于所含 n 电子基团的推电子性能。含 n 电子的原子对 n-π 共轭效应的贡献为

$$X(卤素) < O < S < N$$

当分子中含有 X、O、S、N 等杂原子取代基时，既有吸电子的诱导效应，又有 n-π 共轭效应。一般来说，X 卤素和 O 原子的诱导效应占优势，而 N 和 S 原子的共轭效应占优势。例如，

$$R-\overset{\overset{\displaystyle O}{\|}}{C}\rightarrow X$$

$$\nu_{C=O}=1920\sim1780\ cm^{-1}$$

$$R-\overset{\overset{\displaystyle O}{\|}}{C}\rightarrow \ddot{N}H_2$$

$$\nu_{C=O}=1690\sim1630\ cm^{-1}$$

以上分子中直箭头符号表示–I 效应，弯箭头符号表示+M 效应。在酰胺分子中，C=O 与 N 原子的孤对电子有共轭效应，C=O 上电子云离域，电子云向 O 原子上移动，C=O 双键性降低，键能下降，键力常数降低，C=O 吸收频率降低，向低波数移动。同时，N 原子也有电负性，会产生诱导效应，理论上 C=O 吸收频率会增加，向高波数移动。在酰胺分子中，有中介效应和诱导效应共存，但是中介效应占优势，酰胺 C=O 的吸收峰波数降低到 1680 cm^{-1}。

在化合物中 –I 效应和 +M 效应常同时存在，吸收峰的位移方向取决于哪种效应占主导作用。箭头的大小表示相应效应的强弱，如

$$R-\overset{\overset{\displaystyle O}{\|}}{C}\rightarrow \ddot{O}R$$

$$\nu_{C=O}=1735\ cm^{-1}$$

–I＞+M

$$R-\overset{\overset{\displaystyle O}{\|}}{C}\rightarrow \overset{..}{\underset{..}{S}}\bigcirc$$

$$\nu_{C=O}=1710\ cm^{-1}$$

–I≈+M

$$R-\overset{\overset{\displaystyle O}{\|}}{C}\rightarrow \ddot{N}\overset{\textstyle R}{\underset{\textstyle R}{}}$$

$$\nu_{C=O}=1690\ cm^{-1}$$

+M＞–I

(2) 氢键效应：分子内或分子间形成氢键后，使基团的电子云密度平均化，从而使化学键伸缩振动频率向低波数方向显著位移(红移)，同时峰增高、峰形变宽。分子内氢键不受物质浓度影响，物质浓度变化对分子内氢键的吸收峰位影响不大；分子间氢键受物质浓度影响较大，物质浓度变化对分子间氢键峰位、强度影响较大。例如，2-羟基苯乙酮会形成分子内氢键，高浓度或固态的羧酸会产生二聚体形成分子间氢键：

形成分子内氢键

酚羟基的ν_{OH}(游离)=3705～3125 cm^{-1}

ν_{OH}(缔合)=2835 cm^{-1}

形成分子间氢键

游离羧酸的$\nu_{C=O}$(游离)=1760 cm^{-1}

$\nu_{C=O}$(缔合)=710 cm^{-1}

在羧酸中，氢键效应不仅使羧酸中羰基吸收频率发生变化，而且使羧酸中羟基吸收频率发生变化，ν_{OH} 出现在 3200～2500 cm^{-1}，表现为宽而散的吸收峰，是羧酸的红外特征吸收峰。

(3) 振动耦合效应：当两个基团有相同或相近振动频率并直接相连或相接近时，一个化学键振动对另一个化学键有一个"微扰"作用，有强烈的振动相互作用，导致键的长度发生改变，两个化学键吸收谱带发生裂分，一个向高频移动，一个向低频移动，这称为振动耦合效应。振动耦合效应常出现在二羰基化合物中，如羧酸酐的 2 个羰基有振动耦合效应，使$\nu_{C=O}$吸收峰分裂成 2 个峰，波数分别位于 1820 cm^{-1}(反对称耦合)和 1760 cm^{-1}(对称

耦合)。

$$\nu_{as,C=O} \approx 1820 \text{ cm}^{-1} \qquad \nu_{s,C=O} \approx 1760 \text{ cm}^{-1}$$

除此之外，还有一种振动耦合效应——费米(Fermi)共振。费米共振是指一种振动的倍频或组频靠近另一振动的基频时，它们发生相互作用而产生很强大的吸收峰或发生分裂。例如，苯甲醛 的 ν_{C-H} 为 2780 cm^{-1} 和 2700 cm^{-1} 两个吸收峰，是由醛基的 $\nu_{C-H} = 2800$ cm^{-1} 和 $\delta_{C-H} = 1400$ cm^{-1} 的第一倍频之间发生费米共振所产生的。

(4) 空间效应：空间效应有两种，一种是空间位阻，一种是环张力。空间位阻可以影响基团共面性而削弱共轭效应，也可以阻碍分子间氢键的形成，空间位阻越大，基团的伸缩振动波数越向高波数位移。环张力也称键角张力，可以改变键长、键角，产生某种张力来起作用，环越小，张力作用越大。

在环酮中，环越小，环张力越大，酮羰基的伸缩振动波数越向高波数移动，如

$$\nu_{C=O} \qquad 1714 \text{ cm}^{-1} \qquad 1746 \text{ cm}^{-1} \qquad 1783 \text{ cm}^{-1}$$

当双键在环内时，环张力越大，双键伸缩振动波数越小；当双键在环外时，环张力越大，双键伸缩振动波数越大。例如，

$$\nu_{C=C} \qquad 1576 \text{ cm}^{-1} \qquad 1611 \text{ cm}^{-1} \qquad 1644 \text{ cm}^{-1}$$

$$\nu_{C=C} \qquad 1651 \text{ cm}^{-1} \qquad 1657 \text{ cm}^{-1} \qquad 1678 \text{ cm}^{-1} \qquad 1781 \text{ cm}^{-1}$$

3. 峰强度及其影响因素

分子吸收光谱的吸收峰强度可用摩尔吸光系数 ε 表示。红外吸收谱带的强度取决于分子振动时偶极矩的变化，而偶极矩与分子结构的对称性有关。振动的对称性越高，振动中分子偶极矩变化越小，谱带强度也就越弱。因此，一般来说，极性较强的基团振动，吸收强度较大；极性较弱的基团振动，吸收较弱。红外光谱的吸收强度是以极强(vs)、强(s)、中(m)、弱(w)和很弱(vw)等表示，见表6.8。

表 6.8 红外吸收峰强度

强度	极强(vs)	强(s)	中(m)	弱(w)	很弱(vw)
ε^a /(L · mol^{-1} · cm^{-1})	200	75～200	25～75	5～25	0～5

    吸收峰的强度与分子跃迁概率有关。跃迁概率是指激发态分子所占分子总数的百分数。基频峰的跃迁概率大,倍频峰的跃迁概率小,组频峰的跃迁概率更小。

    峰强度还与分子的偶极矩有关,分子的偶极矩又与分子的极性、对称性和基团的振动方式等因素有关。一般极性较强的分子或基团如 C═O、O—H、C—O—C、Si—O、N—H、NO₃、C—F、C—Cl 等振动产生的吸收带均为强峰,而极性较弱的分子或基团如 C═C、C═N、N═N、S—S、C—C、C—H 等振动产生的吸收带均为弱峰。分子的对称性越低,所产生的吸收峰越强,如三氯乙烯的 $\nu_{C═C}$ 在 1585 cm^{-1} 处有一中强峰,而四氯乙烯因它的结构完全对称,故它的 $\nu_{C═C}$ 吸收峰消失。当基团的振动方式不同时,其电荷分布也不同,其吸收峰强度依次为 $\nu_{as} > \nu_s > \delta$,但是苯环上的 $\delta_{C—H}$ 为强峰,而 $\nu_{C—H}$ 为弱峰。

6.2 红外吸收光谱仪

6.2.1 红外吸收光谱仪的基本结构

    根据分光原理的不同,红外吸收光谱仪分为色散型和干涉型两大类,主要由光源、分光器件及检测器等主要部件组成。由于红外吸收光谱仪都具有将复合光分解成单色红外光的部件,故也称它为红外分光光度计。20 世纪 80 年代初出现了新一代的红外光谱测量技术和仪器,基于干涉调频分光的傅里叶变换红外吸收光谱仪(Fourier transform infrared spectrometer, FTIR)。这种仪器具有许多优点:不用狭缝,消除了狭缝对于通过它光能的限制,同时可以获得光谱所有频率的全部信息;测量时间短(可在 1 s 内完成),扫描速率快,适用于对快速反应过程的追踪,也便于与色谱法联用;灵敏度高,检出限可达 10^{-9}～10^{-12} g;分辨率高,波数精度可达 0.01 cm^{-1};光谱范围广,可覆盖整个红外光波数 10000～10 cm^{-1} 的光谱;测定精度高,重复性可达 0.1%,杂散光小于 0.01%。

    红外吸收光谱仪包括光学系统、机械系统、电路系统三部分,光学系统中主要包含光源、单色器、滤光器及检测器等部件。

    1. 光源

    (1) 能斯特灯:能斯特灯是将粉末状氧化锆、氧化钍和氧化钇等稀土氧化物加压成型,并在高温下烧结成的空心或实心细棒,直径 1～3 mm,长 20～50 mm,两端绕以铂丝作电极;功率为 50～200 W,常用小于 100 W;使用波长范围为 2～25 μm;使用寿命为 1000 h 左右;机械强度差,易受外界温度影响。

    (2) 硅碳棒:硅碳棒由硅砂加压成型,并在高温下烧结成两端粗中间细的实心棒,直径约 5 mm,长约 50 mm,中间部分为发光体;功率为 200～400 W;使用波长范围为 2～30 μm;使用寿命大于 1000 h。

    (3) 氧化铝棒:氧化铝棒是用硅酸锆加氧化铝粉调成糊状后,加到直径为 5～6 mm 的氧化铝烧结管中,并用铑丝作电极;功率一般为 30 W;使用波长范围为 2.5～50 μm;使用寿命长，耗电少。

2. 单色器

单色器是色散型红外吸收光谱仪的核心部件，主要由色散元件、狭缝和准直镜组成。最常用的色散元件为闪耀光栅，其分辨本领强，易于维护。红外吸收光谱仪中常采用多块常数不同的光栅自动更换，来提高测定波数范围和分辨率。狭缝宽度可控制单色光的纯度和强度。然而光源发出的红外光在整个波数范围内不是恒定的，在扫描过程中狭缝将随光源的发射特性曲线自动调节狭缝宽度，既要使到达检测器上的光强度近似不变，又要达到尽可能高的分辨能力。

3. 检测器

常用的红外检测器是高真空热电偶、热释电检测器和碲镉汞检测器。真空热电偶是利用不同导体构成回路时的温差电现象将温差转变为电动势，它以一小片涂黑的金箔作为红外辐射的接受面，在金箔的一面焊有两种不同的金属、合金或半导体作为热接点，而在冷接点端(通常为室温)连有金属导线。为了提高灵敏度和减少热传导的损失，将热电偶封于真空度约为 7×10^{-7} Pa 的腔体内。在腔体上对着涂黑的金箔开一小窗，窗口用红外透光材料，如 KBr、CsI、KRS-5 等。当红外辐射通过此窗口射到涂黑的金箔上时，热接点温度上升，产生温差电动势，在回路中有电流通过，而电流的大小则随照射的红外光的强弱而变化。

热释电检测器是用硫酸三苷肽(NH₂CH₂COOH)₃H₂SO₄(简称 TGS)的单晶薄片作为检测元件。TGS 是铁电体，在一定温度(其居里点为 49℃)以下能产生很大的极化效应，其极化强度和温度有关，温度升高，极化强度降低。将 TGS 薄片正面真空镀铬(半透明)，背面镀金，形成两电极。当红外辐射照到薄片上时，引起温度升高，TGS 极化度改变，表面电荷减少，相当于"释放"了部分电荷，经过放大，转变成电压或电流的方式进行测量。其特点是响应速度快，噪声影响小，能实现高速扫描，故被用于傅里叶变换红外吸收光谱仪中。目前使用最广的晶体材料是氘化了的 TGS(DTGS)，居里温度为 62℃，热电系数小于 TGS。

碲镉汞检测器(MCT 检测器)是由宽频带的半导体碲镉汞和半金属化合物碲化汞混合成的，其组成为 Hg₁₋ₓCdₓTe，$x \approx 0.2$，改变 x 值可改变混合物组成，获得测量波段不同灵敏度各异的各种 MCT 检测器。它的灵敏度高，响应速度快，适用于快速扫描测量和 GC/FTIR 联机检测。MCT 检测器分成两类，光电导型是利用入射光子与检测器材料中的电子能态起作用，产生载流子进行检测；光伏型是利用不均匀半导体受光照时，产生电位差的光伏效应进行检测。MCT 检测器都需在液氮温度下工作，其灵敏度约是 TGS 的 10 倍。

6.2.2　色散型红外吸收光谱仪

色散型红外吸收光谱仪的组成部件与紫外-可见分光光度计相似，但每一个部件的结构、所用材料及性能等与紫外-可见分光光度计不同，组成部件的排列顺序也略有不同，红外吸收光谱仪的样品是放在光源和单色器之间，而紫外-可见分光光度计是放在单色器之后。图 6.5 是色散型双光束红外吸收光谱仪原理的示意图。

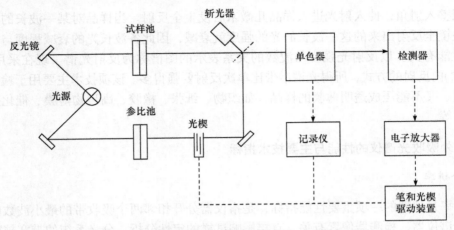

图 6.5　色散型双光束红外吸收光谱仪原理示意图

色散型红外吸收光谱仪分为光学自动平衡式(光学零位记录式)和电学自动平衡式(电比例记录式)两种。与采用光学自动平衡系统的红外光谱仪相比,采用电学自动平衡系统的红外光谱仪虽然能保持光学平衡的优点和提高信噪比、测定准确度,但是也存在如下缺点:①电学自动平衡系统测量透过率的线性度比光学自动平衡系统的低,光学自动平衡系统测量透过率的线性度仅取决于光学衰减器(仅为 0~3%)。②电学自动平衡系统中,斩光器是以不同的频率切断光束。在斩光器转动过程中,会产生这样的时间间隔,即两个光束均被斩光器切断。此时,电路系统的固有噪声仍然存在,会降低有效的信噪比。通常,电学自动平衡系统信噪比是光学自动平衡系统信噪比的 1/3。

6.2.3　傅里叶变换红外吸收光谱仪

傅里叶变换红外吸收光谱仪没有色散元件,主要由光源(硅碳棒、高压汞灯)、干涉仪、检测器、计算机和记录仪等组成,如图 6.6 所示。目前的傅里叶变换红外吸收光谱仪多用迈克耳孙(Michelson)干涉仪。迈克耳孙干涉仪是用分束器(或称分光板)分振幅的双光束干涉仪,它将光源来的信号以干涉图的形式送往计算机进行傅里叶变换的数学处理,最后将干涉图还原成光谱图。

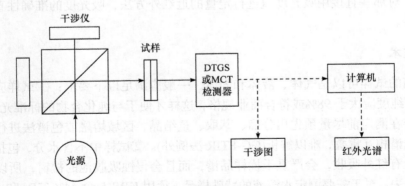

图 6.6　傅里叶变换红外吸收光谱仪工作原理示意图

此外,还有用 AgCl、TlBr-TlI(KRS-5)或 Ge 等折射率大的材料做成棱镜,背部贴上检测样品，调整入射角，使入射光进入样品几微米后发生全反射。当样品对某一波长的光有吸收时，从棱镜全反射出来的这一波长的光的强度就衰减，因此各波长光的衰减程度与样品对光的吸收性能有关。以反射光强度与波数的关系表示的图谱称为反射光谱。现在采用多次(如30～50 次)内反射的方式，所得光谱谱带比单次反射要强得多。该项技术主要用于检测不溶于有机溶剂、又不能压成透明薄膜的样品，如织物、纸张、橡胶、高聚物薄膜、催化剂表面、表面涂层等。

6.2.4　红外吸收光谱仪的性能与主要技术指标

1. 分辨率

分辨率是仪器的一项重要性能指标，是指仪器分开相邻两个吸收带的最小波数间隔的能力，与光谱仪器、检测器像素有关，直接影响试样的定性分析。分光系统的带宽越窄，分辨率越高。对光栅分光仪器而言，分辨率的大小还与狭缝的设计有关。有些化合物的结构特征较为接近，要得到准确的定性分析结果就要求仪器的分辨率较高。

2. 信噪比

信噪比是指仪器在正常工作条件下，记录得到的最大工作信号和最大随机噪声之比，以 $S/N=T/\Delta T$ 表示。红外吸收光谱仪的信噪比是在 4000 cm^{-1} 或 1000 cm^{-1} 处定波长扫描数分钟而得到其噪声峰值。测定 1%T，则此系统的信噪比 S/N 为 100∶1。

3. 稳定性波数和光度重现性

稳定性波数是指对样品进行多次扫描时，谱峰位置波数间的差异。通常用多次测量某一谱峰位置所得波长或波数的标准偏差表示。光度重现性是评价仪器稳定性的一个重要指标，对校正模型的建立和模型的传递均有较大的影响，同样也会影响最终分析结果的准确性。一般仪器光度重现性应好于 0.1 nm。

4. 吸光度准确性

吸光度准确性是指仪器对某标准物质进行透射或漫反射测量，测得的吸光度值与该物质标定值之差。对那些直接用吸光度值进行定量的近红外方法，吸光度的准确性直接影响测定结果的准确性。

6.2.5　制样技术

红外光谱的试样可以是气体、液体和固体，一般应满足以下要求：①试样应该是单一组分的纯物质，纯度应大于 98%或符合商业规格，这样才便于与纯化合物的标准光谱进行对照。多组分试样应在测定前尽量预先用分馏、萃取、重结晶、区域熔融或色谱法进行分离提纯，否则各组分光谱相互重叠，难以解析(GC-FTIR 法例外)。②试样中不含水分，包括游离水和结晶水。水本身有红外吸收，会严重干扰样品谱，而且会侵蚀吸收池的盐窗，所以样品中的水分必须设法除去。对于需要测定水溶液的特殊样品，须用 KRS-5(含 44% TlBr 和 56% TlI)窗片的吸收池测定；试样的浓度和测试厚度应选择适当，以使光谱图中的大多数吸收峰的透射比处于 20%～60%。样品太稀或太薄会使弱峰或光谱细微部分消失，但样品太浓或太厚会使强峰超过零透过率而无法确定其峰位。故需选择适当的样品浓度、厚度等制样条件。具体制样方法针对样品存在的状态各有差异。

气态试样可在玻璃气槽内进行测定，它的两端粘有红外透光的 NaCl 或 KBr 窗片。先将气槽抽真空，再将试样注入。

液体和溶液试样常用的方法有：

(1) 液体池法。沸点较低，挥发性较大的试样，可注入封闭液体池中，液层厚度一般为 0.01～1 mm。

(2) 液膜法。沸点较高的试样，直接滴在两块盐片之间，形成液膜。

对于一些吸收很强的液体，用调整厚度的方法仍然得不到满意的谱图时，可用适当的溶剂配成稀溶液来测定。一些固体也可以以溶液的形式来进行测定。常用的红外光谱溶剂应在所测光谱区内本身没有强烈吸收，不侵蚀盐窗，对试样没有强烈的溶剂化效应等。例如，CS_2 是 1350～600 cm^{-1} 区域常用的溶剂，CCl_4 用于 4000～1350 cm^{-1} 区。

固体试样常用的方法有：

(1) 压片法：是把固体样品的细粉均匀地分散在碱金属卤化物中并压成透明薄片的一种方法。用于压片法的碱金属卤化物中，KCl 适用于 4000～400 cm^{-1} 范围，KBr 适用于 4000～300 cm^{-1} 范围，CsI 适用于 4000～200 cm^{-1} 范围。由于 NaCl 的晶格能高不易压成透明薄片，而 KI 不易精制，故它们都不用作压片法的分散剂。KBr 的价格要比 CsI 便宜得多，波长使用范围较宽，因此最为常用。测绘 200 cm^{-1} 以下远红外光谱时，需用聚四氟乙烯、聚乙烯酯为压片法的分散剂。

将 1～2 mg 试样与 200 mg 纯 KBr 研细混匀，置于模具中，用(5～10)×10^7 Pa 压力在压片机上压成透明薄片，即可用于测定。试样和 KBr 都应经干燥处理，研磨到粒度小于 2 μm，以免散射光影响。KBr 在 4000～300 cm^{-1} 光区不产生吸收，因此可测绘全波段光谱图。

(2) 糊状法：又称糊剂法或矿物油法。此法是把固体粉末分散或悬浮于石蜡油等糊剂中，然后将糊状物夹于两片 KBr 等盐片间测绘其光谱。凡是能转变成粉末的样品都可用糊状法测定。尤其是用 KBr 压片法时，因吸湿引起水峰干扰，又因某些样品与 KBr 粉末研磨时发生置换、配合等反应或因样品在空气中研磨时产生氧化、分解、取向等效应而引起的干扰时，采用糊状法制样更能显示其优点。不过各种糊剂本身在中红外光区也对样品产生一些干扰峰，因此须将几种糊剂配合起来使用，才能得到样品在整个中红外光区的完整光谱图。例如，液体石蜡油作为一种精制的长链烷烃糊剂，适用的光谱范围为 1360～400 cm^{-1}，不能用于研究饱和 C—H 键的伸缩振动吸收。氟化煤油在 4000～1400 cm^{-1} 无吸收，六氯丁二烯在 4000～1700 cm^{-1} 及 1500～1260 cm^{-1} 范围无吸收。故将以上三种糊剂配合使用，可得到样品在中红外光区的完整光谱。

石蜡糊状法是将干燥处理后的试样研细，与液体石蜡油或全氟代烃混合，调成糊状，夹在盐片中测定。液体石蜡油自身的吸收带简单，但此法不能用来研究饱和烷烃的吸收情况。

(3) 薄膜法：主要用于高分子化合物的测定，厚度在 50 μm 以下的高分子化合物薄膜可直接进行红外光谱测绘，而大多数样品需采用挥发成膜、熔融成膜和热压成膜等方法并主要用于定性分析。

挥发成膜法：先用挥发性溶剂将样品配成溶液，然后将样品溶液在适当的载体上挥发掉而制得样品膜。与溶液法相比，挥发成膜法基本没有溶剂吸收的干扰。挥发成膜所用的溶剂应具有对样品溶解度大、沸点低、易挥发并且不与样品发生化学反应等性质。对于未知样品的溶解处理，应先用丙酮、甲乙酮、氯仿、乙酸乙酯等易挥发溶剂试溶，再用苯、邻二氯苯、二甲基亚砜、N,N-二甲基甲酰胺等溶剂试溶，并适当加热，如仍不溶，则一般可认为该样品不适用于溶液成膜法制样。

熔融成膜法：对于石蜡、沥青、聚乙烯等不发生热分解的低熔点物质，取少许样品放在红外灯下烘热的盐片上，待其熔化后将它涂布成均匀的薄膜，或者将另一块烘热的盐片合上，用可拆池架夹紧使样品在一定压力下熔化成膜。对于某些尼龙、聚酯等熔点较高的样品，可在已抛光和清洁处理的硅片上，于红外灯下烘烤熔化并用不锈钢勺将它涂布成膜，冷却后连同硅片一起测绘其光谱，在光谱解析时应注意到约 1105 cm⁻¹ 处的吸收峰是硅片中 Si—O 键引起的，约 607 cm⁻¹ 处的吸收峰是 Si—C 键引起的。

热压成膜法：对于在软化点或熔点温度附近不氧化、不降解的塑性无机物和热塑性高聚物，取一些样品置于表面涂有聚四氟乙烯(脱膜剂)的两块抛光金属板之间，用专用工具固定，然后在所需温度的烘箱中加热至样品软化点或熔点，取出趁热在油压机上加压成型，放冷、脱模除去样品膜，如所得高聚物膜颜色变黄、变深或有气泡，则表明温度过高或加压时间过长。样品膜的厚度可由上下压板间放入一定厚度的云母片或金属框片来控制。应当指出，结晶性高聚物在热压成膜后的结晶度取决于样品热压成膜的冷却温度，即当缓慢冷却(退火)时结晶度高，而样品在低温介质中急剧冷却(淬火)时结晶度很低或不结晶。

(4) 热裂解法：有些不溶的高聚物，如交联环氧树脂、交联聚苯乙烯等交联树脂和硫化橡胶一类物质，经高温裂解后会变成液体、气体或转变成可溶性的低分子聚合物和单体。这对于本来含有大量无机物等填料而引起其吸收带很宽、很强而使其光谱无法辨认的高聚物，经热裂解后虽然会使其结构发生改变，但许多高聚物裂解产物的光谱和原高聚物光谱极为相似，因此仍能辨认。当然也有些高聚物在裂解后，光谱发生很大变化。例如，聚氯乙烯裂解后生成苯和氯化氢等，结果使原光谱特征大部分都消失。尽管裂解法有些缺点，但它的制样比较简单，并且对含有大量填料的高聚物研究具有重要意义。

(5) 切片法：对于橡胶、塑料等弹性体还可采用显微切片法制样。而对于天然矿物晶体、合成材料等致密块状或柱状样品，如石英晶体、锗晶体、硅晶体等，可根据研究的要求作定向或非定向切片，再经双面镜面抛光处理即可测谱。切片的厚度可根据样品的性质和不同分析要求而定，对于反射光谱的测定，与样品厚度的关系不大。

(6) 粉末法和溶液法：粉末法是将样品研磨成 2 μm 以下的粉末，悬浮于易挥发溶剂中，然后将此悬浮液滴于 KBr 片上铺平，待溶剂挥发后即形成均匀的粉末薄层。粉末法制样可消除采用压片法时因 KBr 粉剂吸湿引起的干扰和研磨时 KBr 与某些样品组分产生反应引起的干扰。也可克服糊剂法制样时糊剂吸收峰的干扰，但不能克服样品在空气中研磨时产生氧化、分解等干扰，也不适用于定量分析。

溶液法是选择适当的溶剂将固体样品转为溶液后，按液体样品测定或驱除溶剂后以压片法、糊状法等测定。溶液法尤其适用于样品定量分析及某些交联、固化的高聚物固体，采取高温溶剂萃取转为溶液后进行定性与结构分析。

当样品量特别少或样品面积特别小时，必须采用光束聚光器，并配有微量液体池、微量固定池和微量气体池，采用全反射系统或带有卤化碱透镜的反射系统进行测量。

6.2.6　红外光谱的常规数据处理技术

先进的红外吸收光谱仪都设有数据处理系统，其核心是一小型计算机或微机。计算机不仅用于控制红外吸收光谱仪的运转，更重要的是用于收集和处理数据，改善数据的质量，扩大红外吸收光谱仪的使用范围。进一步则应用于检索谱图、解释谱图和进行光谱的理论计算。

常规的红外吸收光谱数据处理通常有以下几个方面。

1. 噪声滤除

噪声主要来自高频随机噪声、基线漂移、信号本底、样品不均匀、光散射等，可用处理方法滤除平滑处理和基线校正方法处理。

平滑处理：主要去掉高频噪声对信号的干扰。最常用的平滑方法是沙维特基-戈莱(Savatky-Golay)方法，平滑处理涉及处理窗口的大小(或点数)。较大的平滑点数可以使信噪比提高，但同时也会导致信号失真。因此，必须考虑仪器的具体情况，对平滑窗口的大小做出适当的选择。

基线校正：主要是扣除仪器背景或漂移对信号的影响，可以采用峰谷点扯平、偏置扣减、微分处理和基线倾斜等方法。采用微分可以较好地净化谱图信息，但在微分处理时，根据微分的级数，微分窗口数据点的大小也应做出合理的选择。

2. 归一化处理

归一化处理用于消除光程的变化或样品稀释等变化对光谱产生的影响。

3. 光谱求导

求导数可以分离光学上未能很好分辨开的谱带、确定准确峰位、消除缓慢起伏的辐射背景等。求一阶导数的数值分析式(采用九点二次函数)为

$$\left(-\frac{\mathrm{d}y}{\mathrm{d}x}\right)_i = \frac{1}{60\mathrm{d}\nu}[4(y_{i+4}-y_{i-4})+3(y_{i+3}-y_{i-3})+2(y_{i+2}-y_{i-2})+(y_{i+1}-y_{i-1})]$$

由于二级导数的谱图与原始的谱图非常相似，因此人们更愿意求二阶导数。求二阶导数可采用十三点二次函数：

$$\left(-\frac{\mathrm{d}^2y}{\mathrm{d}x^2}\right)_i = \frac{1}{1001(\delta\nu)^2}[22(y_{i-6}+y_{i+6})+11(y_{i-5}+y_{i+5})+2(y_{i-4}+y_{i+4})$$
$$-5(y_{i-3}+y_{i+3})-10(y_{i-2}+y_{i+2})-13(y_{i-1}+y_{i+1})-14y_i]$$

式中，$\delta\nu$ 为数据点采集间隔。要注意的是像平滑处理一样，每次求导数有许多坐标是落在波数范围之外。

4. 求谱峰及谷的位置

其方法原理是求出光谱数据的一阶导数，并找出 $\mathrm{d}A/\mathrm{d}\nu$ 为 0 的位置，进一步确定在 0 附近正负号的方向，当 $\mathrm{d}A/\mathrm{d}\nu$ 由负变正时为谱峰，由正变负时为谷。可以选用 9 点或 15 点立方一阶导数卷积函数外推，找出何处 $\mathrm{d}T/\mathrm{d}\nu$ 改变符号。通常把谱图高波数段放在左面，低波数段放在右面，并由左至右观察谱图。于是对于一个谱峰便得到 $\mathrm{d}A/\mathrm{d}(-\nu)$ 相当于符号变化由负至正，但在程序中是由透过率计算斜率，吸收极大时透过率极小，所以对于吸收峰 $\mathrm{d}T/\mathrm{d}\nu$ 由负变正，而 $\mathrm{d}T/\mathrm{d}(-\nu)$ 由正变负。

5. 光谱差减

在大多数情况下，使用差谱技术可以在不分离所测试样混合物的情况下，求出次要组分的光谱，从而鉴定出次要组分。这种技术也适用于水溶液中低浓度的有机物的检出。

该方法所需做的工作仅仅是用计算机进行数学运算，这与补偿法及差示法均有所不同。后两者均依赖于仪器的测定方式和实验。对于用光学零点法测光的色散型仪器，在高吸收处外界的影响起很大的作用，所得的补偿光谱在这些区域有极低的信噪比，因而最后所得的谱图严重失真。以电比例式测光的色散型仪器相应数据的信噪比要好得多，但寻求确切的补偿条件相当烦琐，特别是进行多组分补偿更是如此。

设有一个三组分混合物，在任一波数光谱的吸光度分别是三个组分光谱的权重加和，则

$$A(\nu) = X_0 A_0(\nu) + X_1 A_1(\nu) + X_2 A_2(\nu)$$

如果上述三组分混合物中主要组分的吸收光谱带与次要组分的吸收光谱带不重叠，那么将三组分混合物的红外吸收光谱减去主要组分的红外吸收光谱，可扣除主要化合物的红外吸收光谱影响，便得到两个次要化合物的红外吸收光谱加和。因此，两个次要化合物的吸光度表示为

$$A'(\nu) = \frac{A(\nu)}{X_0} - A_0(\nu) = \frac{X_1}{X_0} A_1(\nu) + \frac{X_2}{X_0} A_2(\nu)$$

式中，X_0 为量度因子。同样，采用差谱法将次要组分 1 和次要组分 2 分开。

差谱技术通常只适用于物态相同的情况，不同物态的差谱只适用于一些特殊情况，使用差谱技术还要考虑溶剂效应、氢键等引起的光谱图变化，不可盲目使用。

6.3　红外吸收光谱法的分析应用及发展

6.3.1　定性分析

1. 已知物和未知物的鉴定

将试样的谱图与标样的谱图进行对照，或者与文献上的标准谱图进行对照。如果两张谱图各吸收峰的位置和形状完全相同，峰的相对强度一样，就可以认为样品是该标准物。如果两张谱图不一样，或峰位不对，则说明二者不是同一物质或样品中存在杂质。若用计算机谱图检索，则采用相似度来判别。使用文献上的谱图，需保证试样的物态、结晶状态、溶剂、测定条件及所用仪器类型均与标准谱图相同。

在对已知物的验证工作中，可在相同条件下分别测绘试样光谱和它的纯物质光谱(找不到纯物质也可查阅其标准光谱)，然后比较试样和标样光谱图，若两者完全一致，则可确认试样为所要验证的已知物。若试样光谱中吸收峰少于标样或标准光谱中吸收峰数，则可认为二者不是同一物质。当试样光谱中吸收峰多于标样或标准光谱峰数时，则二者可能不是同一物质，也可能是同一物质，而多出的峰可能是样品不纯而引起的杂质峰，故需分离提纯后再做光谱鉴定。

如果未知物不是新化合物，可以通过两种方式利用标准谱图：一种是查阅标准谱图的谱带索引，寻找与试样光谱吸收带相同的标准谱图；另一种是进行光谱解析，判断试样的可能结构，然后再由化学分类索引查找标准谱图对照核实。

2. 化合物结构剖析

在对光谱图进行解析之前，应收集样品的有关资料和数据。比如了解样品的来源，用来估计该样品可能是哪种化合物；测定样品的物理性质，如熔点、沸点、溶解度、折射率和旋光度等，作为定性分析的旁证；根据元素分析及摩尔质量的测定，求出化学式并计算化合物的不饱和度：

$$\Omega = 1 + n_4 + \frac{n_3 - n_1}{2} \tag{6.11}$$

式中，n_1、n_3 和 n_4 分别为分子中所含的一价(H)、三价(N)和四价(C)元素原子的数目。当计算的 $\Omega = 0$ 时，表示分子是饱和的，应为链状烃及不含双键的衍生物；$\Omega = 1$ 时，可能有一个双键或环；$\Omega = 2$ 时，可能有两个双键或环，也可能有一个三键；$\Omega = 4$ 时，可能有一个苯环等。但是，二价原子(如 S、O 等)不参加计算。图谱分析一般先从基团频率区的最强谱带入手，推测未知物可能含有的基团，判断不可能含有的基团。再从指纹区的谱带进一步验证，找出可能含有基团的相关峰，用一组相关峰来确认一个基团的存在。对于简单化合物，确认几个基团之后，便可初步确定分子结构，然后查标准谱图核实。对于较复杂的化合物，则需结合紫外光谱、质谱、核磁共振波谱等数据才能得出较可靠的判断。

- -

【例 6.2】　有一未知物是有臭味的无色液体，经元素分析确定它含有 C、H、N、S 元素，其红外光谱如图 6.7 所示，其红外光谱出峰波数及透过率数据见表 6.9，试确定其结果。

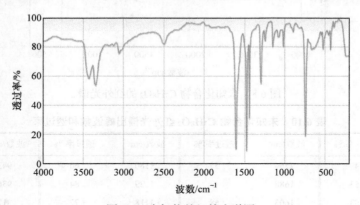

图 6.7　未知物的红外光谱图

表 6.9　未知物红外光谱出峰波数及透过率

波数/cm^{-1}	透过率/%	波数/cm^{-1}	透过率/%
3430	58	1440	31
3349	53	1296	54
1605	10	744	19
1475	9		

解　(1) 样品光谱中无 $\nu_{C=O}$ 吸收；3400~3300 cm^{-1} 可能是 ν_{N-H} 或 ν_{O-H} 吸收，题干元素表明无氧元素，故为 ν_{N-H} 吸收。由于它是双峰，故为伯胺。

(2) 1605 cm⁻¹ 和 1475 cm⁻¹ 处是芳环 $\nu_{C=C}$ 的特征吸收；3100 cm⁻¹ 处是 ν_{Ar-H} 的吸收；744 cm⁻¹ 处是邻取代苯的特征吸收；1296 cm⁻¹ 处是伯芳胺的 ν_{C-N} 吸收。

(3) 2550 cm⁻¹ 处是 ν_{S-H} 的特征吸收，元素分析表明确有 S 元素存在，故分子中有 S—H 基存在。

(4) 因约 2900 cm⁻¹、约 2800 cm⁻¹、约 1470 cm⁻¹、约 1380 cm⁻¹ 处均无吸收峰，故分子中无—CH₃、—CH₂存在。

由以上推断可以确定，—SH、—NH₂ 是直接接在苯环上，并处于邻位，故该化合物为

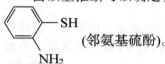

(邻氨基硫酚)。

【**例 6.3**】　有一化合物分子式为 $C_7H_8O_2$，其红外光谱如图 6.8 所示，其红外光谱出峰波数和透过率见表 6.10，试推导其结构。

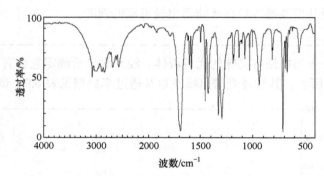

图 6.8　未知化合物 $C_7H_8O_2$ 的红外光谱

表 6.10　未知化合物 $C_7H_8O_2$ 红外光谱出峰波数和透过率

波数/cm⁻¹	透过率/%	波数/cm⁻¹	透过率/%	波数/cm⁻¹	透过率/%	波数/cm⁻¹	透过率/%
3073	49	2564	57	1180	60	943	60
3012	53	1688	6	1129	84	936	42
2998	53	1603	58	1118	77	812	62
2986	53	1585	53	1112	77	805	70
2868	52	1464	28	1107	77	708	4
2836	52	1426	35	1102	7	685	55
2726	66	1327	17	1074	62	667	52
2678	57	1294	14	1028	53	554	68
2607	62	1187	68	1001	72		

解　(1) $\Omega = 1 + 7 + \dfrac{1}{2} \times (-6) = 5$，可能有苯环、双键各一个。

(2) 1688 cm⁻¹ 处强峰是 $\nu_{C=O}$ 的吸收(对不饱和贡献为 1)。

(3) 在 3300～2500 cm⁻¹ 区域有宽而散的 ν_{O-H} 吸收峰；936 cm⁻¹ 处为羧酸二聚体，是 γ_{O-H}

的吸收；约 1400 cm^{-1} 处和约 1300 cm^{-1} 处为羧酸的 ν_{C-O} 和 δ_{O-H} 的吸收。

(4) 1603 cm^{-1}、1585 cm^{-1} 处是苯环的 $\nu_{C=C}$ 的特征吸收，因此分子中肯定存在苯环结构(对不饱和度贡献为 4)，并具有羧酸的特征吸收，所以是芳酸。又因 $\nu_{C=O}$ 在较低频率的 1688 cm^{-1} 处，这表明羧基直接与苯环相连。综上所述，该化合物结构为 （苯甲酸）。

【例 6.4】 某化合物分子式为 C$_6$H$_{12}$，其红外光谱图如图 6.9 所示，其红外出峰波数和透过率见表 6.11，试推测其可能的结构。

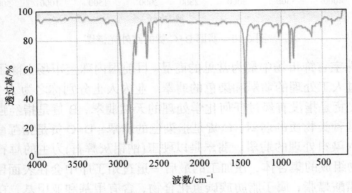

图 6.9 未知化合物 C$_6$H$_{12}$ 的红外光谱

表 6.11 未知化合物 C$_6$H$_{12}$ 红外光谱出峰波数和透过率

波数/cm^{-1}	透过率/%	波数/cm^{-1}	透过率/%
2914	9	1446	27
2843	11	900	64
2647	67	885	67

解 (1) 计算不饱和度：$\Omega = 1 + 6 - \dfrac{12}{2} = 1$

(2) 各峰的归属：

红外吸收	结构归属	备注
2930～2855 cm^{-1}	饱和羟基的 C—H 伸缩振动	在约 1380 cm^{-1} 处无吸收，不存在—CH$_3$
1446 cm^{-1}	脂肪烃基的 C—H 弯曲振动	在约 1600 cm^{-1} 处无吸收，不存在 C=C

(3) 分析结论：由分子式可知该化合物的不饱和度为 1，综上所述，该化合物的结构可能为 。

【例 6.5】　红外光谱在翡翠(或酒精浓度、芝麻含油率)鉴定分析中的应用案例，如图 6.10 所示。

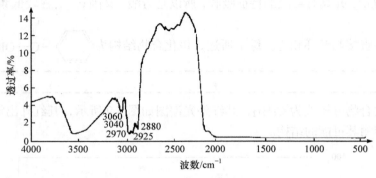

图 6.10　翡翠 B+C 货的红外光谱图

　　翡翠是我国珠宝首饰市场中最为常见的商品。目前国内珠宝市场上除了天然的优质翡翠外，还有一些经过人工处理的翡翠和染色的翡翠。业内人士分别称之为 A 货、B 货、C 货和 B+C 货。其中，A 货是指没有经过任何化学处理的天然翡翠，B 货是指经强酸浸泡漂白后再注入树脂或者其他种类物质的翡翠；C 货是指染色的翡翠；B+C 货是指强酸浸泡漂白后，在注胶过程中再加入染料处理的翡翠。翡翠是以硬玉(钠铝灰辉石)为主的辉石类矿物和少量闪石类、长石类矿物组成的集合体，在加工的最后一道过蜡工序中会在表面留下一些石蜡，石蜡的主要成分是蜡酸蜡脂，属于脂肪族碳氢化合物，含有甲基和亚甲基，在红外光谱图中在 2880 cm^{-1}、2925 cm^{-1}、2970 cm^{-1} 附近有吸收峰。环氧树脂则是一种芳烃类碳氢化合物，除了与石蜡一样含有甲基和亚甲基之外，还含有一种特殊的结构单位——苯环，所以它除了有 2880 cm^{-1}、2925 cm^{-1}、2970 cm^{-1} 附近三个吸收峰外，还有 3040 cm^{-1} 和 3060 cm^{-1} 附近两个吸收峰，这是苯环 C—H 伸缩振动吸收峰的特征吸收峰，这五个吸收峰为环氧树脂的特征吸收峰。因此，在使用红外光谱技术快速、无损、准确地鉴别翡翠时，观察红外光谱图中，2800～3100 cm^{-1} 的五个峰存在与否，如果这五个峰同时存在，则为翡翠 B 货或者 B+C 货；若没有 3040 cm^{-1} 和 3060 cm^{-1} 附近这两个吸收峰，则为翡翠 A 货。B 货和 B+C 货的具体鉴定还需配合宝石放大镜或显微镜的观测，观察其颜色的分布特征，再配合滤色镜、分光镜的检测加以确定。

6.3.2　定量分析

　　红外光谱定量分析是依据物质组分的吸收峰强度来进行的，其理论基础是朗伯-比尔定律。使用红外光谱做定量分析的好处是谱带的选择范围广，有利于排除干扰；对于物理和化学性质相近，而用气相色谱法进行定量分析又存在困难的样品(如沸点高，或气化时要分解的试样)往往采用红外光谱法进行定量，但由于检测灵敏度不高，使用较少。

　　红外光谱法也有其局限性，即有些物质不能产生红外吸收峰。例如，原子(Ar、Ne、He 等)、单原子离子(K$^+$、Na$^+$、Ca^{2+}等)、同质双原子分子(H$_2$、O$_2$、N$_2$ 等)及对称分子都无吸收峰；有些物质不能用红外光谱法鉴定，如旋光异构体，不同相对分子质量的同一种高聚物往往不能鉴别。红外光谱法的特点使其成为现代分析化学和结构化学不可或缺的工具，但在复杂化合物的结构测定中还需配合紫外光谱、质谱和核磁共振波谱等其他方法，才能得到较为准确的结果。

【拓展阅读】

红外光谱在药物分析中的应用

红外光谱因具有专属性高、操作简单快速、无损、消耗溶剂少、绿色环保等优点，广泛应用于药物的定性定量分析、过程控制市场监管中。红外光谱是常量分析，一般要求被测样品纯度≥90%。在国内外药典中，红外光谱是鉴别原料药真伪的首选方法。对于不含辅料的制剂，如注射用无菌粉针剂可直接测定，不需要样品前处理，含辅料的制剂一般要经过提取、分离、浓缩等处理才能测定。李臣等利用光纤探头直接采集 8 种头孢菌素类药物原料药的近红外光谱，用偏最小二乘法对光谱预处理，建立无损快速鉴别头孢菌素类抗菌药物原料药的近红外识别模型，并验证其具有良好的专属性和耐用性。张英等利用近红外光谱技术，建立西咪替丁片有效 A 晶型的一致性分析模型，可用于快速、精确地鉴别西咪替丁片不同生物活性的晶型，更好地实现西咪替丁片的质量控制。

红外光谱技术在药品定量分析中不能直接测定，首先应先建立光谱信息与已知样本集的映射关系，即建模，再通过选择合适的光谱预处理方法和特定的光谱波段，排除辅料干扰和不同药厂生产条件的差异，突出活性成分的信息。在模型给定的浓度范围内，通过采集未知样本的近红外光谱图，就能预测样品的质量信息。王海波等利用近红外漫反射技术，无损采集多个药厂生产的头孢克肟胶囊的光谱信息，采用一阶导数与矢量归一化预处理，建立快速定量分析模型。

在制剂生产过程中，传统的过程控制方法效率低下，对样品的破坏不可逆。采用近红外漫反射技术和光纤探头，能在不破坏样品的情况下快速采集中间体参数，不仅能实现多组分同时测定，也能采集样品的物理参数，如湿度、混合均一性、硬度、色差等。这在药品的混合、加工、压片、制剂、包装等各个阶段都能实时分析和质量控制，提高工作效率。

目前，国家食品药品监督管理总局给基层药监系统配备了快检车，主要使用的车载近红外检测仪对不具备实验条件的基层、检验任务量大、覆盖面积广的地区的快速检测和现场质量控制都发挥了重要作用，大大提高了监管能力。在检验资源有限的情况下，能快速锁定药品，通过实验室验证筛查，节约检验资源和成本，提高监管能力。

此外，近红外光谱技术近年来在中药领域的应用越来越广泛，在中药材的鉴别、粉碎、提取、浓缩、分离纯化、终点判断等各个过程，都能快速、准确、高效地完成过程控制，大大提高了产品的质量和一致性。

【参考文献】

陈允魁. 1993. 红外吸收光谱法及其应用[M]. 上海: 上海交通大学出版社.

贾博, 宋扬, 彭冲, 等. 2018. 近红外光谱技术在药物分析中的应用[J]. 化工设计通讯, 44(3): 162.

蒋先明, 何伟平. 1992. 简明红外光谱识谱法[M]. 桂林: 广西师范大学出版社.

陆婉珍. 2000. 现代近红外光谱分析技术[M]. 北京: 中国石化出版社.

申柯娅. 2000. 红外光谱技术在翡翠鉴定中的应用[J]. 光谱实验室, (3): 347-349.

王宗明. 1990. 实用红外光谱学[M]. 2 版. 北京: 石油工业出版社.

翁诗甫. 2019. 傅里叶变换红外光谱分析[M]. 北京: 化学工业出版社.

徐皓, 王化同, 王洪莹. 2015. 红外吸收光谱在药物鉴别中的应用分析[J]. 中国卫生标准管理, 6(14): 187-188.

叶宪曾, 张新祥. 2007. 仪器分析教程[M]. 2 版. 北京: 北京大学出版社.

张华, 彭勤纪, 李亚明, 等. 2005. 现代有机波谱分析[M]. 北京: 化学工业出版社.

【思考题和习题】

1. 大气中 O_2、N_2 等气体对测定物质的红外光谱是否有影响？为什么？

2. 产生红外光谱的条件是什么？是否所有分子振动都会产生红外吸收？为什么？

3. 基团频率的概念、作用是什么？影响基团频率的主要因素有哪些？

4. 红外光谱有几个分区？分别是什么？

5. 氯仿(CHCl₃)的红外光谱说明 C—H 伸缩振动频率为 3100 cm^{-1}，对于氘代氯仿(CDCl₃)，其 C—D 振动频率是否会改变? 如果变化的话, 是向高波数还是低波数位移? 为什么?

6. 请指出以下化合物红外光谱的区别?

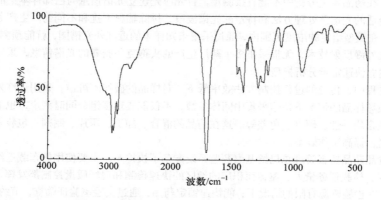

(1)

(2)

(3)

7. 化合物分子式为 $C_6H_{12}O_2$, 请根据红外光谱图推断其结构。

波数/cm^{-1}	透过率/%	波数/cm^{-1}	透过率/%	波数/cm^{-1}	透过率/%
2969	17	1453	58	1213	67
2935	19	1414	46	1114	77
2875	30	1380	74	1107	77
2864	32	1293	49	937	58
2673	60	1262	52	732	79
1711	4	1255	52	472	81
1468	67	1247	62		

8. 化合物分子式为 $C_6H_{12}O_2$, 请根据红外光谱图推断其结构。

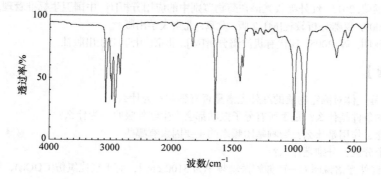

波数/cm⁻¹	透过率/%	波数/cm⁻¹	透过率/%	波数/cm⁻¹	透过率/%
3081	29	1440	46	1213	84
3001	47	1418	57	1207	84
2981	31	1384	84	994	16
2928	26	1327	81	943	4
2847	50	1298	84	649	66
1826	72	1257	84	557	79
1643	16	1247	81		

9. 化合物分子式为 C_6H_6O，请根据红外光谱图推断其结构。

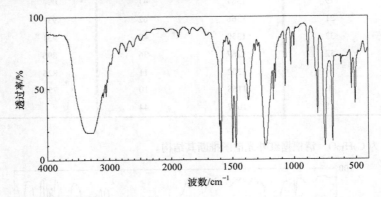

波数/cm⁻¹	透过率/%	波数/cm⁻¹	透过率/%	波数/cm⁻¹	透过率/%
3093	42	1598	4	1072	49
3047	43	1667	70	1024	64
3023	52	1631	77	999	77
2963	64	1500	11	888	64
2847	72	1475	8	826	58
2857	72	1391	62	812	31
2723	74	1373	39	753	9
2606	77	1315	72	690	12
2487	81	1293	77	618	64
1934	81	1236	9	535	47
1846	84	1168	41	607	38
1606	22	1153	52		

10. 化合物分子式为 $C_5H_{10}O_2$，请根据红外光谱图推断其结构。

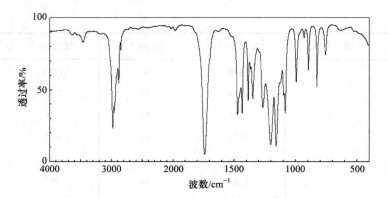

波数/cm^{-1}	透过率/%	波数/cm^{-1}	透过率/%	波数/cm^{-1}	透过率/%
3638	84	1436	32	1084	32
3465	79	1387	41	994	63
2977	21	1368	62	937	86
2966	32	1350	42	931	84
2880	52	1267	36	896	60
2846	74	1202	11	826	60
1740	4	1168	10	756	72
1473	31	1097	44		

11. 化合物分子式为 $C_9H_{10}O$，请根据红外光谱图推断其结构。

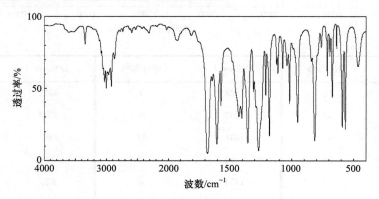

波数/cm^{-1}	透过率/%	波数/cm^{-1}	透过率/%	波数/cm^{-1}	透过率/%	波数/cm^{-1}	透过率/%
3347	77	1644	55	1182	16	762	74
3088	72	1607	10	1123	84	713	67
3032	52	1574	36	1113	68	693	70
3004	47	1430	28	1076	62	673	42
2968	57	1406	27	1040	64	638	74
2923	49	1368	11	1019	37	592	22
2869	68	1309	46	964	26	568	20
1926	79	1269	6	843	66	466	62
1682	4	1212	43	816	19		

第 7 章　激光拉曼光谱法

【内容提要与学习要求】

　　本章在简述拉曼光谱的发展、分类及特点的基础上，对拉曼光谱的基本原理、拉曼光谱与物质结构的关系、拉曼光谱仪的基本结构和表面共振拉曼光谱等进行了重点介绍，并对拉曼光谱与红外光谱的关系、拉曼光谱选律等进行了说明。此外，介绍了拉曼光谱的分析应用。通过本章的学习，重点掌握拉曼光谱及共振拉曼光谱的基本原理、拉曼光谱仪的结构及各组成部分的功能，以及拉曼光谱的应用。

　　拉曼光谱法(Raman spectroscopy)是建立在拉曼散射效应基础上的光谱分析方法。当把激光作为拉曼光谱的激发光源，便产生了激光拉曼光谱。它与早期使用汞弧灯作光源的拉曼光谱相比，单色性好、方向性强、亮度高、相干性好。拉曼光谱与红外光谱相配合已经成为研究分子振动光谱的重要手段。

7.1　拉曼光谱产生的原理

7.1.1　瑞利散射与拉曼散射

　　分子可看作是带正电的核与带负电的电子的集合体。当高频率的单色激光束打到分子时，与分子中的电子发生较强烈的作用，使该分子被极化，产生一种以入射频率向所有方向散射的光，这一过程称为瑞利(Rayleigh)散射。在瑞利散射的同时，也可以观察到偏移至瑞利散射较低或较高频率一侧的一些较弱的谱线，这是拉曼在 1928 年从实验中观察到的，所以称为拉曼散射。拉曼散射的强度是入射光的 $10^{-6} \sim 10^{-8}$，其过程是非弹性的，这时光子从分子得到或失去能量，这种散射光的能量为 $h(\nu_0 - \nu_1)$ 或 $h(\nu_0 + \nu_1)$ (h 为普朗克常量，ν 为辐射的频率)，失去或得到的能量相当于分子振动能级的能量。

　　一个光子与试样分子之间发生非弹性碰撞，有能量的交换，产生的拉曼散射有如图 7.1 所示的两种可能情况。

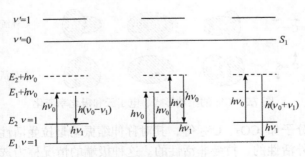

图 7.1　分子的散射能量图

　　处于振动能级基态($\nu=0$)的分子被入射光 $h\nu$ 激发到一个虚拟的较高能级(一般停留 10^{-12} s，

因为入射光的能量不足以引起电子能级的跃迁)，然后回到$\nu=1$的振动能级，发射出一个较小能量的光子——拉曼散射，发射出来的这个光子的能量要比入射光的能量低。

$$\Delta E = h(\nu_0 - \nu_1) \tag{7.1}$$

其频率向低频位移，以$\nu_R = \nu_0 - \Delta\nu$表示，产生的谱线称为斯托克斯(Stokes)线，$\Delta\nu$(入射光频率和拉曼散射光频率之差$\Delta\nu = \nu_0 - \nu_R$)称为拉曼位移。

处于第一振动能级($\nu=1$)的分子被入射光$h\nu_0$激发到虚拟的高能级(一般停留10^{-12} s)，然后回到$\nu=0$的基态，发射出一个较大能量的光子——拉曼散射，发射出来的这个光子的能量要比入射光的能量高。

$$\Delta E = h(\nu_0 + \nu_1) \tag{7.2}$$

其频率向高频位移，$\nu_R = \nu_0 + \Delta\nu$，这时产生了反斯托克斯(anti-Stokes)线。

可以看出拉曼位移为负值的线称斯托克斯线，拉曼位移为正值的线称反斯托克斯线，理论上正位移和负位移的线的跃迁概率应该是相同的，但是反斯托克斯线起因于振动的激发态，而斯托克斯线源于振动的基态。由于处于基态的分子比处于激发态的分子多，所以斯托克斯线比反斯托克斯线的强度高。

7.1.2 拉曼光谱选律

分子振动光谱的理论分析表明，分子振动模式在拉曼光谱中出现的概率是受选律严格限制的。拉曼光谱源于极化率a的变化，即分子振动过程中极化率a有变化，这种振动模式在拉曼光谱中出现谱带——拉曼活性。极化率的变化取决于分子的结构和振动的对称性。

拉曼光谱中入射光照射试样分子不足以引起电子能级的跃迁，但是光子的电场可以使分子的电子云变形或极化。极化率是指分子的电子云分布可以改变的难易程度，对于简单分子如CS_2、CO_2和SO_2等可以从其振动模式的分析得到其光谱选律。

以线型三原子分子二硫化碳为例，它有$3n-5=4$个振动形式，见图7.2。对称伸缩振动由于分子的伸长或缩短平衡状态前后电子云形状是不同的，极化率发生改变，因此对称伸缩振动是拉曼活性的。不对称伸缩振动和变形振动在通过其平衡状态前后电子云形状是相同的，因此是拉曼非活性的，而偶极矩随分子振动不断地变化，所以它们是红外活性的。

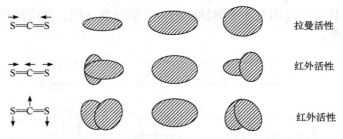

图 7.2 CS_2的振动形式、电子云和极化率变化

具有对称中心的分子如CO_2、CS_2等，其对称伸缩振动是拉曼活性的、红外非活性的；不对称伸缩振动是红外活性的、拉曼非活性的。这种极端的情况称为选律互不相容性，但这只适用于具有对称中心的分子。对于无对称中心的分子如SO_2，不满足选律互不相容性，其三个振动形式都是拉曼和红外活性的。至于较复杂的分子就不能用这种直观的、简单的方法

讨论光谱选律，通常要先确定分子所属的对称点群，然后查阅点群的特征表得到红外和拉曼活性的选律，它是根据量子力学计算出来的。

7.1.3　共振拉曼效应

当激发光的频率接近或等于试样的电子吸收谱带的频率时，发生共振拉曼效应。当激发光的频率接近试样的电子吸收谱带的频率时为准共振拉曼效应；当激发光的频率等于试样的电子吸收谱带的频率时为严格的共振拉曼效应。

如果配备一个多谱线输出的激光器或一个可以调谐的激光器，就可以根据需要选择与试样的电子吸收谱带频率相近或相等的激发光实现共振拉曼散射。因为共振拉曼散射的强度较普通拉曼谱带的强度增加 $10^4 \sim 10^6$ 倍，所以在低浓度下仍可得到有用的拉曼光谱。由于试样吸收激发光能量会产生热分解作用，因此共振拉曼光谱所用试样通常在 10^{-8} mol·L^{-1} 左右以避免热分解对拉曼光谱的影响，这也使共振拉曼光谱技术在研究具有发色团的试样和低浓度的生物试样中有广泛的应用。

7.1.4　拉曼光谱与物质结构的关系

拉曼光谱与物质结构的关系符合下列规则。

(1) 同种原子的非极性键如 S—S、C=C、N=N、C≡C 产生强的拉曼谱带，从单键、双键到三键由于含有可变形的电子逐渐增加，所以谱带强度依次增加。

(2) C=N、C=S、S—H 伸缩振动谱带在红外光谱中强弱或可变，但在拉曼光谱中是强带。

(3) 强极性基团如 C=O 在拉曼光谱中是弱谱带，而在红外光谱中是强谱带。

(4) 环状化合物的对称环呼吸振动常是最强的拉曼谱带。这种振动形式是形成环状骨架的所有键同时发生伸缩振动。

(5) 在拉曼光谱中 X=Y=Z、N=S=O 和 C=C=O 这类键的对称伸缩振动是强谱带，而在红外光谱中其是弱谱带；反之，不对称伸缩振动在拉曼光谱中是弱谱带，而在红外光谱中是强谱带。

(6) C—C 伸缩振动在红外光谱中是弱谱带，在拉曼光谱中则是强谱带，但广泛产生耦合。

(7) 醇和烷烃的拉曼光谱相似，这是由于 C—O 键与 C—C 键的力常数或键的强度差别不大(同是单键)；羟基与甲基质量仅差 2 个单位，但是 O—H 拉曼谱带比 C—H 拉曼谱带弱。

7.1.5　拉曼光谱与红外光谱的关系

拉曼光谱和红外光谱同源于分子振动光谱，但前者是散射光谱，后者是吸收光谱。同一分子的两种光谱往往不相同，这与分子的对称性密切相关，并受分子振动的选律严格限制。拉曼活性取决于振动中极化率是否变化，而红外活性则取决于振动是否引起偶极矩变化。所谓极化率是指分子在电场(光波的电磁场)的作用下分子中电子云变形的难易程度，拉曼强度与平衡前后电子云形状的变化大小有关。对于简单分子，可从它们的振动模式的分析中得到其光谱选律。以线型三原子分子二硫化碳为例，它有 $3n-5 = 4$ 个振动形式：σ_s、σ_{as}、δ、γ，其中 δ 和 γ 是两重简并的。CS_2 分子的振动可看作是由这四个基本振动构成。如图 7.2 所示，在对称伸缩振动 σ_s 时，由于正、负电荷中心没有改变，偶极矩没有变化，因此是红外非活性的，但由于分子的伸长或缩短，平衡状态前后的电子云形状是不同的，即极化率发生变化，是拉曼活性的。在不对称伸缩振动 σ_{as} 和变形振动 $\delta(\gamma)$ 时，平衡状态前后的电子云形状是相同的，即极化率没有发生变化，是拉曼非活性的。

对于没有对称中心的分子如 SO_2，SO_2 是非线型分子，有 $3n–6=3$ 个振动形式，这三个振动形式都会引起分子极化率和偶极矩的变化，因此这三种振动形式同时是拉曼活性和红外活性的。对任何分子通常可用下列规则来判别其拉曼或红外是否具有活性。

(1) 互斥规则：凡具有对称中心的分子，若其分子振动是拉曼活性的，则其红外吸收是非活性的。反之，若为红外活性的，则其拉曼为非活性的。互斥规则对于鉴定基团是很有用的。例如，烯烃的 C=C 伸缩振动在红外光谱中通常不存在或很弱，但其拉曼谱线则很强；2-戊烯的 C=C 伸缩振动在 1675 cm^{-1} 是很强的拉曼谱带，而在红外光谱中则不呈现它的吸收峰。

(2) 互允规则：没有对称中心的分子如 SO_2，其拉曼和红外光谱都是活性的(除极少数例外)。例如，2-戊烯的 C—H 伸缩振动和弯曲振动，拉曼和红外光谱都有峰出现且分别在约 3000 cm^{-1} 和约 1460 cm^{-1} 处。由于许多分子(基团)没有对称中心，因而所观测到的拉曼位移和红外吸收峰的频率是相同的，只是对应峰的相对强度不同而已。

(3) 互禁规则：对于少数分子的振动，其拉曼和红外都是非活性的。例如，乙烯分子的扭曲振动，不发生极化率和偶极矩的改变，因而其拉曼和红外都是非活性的。

有机化合物中一些经常出现的化学键基团的拉曼光谱和红外光谱的特征振动频率和强度的定性比较，如表 7.1 所示，从中可见这两种光谱的关系。与红外光谱一样，所给出的特征基团频率是个范围值，对一定的基团来说，其拉曼频率的变化反映了与基团相连的分子其余的部分和结构，同样还应考虑影响它们的因素，特别是对于结构的测定，往往可根据基团频率、强度和形状的变化，推断产生这些影响的结构因素。

表 7.1　一些有机化合物中基团的拉曼光谱和红外光谱的特征振动频率和强度

振动 [a]	σ/cm^{-1}	拉曼强度 [b]	红外强度 [b]
σ(O—H)	3650~3000	w	s
σ(N—H)	3500~3300	m	m
σ(≡C—H)	3300	w	s
σ(=C—H)	3100~3000	s	m
σ(—C—H)	3000~2800	s	s
σ(—S—H)	2600~2550	s	w
σ(C≡N)	2255~2220	m~s	s~o
σ(C≡C)	2250~2100	vs	w~o
σ(C=O)	1820~1680	s~w	vs
σ(C=C)	1900~1500	vs~m	o~m
σ(C=N)	1680~1610	s	m
σ(N=N)，脂肪族取代基	1580~1550	m	o
σ(N=N)，芳香族取代基	1440~1410	m	o

续表

振动 [a]	σ/cm^{-1}	拉曼强度 [b]	红外强度 [b]
σ_{as} [(C—)NO$_2$]	1590~1530	m	s
σ_s [(C—)NO$_2$]	1380~1340	vs	m
σ_{as} [(C—)SO$_2$(—C)]	1350~1310	w~o	s
σ_s [(C—)SO$_2$(—C)]	1160~1120	m	s
σ [(C—)SO(—C)]	1070~1020	m	s
σ(C=S)	1250~1000	s	w
δ(CH$_2$),　δ_s(CH$_3$)	1470~1400	m	m
δ_s(CH$_3$)	1380	m~w,如在 C=C 上，s	s~m
σ(C—C)芳香类	1600,1580	s~m	m~s
	1500,1450	m~w	m~s
	1000	s(单取代)	o~w
		m(1,3,5-衍生物)	
σ(C—C)脂肪环，脂肪链	1300~600	s~m	m~w
σ_{as}(C—O—C)	1150~1060	w	s
σ_s(C—O—C)	970~800	s~m	w~o
σ_{as}(Si—O—Si)	1110~1000	w~o	vs
σ_s(Si—O—Si)	550~450	vs	o~w
σ(O—O)	900~845	s	o~w
σ(S—S)	550~430	s	o~w
σ(Se—Se)	330~290	s	o~w
σ[C(芳香族)—S]	1100~1080	s	s~m
σ[C(脂肪族)—S]	790~630	s	s~m
σ(C—Cl)	800~550	s	s
σ(C—Br)	700~500	s	s
σ(C—I)	660~480	s	s
σ_s(C—C),脂肪链			
C_n, $n=3\sim12$	400~250	s~m	w~o
$n>12$	2495/n		
分子晶体中的晶格振动	200~20	vs~o	s~o

a. σ 表示伸缩振动；δ 表示弯曲振动；σ_{as} 表示不对称伸缩振动；σ_s 表示对称伸缩振动；δ_s 表示对称变形振动。

b. vs 表示很强；s 表示强；m 表示中等；w 表示弱；o 表示非常弱或看不到信号。

　　通常有必要同时测定拉曼光谱和红外光谱，两者都能提供良好的"指纹"光谱。红外光谱对极性基团的振动和分子的非对称性振动敏感，因此适合于分子端基的测定；拉曼光谱适合于分子骨架测定，如果分子中含有不饱和基团，以及同原子键(S—S、N=N 等)、C—S、C=S、S—H、C—N、N—H、金属键、脂环键等，用拉曼光谱进行测定比较方便。如果分子的振动形式对红外和拉曼都是活性的，那么它们的基团频率是等效和通用的。拉曼光谱的各种基团特征频率在一些专著(如章末所列参考文献)中都已分类列出并出版有标准谱图[如萨特勒(Sadtler)标准光谱图，1973 年出版，以后每年补充]，需要时可查阅。然而就已有的参考资料和标准谱图的数量而言，红外光谱明显占优势，随着拉曼光谱的发展，拉曼光谱数据正在不断累积和扩展中。

综上所述，拉曼光谱和红外光谱各有所长，相互补充，两者结合可得到分子振动光谱更为完整的数据，从而有利于研究分子振动和结构组成。

此外，拉曼光谱具有独特的优势：

(1) 拉曼光谱有较宽的测定范围(4000～40 cm⁻¹)，且可从同一仪器、同一试样室中测得，这样可在短时间内获得更多的信息；红外光谱的测定范围为 4000～400 cm⁻¹(中红外区)，要测定远红外区(400～33 cm⁻¹)，则需换用分束器和仪器。

(2) 激光拉曼光谱振动叠加效应较小，谱带较为清晰，易于进行去偏振度测量，以确定振动的对称性，因此较容易确定谱带的归属，便于谱图解析。

(3) 采用共振拉曼效应，对具有生色基团的生物大分子化合物的研究有显著的优越性。

(4) 由于水的拉曼散射很弱，因此有利于水溶液的测定，这就为生化和无机试样提供了有用的检测手段。

(5) 在试样的制备处理上，拉曼光谱是很简单的，液体、粉末、单晶、纤维、薄膜等无须特殊的制样处理。在试样室，如使用低温、高温、高压的试样池，就可在特殊条件下测得它们的拉曼光谱，而对于一些不均匀的试样、不便于直接取样的试样，则可采用显微拉曼技术、光纤探针遥测技术。

拉曼光谱的主要限制是试样颜色、试样杂质的荧光干扰、激光对试样的损伤等，但这已在拉曼光谱技术和仪器的进展中得到改善。

7.2　拉曼光谱仪

目前市场上能够方便地购买到各种类型、适用于不同使用要求的拉曼光谱仪，从实验室高性能和多用途的研究型仪器到用于工业生产线工艺参数控制和产品质量检测的专用而简易的装置。一台拉曼光谱仪需要做到阻挡瑞利散射光和其他杂散光进入探测器并将拉曼散射光分散成组成它的各个频率(波段)并使其入射于探测器。因此，无论何种类型的仪器都必须配备光源、试样室、单色器、检测器和控制与数据记录处理系统。激光拉曼光谱仪可分为色散型激光拉曼光谱仪、傅里叶变换型激光拉曼光谱仪和激光显微拉曼光谱仪，本章主要介绍色散型和傅里叶变换型激光拉曼光谱仪。

7.2.1　色散型激光拉曼光谱仪

色散型激光拉曼光谱仪主要包括激光器、试样室、单色器、检测器四个部分(图 7.3)。

图 7.3　色散型激光拉曼光谱仪的方框图

1. 激光器

激光光源常用连续气体激光器，如主要波长为 514.5 nm 和 488.0 nm 的氩离子(Ar⁺)激光器，主要波长为 632.8 nm 的氦-氖(He-Ne)激光器，主要波长为

647.1 nm 和 530.9 nm 的氪离子(Kr^+)激光器。有些化合物最好用红光(Kr^+和 He-Ne 激光器)，因为短波易产生荧光或分解试样。如前所述，共振拉曼光谱可提高拉曼散射强度，为了满足共振条件，可从激光器的输出激光中(表 7.2)选取与试样吸收谱带相近的线，也可用可调谐激光器，如染料激光器，将激发线的波长调谐到试样电子吸收谱带的波长。应指出的是，虽然所采用的激发线波长各有不同，但所得到激光拉曼光谱图的拉曼位移不变，只是拉曼峰强度不同。

表 7.2　常用激光器的激光波长

激光器	激光波长/nm
Ar^+	514.5、501.7、496.5、488.0、476.5、472.7、465.8、457.9、454.5
Kr^+	799.3、752.5、676.4、647.1、568.2、530.9、520.8、482.5、476.5、413.1
He-Ne	632.8
CO_2	9.1~10.7
半导体激光器	375、405、635、780~980
染料激光器	800~430 可变

2. 试样室

为得到对试样的最佳照明和最大限度地收集拉曼散射光，适应各种状态试样的测试和高低温条件下测量，以及测量去偏振度等，为此必须精心设计试样室的结构和光路。一般在与激光成 90°的方向观测拉曼散射，称 90°照明方式。此外还有 180°照明方式，称背向照明方式，即激发光用透镜聚焦在试样上被试样散射后，在试样室内由中心带小孔的抛物面会聚透镜收集，收集面为整个散射背的 180°，以收集尽可能多的拉曼信号。

为适应固体、液体、气体和薄膜等各种形态的试样，试样室通常安装有三维可调的平台，可更换的各式试样池和试样架。

为避免激光长时间照射有色试样使其发生热分解，通常采用旋转试样技术，使试样快速旋转以降低分解作用，另外旋转试样也能有效抑制荧光干扰。

为了满足不同温度条件下测量试样的要求，通常会给试样室配置高温炉及液氮冷却装置，可控制试样室的温度为-196~+600℃。

3. 单色器

用于拉曼光谱仪的单色器，除要求尽可能减少瑞利散射和反射光等杂散光外，还需有高的分辨率和透射率。现主要采用全息光栅(holographic grating)的双单色器作为分光元件，主要原因是采用单光栅单色器降低杂散光不够理想。双联单色器可有效地降低杂散光的水平。图 7.4 为一种商品双联单色器的光路示意图。该单色器由两个全息凹光栅(2000 刻线·mm^{-1})、七面反射镜和四个狭缝组成。试样的散射辐射在 1 或 1'处以大孔径透镜会聚，并聚焦于第一单色器的入射狭缝 1，光栅 G_1 将光束衍射，并将所选波长辐射聚焦于出射狭缝 2，此光束经反射镜 1 至反射镜 5 聚焦于第二单色器的入射狭缝 3 并在第二单色器的光栅 G_2 进行衍射分光后聚焦于出射狭缝 4。

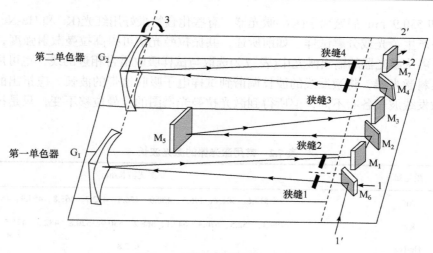

图 7.4　双联单色器光路示意图

为检测拉曼位移波数很低(离激光波数很近)的拉曼散射，在双联单色器的出射狭缝处还需用第三单色器，以得到高质量的拉曼光谱图。

4. 检测器

由于拉曼散射光位于可见光区，常采用光电倍增管作为检测器。常用砷化镓(Ga-As)作阴极的光电倍增管，光谱响应范围为 300~850 nm，且单色器、检测器都安装在与激光束垂直的光路中。近代的拉曼光谱仪多采用电荷耦合器件(CCD)检测器等阵列多道光电检测器，可获得整个光谱，且易于与计算机连接。

电荷耦合器件检测器由许多紧密排列的光敏像元(几万到上百万个)组成，每个像元就是一个硅型金属-氧化物-半导体(MOS)电容器。它的工作原理为：在电场的作用下，Si-SiO$_2$ 界面上多数载流子——空穴被排斥到 p 型 Si 衬底，在界面处感生负电荷，中间则形成耗尽层，如图 7.5 所示。由于在 SiO$_2$ 界面处存储了负电荷，使该处的势能较低，从而在半导体表面形成了电子势阱。当光照射到 MOS 电容器时，形成光生电荷(即信息电子)，随即落入势阱中被存储起来。由于相邻的 MOS 电容器靠得很近，以至于使耗尽区域发生重叠，即为势阱的"耦合"。当相邻的 MOS 电容器加上不同的电压时，势阱深浅也不同，电荷就由浅势阱向深势阱转移，利用这种"耦合"特性，只要相邻电极间加上适当周期性变化的电压，通过时

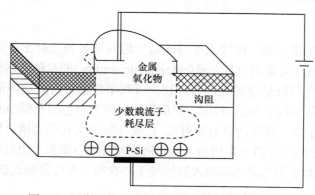

图 7.5　用作电荷包储存单元的 MOS 电容器示意图

钟脉冲不断地重复，电荷包(存储在势阱中的电荷总体)就可从一个电极移至相邻电极，并有序地传送至输出端。根据输出电荷可知该像元的受光强弱。

CCD 有很高的量子效率及很低的暗电流和噪声(表 7.3)，适于微弱光信号的检测。与 CCD 相比，CID 的优点是信号读出时所有储存的电荷信号不会被破坏，因而可被重复读取或储存下来。表 7.3 是光学多道检测器及光电倍增管的特性比较。多道检测器可实现多道同时采样，以获得波长-强度-时间三维谱图，使数字图像处理技术可广泛用于分析仪器，给光谱分析检测技术带来重大革新。

表 7.3　光学多道检测器及光电倍增管的特性

特性	类型			
	电荷耦合器件(CCD)	电荷注入器件(CID)	光二极管阵列(PDA)	光电倍增管(PMT)
光谱响应/nm	0.1~1000	200~1000	200~1000	200~650
最高量子效率/%	90	50	73	18
暗电流/(电子数/s)	0.001	0.008	624	3
读数噪声/电子数	5	6	1200	0

7.2.2　傅里叶变换近红外激光拉曼光谱仪

傅里叶变换型拉曼(FT-Raman)光谱仪具有傅里叶变换光谱技术的优点。傅里叶变换光谱技术和近红外(1.064 μm)激光结合所组成的傅里叶变换近红外激光拉曼(NIR-FT-Raman)光谱仪具有许多优点。荧光背景出现机会少，分辨率高，波数精度和重现性好，一次扫描可完成全波段范围测定，速度快，操作方便，近红外光在光纤维中传递性能好，因而在遥感测量上 FT-Raman 光谱有良好的应用前景，近红外可穿透生物组织，能直接提取生物组织内分子的有用信息。但因受光学滤光器的限制，在低波数区的测量方面，FT-Raman 不如色散型拉曼光谱仪，另外，由于水对近红外的吸收，影响了 FT-Raman 测量水溶液的灵敏度，尽管如此，NIR-FT-Raman 光谱仪已应用于拉曼涉及的所有领域，并得到巨大的发展。

NIR-FT-Raman 光谱仪的光路结构如图 7.6 所示，它由近红外激光光源、试样室、迈克耳孙干涉仪、滤光片组、检测器组成。检测器信号经放大由计算机收集处理。

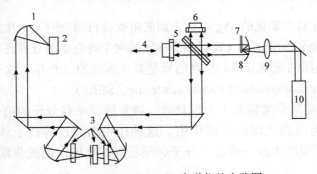

图 7.6　NIR-FT-Raman 光谱仪的光路图

1. 聚焦镜；2. Ge 检测器(液氮冷却)；3. 滤光片组；4. 动镜；5. 分束器；
6. 定镜；7. 试样室；8. 抛物面会聚镜；9. 透镜；10. Nd-YAG 激光光源

1. 近红外激光光源

采用 Nd-YAG(掺钕钇铝石榴石红宝石)激光器代替可见光激光器，产生波长为 1.064 μm 的近红外激发光，它的能量低于荧光所需阈值，从而避免了大部分荧光对拉曼谱带的影响，不足之处是 1.064 μm 近红外激发光比可见光(如 514.5 nm)波长要长约一倍，受拉曼散射截面随激发波长呈 $1/\lambda^4$ 规律递减的制约，它的散射截面仅为可见光 514.5 nm 的 1/16，影响了仪器的信噪比，但可用傅里叶变换光谱技术的优点来克服。

2. 迈克耳孙干涉仪

NIR-FT-Raman 光谱仪所用的迈克耳孙干涉仪与 FTIR 使用的干涉仪一样，只是为了适合于近红外激光，使用 CaF_2 分束器。整个拉曼光谱范围的散射光经干涉仪得到干涉图，再经过快速傅里叶变换后，即可得到拉曼散射强度随拉曼位移变化的拉曼光谱图。扫描速率为每秒可得到 20 张谱图，大大加快了分析速度，即使多次累加以改善谱图的信噪比，也比色散型仪器快。

3. 试样室

如图 7.6 所示，为收集尽可能多的拉曼信号，采用背向照明方式。当采用近红外激光作为光源时，通常在仪器的光学反射镜面镀金，以得到较镀铝的反射镜面更高的反射率。

4. 滤光片组

为滤除很强的瑞利散射光，使用一组干涉滤光片组。干涉滤光片根据光学干涉原理制成，由折射率大小不同的多层材料交替组合而成。

5. 检测器

采用在室温下工作的高灵敏度铟镓砷检测器或以液氮冷却的锗检测器。

7.3　表面增强拉曼光谱

7.3.1　表面增强拉曼光谱的原理

Fleischmann 等在对粗糙化的 Ag 电极表面的吡啶进行研究时第一次发现其具有巨大的拉曼散射现象。后来 Van Duyne 和 Creighton 领导的两个研究小组分别证实了这一现象，通过计算，这种银电极表面的吡啶分子的拉曼信号是其水溶液的 10^6 倍，这一崭新的现象被称为表面增强拉曼散射(surface enhanced Raman scattering，SERS)。

SERS 可以使拉曼信号增强几十个数量级，通常增强来自分子的信号。SERS 中信号的增强主要来自于光与金属之间的电磁作用。这种作用会通过等离子体共振激发使得激光场得到极大的增强。要产生这一现象，分子必须吸附在金属表面或非常接近金属表面(小于 10 nm)。

目前，表面增强拉曼效应的产生原因还存在争议，学术界较为认可的两种理论是物理增强理论和化学增强理论。物理增强理论也称为电磁增强理论，指的是金属中的电子由于表面等离子共振引起电场增强，从而引起的拉曼信号的放大。物理增强的增大倍数可达到 $10^6 \sim 10^{14}$ 倍。化学增强理论指的是被测分子与拉曼增强基底之间，由于电荷转移等原因引起分子密度的变化，导致体系极化率变化，从而增强拉曼信号强度。但其增强效果相对较弱，其拉曼增强倍数为 $10 \sim 100$ 倍。简而言之，导体介质表面都有自由活动的电子，可以形象地看作电子气，电子气的集体激发称为等离子体。如果激发只局限在表面区域，就称为表面等离子体(surface plasma，SP)。当电磁波作用于等离子体时，会使等离子体发生振荡，电磁波的频率和等离子体振荡频率相同时，就会产生共振。如果金属结构大小在 100 nm 以内，则共振电子会被局限在局域表面，这种受约束的等离子体称为局域表面等离子体(localized surface plasma，LSP)，其产生的共振称为局域表面等离子共振(localized surface plasmon resonance，LSPR)(图 7.7)。在外加光场作用下，金、银等贵金属表面的等离子共振效应会强烈改变表面局域电荷分布，导致局域场强显著增强，吸附在金属颗粒表面的分子受到局域电场的激发而产生拉曼散射。有研究理论认为，由电磁增强效应产生的表面增强拉曼效应可能主要来自 "hot spot"。由于贵金属原子外层电子比较活跃，容易形成表面等离子共振，贵金属纳米结构表面受可见光激发时会产生大量热点，使局域电场大幅度增强，从而产生显著的 SERS 效应。

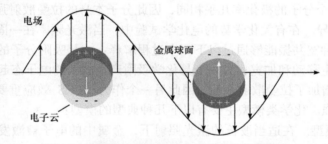

图 7.7　金属纳米颗粒局域表面等离子共振模型

物理类模型致力于阐释金属表面局域电场的增强，其认为具有一定表面粗糙度的类自由电子金属基底的存在，使得入射光在表面产生的电磁场得到较大的增强，而拉曼散射强度与分子诱导偶极矩的平方成正比，因此极大地增加了吸附在表面的分子产生拉曼散射的概率，从而提高了检测到的表面拉曼强度。物理类模型主要包括以下几种典型模型。

1. 表面电磁场模型

表面电磁增强模型又可称为表面等离子体共振模型。该模型认为在光电场作用下，金属表面附近的电子会产生疏密振动。因此，当粗糙化的衬底材料表面受到光照射时，衬底材料表面的等离子体能被激发到高的能级，而与光波的电场耦合，并发生共振，使金属表面的电场增强，从而产生增强的拉曼散射。

2. 天线共振子模型

天线共振子模型是 Watcher 教授在 1983 年提出的 SERS 增强机制理论模型。该模型认为具有一定粗糙度的金属表面的颗粒或凸起可看作是有一定形状、能与光波耦合的天线振子。粗糙金属表面的突出物或各种微粒可以被看作位于电磁场中的天线振子，它们既可以吸收电磁波，也可以发射电磁波。当电磁波波长和粒子尺寸之间满足一定条件时，电磁波在粒子中将发生共振，此时辐射场最大；同时，吸附在粒子表面上分子的拉曼散射光(电磁辐射)强度也会受到天线振子的增强，从而产生 SERS 效应。

3. 表面镜像场模型

表面镜像场模型是提出得比较早的电磁增强类模型之一，镜像场模型假定金属表面是一面理想的镜子，吸附分子为振动偶极子，它在金属内产生共轭的电偶极子，以此在表面形成镜像光电场。入射光与镜像光电场都对吸附分子的表面拉曼信号起增强作用，再加上表面反射造成两倍的局域电场增强，可以得到总增强效应。

4. 避雷针效应

金属粗糙过程中产生的表面粒子形状各不相同，一些粒子或粒子的某些部位曲率半径非常小，这些颗粒的尖端处具有很强的局部表面电磁场。曲率半径越小，其表面电场强度越大，从而引起拉曼散射强度的增强。

电磁场增强是 SERS 增强效应的重要组成部分，但在一些试验中发现，单从电磁场增强原理不足以解释各种 SERS 现象。例如，CO 和 N_2 的 SERS 信号强度在相同条件下增强因子相差 200 倍，这两个分子的极化率几乎相同，因此分子本身的拉曼散射强度差别不足以引起这么大的 SERS 差异。在有关化学势的电化学试验中，当激光频率在一固定势下改变时，获得了宽的共振。这种宽共振能够通过以下两个过程解释：一是吸附分子的电子态由于与金属表面的相互作用发生移动和加宽；另一个是化学吸附产生的新的电子态起到拉曼共振中间态的作用。两种过程增加了拉曼散射截面，因此另一个作为 SERS 效应重要组成部分的是电子转移引起的化学增强。化学类模型主要有以下几种典型的模型：

(1) 电荷转移模型。在适当波长的激光照射下，金属中的电子被激发到电荷转移态上，这会引起分子原子核的骨架松弛，因为分子在基态和激发态下的平衡位置不同。当电子再回到金属中时发射的光子能量就比入射光少了一个振动量子的能量。增强的原因是散射过程与电荷转移态共振。

(2) 活位模型。在所有吸附在金属颗粒表面的分子中，只有当其吸附在金属颗粒表面某种特殊的位置(活位)的才能产生强的表面增强拉曼信号。

总的来说，物理类模型所涉及的分子与金属间作用为物理吸附，具有长程效应，它的代表为表面电磁增强模型。化学类模型强调吸附分子与金属基底间的吸附，具有短程效应，它的代表为电荷转移模型。

7.3.2　表面增强拉曼光谱基底

得益于纳米技术与薄膜技术的飞速发展，与理论的发展相比，在实验领域表面增强拉曼散射取得成果较为突出。而金、银、铜由于能隙大不易跃迁等原因从而成为拉曼增强基底制备的主要材料。

SERS 基底的增强效果受到增强基底的表面形貌、结构尺寸、电介质等因素的影响，同时同样的基底材料因为环境的变化，所产生的增强效果也大相径庭。SERS 基底的产生是为了增强拉曼信号，使其检测能力提高。良好的 SERS 基底通常表现在以下方面：

(1) 较强的 SERS 能力，基底能提供较强的局域电场。通过调节活性基底表面颗粒的半径和颗粒间的间距，同时为了达到表面等离激元共振的效果，尽可能使表面振动频率与入射激光的频率相同。

(2) 有着较好的信号重复性，每次使用基底测量信号应具有一定的稳定性，同一组基底的信号重复性不低于 20%。

(3) 稳定性好，基底的使用过程受外界影响较大，温度、湿度和光照强度等都会对基底产生影响，所以需要制备出来的基底应具有良好的稳定性，使获得的信号保持稳定。

SERS 基底的制备随着纳米技术的不断进步而不断发展和优化，从起初的电化学反应，制造粗糙化表面电极，到后来的表面颗粒尺寸可控的化学合成，再到后来的光刻和模板等物理方法。目前，制备具有上述优点特征的 SERS 基底，有多种可供选择的方案。一维 SERS 基底，这种基底主要是金属纳米颗粒溶液的制备，较为常见的结构有单分散颗粒、二聚体、三聚体、核壳结构等。经过实验数据和理论模拟的总结，这些纳米粒子形成组合结构时，间距小于 10 nm，在光照下会产生极强的表面等离激元共振现象，从而产生较强的 SERS 增强效果。但是在实际实验时，制备的金属溶胶容易因为时间过长而产生颗粒聚集，从而产生沉淀影响溶液的稳定，降低了光谱信号的可现性。一维基底上形成的"热点"能够增强 SERS 效果，但是"热点"往往比较分散，且光谱信号重现性差。因此，研究者们提出结合纳米微结构以获得二维基底，增强光谱信号及其重现性。二维基底主要涉及金属表面纳米粗糙化和微纳米结构制备，制作方法包括电化学法、化学刻蚀法和物理方法等。利用化学方法制备的基底，虽然制备方法简单，但是基底表面的纳米颗粒尺寸分散性大；物理方法通过刻蚀、模板等技术制备出可控的基底，如纳米柱状列阵、纳米孔洞列阵和纳米三角板列阵等。三维 SERS 基底是在制备出二维基底的基础上，通过金属纳米颗粒的多层组装，将二维基底组装转化为三维结构，以期进一步增加"热点"而增加信号强度。例如，先在基片上刻蚀出均匀排列的颗粒形成二维结构，然后应用浸润法，将基底浸入双功能溶液，双功能分子附着在基片上，从而形成多层结构。这些三维基底不仅有很好的重现性，还能创造大量的"热点"。

7.4　拉曼光谱的应用及发展

目前，拉曼光谱已在有机物结构分析、生物分析、药物分析等方面有大量的应用。随着激光技术和光谱处理技术的发展，相继出现了一些新的拉曼测试技术及其与其他技术的联用，并推出各种类型的商品化仪器，极大地提高了激光拉曼光谱分析的灵敏度和分析速度，使其应用范围得到拓宽。

7.4.1　有机物结构分析

拉曼光谱在有机化学方面主要用作有机物结构鉴定和分子相互作用研究，它与红外光谱分析技术相互补充，在鉴别特殊的结构特征或特征基团方面显示出优势。拉曼位移的大小、拉曼峰的强度及形状是鉴定化学键、官能团的重要依据。利用偏振特性，拉曼光谱还可以作为判断分子异构体的依据。

如有机物苯乳酸，通过拉曼光谱测定得到如图 7.8 所示的拉曼光谱图。其中，631.751 cm^{-1}

为苯环的弯曲振动，854.716 cm⁻¹ 为 CH₂ 平面摇摆振动，982.73 cm⁻¹ 为 m-CH 面外摇摆振动，1003.54 cm⁻¹ 为 O—C 伸缩振动，1265 cm⁻¹ 为 HCOH 面外摇摆振动，1283.28 cm⁻¹ 为 HCOH 剪式振动，1318.02 cm⁻¹ 为苯环伸缩振动，2936.78 cm⁻¹ 为 CH₂ 伸缩振动，3569.62 cm⁻¹ 为 O—CH 伸缩振动。

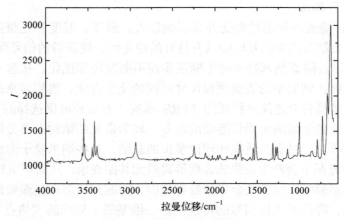

图 7.8　纯 L-苯乳酸的拉曼光谱图

7.4.2　生物分析

拉曼光谱是研究生物大分子的有效手段，由于水的拉曼光谱很弱、谱图又很简单，故拉曼光谱可以在接近自然状态、活性状态下来研究生物大分子的结构及其变化。生物大分子的拉曼光谱可以同时提供许多宝贵的信息，如蛋白质二级结构、主链构象、侧链构象及 DNA 分子结构等。DNA 是重要的生物大分子之一，在生命活动中起着至关重要的作用，作为遗传信息的载体，它参与遗传信息在细胞内的传递和表达，从而促进并控制代谢过程的进行。DNA 检测不仅为科学研究提供重要信息，在疾病特别是肿瘤的早期诊断、治疗、预后过程中也有重大意义。Lin 等利用银纳米颗粒作为基底建立了 SERS 技术检测，用于血液循环中 DNA 的检测并用于鼻咽癌的筛查，如图 7.9 所示，在 1630 cm⁻¹、1495 cm⁻¹、1413 cm⁻¹、1026 cm⁻¹

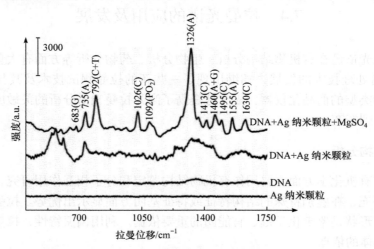

图 7.9　表面增强拉曼光谱测定 DNA

处出现碱基 C 的特征峰，在 1555 cm^{-1}、1326 cm^{-1}、735 cm^{-1} 等处出现碱基 A 的特征峰，在
683 cm^{-1} 处出现碱基 G 的特征峰。

7.4.3　药物分析

拉曼光谱分析无须破坏样品，因此能对样品进行无损鉴别分析，在药物研究领域可以进行药物认定和成分分析，包括关键性的添加剂、填充剂、毒品以及药物的纯度和质量的控制。如图 7.10 所示，以邻苯二甲酸二乙二醇二丙烯酸酯(PDDA)修饰的银纳米颗粒可作为抗血凝剂药物华法林的 SERS 基底，实现药物制剂和在人血浆中华法林的测定，1322 cm^{-1} 作为定量测定峰。

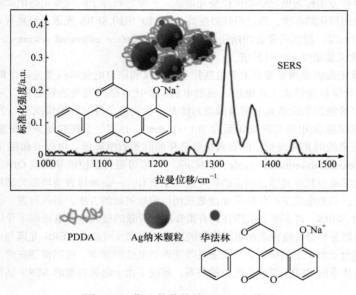

图 7.10　华法林药物的 SERS 光谱图

7.4.4　环境分析

激光拉曼光谱对大气污染的研究有特殊的效果，对防化方面的研究在国防上也有重要的意义，如利用强脉冲激光通过发射望远镜照射有毒有害气体，用接收望远镜接收拉曼散射信号，经过处理后用电子计算机分析可测得大气污染物成分。根据不同污染物在不同波数下的吸收及吸收强度可以测得污染物的分布及含量，常见污染物的拉曼信号有 1887 cm^{-1}(NO)、1744 cm^{-1}(CH$_2$O)、1150.5 cm^{-1}(SO$_2$)、2610.8 cm^{-1}(H$_2$S)等。

7.4.5　聚合物研究

拉曼光谱研究高分子聚合物为时已久，对聚乙烯、聚丙烯、聚氯乙烯等的研究已非常成熟。可用于研究高聚物的构型、构象、立构规整性以及溶液中聚合物的链运动，还可用于研究聚合物的降解及化学反应机理。激光拉曼光谱可用于研究聚合物生产过程中受挤压聚合物的形态、结晶度的测量及高强度纤维中紧束分子的观测。利用激光方向性好、红外远距离传输能量损耗小的特点而制成的傅里叶变换拉曼光谱光纤探针可现场研究聚合物结构、反应条件及反应动力学等。

在传统的拉曼光谱中，由于激发光源强度的限制，观察对象主要局限于化学分子。在现代光谱中，观察对象的范围已扩大到几乎任何能够与光发生相互作用的物质。由此，近年来拉曼光谱在宝石鉴定、毒品检测、地质矿物等研究中逐渐崭露头角。

【拓展阅读】

电化学原位拉曼光谱法

利用物质分子对入射光所产生的散射现象，采用单色入射光(包含圆偏振光和线偏振光)照射受电极电势调制的电极表面，测定散射光的频率、强度和偏振度等参数的变化，建立其与电极电势或电流强度等的响应关系，由此建立的分析方法称为电化学原位拉曼光谱法。一般物质分子的拉曼光谱很微弱，为了获得增强的信号，可采用电极表面粗化的办法，可以得到强度高 $10^4 \sim 10^7$ 倍的 SERS 光谱，当具有共振拉曼效应的分子吸附在粗化的电极表面时，得到的是表面增强共振拉曼散射(surface enhanced resonance Raman scattering, SERRS)光谱，其强度又能增强 $10^2 \sim 10^3$ 倍。

电化学原位拉曼光谱法的测量装置主要包括拉曼光谱仪和原位电化学拉曼池两个部分。拉曼光谱仪见7.2 节所述。原位电化学拉曼池由工作电极、辅助电极和参比电极及通气装置组成。为了避免腐蚀性溶液和气体侵蚀仪器，拉曼池均为配备光学窗口的密封体系。在实验条件允许的情况下，为了尽量避免溶液信号的干扰，应采用薄层溶液(电极与窗口间距为 0.1～1 mm)，这对于显微拉曼系统很重要，光学窗片或溶液层太厚会导致显微系统的光路改变，使表面拉曼信号的收集效率降低。电极表面粗化的最常用方法是电化学氧化-还原循环(oxidation-reduction cycle，ORC)法，一般可进行原位或非原位 ORC 处理。

目前，采用电化学原位拉曼光谱法测定的研究进展主要有：一是通过表面增强处理把测检体系拓宽到过渡金属和半导体电极。虽然电化学原位拉曼光谱是现场检测较灵敏的方法，但仅有银、铜、金三种电极在可见光区能给出较强的 SERS。许多学者试图在具有重要应用背景的过渡金属电极和半导体电极上实现表面增强拉曼散射。二是通过分析研究电极表面吸附物种的结构、取向及对象的 SERS 光谱与电化学参数的关系，对电化学吸附现象做分子水平上的描述。三是通过改变调制电位的频率，可以得到在两个电位下变化的"时间分辨谱"，以分析体系的 SERS 谱峰与电位的关系，解决了由于电极表面的 SERS 活性位随电位变化而带来的问题。

【参考文献】

成祝, 冉琴, 刘洁, 等. 2019. 用于检测农药残留的 SERS 基底的研究进展[J]. 分析化学进展, 9(2): 53-60.

卢树华, 王照明, 田方. 2018. 表面增强拉曼光谱技术在毒品检测中的应用[J]. 激光与光电子学进展, 55(3): 45-53.

伍子同, 刘翼振, 周晓东, 等. 2014. 表面增强拉曼光谱在 DNA 检测中的应用[J]. 分析科学学报, 30(6): 829-839.

张文强, 李容, 许文涛. 2017. 农药残留的表面增强拉曼光谱快速检测技术研究现状与展望[J]. 农业工程学报, 33(24): 269-276.

邹婷婷, 徐振林, 杨金易, 等. 2018. 表面增强拉曼光谱技术在食品安全检测中的应用研究进展[J]. 分析测试学报, 37(10): 1174-1181.

Lin D, Wu Q, Qiu S, et al. 2019. Label-free liquid biopsy based on blood circulating DNA detection using SERS-based nanotechnology for nasopharyngeal cancer screening[J]. Nanomedicine: Nanotechnology, Biology, and Medicine, 22: 102100.

Sultan M A, Abou El-Alamin M M, Wark A W, et al. 2020. Detection and quantification of warfarin in pharmaceutical dosage form and in spiked human plasma using surface enhanced Raman scattering[J]. Spectrochimica Acta Part A: Molecular and Biomolecular Spectroscopy, 228: 117533.

Zhu Y Q, Li M Q, Yu D Y, et al. 2014. A novel paper rag as 'D-SERS' substrate for detection of pesticide residues at various peels[J]. Talanta, 128: 117-124.

【思考题和习题】

1. 什么是瑞利散射、拉曼散射、斯托克斯散射、反斯托克斯散射?
2. 什么是拉曼位移? 它的物理意义是什么?
3. 什么是共振拉曼效应? 它有哪些特点?
4. 激光为什么是拉曼光谱的理想光源?
5. 为什么提到拉曼光谱时,总要联想到红外光谱?
6. 为什么说拉曼光谱能提供较多的分子结构信息?

第8章 分子发光分析法

【内容提要与学习要求】

本章在对分子发光类型和特点进行概述的基础上，重点介绍了分子荧光和磷光分析法的基本原理、分析仪器、常规分析方法及其应用，同时简要介绍了化学发光分析法的基本原理、发光类型和分析仪器。其中，分子荧光光谱产生的机理、荧光与分子结构的关系及影响荧光的环境因素是教学的重点和难点。学习过程中，要求掌握分子发光的概念和特点；熟练掌握荧光、磷光产生原理，荧光与分子结构的关系，荧光发光的影响因素；理解磷光分析仪、磷光分析方法；掌握荧光分析仪的组成，荧光分析的条件、注意事项及应用范围；了解化学发光分析法的基本原理、发光类型和测试仪器。

　　分子发光分析法(molecular luminescence analysis)包括光致发光、化学发光及生物发光等。按激发的模式分类时，分子荧光和分子磷光属于光致发光，是分子吸收光子形成激发态分子，激发态返回基态时的发光现象。如果分子激发的能力是由反应的化学能或由生物体释放出来的能量所提供，其发光称为化学发光或生物发光。发光分析具有发光参数多、信息量大、分析线性范围比吸收光谱法宽、选择性比吸收光谱法好及灵敏度高的特点，其检测限比吸收光谱法低 $1\sim3$ 个数量级，通常在$\mu g \cdot L^{-1}$量级；同时，与纳米探针技术结合，可大大拓宽发光分析的应用范围。

8.1　光致发光基本原理

8.1.1　分子能级

　　物质分子的能级包括一系列电子能级、振动能级和转动能级，图 8.1 是分子吸收和发射过

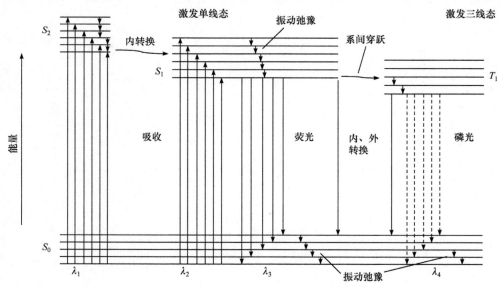

图 8.1　分子吸收和发射过程的雅布隆斯基能级图

程的雅布隆斯基(Jablonski)能级示意图，由于一般分子发光光谱仪器分辨不出转动能级，因此图中未标出。分子外层电子的激发态存在多重态，通常定义为 $2S+1$，S 为外层电子自旋角动量量子数的代数和，其数值为 0 或 1。若分子的电子数是偶数则 $S=0$，即所有电子都是自旋配对的，那么 $2S+1=1$，这种激发态被称为单重态，用 S_i 表示，S_0 即为基态的单重态，S_1 为第一跃迁能级激发态的单重态，S_2 为第二跃迁能级激发态的单重态。当分子处于激发态时，若分子的电子自旋和基态相同，仍然是单重态。当分子跃迁到激发态时，分子中的某个电子也可能改变自旋，即自旋平行，那么自旋和 $S=+\dfrac{1}{2}+\dfrac{1}{2}=1$，所以多重性 $2S+1=3$，分子处于这样的激发态称为三重态，用 T_i 来表示，T_1 即为第一激发态中的三重态，T_2 即为第二激发态中的三重态，由此类推。

8.1.2　光吸收和能级跃迁

在波长为 10～400 nm 的紫外区或 390～780 nm 的可见光区，光具有较高的能量，当某一特定波长的光照射分子时，有的分子会吸收光能量，分子中的电子会出现跃迁过程，由稳定的基态向不稳定的激发态跃迁，此过程为分子受激发过程。跃迁所需要的能量为跃迁前后两个能级的能量差，即为吸收光的能量。分子吸收能量后，从基态最低振动能级跃迁到第一电子激发态或更高电子激发态的不同振动能级，这一过程速度很快，约 10^{-15} s。

8.1.3　荧光和磷光的产生

处于激发态的分子不稳定，它可能通过辐射跃迁和非辐射跃迁而回到基态。辐射跃迁的过程伴随着光子的发射，即产生荧光或磷光。非辐射跃迁包括振动弛豫、各个激发态之间的内转换与系间穿跃。这些过程导致激发能转化为热能传递给介质。振动弛豫指同一电子能级中不同振动能级间的跃迁。内转换是指相同多重态的两个电子态间的非辐射跃迁过程(T_2 到 T_1)；系间穿跃指不同多重态的两个电子态间的非辐射跃迁(S_1 到 T_1)。

较高激发态分子经无辐射跃迁降至第一电子激发单重态 S_1 的最低振动能级后，仍不稳定，停留较短时间后，回到基态 S_0 各振动能级，以光辐射形式放出能量，这种发光现象称为荧光(fluorescence)。荧光能量等于 $h\nu$(ν 为光频率)。由于是相同多重态间的跃迁，概率较大，速度很快，寿命约 10^{-8} s，因此又称为瞬态荧光。

经系间穿跃的分子再通过振动弛豫降至激发三重态 T_1 的最低振动能级，停留一段时间，然后以光辐射形式放出能量返回到基态 S_0 各振动能级，这种发光现象称为磷光(phosphorescence)。由于磷光的产生伴随自旋多重态的改变，系间穿跃的概率很小，因此辐射速度远远小于荧光，磷光寿命为 10^{-4}～10 s，所以将激发光移走后还可在一定时间内观察到磷光。

应该指出的是，荧光和磷光之间并不总是能够很清楚地加以区分，如某些过渡金属离子与有机配体的配合物显示了单-三重态的混合态，它们的发光寿命可以处于 400 ns 至 μs 量级。

8.1.4　寿命和量子产率

荧光寿命和荧光量子产率是荧光(磷光)物质的重要发光参数。

荧光寿命(τ)定义为当激发光切断后荧光强度衰减至原强度的 1/e 所经历的时间。它表示了荧光子的 S_1 激发态的平均寿命。

$$\tau = 1/(k_{\mathrm{f}} + \sum K) \tag{8.1}$$

式中，k_{f} 为荧光发射的速率常数；$\sum K$ 为各种分子内的非辐射衰变过程的速率常数的总和。

荧光发射是一种随机过程，只有少数激发态分子才是在 $t = \tau$ 时刻发出光子的。荧光的衰减通常属于单指数衰变过程。这意味着在 $t = \tau$ 之前有 63% 激发态分子已经衰变了，37% 的激发态分子则在 $t > \tau$ 的时刻衰变。

激发态的平均寿命与跃迁概率有关，两者的关系可大致表示为

$$\tau_0 \approx 10^{-5}/\varepsilon_{\max} \tag{8.2}$$

式中，$\varepsilon_{\max}$ 为最大吸收波长下的摩尔吸光系数(单位以 $\mathrm{m^2 \cdot mol^{-1}}$ 表示)。$S_0 \rightarrow S_1$ 许可的跃迁，一般情况下 ε 值约为 10^3，因而荧光的寿命约为 10^{-8} s；$S_0 \rightarrow T$ 的跃迁是自旋禁阻的，ε 值约为 10^{-3}，因而磷光的寿命约为 10^{-2} s。

没有非辐射衰变过程存在的情况下，荧光分子的寿命称为内在的寿命，用 τ_0 表示

$$\tau_0 = 1/k_{\mathrm{f}} \tag{8.3}$$

荧光强度的衰变通常遵从以下方程式

$$\ln I_0 - \ln I_t = t/\tau \tag{8.4}$$

式中，I_0 与 I_t 分别为 $t = 0$ 和 $t = t$ 时刻的荧光强度。如果通过实验测量出不同时刻所相应的 I_t 值，并作出 $\ln I_t\text{-}t$ 的关系曲线，由所得直线的斜率便可计算出荧光寿命值。磷光寿命与此类似。

荧光物质的量子产率表示其发射荧光的能力，分子的量子产率越高，发射荧光的能力就越强。量子产率的定义为在激发光作用下，物质发射荧光的光子数与所吸收的激发光的光子数之比，用 Φ_{F} 表示。

$$\Phi_{\mathrm{F}} = \frac{N_{\mathrm{F}}}{N_{\mathrm{A}}} \tag{8.5}$$

式中，Φ_{F} 为量子产率；N_{F} 为发射的荧光光子数；N_{A} 为吸收的激发光光子数。

分子在激发光的照射下，吸收光能量，跃迁至激发态，并回到基态发出荧光，分子回到基态的过程分为辐射跃迁和非辐射跃迁返回两种形式。用辐射跃迁和非辐射跃迁的速率表示荧光量子产率，可以表示为

$$\Phi_{\mathrm{F}} = \frac{k_{\mathrm{f}}}{k_{\mathrm{f}} + \sum K} \tag{8.6}$$

当辐射过程的速率常数 k_{f} 越大时，荧光量子产率越大；当非辐射过程的跃迁速率 $\sum K$ 越大时，荧光量子产率越小。由光致荧光的原理可知，荧光量子产率总是小于 1，物质的荧光量子产率越大，说明有更多的分子参与辐射跃迁，发出的荧光强度就越强。磷光的量子产率与此类似。

8.1.5　光谱

荧光和磷光均为光致发光，因此必须选择合适的激发光波长，可根据它们的激发光谱曲线来确定。绘制激发光谱曲线时，固定测量波长为荧光(磷光)最大发射波长，然后改变激发光波长，根据所测的荧光(磷光)强度与激发光波长的关系，即以激发光波长为横坐标，以强度为

纵坐标作图,就可得到激发光谱曲线。激发光谱上强度最大值所对应的波长就是最大激发波长,是激发最灵敏的波长。物质的激发光谱与它的吸收光谱相似,所不同的是纵坐标。

当保持激发光波长不变(即固定激发单色器),依次改变荧光(磷光)发射波长,测定样品在不同波长处发射的荧光(磷光)强度。以发射波长为横坐标,以强度为纵坐标作图,得到荧光(磷光)发射光谱。发射光谱上强度最大值所对应的波长就是最大发射波长。

在荧光和磷光的产生过程中,由于存在各种形式的无辐射跃迁,损失能量,所以它们的发射波长都向长波方向移动,磷光波长的移动最多,而且它的强度也相对较弱。

荧光发射光谱的普遍特性:

(1) 荧光发射光谱的形状与激发光波长无关。一般地,用不同波长的激发光激发荧光分子,可以观察到形状相同的荧光发射光谱。荧光发射仅是对应从第一电子激发态 S_1 的最低振动能级至基态 S_0 的各振动能级的跃迁,因而与激发光波长无关。同时发射的量子产率基本上与激发光波长无关。同理激发光谱的形状与发射波长无关。

(2) 斯托克斯位移。与激发光谱相比,荧光发射光谱的波长总是出现在更长的波长处,这种位移称为斯托克斯位移。由于分子吸收激发光被激发至较高激发态后,先经无辐射跃迁(振动弛豫、内转换)损失掉一部分能量,到达第一电子激发态的最低振动能级,由此发出荧光。因此,荧光发射能量比激发光能量低,发射光谱波长比激发光波长长,是由荧光激发和发射之间所产生的能量损失所引起的。

(3) 镜像规则。通常荧光发射光谱和它的吸收光谱呈镜像对称关系。吸收光谱是物质分子由基态激发至第一电子激发态的各振动能级形成的,其形状取决于第一电子激发态中各振动能级的分布情况。荧光光谱是激发分子从第一电子激发态的最低振动能级回到基态中各不同能级形成的,所以荧光光谱的形状取决于基态中各振动能级的分布情况。基态中振动能级的分布和第一电子激发态中振动能级的分布情况是类似的,如图 8.2 所示。

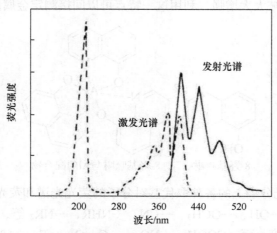

图 8.2　蒽在乙醇溶液中的激发光谱与发射光谱

8.1.6　影响发光的因素

一种物质能否发荧光以及荧光强度的高低与它的吸光作用和荧光效率有关,因此物质的荧光强度与其分子结构及所处的环境密切相关。对于发光弱的物质可以通过改进这两种因素进而转化为强荧光物质,从而提高选择性和灵敏度。

1. 分子结构

一般地, 具有强荧光的分子都具有大的共轭 π 键结构, 供电子取代基, 刚性平面结构。因此, 分子中至少具有一个芳环或多个共轭双键的有机化合物才能发射荧光, 而饱和的或只有孤立双键的化合物没有显著的荧光。分子结构对其产生荧光的影响主要表现在以下几个方面:

(1) 跃迁类型。物质必须在紫外-可见区有强吸收才能产生荧光, 具有 π-π* 或 n-π* 跃迁的分子才有强吸收。其中 π-π* 跃迁的摩尔吸光系数比 n-π* 跃迁大 100～1000 倍, 跃迁的寿命也比 n-π* 跃迁短, 因此跃迁速率较大, 量子效率高。

(2) 共轭效应。含有共轭的 π-π* 跃迁的芳香族化合物的荧光最强。其共轭程度越大, 荧光效率也越大, 且最大激发和发射波长都向长波长方向移动, 如苯、萘、蒽三种物质, 苯和萘的荧光位于紫外区, 蒽的荧光位于可见光的蓝区。

(3) 刚性平面结构。当荧光分子共轭程度相同, 分子的刚性和共平面性越大, 荧光效率越大。例如, 芴分子中存在成桥的亚甲基, 使刚性增加, 从而有强荧光, 量子效率接近于 1.0, 而联苯在同样的条件下荧光量子效率仅为 0.2。

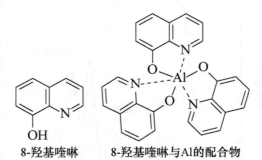

芴　　　　　　　　联苯

有些物质本身不发荧光或荧光较弱, 但与金属离子形成配合物后, 如果刚性和共平面性增加, 就可以发荧光或增强荧光。例如, 8-羟基喹啉是弱荧光物质, 与 Mg^{2+}、Al^{3+} 等金属离子形成的配合物的荧光被大大增强, 利用这一特点可以间接测定金属离子。

8-羟基喹啉　　　　8-羟基喹啉与Al的配合物

(4) 取代基团。荧光分子上的各种取代基对分子的荧光光谱和荧光强度都有很大影响。给电子取代基如—NH_2、—OH、—OCH_3、—CN、—NHR、—NR_2 等, 能增加分子的 π 电子共轭程度, 使荧光效率提高。而—COOH、—NO_2、—C=O、—F、—Cl 等吸电子取代基可减弱分子 π 电子共轭性, 使荧光减弱甚至熄灭, 其原因是 n-π* 跃迁的摩尔吸光系数、量子产率均低于 π-π* 跃迁。

荧光分子上取代上重原子后, 荧光减弱, 而磷光增强。所谓重原子取代, 一般是指卤素原子(Cl、Br、I)取代, 其荧光强度随着卤素原子序数增加而减弱, 而磷光通常相应的增强(表 8.1), 这种效应称为重原子效应。原因是重原子的存在使荧光体中的电子自旋-轨道耦合作用加强，S_1 到 T_1 的系间穿越显著增加，导致荧光强度减弱，磷光强度增加。还有一类取代基则对荧光的影响不明显，如—R、—SO_3H、—NH_2 等。

表 8.1 卤素取代的"重原子效应"

化合物	Φ_p/Φ_f	荧光波长/nm	磷光波长/nm	τ/s
萘	0.093	315	470	2.6
1-甲基萘	0.053	318	476	2.5
1-氟萘	0.086	316	473	1.4
1-氯萘	5.2	319	483	0.23
1-溴萘	6.4	320	484	0.014
1-碘萘	>1000	没有观察到	488	0.0023

2. 环境因素

荧光分子所处的溶液环境对其荧光发射有直接的影响，因此适当选取实验条件有利于提高荧光分析的检测灵敏度和选择性。溶液环境对荧光发射的影响因素主要有以下几个方面。

(1) 温度。温度对被测溶液的荧光强度有明显的影响。当温度升高时，介质黏度减小，分子运动加快，分子间碰撞概率增加，从而使分子无辐射跃迁增加，荧光效率降低。故降低温度有利于提高荧光效率及荧光强度。由于荧光仪器光源的光强度大、温度较高，容易引起溶液温度升高，加之分析过程中室温可能发生变化，从而导致荧光强度改变。另外，有些荧光物质的溶液在激发光较长时间的照射下，还会发生光分解，使荧光强度下降。因此，试样不应长时间受光照射，只在测定荧光强度时才打开光闸，其余时间应关闭。在较高档的荧光分光光度计中，样品室四周设有冷却水套或配有恒温装置，以使溶液的温度在测定过程中保持恒定。

(2) 溶剂。同一种荧光物质在不同的溶剂中，其荧光光谱和荧光强度可能会有一定的差别，尤其是那些分子中含有极性取代基的荧光物质，它们的荧光光谱易受溶剂的影响。溶剂的影响可以分为一般溶剂效应和特殊溶剂效应。一般溶剂效应是指溶剂折射率和介电常数的影响，是普遍存在的。特殊溶剂效应是由于溶剂分子与荧光分子间的氢键作用、静电作用、电荷移动等相互作用对荧光量子产率的影响随荧光体不同而不同。通常情况下，随着溶剂极性增大，π-π^* 跃迁所需的能量差 ΔE 减小，跃迁概率增加，从而使发射波长红移，荧光强度增大；若溶剂极性增大使发射波长蓝移，则是 n-π^* 跃迁所致。

(3) pH。溶液的酸度(pH)对荧光物质的影响可以分两个方面：若荧光物质本身是弱酸或弱碱时，溶液 pH 改变，物质分子和其离子间的平衡也随之发生变化，而不同形体具有其各自特定的荧光光谱和荧光效率。例如，苯胺的不同分子形式发射的荧光波长不同，见图 8.3。对于金属离子与有机试剂生成的荧光配合物，溶液 pH 的改变会影响配合物的组成，从而影响它们的荧光性质。例如，Ga^{3+} 与邻-二羟基偶氮苯在 pH=3～4 的溶液中形成 1∶1 配合物，能产生

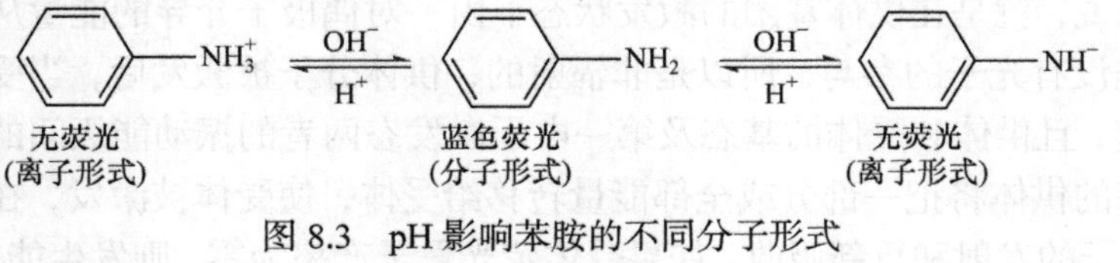

图 8.3 pH 影响苯胺的不同分子形式

荧光；而在 pH=6～7 的溶液中，则形成 1∶2 的配合物，不产生荧光。总之，溶液 pH 对荧光物质的荧光光谱、荧光效率及荧光强度均有影响。需通过实验条件找出 pH 与荧光强度的关系，确定最适宜的 pH 范围，以提高分析的灵敏度和准确度。

8.1.7　荧光猝灭

荧光猝灭或称荧光熄灭，广义地说是指任何可使荧光量子产率降低即使荧光强度减弱的作用。这里要讨论的荧光猝灭指的是荧光物质分子与溶剂和溶质分子之间所发生的导致荧光强度下降的物理或化学作用过程。与荧光物质分子相互作用而引起荧光强度下降的物质，称为荧光猝灭剂。

猝灭过程实际上是与发光过程相互竞争从而缩短发光分子激发态寿命的过程。猝灭过程可能发生于猝灭剂与荧光物质的激发态分子之间的相互作用，也可能发生于猝灭剂与荧光物质的基态分子之间的相互作用。前一种过程称为动态猝灭，后一种过程称为静态猝灭。

(1) 动态猝灭。在动态猝灭过程中，荧光物质的激发态分子通过与猝灭剂分子的碰撞作用，以能量转移的机制或电荷转移的机制丧失其激发能而返回基态。由此可见，动态猝灭的效率受荧光物质激发态分子的寿命和猝灭剂的浓度所控制。1-萘胺的蓝绿色荧光在碱性溶液中发生猝灭现象，但它的吸收光谱并没有发生变化，这是一个动态猝灭的例子。

(2) 静态猝灭。静态猝灭的特征是猝灭剂与荧光物质分子在基态时发生配合反应，所产生的配合物通常是不发光的，即使配合物在激发态时可能解离而产生发光的型体，但基态配合物的解离作用可能较慢，以致基态配合物经由非辐射的途径衰减到基态的过程更为有效。另外，基态配合物的生成也由于与荧光物质的基态分子竞争吸收激发光(内滤效应)而降低了荧光物质的荧光强度。吖啶黄溶液受核酸的猝灭便是一个静态猝灭的例子。核酸使吖啶黄溶液的荧光猝灭，且使溶液的吸收光谱显著地位移。

在动态猝灭中，荧光的量子产率由光反应的动力学控制，而在静态猝灭中，荧光的量子产率通常只受基态的配合作用的热力学所控制。

(3) 电荷转移猝灭。有些物质对荧光的猝灭作用是通过与荧光物质的激发态分子之间发生电荷转移而引起的。由于激发态分子往往比基态分子具有更强的氧化还原能力，也就是说激发态分子作为更强的电子受体或供体，更容易发生电荷转移作用。那些强的电子受体物质，往往是有效的荧光猝灭剂。例如，某些多环芳烃的荧光容易被对二氰基苯、*N*, *N*-二甲基苯胺等电子受体猝灭，是荧光电荷转移猝灭的例子。

共振能量转移猝灭：当一个荧光分子(又称为供体分子)的荧光光谱与另一个荧光分子(又称为受体分子)的激发光谱相重叠时，供体荧光分子的激发能诱发受体分子发出荧光，同时供体荧光分子自身的荧光强度衰减。荧光共振能量转移(fluorescence resonance energy transfer, FRET)是指在两个不同的荧光基团中，如果一个荧光基团(供体)的发射光谱与另一个基团(受体)的吸收光谱有一定的重叠，当这两个荧光基团间的距离合适时(一般小于 100 Å)，就可观察到荧光能量由供体向受体转移的现象，即以前一种基团的激发波长激发时，可观察到后一个基团发射的荧光。简单地说，就是在供体基团的激发状态下由一对偶极子介导的能量从供体向受体转移的过程，此过程没有光子的参与，所以是非辐射的，供体分子被激发后，当受体分子与供体分子相距一定距离，且供体和受体的基态及第一电子激发态两者的振动能级间的能量差相互适应时，处于激发态的供体将把一部分或全部能量转移给受体，使受体被激发，在整个能量转移过程中，不涉及光子的发射和重新吸收。如果受体荧光量子产率为零，则发生能量转移荧光猝灭；

如果受体也是一种荧光发射体，则呈现出受体的荧光，并造成次级荧光光谱的红移。图 8.4 为荧光共振能量转移示意图。

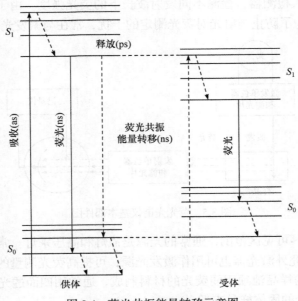

图 8.4　荧光共振能量转移示意图

(4) 氧猝灭。分子氧能引起几乎所有的荧光物质产生不同程度的荧光猝灭现象。因此，在没有驱除溶解氧的情况下进行溶液的荧光测定，通常会降低测定的灵敏度。不过，由于除氧操作烦琐，故在满足分析灵敏度要求的情况下，在一般分析方法中往往免除了这一步骤。但是要获得可靠的荧光量子产率或荧光寿命的测量值，往往需要除去溶液中的溶解氧。胺类是大多数未取代芳烃的有效猝灭剂，卤素化合物、重金属离子及硝基化合物等也都是常见的荧光猝灭剂。

(5) 重原子猝灭。卤素离子对于奎宁的荧光有显著的猝灭作用，但对某些物质的荧光并不发生猝灭作用，这表明猝灭剂对荧光物质的荧光分析有严重的影响，在荧光测定之前必须考虑猝灭剂的消除和分离问题。

(6) 自猝灭。当荧光物质的浓度较大时，激发态的荧光分子与基态的荧光分子会发生碰撞从而使荧光猝灭。因此，在荧光测量中荧光物质的浓度不应太高。

诚然，荧光猝灭作用在荧光分析中有降低待测物质荧光强度的不良作用的一面，但另一方面，人们也可以利用某种物质对某一荧光物质的荧光猝灭作用而建立对该猝灭剂的荧光测定方法。一般来说，荧光猝灭法比直接荧光测定法更为敏感，且具有更高的选择性(参见 8.3 节)。此外，猝灭效应的研究还可以用于揭示猝灭剂的扩散速率，或在生物化学研究中用于推测蛋白质上结合点的位置和蛋白质的形状。

8.2 光 谱 仪

8.2.1 光谱仪结构

光谱仪由激发光源、样品池、用于选择激发光波长和发射波长的单色器、检测器及记录系统等组成(图 8.5)。光源发出的紫外-可见光通过激发单色器分出不同波长的激发光，照射到样品溶液上，激发样品产生向各个方向发射的荧光，样品发出的荧光为宽带光谱，需通过发射单色器分光后再进入检测器，检测不同发射波长下的荧光强度。由于激发光不可能完全被吸收，可透过溶液，为了防止透射光对荧光测定的干扰，常在与激发光垂直的方向检测荧光。

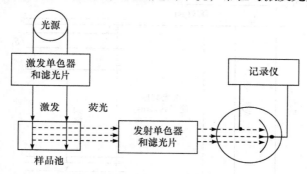

图 8.5　荧光光谱仪基本部件图

激发光源：在紫外-可见区范围，通常的光源是氙灯和高压汞灯。常用的是氙灯，其一般功率为 100～500 W。此外激光器也可用作激发光源，可提高荧光测量的灵敏度。

样品池：荧光用的样品池须用弱荧光的材料制成，通常用四面透光的方形石英池。对固体样品测定时可用配套的固体样品支架。

单色器：分为激发单色器和发射单色器两种，激发单色器用于荧光激发光谱的扫描和选择激发波长；发射单色器用于扫描发射光谱及分析荧光发射波长。

检测器：现代荧光光谱仪中普遍使用光电倍增管作为检测器。新一代荧光仪使用电荷耦合器件检测器，可一次获得荧光二维光谱。

此外，在激发单色器与样品池之间及样品池与发射单色器之间还装有滤光片架以备不同荧光测量时选择各种滤光片，滤光片的作用是消除或减小瑞利散射及拉曼光谱的影响。在更高级的荧光仪器中，激发和发射滤光片架同时可安装偏振片以备荧光偏振测量时选用；样品室四周设有冷却水套或配有恒温装置，以使溶液的温度在测定过程中保持恒定。

8.2.2　磷光分析仪器

磷光与荧光性质相似，磷光仪的光学系统与荧光仪也相似，有光源(常用氙灯)、单色器(衍射光栅)、样品室和检测系统。

进行磷光测定时，由于磷光具有较长的寿命，可以采用时间分辨的方式进行测定。

在流体室温磷光测定时，如果没有特殊要求而且溶液是澄清透明的，磷光可以按照荧光测定的模式进行。

但对于固体基质室温磷光，或者测量体系为乳状液的流体磷光的测定，为了避免散射光的干扰，需要采用磷光模式，有的仪器采用切光器(磷光寿命长，激发光切断后磷光继续发射，故测磷光时可以将激发光路切断)，有的仪器采用脉冲光源或调制光源时间分辨测量技术，或使用仪器附带的磷光附件。

低温磷光测定是指在常温水溶液中，三线态电子能量极易受溶剂分子运动碰撞而丢失，所以必须在固态下才能测定，可将溶液在低温(77 K 液氮)中冷冻固化后测定。因此，样品池需要放在盛液氮的石英杜瓦瓶内，来测定低温磷光。

8.3　荧光光谱分析法

分子荧光光谱法具有较高的灵敏度和好的选择性。一般而言，与紫外-可见光谱法相比，其灵敏度高出 2～4 个数量级，其检测下限通常可达 0.1～0.001 $\mu g \cdot mL^{-1}$。荧光分析法应用广泛，可测定 60 余种元素，尤其对生物大分子的检测。此外，还可作为高效液相色谱及毛细管电泳的检测器。

荧光定量分析原理：根据吸收定律，吸收的光量为

$$I_a = I_0 - I_t = I_0(1 - e^{-\varepsilon bc}) \tag{8.7}$$

式中，ε 为摩尔吸光系数；b 为液层厚度；c 为溶液浓度。

荧光(或磷光)发射强度 F 与吸收的光量子产率 Φ_f 成正比：

$$F = I_a\Phi_f = I_0(1 - e^{-\varepsilon bc})\Phi_f \tag{8.8}$$

对于稀溶液，$\varepsilon bc < 0.02$ 时，上式可简化为

$$F = 2.303 I_0 \varepsilon bc \Phi_f = Kc \tag{8.9}$$

稀溶液的荧光强度与浓度成正比，此即荧光定量关系式。在高浓度时，由于自猝灭和自吸收等原因使荧光强度与浓度不再呈线性关系。

在荧光测定时可以采用直接测定和间接测定的方法来测定单组分的浓度。若被测物质本身发荧光，则可直接测量其荧光强度来测定该物质的浓度或含量。但对于大多数无机化合物和有机化合物，本身不发射荧光，则采用间接测定的方法。一种是利用化学反应将非荧光物质转变为能用于测定的荧光物质；另一种是荧光猝灭法，非荧光物质使某荧光物质发生荧光猝灭，根据荧光强度降低的量来测定该非荧光物的浓度。

8.3.1　直接测定法

在荧光分析中，可以采用不同的实验方法来进行分析物质浓度的测量，其中最简单的是直接测定的方法。只要分析物质本身发荧光，便可以通过测量其荧光强度来测量其浓度。许多有机芳香族化合物和生物物质具有内在的荧光性质，往往可以直接进行荧光测定。当然，若有其他干扰物质存在时，则应预先采用掩蔽或分离的方法加以消除。

在实际操作中，荧光强度的测量通常是采用相对的测量方法，因而需要采用某种标准以作比较。最普通的校正方法是采用标准曲线法，即取已知量的分析物质，经过与试样溶液相同方法处理后，配成一系列的标准溶液，并测得它们的荧光强度，再以荧光强度对标准溶液浓度绘制标准曲线。然后由所得的试样溶液的荧光强度对照标准曲线，求出试样溶液中分析物质的浓度。

为了使不同时间所测得的标准曲线先后一致，每次测绘标准曲线时最好能用同一种稳定的荧光物质(如荧光塑料板或某种荧光基准物质如硫酸奎宁溶液)来校正仪器的读数。

严格来说，标准溶液和试样溶液的荧光强度读数都应扣除空白溶液的荧光强度读数。理想的或者说真实的空白溶液，原则上应当具有与未知试样溶液中分析物质以外的同样的组成。可是对于实际遇到的复杂分析体系，很少有可能获得这种真实的空白溶液，在实验中通常只

能采用近似于真实空白的试剂空白来代替。然而试剂空白无法校正原已存在于试样中的基质和杂质，如果这种基质和杂质的干扰不可能通过光谱的方法加以消除，就必须采用化学或物理分离的方法。

有时可以通过加入某种化合物于试样溶液中，而这种化合物可特效地猝灭分析物质的荧光，从而获得一种很接近于真实空白的空白溶液。

目前，已有部分药物可以用直接荧光法进行测定，如利用直接荧光法分别测定荠菜的叶、茎、花中维生素 B 的含量。基于霍夫曼反应将丙烯酰胺降解为乙烯胺，然后和荧光胺反应生成吡咯啉酮，在 480 nm 处产生强烈的荧光，且丙烯酰胺的浓度越大，荧光强度越大，故据此建立了测定丙烯酰胺含量的新荧光法。

8.3.2 间接测定法

对于有些物质，它们或者本身不发荧光，或者因荧光量子产率很低而无法进行直接测定，便只能采用间接测定的方法。

1. 荧光衍生法

间接测定的方法有多种，可按分析物质的具体情况加以适当地选择，第一种方法是荧光衍生法，即通过某种手段使本身不发荧光的待分析物质转变为另一种发荧光的化合物，再通过测定该化合物的荧光强度，可间接测定待分析物质。

荧光衍生法大致可分为化学衍生法、电化学衍生法和光化学衍生法，它们分别采用化学反应、电化学反应和光化学反应，使不发荧光的分析物质转化为易于测定的、发荧光的产物。其中，化学衍生法和光化学衍生法用得较多，尤其是化学衍生法用得最多。例如，许多无机金属离子的荧光测定方法，就是通过使它们与某些金属螯合剂(生荧试剂)反应生成具有荧光的螯合物之后加以测定的。

某些不发光的有机化合物可以通过降解反应、氧化还原反应、偶联反应、缩合反应、酶催化反应或光化学反应等方法，使它们转化为荧光物质。例如，维生素 B_1 本身是不发荧光的，但可在碱性溶液中用铁氰化钾等一些氧化剂将它氧化为发荧光的硫胺荧。又如，利舍平的测定，因其本身的荧光量子产率低，可通过化学衍生法使其转化为它的氧化产物 3,4-二脱氢利舍平(DDHR)后加以测定，后者显示强的绿黄色荧光。不过，该化学衍生法速度较慢，可采用光化学衍生法，在乙酸介质中于 254 nm 光照射下得到其光化学氧化产物 DDHR。利舍平的光化学衍生化反应，可用丙酮作为敏化剂，以进一步提高光化学反应的速率，使灵敏度得到进一步提高，且测定的线性范围也有所拓宽。该敏化光化学反应的机理为丙酮分子经光激发后到达激发单重态，然后经系间穿跃到达激发三重态，再通过三重态-单重态能量转移过程将激发能转移给利舍平分子。基于光化学反应和荧光检测技术相结合的光化学荧光分析法在 20 世纪 70 年代以后有了较大的发展，目前其分析应用尤其是在药物分析方面的应用日益广泛。

2. 敏化荧光法

若待分析物质不发荧光，但可以通过选择合适的荧光试剂作为能量受体，在待分析物质受激发后，通过能量转移的方法，经由单重态-单重态(或三重态-单重态)的能量转移过程将激发能传递给能量受体，使能量受体分子被激发再通过测定能量受体所发射的发光强度，也可以对分析物进行间接测定。

有时对于浓度很低的分析物质，如果采用一般的荧光测定方法，其荧光信号可能太弱而无法检测，假如能够寻找到某种合适的敏化剂(能量受体)，并加大其浓度，在敏化剂与分析物质紧密接触的情况下，敏化剂经激发后，敏化剂与分析物质之间的激发能转移效率很高，这样一来便能大大提高分析物质测定的灵敏度。例如，在滤纸上用萘作敏化剂测定低浓度的蒽时，可使蒽的检测限提高 3 个数量级。类似地，用萘作敏化剂也可以提高菲的检测限。

3. 荧光猝灭法

假如分析物质本身虽不发荧光，但却具有能使某种荧光化合物的荧光猝灭的能力，由于荧光猝灭的程度与分析物质的浓度有着定量的关系，通过测量荧光化合物荧光强度的下降程度便可间接地测定该分析物质。例如，大多数过渡金属离子与具有荧光性质的芳香族配位体配合后，往往使配位体的荧光猝灭，从而可间接测定这些金属离子。

在用荧光猝灭法进行测定时，要特别注意选择合适的荧光试剂的浓度。适当降低荧光试剂的浓度时，往往有利于灵敏度的提高，但会导致测定的线性范围变窄。

荧光猝灭法在生物分析和药物分析中日益引起重视，现将近年来国内外学者撰写的有关荧光猝灭法的部分文献列于表 8.2 中。此外，荧光猝灭法还经常被用来探究药物小分子与蛋白质之间的相互作用，如用荧光猝灭法分别探究了托吡卡胺、格列吡嗪与牛血清白蛋白之间的相互作用。

表 8.2　近年来荧光猝灭法的分析应用

荧光试剂	测定物质	线性范围/($\mu mol \cdot L^{-1}$)	检出限/($\mu mol \cdot L^{-1}$)
	葡萄糖	$0.1 \sim 1.0 \times 10^3$	0.02
	尿酸	$1.0 \times 10^3 \sim 1.3 \times 10^3$	125
	苯氰菊酯	$0.1 \sim 80$	0.009
	碘酸钾	$0.01 \sim 10$	0.006
	三硝基甲苯	$0.04 \sim 1.3$	0.00025
	硫普罗宁	$0.92 \sim 1.2 \times 10^2$	0.92
量子点	胰蛋白酶	$4.2 \times 10^{-6} \sim 5.0 \times 10^{-4}$	1.7×10^{-6}
	叶酸	$0.3 \sim 1.5$	7.2×10^{-2}
	三聚氰胺	$1.0 \times 10^{-5} \sim 10$	5.0×10^{-6}
	三氧化二砷	$80 \sim 3.2 \times 10^3$	0.35
	全氟辛酸	$0.5 \sim 40$	0.3
	利福平	$1.0 \times 10^{-3} \sim 6.8 \times 10^{-2}$	3.0×10^{-4}
	酮洛芬	$29 \sim 3.9 \times 10^2$	9

续表

荧光试剂	测定物质	线性范围/(μmol · L^{-1})	检出限/(μmol · L^{-1})
银纳米团簇	乙酰半胱氨酸	0.1～1.2	0.05
	过氧化氢	0.5～1.0×10^2	0.4
	葡萄糖	1～1.0×10^3	0.8
	盐酸非索非那定	0.1～25	1.2×10^{-2}
金纳米团簇	Cr(III)	0.5～73	0.048
	Cr(IV)	0.1～9.62	0.01
	邻苯二酚	0.5～1.0×10^3	0.1
蛋白质纳米团簇	乙酸胆碱	1.0×10^{-4}～2.0×10^{-2}	5.0×10^{-6}
氧氟沙星	Pb(II)	0.3～10	8.4×10^{-2}
L-色氨酸	甲硫氨酸	4.8～30	1.4
赤藓红钠	蛋白质	7.5×10^{-6}～4.8×10^{-4}	7.3×10^{-7}
罗丹明 B	Fe(III)	0.5～5.0	0.3
	盐酸西替利嗪	7.6～2.7×10^2	2.3
罗丹明 6G	加替沙星	0.6～9.0	0.52
	Fe(III)	0.2～7.1	8.9×10^{-2}
牛血清蛋白	芦丁	2.2～26.2	0.9
	头孢硫脒	2.5～30	1.6
	头孢丙烯	2.4～29	0.3
	头孢孟多酯	0.6～30	0.2
	头孢他美酯	2.1～25.8	0.1

8.3.3 · 新型荧光光谱分析法

1. 同步荧光光谱法

同时扫描激发和发射两个单色器,由测得的荧光强度信号与对应的波长绘制光谱图,称为同步荧光光谱。其特点是使谱带窄化、使光谱简化、减少光谱的重叠。同步荧光光谱法可用于多组分多环芳烃的同时测定。多环芳烃性质很相似,尽管有强的荧光,但各种化合物的激发和发射光谱往往光谱重叠严重,用经典荧光法难以进行混合物的直接分析。同步荧光光谱法具有选择性好、灵敏度高、干扰少等特点,可用于多组分多环芳烃混合物的同时测定。

2. 三维荧光光谱法

三维荧光光谱法与普通荧光分析法的不同主要是其能够获得激发波长与发射波长同时变化时的荧光强度信息。该三维谱图可提供更完整的光谱信息,也为复杂荧光样品提供了指纹信息,可作为光谱指纹技术用于环境监测、生物分析、法庭试样的判证等。例如,稀释后的牛奶样品的三维图谱可以帮助其进行成分分析和产地溯源。

3. 时间分辨荧光分析法

时间分辨荧光分析法是指在物质受激发后过段时间再进行荧光检测，而不是立即检测。这样可检测出荧光寿命不同的物质，这主要是不同荧光物质的荧光寿命不同所造成的。利用脉冲法测量荧光寿命主要可用脉冲取样法和光子计数法，在适当的激发光源和检测系统中，可以得到在固定波长的荧光强度-时间曲线和在固定时间的荧光发射光谱，可以用来实现混合物中荧光光谱重叠严重但其荧光寿命差异明显的组分之间的辨别测定；可以消除杂质和背景荧光来提高信噪比，同时也用于测量溶剂弛豫时间和检测自由基的存在等方面。

4. 导数荧光分析法

由于在室温条件下，矿物油光谱的谱带普遍较宽，在其混合物的光谱图中，导数荧光分析技术的引入可以很好地解决谱带严重重叠的问题。导数荧光分析法具有大大减小光谱干扰、增强特征光谱精细结构的分辨能力和区分光谱的细微变化等优点，但同时也存在信噪比降低的缺点。利用导数荧光分析法进行定量测定时，其求值方法主要有基线法、峰距法和峰零法等。

5. 激光诱导荧光法

激光诱导荧光法是指检测利用波长可调谐的激光照射样品后的荧光发射的分析方法。激光诱导荧光技术具有灵敏度高、测量样品时无须进行复杂的预处理及很高的光谱分辨率等优点，除此之外还能给出物质分子的电子态信息，以及反映分子周围的环境信息。因此，这一技术已经被广泛应用于生物胺、药物及蛋白质的分析中。例如，将新合成的荧光素乙酯作为衍生试剂，用毛细管电泳分离-激光诱导荧光法对酱油中的 6 种生物胺进行了检测。

6. 荧光偏振免疫法

荧光偏振免疫法是通过检测荧光标记抗原在结合抗体前后荧光偏振值的变化，来进一步确定溶液中抗原含量的分析方法。该方法最显著的特点是测定速度快、易于操作、可用于大批量样品的快速检测。目前该方法已经被广泛用于样品中残留农药和兽药的分析中。

7. 荧光动力学分析法

荧光动力学分析法主要包括催化和非催化这两种类型，其中催化法是基于催化反应来确定某种待测物的浓度或者含量的分析方法；非催化法是基于对非催化反应速率的测定，从而进一步确定某种待测物的浓度或者含量的分析方法。荧光动力学分析法具有高灵敏度、专一性强等优点，但其很容易受到试样基质的干扰，故操作时需严格控制反应条件。

8.4　磷光光谱分析法

分子磷光与分子荧光光谱的主要差别是磷光为第一激发单重态的最低能级经系间穿跃跃迁到第一激发三重态，并经振动弛豫至最低振动能级，然后跃迁回到基态发生的。与荧光相比，磷光具有如下三个特点：①磷光辐射的波长比荧光长，因为分子的 T_1 态能量比 S_1 态能量低；②磷光的寿命比荧光长，由于荧光是 $S_1 \rightarrow S_0$ 跃迁产生的，这种跃迁是自旋许可的跃迁，因而 S_1 态的辐射寿命通常在 $10^{-9} \sim 10^{-7}$ s，磷光是 $T_1 \rightarrow S_0$ 跃迁产生的，这种跃迁属自旋禁阻的跃迁，其速率常数小，因而辐射寿命长，为 $10^{-4} \sim 10$ s；③磷光的寿命和辐射强度对重原子和顺磁性离子敏感。

8.4.1 低温磷光

由于激发三重态的寿命长，激发态分子发生 $T_1 \rightarrow S_0$ 这种分子内部的内转换非辐射去活化过程以及激发态分子与周围的溶剂分子间发生碰撞和能量转移过程，或发生某些光化学反应的概率增大，这些都将使磷光强度减弱，甚至完全消失。为减少这些失活过程的影响，通常应在低温下测量磷光。

低温磷光分析中，液氮是最常用的合适的冷却剂，因此要求所使用的溶剂在液氮温度(77 K)下应具有足够的黏度并能形成透明的刚性玻璃体，对所分析的试样应具有良好的溶解特性。试样的刚性可减少荧光的碰撞猝灭。溶剂应易于提纯，以除去芳香族和杂环化合物等杂质。溶剂应在所研究的光谱区域内没有很强的吸收和发射。最常用的溶剂是 EPA，它由乙醇、异戊烷和二乙醚按体积比 2：5：5 混合而成。使用含有重原子的混合溶剂 IEPA(EPA 与碘甲烷的体积比为 10：1)，有利于系间穿越跃迁，可以增加磷光效应。

含重原子的溶剂由于重原子的高核电荷引起或增强了溶质分子的自旋-轨道耦合作用，从而增大了 $S_0 \rightarrow T_1$ 吸收跃迁和 $S_1 \rightarrow T_1$ 系间穿越跃迁的概率，有利于磷光的发生和增大磷光的量子产率，这种作用称为外部重原子效应。当分子中引入重原子取代基时，如当芳烃分子中引入杂原子或重原子取代基时，也会发生内部重原子效应，导致磷光量子效率提高。

8.4.2 室温磷光

低温磷光需要复杂的低温实验装置，并且存在溶剂选择等限制因素，因此发展了室温磷光法。将试样负载在固体基质上，或溶解在胶束溶液或环糊精溶液中，从而在室温下就能测量磷光。

1. 固体基质室温磷光法

将含有磷光物质的溶液滴加到特定的固体表面，在一定温度下干燥除去水分后，室温下光激发能够观察到较强的磷光信号，根据这一现象建立起来的分析方法称为固体基质室温磷光法(solid-substrate room temperature phosphorescence，SS-RTP)。常用的固体基质有修饰滤纸、纤维素膜、离子交换膜、固体盐基质及糖玻璃体等。最近，Correa 等以尼龙为固体基质，以乙酸铅为重原子微扰剂，建立检测水样中涕必灵的尼龙诱导室温磷光新方法。

2. 表面活性剂有序介质增稳室温磷光法

当表面活性剂在溶液中的浓度达到临界胶束浓度(critical micelle concentration，CMC)时，表面活性剂分子便形成内疏水、外亲水的胶束，胶束对发光物质有增溶、增敏和增稳的作用，为发光物质提供了稳定的微环境，保护了激发分子三重态的稳定性，使其磷光强度增强。除胶束有序介质外，近年来微乳状液有序介质、微囊有序介质和脱氧胆酸盐体系由于可在非除氧条件下进行室温磷光分析而越来越受到重视。图 8.6 是室温下菲的乙醇溶液荧光和磷光光谱。

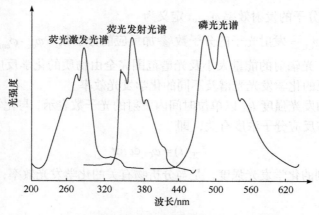

图 8.6　室温下菲的乙醇溶液荧光和磷光光谱

3. 环糊精诱导室温磷光法

环糊精将客体分子全部或部分包络于空腔内形成包络物是诱导客体分子发射室温磷光的一个重要前提条件，并由此建立了环糊精诱导室温磷光法。目前环糊精诱导室温磷光法研究主要侧重于重原子微扰剂、除氧技术、第三(四)组分存在下对体系发光性质的影响。

4. 敏化溶液室温磷光法

该法在没有表面活性剂存在的情况下获得溶液的室温磷光。分析物质被激发后并不发射荧光，而是经过系间穿跃过程衰减至最低激发三重态。当有某种合适的能量受体存在时，发生了由分析物质到受体的三重态能量转移，最后通过受体所发射的室温磷光强度而间接测定该分析物质。在这种方法中，分析物质本身并不发磷光，而是引发受体发磷光。

8.5　化学发光分析法

某些物质在进行化学反应时，由于吸收了反应时产生的化学能，而使反应产物分子激发至激发态，受激分子由激发态回到基态时，便发出一定波长的光，这种吸收化学能使分子发光的过程称为化学发光(chemiluminescence，CL)。利用化学发光反应而建立起来的分析方法称为化学发光分析法。化学发光也发生于生命体系，这种发光称为生物发光。

8.5.1　化学发光分析基本原理

化学发光是化学反应释放化学能激发体系中的分子而发光。任何一个化学发光反应都应包括化学激发和化学发光两个步骤，必须满足如下条件：

(1) 化学反应必须提供足够的激发能，激发能主要来源于反应焓。对可见光范围的化学发光，其能量一般为 $150\sim400\ kJ\cdot mol^{-1}$。许多氧化还原反应所提供的能量能满足此条件，因此大多数化学发光反应为氧化还原反应。

(2) 有利的化学反应历程，使化学反应的能量至少能被一种物质所接受并生成激发态。

(3) 发光效率高。化学发光效率取决于生成激发态分子的化学激发效率和激发态分子的发射效率。

化学发光效率 φ_{CL}，又称化学发光的总量子产率。它取决于生成激发态产物分子的化学激

发效率 φ_{ex} 和激发态分子的发射效率 φ_{em}。定义为

$$\varphi_{CL} = 发射光子的分子数/参加反应的分子数 = \varphi_{ex} \cdot \varphi_{em} \tag{8.10}$$

化学发光效率、光辐射的能量大小及光谱范围完全由物质的化学反应所决定。每个化学发光反应都有其特征的化学发光光谱及不同的化学发光效率。

化学发光反应的发光强度 I_{CL} 以单位时间内发射的光子数表示，与化学发光反应的速率有关，而反应速率又与反应分子浓度有关，即

$$I_{CL}(t) = \varphi_{CL} dc/dt \tag{8.11}$$

式中，$I_{CL}(t)$ 为 t 时刻的化学发光强度，是与分析物有关的化学发光效率；dc/dt 为分析物参加反应的速率。

8.5.2 化学发光的测量仪器

化学发光分析法的测量仪器主要包括样品室、光检测器、信号放大器和信号输出装置。与紫外-可见分光光度计或荧光光谱仪相比，化学发光仪仪器简单，不需要光源及单色器(图 8.7)。

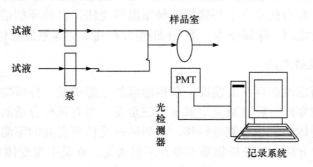

图 8.7　化学发光仪的结构示意图

化学发光反应在样品室中进行，样品和试剂混合的方式有不连续取样体系，加样是间歇的。将试剂先加到光电倍增管前面的反应池内，然后用进样器加入分析物。另一种方法是连续流动体系，反应试剂和分析物是定时在样品池中汇合反应，且在载流推动下向前移动，被检测的光信号只是整个发光动力学曲线的一部分，以峰高进行定量测量。

8.5.3 化学发光反应类型

1. 直接化学发光

直接发光是被测物作为反应物直接参与化学发光反应，生成电子激发态产物分子，处于激发态的产物分子在回到基态的过程中产生光辐射。

$$A + B \longrightarrow C^* + D$$

$$C^* \longrightarrow C + h\nu$$

式中，A 或 B 为被测物，通过反应生成电子激发态产物 C^*，当 C^* 跃迁回基态时辐射光子。

2. 间接化学发光

间接发光是被测物 A 或 B 通过化学反应生成初始激发态产物 C^*，C^* 不直接发光，而是将

其能量转移给 F，使 F 跃迁回基态，产生发光。

$$A + B \longrightarrow C^* + D$$

$$C^* + F \longrightarrow F^* + E$$

$$F^* \longrightarrow F + h\nu$$

其中，C^* 为能量给予体；F 为能量接受体。

3. 气相化学发光

按反应体系的状态分类，如化学发光反应在气相中进行称为气相化学发光。主要有 O_3、NO、H_2S、SO_2 的化学发光反应，可用于监测空气中的 O_3、NO、SO_2、H_2S、CO、NO_2 等。一氧化氮与臭氧的气相化学发光反应为

$$NO + O_3 \longrightarrow NO_2{}^* + O_2$$

$$NO_2{}^* \longrightarrow NO_2 + h\nu$$

4. 液相化学发光

化学发光反应在液相或固相中进行称为液相或固相化学发光，在两个不同相中进行则称为异相化学发光。常用的液相化学发光试剂主要有鲁米诺、光泽精、洛粉碱等，其结构式如下所示。

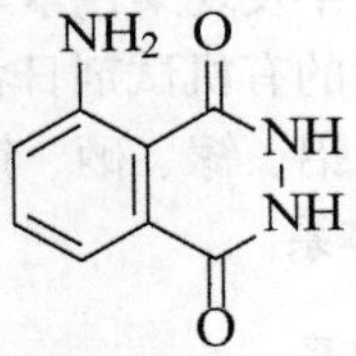

鲁米诺 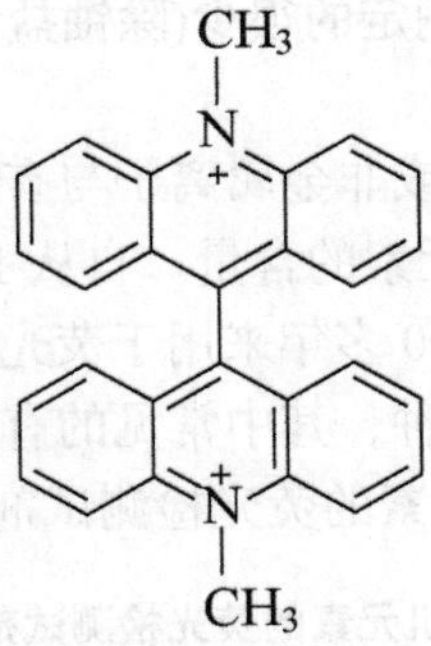　　　　　　光泽精 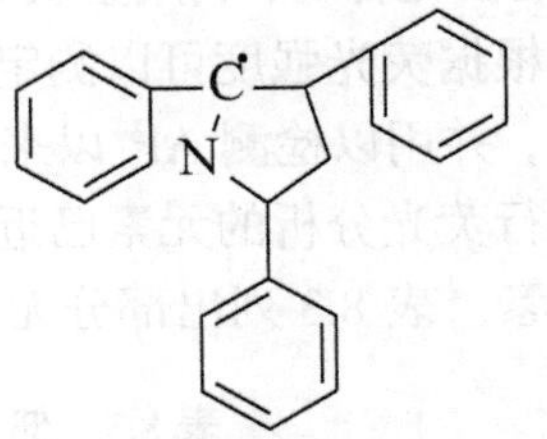　　　　　　洛粉碱

鲁米诺是最有效最常用的化学发光试剂，在碱性溶液中它被氧化产生激发态的 3-氨基邻苯二甲酸盐，其为化学发光物质，最大发射波长为 425 nm。常用的氧化剂有过氧化氢、次氯酸盐或铁氰酸盐，其反应如图 8.8 所示。

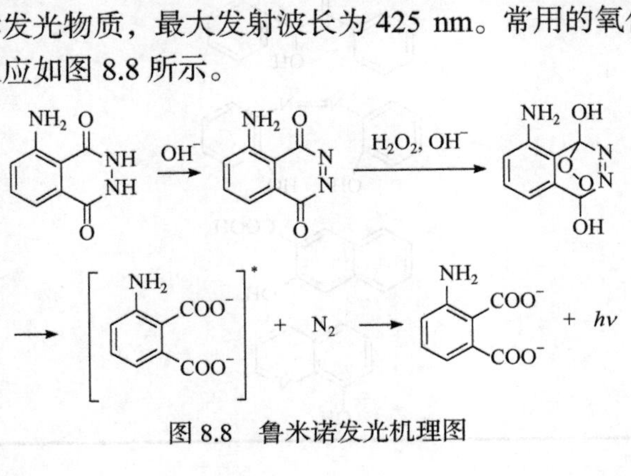

图 8.8　鲁米诺发光机理图

该化学发光反应的速率很慢，但某些金属离子可催化这一反应，增强发光强度，可基于此检测痕量的 H_2O_2 以及 Cu、Mn、Co、V、Fe、Cr、Ce 等金属的离子。

5. 生物发光

生物发光是涉及生物或酶反应的一类化学发光，常涉及酶促反应和发光反应。这类发光分析不仅灵敏度高，选择性也高。

细菌发光也可用于发光分析，如烟酰胺腺嘌呤二核苷酸(NADH)的测定。在细菌中的黄素酶作用下，有氧化型黄素单核苷酸(FMN)存在下，发生生物发光反应：

$$H^+ + NADH + FMN \xrightarrow{\text{NADH脱氢酶}} NAD^+ + FMNH_2$$

$$FMNH_2 + RCHO + O_2 \xrightarrow{\text{黄素酶}} FMN + RCOOH + H_2O \qquad \lambda_{max} = 495 \text{ nm}$$

由于细菌的繁殖条件简单、经济、便于推广，生物发光分析法在免疫反应和酶的固定化技术的应用中也有不少实例，但选择性不及酶法高。

8.6 分子发光分析法的应用和发展趋势

8.6.1 荧光光谱法的应用及新进展

1. 无机化合物的荧光分析

无机化合物能直接产生荧光并用于测定的很少(除铀盐等少数例外)。无机化合物的荧光分析法可分为三类：

(1) 生成配位化合物：利用金属离子或非金属离子与有机试剂所组成的配合物在光激发下能产生荧光，根据荧光强度可以测定该元素的含量。自从 1868 年发现桑色素与 Al^{3+} 的反应产物会发出荧光，并用以检测 Al^{3+} 以来，100 多年来用于荧光分析的有机试剂日益增多，可以采用有机试剂进行荧光分析的元素已近 70 种，其中常见的有铍、铝、镓、硒、镁、锌、镉、铬及一些稀土元素。表 8.3 列出部分无机元素的荧光检测试剂和体系。

表 8.3 部分无机元素的荧光检测试剂和体系

试剂	结构式	测定的元素
安息香		B, Zn, Ge, Si
2,2′-二羟基偶氮苯		Al, F, Mg
2-羟基-3-萘甲酸		Al, Be
8-羟基喹啉		Al, Be

(2) 荧光猝灭法：某些无机离子不能形成荧光配位化合物，但它可以从荧光配合物中夺取金属离子或有机试剂，使原有的配合物溶液的荧光强度降低。此法常用于测定无机阴离子，如 F^-、S^{2-} 等。此法还可用于测定某些氧化剂或还原剂的含量，如在硫酸介质中，用硝酸根将荧光素氧化成一种非荧光物质，测定硝酸根。常采用荧光猝灭法测定的有氟、硫、铁、银、钴、镍、铜、钼、钨、铬、钒、钯等元素，以及臭氧等物质。

(3) 催化荧光法：某些反应的产物虽能产生荧光，但反应进行缓慢，荧光微弱，难以测定。若在某些微量金属离子催化作用下，反应将加速进行，可根据在给定的时间内测得的荧光强度来测出金属离子的浓度。铜、铍、铁、钴、锇、铱、银、金、锌、钛、碘、过氧化氢和 CN^- 等都曾采用这种催化荧光法进行测定。例如，在过氧化氢存在下，Mn^{2+} 对 2,3-二羟基萘与乙二胺 2,3-萘醌的反应具有催化作用，由此测定 Mn^{2+} 的检测限可达 $3×10^{-12}$ g·mL^{-1}。

固体荧光法在荧光分析中也占有一定的位置。早在 1927 年就已采用 NaF 熔珠来检验铀的存在。此法灵敏度高，可测至 10^{-10} g 的铀。固体荧光法还常用于铈、铕等稀土元素及钠、钾、锰等元素的测定。

2. 有机化合物的荧光分析

结构简单的脂肪族化合物本身能发荧光的很少，某些具有高度共轭体系的或脂环化合物可发荧光。大多数脂肪族化合物需与其他有机试剂作用后才可产生荧光。例如，甾族化合物经 H_2SO_4 处理后，可使不产生荧光的环状醇类结构改变为能产生荧光的酚类结构。表 8.4 列出了部分有机化合物的荧光检测试剂。

表 8.4 部分有机化合物的荧光检测试剂

被测物质	试剂
雌激素	H_2SO_4
皮质甾族	H_2SO_4
氨基酸	邻苯二醛(缩合)
维生素 B_1	$[Fe(CN)_6]^{3-}$ 或 Hg^{2+}(氧化为硫胺素)

芳香族化合物具有共轭体系结构，对紫外和可见光都有较强的吸收，其中分子庞大而结构复杂的化合物在紫外光激发下能发生荧光。而对于某些荧光较弱的芳香族化合物可与有机试剂作用获得荧光较强的物质，然后进行测定。例如，降肾上腺素与甲醛缩合而得到一种强荧光产物，然后利用荧光成像可以检测出组织切片中含量低至 10^{-17} g 的降肾上腺素。

荧光法的高灵敏度和高选择性使其在食品、医药、生物化学、生理医学、临床环境样品等分析中对微量有机物的测定特别有用。

3. 生物分子的荧光分析

在生命科学研究工作及医疗工作中，所遇到的分析对象常常是分子庞大而结构复杂的有机化合物，如维生素、氨基酸、蛋白质、核酸、胺类和甾族化合物、酶和辅酶及各种药物、毒物和农药等。若将色谱(包括纸色谱、柱色谱、薄层色谱、气相色谱和高效液相色谱等)、萃取、电泳、沉淀、吸附等分离手段与荧光分析法结合，常可测定它们在试样中的低微含量。

　　例如，氨基酸中能产生荧光的是带有苯环的氨基酸、酪氨酸、3,4-二羟基丙氨酸等。能产生荧光的天然氨基酸少，但可与有机试剂反应生成具有荧光的衍生物。蛋白质中由于存在酪氨酸和色氨酸，吸收 270～300 nm 的紫外辐射，可呈现 313 nm 和 350 nm 两个荧光峰，如血清蛋白、朊蛋白、血清球蛋白、酪蛋白、胃蛋白酶等。为得到蛋白质分子的各种信息，仅利用其天然荧光是有限的。蛋白质与荧光染料作用后，由荧光的增强或熄灭程度可测定蛋白质的含量。例如，通过胰蛋白酶猝灭氮化碳材料荧光的强度，可实现胰蛋白酶(Try)的定量分析(图8.9)。探针分子可加到被研究生物体系中的某一确切位置，使被标记的蛋白质的荧光增强，激发和发射光谱发生位移，荧光偏振也可发生改变。研究这些参数的变化，不仅可测蛋白质的含量，还可推测蛋白质的结构和物理化学特性。核酸、嘌呤和嘧啶是可以用荧光法研究的另一类生物化合物。在室温水溶液中，天然核酸的量子效率很低(在 pH=7 的水溶液中$\phi \leqslant 10^{-4}$)，因此需要在低温或特异的介质中测定。

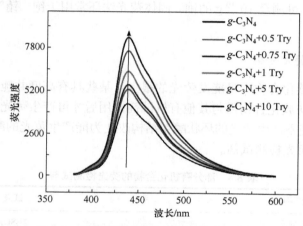

图 8.9　胰蛋白酶对氮化碳材料荧光的猝灭图

　　另一种常用于检测生物分子的方法是荧光免疫分析法(fluorescence immunoassay，FIA)，该法是将抗原抗体反应的特异性和敏感性与显微示踪的精确性相结合。FIA 以荧光物质作为标记物，与已知的抗体(或抗原)结合，但不影响其免疫学特性，然后将荧光物质标记的抗体(或抗原)作为标准试剂，用于检测和鉴定未知的抗原(或抗体)。在荧光显微镜下，可以直接观察呈现特异荧光的抗原抗体复合物及其存在部位。

　　荧光标记物的选择对免疫分析的灵敏度和选择性至关重要。常用的有有机荧光染料如荧光素类及罗丹明类染料。一些具有天然荧光的蛋白质也被用作 FIA 的标记物。纳米荧光标记物作为免疫分析标记物是近年来兴起的新领域，其中应用较多的是发光半导体量子点和荧光复合型纳米颗粒等。

　　在常规的 FIA 中，限制灵敏度的主要问题是来自样品的背景荧光和散射光的干扰，这在很大程度上限制了整体灵敏度，因此结合荧光检测新技术的荧光免疫分析法不断出现，包括时间分辨荧光分析、相分辨荧光免疫分析及同步-即时荧光免疫分析等，其目的都是降低或消除背景荧光和散射光的干扰。

　　荧光免疫分析法作为一种广泛应用的生物医学分析技术，同样也在不断追求超高的灵敏度和操作的自动化，其发展趋势主要表现在以下几个方面：

　　(1) 高特异性、高亲和性抗原和抗体的制备，这也是一切免疫分析特异性和灵敏度的基础。

(2) 荧光标记物进一步更新和相应的荧光检测技术提高，如能避开背景荧光信号的长寿命荧光或磷光标记物，避免生物本底荧光的近红外荧光标记物、上转换荧光标记物等。另外，具有信号放大能力的纳米标记物也是一个重要的发展方向。

(3) 实际应用中的在线和现场荧光免疫分析。

(4) 免疫芯片的实用化以实现微量多组分的免疫分析。

8.6.2　磷光光谱法的应用及新进展

室温磷光法因具备分析灵敏度高、线性范围宽、检测限低、选择性好、操作简便快速、投资少等特点，近年来广泛应用于生命科学、环境科学、医学临床、法检、工业卫生和能源等领域，特别是在环境中农药残余、多环芳烃及氮杂环类污染物的检测、痕量金属元素的检测、药物分析中表现出明显优势。随着室温磷光传感技术和室温磷光免疫技术的发展，室温磷光法不但为研究生物大分子与小分子的相互作用提供了有用信息，更成为一种探索蛋白质结构、功能、动力学的有效手段。

1. 室温磷光传感器

室温磷光传感器是化学传感器的一个重要分支，磷光的斯托克斯位移大，三线态寿命较长，易与背景信号区分，所以这种传感器大多灵敏度高、结构简单、成本低，有较广泛的发展前景。将流动注射技术与固体基质室温磷光法相结合构成室温磷光传感器，该传感器已应用在氧分子传感，大气中 SO_2 和 NO 监测，温度传感，湿度传感，金属离子和阴离子传感，pH 传感，药物分析，环境中多环芳烃、杂环化合物和农残的测定及生物医学传感。表 8.5 列出一些有机化合物的磷光分析。

表 8.5　一些有机化合物的磷光分析

化合物	溶剂	λ_{ex}/nm	λ_{em}/nm
腺嘌呤	WM	278	406
	RTP	290	470
蒽	EtOH	300	462
	EPA	240	380
阿司匹林	EtOH	310	430
苯甲酸	EPA	240	380
咖啡因	EtOH	285	440
盐酸柯卡因	EtOH	240	400
	RTP	285	460
可待因	EtOH	270	550
滴滴涕	EtOH	270	420
吡啶	EtOH	310	440
盐酸吡哆素	EtOH	291	425
水杨酸	EtOH	315	430
	RTP	320	470
磺胺二甲基嘧啶	EtOH	315	430

续表

化合物	溶剂	λ_{ex}/nm	λ_{em}/nm
磺胺	EtOH	297	411
	RTP	267	426
磺胺嘧啶	EtOH	310	440
色氨酸	EtOH	295	440
	RTP	280	448
香草醛	EtOH	332	519

注：WM 为水-甲醇；RTP 为室温磷光。

2. 生物大分子的室温磷光研究与应用

生物大分子的磷光具有长寿命(ms～s 级)、长波长的特点，且磷光对微环境的极性、猝灭剂的浓度和温度等非常敏感，因此利用生物大分子的磷光研究其在微秒至秒时间范围内发生的动力学过程，以及小分子与生物大分子之间的相互作用越来越引起人们的关注。生物大分子的室温磷光研究主要有蛋白质的内源性磷光和蛋白质、核酸的外源性磷光探针两个方面。此外，利用固体基质室温磷光免疫分析(solid-substrate room temperature phosphorescence immunoassay, SS-RTP-IA)测定抗原或抗体的方法，通过选择合适的基质和发光标记物、改善标记方法，有望成为一种前景广泛、灵敏度高的免疫分析手段。

8.6.3 化学发光分析的应用及新进展

化学发光分析具有高选择性、高灵敏度和方法简便等优点，对气体和金属离子的检测限可达 $ng \cdot mL^{-1}$。在环境分析方面可用于 CO、SO_2、H_2S 及氮氧化物等有毒物质的测定，也可测定废水中金属离子的含量。在生物分析方面，由于化学发光不需要激发光，可有效避免原位激发所带来的生物背景信号的干扰，检测灵敏度比荧光高。

在过去的几十年中，化学发光体系主要包括传统的基于分子发光试剂，如鲁米诺、光泽精、联吡啶钌、过氧草酸酯和高锰酸钾等，但这些传统的发光试剂通常具有价格昂贵、有毒和分析选择性差等缺点。因此，探索新的化学发光试剂或新的催化剂，即建立新的化学发光体系一直是化学发光分析的一个重要方向；除此之外，另一个重要的方向是研究发光过程中的反应机理。

近年来，随着纳米材料的不断发展，人们在纳米材料的性质方面做了大量深入的研究，并开发出一些纳米材料参与的化学发光新体系，在一定程度上弥补了传统化学发光试剂的不足，同时也扩大了纳米材料的应用领域。在这些新体系中，纳米材料作为催化剂、标记物、还原剂、发光体或能量受体等参与化学发光反应。

【拓展阅读】

瞬态荧光分析法(荧光寿命分析法)

1. 瞬态荧光

有别于稳态荧光，瞬态荧光主要通过脉冲光源、快速检测器获取样品由激发态跃迁回到稳态的弛豫时间，即样品的寿命，但在光路上基本与稳态荧光是一致的。根据样品本身的不同特性其寿命分布可以从飞秒、皮秒、纳秒，甚至到微秒量级。同时，针对不同的样品寿命，测试方法也会随之改变，相对应的有测试方法时间相关单光子计数(time-correlated single photon counting，TCSPC)、多通道扫描(multiple channel scan，MCS)等。

2. 瞬态荧光的获取方法

光源：瞬态光源是由小功率的氙灯(微秒)、氢灯(纳秒)或激光器(皮秒)等脉冲光源激发样品。操作者需根据样品的寿命级别选择不同的脉冲光源进行逐级测试。

TCSPC 是一种很成熟的且在荧光寿命测量中应用最多的技术，在光子迁移测量、光学时域反射测量和飞行时间测量中也正变得越来越重要。它的主要原理是检测单光子及单光子相比于光源的同步信号达到检测器的时间。时间相关单光子技术需要一个高频重复的脉冲光源以累积足够多的光子数以用于数据分析。

TCSPC 可以测量寿命的范围为 5 ps～50 μs(约为 7 个数量级)。最低的检测限由 TCSPC 的电子部分决定，最高的检测限由所能提供的获取数据合理准确度的时间决定。其实验构想非常便于理解：用统计的方法计算样品受激后发出的第一个(也是唯一的一个)光子与激发光之间的时间差，也就是图 8.10 的 START(激发时刻)与 STOP(发光时刻)的时间差。由于对于 STOP 信号的要求，所以 TCSPC 一般需要高重复频率的光源作为激发源，其重复至少要在 kHz 以上，多数的光源都会达到 MHz 量级；同时，在一般情况下还要对 STOP 信号做数量上的控制；尽量满足在一个激发周期内，样品产生且只产生一个光子的有效荧光信号，避免光子对的出现。

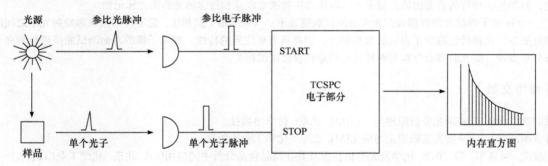

图 8.10　TCSPC 的测试原理

然而，在大多数情况下，不是 TCSPC 技术本身决定可测量的时间范围和时间分辨率，而是取决于光源和所用检测器。

MCS 是一种单光子计数技术，可以用来记录在微秒到秒级时间范围内的发光衰减过程，通常先用一个脉冲光源激发样品，使样品发射出光子。光子的密度以时间为函数，常为指数衰减方程。

脉冲光源的同步信号，即 MCS 的触发脉冲会启动数据获取的电子元件。在接收触发信号以后，数据获取的电子元件会开始沿着时间轴定期开启门电路进行扫描。检测器过来的光子脉冲将进入门控时间内进行计数并储存起来。经过某一个特定的时间以后，门控的时间将移动一个通道宽度达到下一个位置，电子元件又开始记录光子数。总共多至 40%的通道记录到光子数，原理如图 8.11 所示。下一次 MCS 触发又将会重新触发整个循环过程。之前检测到的光子数将会累加在相应的时间通道中。

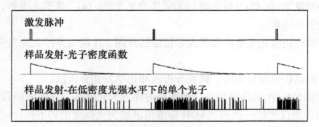

图 8.11　多通道扫描的原理

TCSPC 和 MCS 都是针对特定的发射波长得到的荧光动力学衰减曲线，后续的数据处理主要是寿命拟合，得到样品在某个发射波长下的寿命。

对于大多数样品，其在不同发射波长下的寿命是相同的，只是荧光的发光强弱有区别；从另一个方面解释，可以认为这种样品稳态光谱的形貌与瞬态光谱的形貌是一致的。瞬态光谱一般是指某个时刻的荧光光谱，N 条不同时段的瞬态光谱顺序排列就组合成了时间分辨的光谱。

3. 瞬态荧光分析的应用

1) 金属配合物荧光寿命的测定

由氘灯发出的光脉冲分别照射于铝、镓、铟、镁、锌、镉等金属离子的 8-羟基配合物，其荧光强度随时间 t 指数式的衰变。从衰变曲线上量出荧光强度降至一特定值的 1/e 所需的时间间隔以取得荧光寿命。测定结果：铝配合物在 pH=4.5 的荧光寿命为(11.3±0.7)ns，镓配合物在 pH=2.5 为(6.5±0.3)ns，铟配合物在 pH=6.5 为(4±0.3)ns，镁配合物在 pH=10.0 为(10.8±0.7)ns，锌配合物在 pH=7.0 为(4.0±0.3)ns，镉配合物在 pH=7.5 为(5.0±0.3)ns。

2) 材料研究

量子点是纳米尺度的半导体，有很强的特异性荧光发射。发射波长可以通过控制尺寸和结构进行调节。在显示器、发光二极管、半导体激光器和太阳能电池材料中有广泛的应用，在生物化学中可以作为荧光标记物，修饰生物相容的官能团后，量子点可以作为生物医学成像和药物筛选的荧光标记物。

CdSe 量子棒的光谱数据和荧光寿命测试数据显示：与球形量子点相比，量子棒的吸收和发射光谱之间的重合更少，这种特性减少了自吸收和自淬灭，因此具有更优异的特性。对量子棒的寿命测试曲线进行寿命分布分析发现，荧光的寿命分布与颗粒尺寸和形状参数密切相关。

【参考文献】

黄如衡. 2008. 低温磷光分析原理与应用[M]. 北京: 科学出版社.

林金明. 2004. 化学发光基础理论与应用[M]. 北京: 化学工业出版社.

屈凌波, 吴拥军, 等. 2012. 化学发光分析技术及其在药品食品分析中的应用[M]. 北京: 化学工业出版社.

吴婉娥, 刘祥萱. 2013. 水环境中微量推进剂化学发光检测技术[M]. 北京: 化学工业出版社.

武鑫. 2013. 生物大分子的荧光分析法研究及应用[M]. 北京: 化学工业出版社.

许金钩, 王尊本. 2006. 荧光分析法[M]. 3 版. 北京: 科学出版社.

朱明华, 胡坪. 2008. 仪器分析[M]. 4 版. 北京: 高等教育出版社.

朱若华, 晋卫军. 2006. 室温磷光分析法原理与应用[M]. 北京: 科学出版社.

Lakowicz J R. 2008. Principles of Fluorescence Spectroscopy[M]. 3 rd th. 北京: 科学出版社.

【思考题和习题】

1. 解释下列名词：(1)量子效率；(2)振动弛豫；(3)系间穿越。

2. 什么是荧光猝灭？怎样利用荧光猝灭进行分析？请举例。

3. 为了获得荧光的：(1)激发光谱；(2)发射光谱；(3)同步荧光光谱；(4)三维荧光光谱，在实验上有哪些差别？

4. 简述影响荧光效率的主要因素。

5. 试从原理和仪器两方面比较吸光光度法和荧光分析法的异同，并说明为什么荧光分析法的检出能力优于吸光光度法？

6. 试从原理和仪器两方面比较荧光分析法、磷光分析法和化学发光分析法。

7. 烟酰胺腺嘌呤双核苷酸(NADH)的还原型是一种重要的强发荧光辅酶，其最大吸收波长为 340 nm，最大发射波长为 365 nm，用荧光仪测得一系列 NADH 标准溶液的荧光强度值如下：

NADH 浓度/($\mu mol \cdot L^{-1}$)	相对强度	NADH 浓度/($\mu mol \cdot L^{-1}$)	相对强度
0.100	13.0	0.500	59.7
0.200	24.6	0.600	71.2
0.300	37.9	0.700	83.5
0.400	49.0	0.800	95.1

试绘出标准曲线，并计算出一相对荧光强度为 42.3 单位的未知样品中 NADH 的浓度。

8. 磺胺类药物的结构通式为 H_2N—⟨　⟩—SO_2NHR，试设计用仪器分析的方法分别测定磺胺原料药以及人体口服磺胺药片后血浆中药物的含量。

9. 请设计两种方法(一种化学分析方法，一种其他仪器分析方法)，测定 Al^{3+} 的含量。

第二篇　电化学分析

第9章 电化学分析法导论

【内容提要与学习要求】

本章介绍电化学分析中的重要概念与技术的发展趋势,要求学生了解电化学分析的装置和仪器,掌握电化学分析中各技术的特点,熟悉极化和超电势两个重要概念,了解电化学分析方法的最新现状与发展趋势。

电化学分析法(electrochemical analysis)是应用电化学的基本原理和实验技术,依据物质电化学性质来测定物质组成及含量的分析方法。通常是使分析的试样溶液构成化学电池(原电池或电解池),然后根据所组成电池的某些物理量如两电极间的电势差、通过电解池的电流或电量、电解质溶液的电阻等与其化学量之间的内在联系进行测定的方法。本章主要介绍电化学分析中的一些基本概念,包括电化学分析法的分类、电极的极化及分类、超电势和电化学综合测试仪等。

9.1 电化学分析法的分类及特点

按国际纯粹与应用化学联合会(IUPAC)的推荐,可将电化学分析分为三类:①不涉及双电层,也不涉及电极反应的方法,如电导分析;②涉及双电层,但不涉及电极反应,如电位分析;③涉及电极反应,如电解、库仑、极谱、伏安分析等。针对分析应用的特性和需求,通常将电化学分析按测量的电化学参数进行分类,由此得到如下常见的电化学分析方法。

(1) 电导分析法(method of conductometric analysis):当溶液中离子浓度发生变化时,其电导也随着改变,通过测量电解质溶液的电导值来确定溶液中电解质浓度的分析方法。

(2) 电位分析法(potential analysis):在电路电流接近零的条件下,利用测得的电极电势与被测物质离子浓度的关系求得被测物质含量的方法。电位分析法又分为直接电位法和电位滴定法。直接电位法(direct potentiometry)是利用专用的指示电极-离子选择性电极,选择性地把待测离子的活度(浓度)转化为电极电势加以测量,根据能斯特方程式求出待测离子的活度(浓度)的方法,也称为离子选择性电极法。电位滴定法(potentiometric titration)是利用指示电极在滴定过程中电势的变化及化学计量点附近电势的突跃来确定滴定终点的滴定分析方法。

(3) 电解分析法(electrolytic analysis):将被测溶液置于电解装置中进行电解,使被测离子在电极上以金属或其他形式析出,通过称量电极表面析出物的质量以测定溶液中被测离子含量的方法,又称为电重量分析法。

(4) 库仑法(coulometry):对试样溶液进行电解,但它不需要称量电极上析出物的质量,而是测量电解过程中所消耗的电量。

(5) 伏安法(voltammetry):以待测物质溶液、恒定面积的悬汞或者固体电极、工作电极和参比电极构成一个电解池,通过测定电解过程中电压-电流参量的变化(伏安曲线)来进行定性、定量分析的方法。

(6) 极谱法(polarography):是一种特殊的伏安法,以小面积、易极化的滴汞电极或其他表面能够周期性更新的液体电极为工作电极，以大面积、不易极化的电极为参比电极组成电解池，电解被分析物质的稀溶液，由所测得的电流-电压特性曲线来进行定性和定量分析的方法。

常见电化学分析方法的使用范围和特点见表 9.1。

表 9.1　常见电化学分析方法的使用范围和特点

方法	测定参数	使用范围和特点
电位分析法	电极电势	可用于微量成分的测定，可对氯离子及数十种非金属、金属离子和有机化合物进行定量测定，选择性好
直接电导分析法	电阻或电导	选择性差，仅能测定水-电解质二元混合物中电解质总量，但对水的纯度分析有特殊意义
恒电位库仑分析法	电量	不需标准试样、准确度高、选择性好
极谱分析法	极化电极电势-电流变化关系	可用于微量分析，可同时测定多种金属离子和有机化合物，选择性好
电导滴定法/电位滴定法/电流滴定法	电导的突跃变化/电极电势的突跃变化/电流的突跃变化	可用于酸碱、氧化还原、沉淀及配合滴定的终点指示，易实现自动化；电导滴定可用于测定稀的弱酸和弱碱的含量
恒电流电解分析法	以恒电流电解至完全，测质量	电解时间短，不需标准试样，准确度高，适用于高含量成分的测定，但选择性较差
控制阴极电势电解分析法	在选择并控制阴极电势的条件下进行电解至完全，测质量	较恒电流电解分析法其选择性大有提高，但分析时间较长；除用作分析外，也是重要的分离手段之一

电化学分析法具有以下特点：

(1) 试样用量少、分析速度快、灵敏度和准确度高，被测物质最低量有时甚至可达 $10^{-12} \sim 10^{-10}\ mol \cdot L^{-1}$ 数量级。

(2) 仪器袖珍化、电极微型化、装置简单、操作容易、携带方便、价格便宜。超微电极甚至可直接刺入生物体内，测定细胞内原生质的组成，进行活体分析。

(3) 直接得到电信号，易传递，尤其适合于化工生产中的自动控制和在线分析。

(4) 测定与应用范围广，在成分分析、价态和形态分析、有机电化学分析、过程分析、药物分析等方面都得到了大量应用。

9.2　电化学分析装置和仪器

9.2.1　化学电池

化学电池(chemical battery)：由两支电极(electrode)和电解质溶液构成的系统，是一种化学能与电能的转换装置，涉及两类化学电池，即原电池(primary battery)和电解池(electrolytic cell)，图 9.1 为二者的原理示意图。

电极：在电池中电极一般是指与电解质溶液发生氧化还原反应的装置。电极可以是金属或非金属，只要能与电解质溶液交换电子，即成为电极。

原电池是自发地将化学能转变成电能的装置。图 9.1(a)原电池的电极反应为

负极：
$$Cu \longrightarrow Cu^{2+} + 2e^- (发生氧化反应)$$

正极：
$$Ag^+ + e^- \longrightarrow Ag (发生还原反应)$$

总反应：
$$2Ag^+ + Cu \longrightarrow 2Ag + Cu^{2+}$$

原电池需要满足两个条件:

(1) 反应物中的氧化剂和还原剂须分隔开, 不能直接接触;

(2) 电子由还原剂传递给氧化剂要通过溶液之外的导线(外电路)。

发生氧化反应的电极称为负极, 发生还原反应的电极称为正极。电极的正和负是由两电极的活泼性决定的, 较活泼者为负, 较不活泼者为正。电池工作时, 电流必须在电池内部和外部流过, 构成回路。

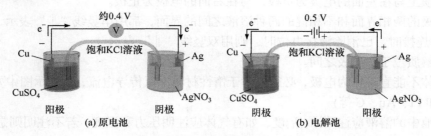

图 9.1　原电池和电解池示意图

电解池: 是由外电源提供电能, 使电流通过电极, 在电极上发生电极反应的装置。图 9.1(b) 电解池的反应为

阴极:
$$Cu^{2+} + 2e^- \longrightarrow Cu$$

阳极:
$$Ag \longrightarrow Ag^+ + e^-$$

总反应:
$$2Ag + Cu^{2+} \longrightarrow 2Ag^+ + Cu$$

将外电源接到 Ag-Cu 原电池上, 如果外电源的电压稍大于 Ag-Cu 原电池的电动势(约为 0.4 V), 且方向相反时, 则外电路电子流动方向只能由外电源的极性定, 此时两极的电极反应与原电池的情况恰恰相反。

原电池与电解池的对比如表 9.2 所示。

表 9.2　原电池与电解池的对比

项目	原电池	电解池
原理	氧化还原反应中电子定向移动形成电流	使电流通过电解质溶液而在阴、阳两极引起氧化还原反应
形成条件	电极: 两种不同的导体相连; 电解质溶液: 能与电极反应	电源、电极和电解质溶液
反应类型	自发的氧化还原反应	非自发的氧化还原反应
电极名称	由电极本身性质决定: 正极是材料性质较不活泼的电极, 负极是材料性质较活泼的电极	由外电源决定: 阳极是连电源的正极, 阴极是连电源的负极
电子流向	负极→正极	电源负极→阴极; 阳极→电源正极
能量转化	化学能→电能	电能→化学能
应用领域	构建电池产生电能; 金属抑制电化学腐蚀	电镀工业、氯碱工业、电解食盐水、电冶炼工业等

化学电池的表示方法如下:

原电池：　　　　　　　(−) Cu｜Cu^{2+}(1 mol · L^{-1})‖Ag$^+$(1 mol · L^{-1})｜Ag(+)

电解池：　　　　　　　(−) Ag｜Ag$^+$(1 mol · L^{-1})‖Cu^{2+}(1 mol · L^{-1})｜Cu(+)

电池电动势：

$$E_{电池} = \varphi_{(+)} - \varphi_{(-)} \qquad\qquad (9.1)$$

写电池式的规则：

(1) 习惯上写在左面的电极为负极，写在右面的电极为正极。

(2) 电极的两相界面和不相混的两种溶液之间的界面，都用单竖线"｜"表示，当两种溶液通过盐桥连接时，已消除液接电位时，则用双竖线"‖"表示。

(3) 电解质位于两电极之间。

(4) 气体不能直接作为电极，必须依附于惰性材料上以传导电流，在表示图中要指出何种电极材料(如 Pt、Au、C 等)。

(5) 电池中的溶液应注明浓(活)度，如有气体应注明压力和温度，若不注明则是指 25℃和 1 个大气压。

9.2.2　电化学综合测试仪

在当前电化学分析领域，化学电池仅仅作为一种原理描述，分析的装置主要由作为电解质溶液体系的样品和电化学综合测试仪(电化学工作站)组成。电化学综合测试仪将恒电位仪、恒电流仪和电化学阻抗分析结合，它既可以完成电位、电流和阻抗三种基本功能的常规测试，也可以基于这些基本功能跟踪检测更为复杂的电化学反应过程。电化学综合测试仪由于功能强大，能满足大多数电化学相关的测试，已逐渐取代其他功能单一的电化学相关测试仪器。

如图 9.2 所示，电化学综合测试仪一般由三部分组成：电极、信号发生和测试主机、安装控制软件的计算机。在使用过程中通过计算机上的软件图形界面选择测试功能，将测试体系与电极连接之后即可进行测试，结果由主机的数据采集卡传送到计算机上显示。常用的电化学综合测试仪测量电压精度达到 1 mV 以下，电流精度达 pA 量级，阻抗分析时的频率范围达到 0～10 MHz。常用的测试功能选择包括：开路电位、方波伏安、差分脉冲伏安、循环伏安、控制电位阻抗、计时电位/电流/电量等。随着技术的成熟，各大仪器厂商纷纷推出了满足不同

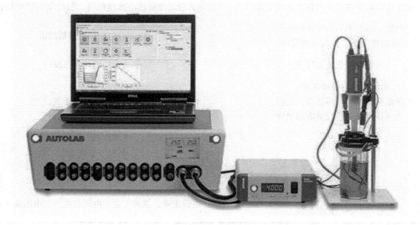

图 9.2　电化学综合测试仪实物装置图

需求的电化学综合测试仪，如便携式电化学工作站、紧凑型电化学工作站、可拓展型电化学工作站、多通道型电化学工作站等。

9.3　电极的分类

9.3.1　按电极上是否发生电化学反应分类

按电极上是否发生电化学反应可将电极分为两类：一类是基于电子交换反应的电极，另一类是基于离子选择性的电极。

(1) 基于电子交换反应的电极：这类电极以金属为基体，基于可逆电子交换，称为金属基电极，也称经典电极，它们的共同特点是电极反应中有电子的交换，即有氧化还原反应。基于电子交换反应的电极又可分为四类。

第一类电极：金属与其离子的溶液处于平衡状态所组成的电极，主要有银、铜、锌、镉、铝、铅和汞等。用$(M \mid M^{n+})$表示，如 $Ag \mid Ag^+$ 电极，电极反应为

$$Ag^+ + e^- \longrightarrow Ag$$

第二类电极：由金属、该金属的难溶盐和与此难溶盐具有相同阴离子的溶液所组成的电极，用 $M \mid M_nX_m, X^{n-}$ 表示，如 $Ag \mid AgCl$、$Hg \mid Hg_2Cl_2$ 电极(甘汞电极)，电极反应为

$$Hg_2Cl_2 + 2e^- \longrightarrow 2Hg + 2Cl^-$$

第三类电极：由金属、该金属的难溶盐、与此难溶盐具有相同阴离子的另一难溶盐和与此难溶盐具有相同阳离子的电解质溶液所组成。表示为 $M \mid (MX, NX, N^+)$，如 $Zn \mid ZnC_2O_4(s)$, $CaC_2O_4(s), Ca^{2+}$，电极反应为

$$Ca^{2+} + ZnC_2O_4 + 2e^- \longrightarrow CaC_2O_4 + Zn$$

零类电极：由一种惰性金属(如 Pt)和同处于溶液中的物质的氧化态和还原态所组成的电极，表示为 $Pt \mid$ 氧化态, 还原态，如 $Pt \mid Fe^{3+}, Fe^{2+}$，其电极反应为

$$Fe^{3+} + e^- \longrightarrow Fe^{2+}$$

(2) 基于离子选择性的电极：这是一类具有薄膜的电极，是由于离子交换和扩散使其电极薄膜具有一定的膜电位，膜电位的大小可指示出溶液中某种离子的活度，从而可用来测定这种离子，称为离子选择性电极或膜电极。离子选择性电极是电位法的核心，将在第 11 章电位分析法中详细介绍。

9.3.2　按电极用途分类

按电极用途可分为指示电极(indicator electrode)、工作电极(working electrode)、参比电极(reference electrode)和辅助电极(auxiliary electrode)。

(1) 指示电极：电极电势随溶液中待测离子的活度变化而变化的电极。它和另一对应电极或参比电极组成电池，通过测定电池的电动势或在外加电压的情况下测定流过电解池的电流，即可得知溶液中某种离子的浓度。例如，在电位分析法中的离子选择性电极和极谱分析法中的滴汞电极称为指示电极，常用的选择性电极有 pH 玻璃电极、氯离子选择性电极等。

(2) 工作电极：指在测试过程中可引起试液中待测组分浓度明显变化的电极。在电解分析法和库仑分析法中的铂电极、玻璃碳电极是与离子发生反应的电极，它能改变溶液的浓度，称为工作电极。

(3) 参比电极：测量各种电极电势时作为参照比较的电极。将被测定的电极与精确已知电极电势的参比电极构成电池，测定电池电动势的数值，即可计算出被测定电极的电极电势。对参比电极的要求包括：电势已知且恒定，受外界的干扰小；重现性好，对浓度和温度等因素的变化没有滞后；与不同溶液间的液接电位差异小；电极简单、使用寿命长。常见的参比电极有甘汞电极和银-氯化银电极。常温下，不同的氯离子浓度下两种参比电极的电极电势见表 9.3。

表 9.3　甘汞电极和银-氯化银电极的电极电势(T=298 K)

电极类型	电极电势(*vs.* SHE)/V		
	氯离子浓度 0.1 mol · L^{-1}	氯离子浓度 1 mol · L^{-1}	饱和 KCl 溶液
甘汞电极	0.3365	0.2828	0.2438
银-氯化银电极	0.2880	0.2223	0.2000

(4) 辅助电极：也称对电极，其作用是与研究电极组成极化回路，使研究电极有电流通过。研究阴极过程时，辅助电极作阳极，而研究阳极过程时，辅助电极作阴极。一般要求辅助电极面积比研究电极大，不容易发生极化，这样就降低了辅助电极上的电流密度，使测量时的电流尽量加在工作电极上，减小误差。常用铂黑电极作辅助电极。

9.4　极化和超电势

在可逆电池的情况下，整个电池处于电化学平衡状态，两个电极也分别处于平衡状态，电极电势是由能斯特方程决定的，是平衡的电极电势。此时，通过电极的电流为零，即电极反应的速率为零。若要使一个不为零的电流通过电极，电极电势必须偏离平衡电极电势，这个现象称为电极的极化(polarization on electrodes)，描述电流密度与电极电势之间关系的曲线称为极化曲线(图 9.3)。由于电极的极化，阴极电势比平衡电势更负(阴极极化)，阳极电势比平衡电势更正(阳极极化)。

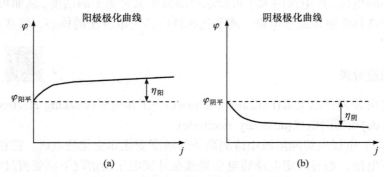

图 9.3　阳极极化曲线(a)和阴极极化曲线(b)

极化的产生是由电子运动速率与电极表面反应速率不平衡造成的，一般情况下为电子运动速率＞电极反应速率。例如，当有电流通过时，阴极上，刚开始由于电极反应速率迟缓，使得电子流入速率＞电极反应速率，造成负电荷累积，电极电势偏离平衡电极电势，实际电极电势负移；而阳极上，由于电子流出速率＞电极反应速率，造成正电荷累积，电极电势偏离平衡电极电势，实际电极电势正移。

极化通常有浓差极化(concentration polarization)和电化学极化(electrochemical polarization)。发生电极反应时，电极表面附近溶液浓度与主体溶液浓度不同所产生的现象称为浓差极化，在阴极附近，阳离子被快速还原，而主体溶液阳离子来不及扩散到电极附近，阴极电势比可逆电势更负；在阳极附近，电极被氧化或溶解，离子来不及离开，阳极电势比可逆电势更正。可通过增大电极面积，减小电流密度，提高溶液温度，加速搅拌来减小浓差极化。在外电场作用下，由于电化学作用相对于电子运动的迟缓性改变了原有的电极层而引起的电极电势变化，称为电化学极化。其特点是在电流流出端的电极表面积累过量的电子，即电极电势趋负值，电流流入端则相反。在一定条件下，电极上发生电极反应，如果反应速率很小，这时电极的电势改变很大，而电流改变很小，称此类电极为极化电极；如果电极反应速率很大，以至于去极化与极化作用接近于平衡，有电流通过时电极电势几乎不变化，而电流改变很大，称此类电极为去极化电极。影响电化学极化的因素主要包括：①电极材料的影响；②电极的真实表面积影响，电极表面积越大，电极的反应能力越强，可减小电极的极化，在实际生产中常采用增加电极面积的方法或采用多孔电极的办法使极化降低；③电极的表面状态，各种活性物质的特异性吸附可极大地改变电极反应的速率；④电流密度的影响，当电流增加，电化学极化增大，反之，极化减小；⑤温度的影响，一般升高温度，电化学极化降低，反之，电化学极化增加；⑥其他因素如电解质溶液组成的影响，pH 的大小及电解质溶液中微量杂质对电化学极化都有影响。

某一电流密度下实际电极电势与可逆电极电势的差值称为超电势(overpotential)或过电势。由浓差极化引起的超电势称为浓差超电势，由电化学极化引起的超电势称为活化超电势。实测超电势为二者之和，即

$$E_总 = E_{浓差} + E_{电化学} \tag{9.2}$$

超电势的影响因素包括电流密度、温度、电极材料、析出物的形态和搅拌速率等。

9.5 能斯特方程

在电化学分析中常需要分析电极电势的大小，其不仅取决于氧化还原体系本身的性质，还与反应温度、有关物质的浓度、压力等有关，能斯特从理论上推导出电极电势与浓度、温度之间的关系。对任一氧化还原体系，电极电势的大小可通过式(9.3)计算：

$$E = E^{\ominus} + \frac{RT}{zF} \ln \frac{a_O}{a_R} \tag{9.3}$$

式中，$E^{\ominus}$ 为标准电极电势；R 为摩尔气体常量，其值为 $8.3145\,\mathrm{J \cdot mol^{-1} \cdot K^{-1}}$；$T$ 为热力学温度；F 为法拉第常量，其值为 $96485\,\mathrm{C \cdot mol^{-1}}$；$z$ 为电极反应中转移的电子数；a_O、a_R 为氧化态和还原态的活度。此公式为著名的能斯特方程(Nernst equation)。活度与浓度之间的关系可通过式(9.4)计算

$$a_i = \gamma_i c_i \tag{9.4}$$

式中，γ_i 为活度系数，与溶液的离子强度相关。

9.6　电化学分析的发展现状与趋势

随着国家对食品安全、环境、能源、新材料和人类健康的重视，对分析测试仪器的要求也越来越高，分析测试仪器的发展除了继续追求更低的检出限、更高的灵敏度和分辨率外，在联用和微型化方面更得到了长足发展。

1. 电化学分析仪器的联用技术

分离分析联用的新技术是当前分析仪器发展的一个趋势。将电化学分析技术和其他分离分析手段联用，可以实现方便、快速、高灵敏度的分析。目前常见的联用技术包括毛细管电泳-电化学发光、荧光光谱-电化学分析、高效离子交换色谱-电化学检测等。

2. 微电极、超微电极和修饰电极等研究蓬勃发展

微型化是现代分析仪器的另一个重要发展趋势，微型化电化学仪器是现场、原位、活体检测技术的基础。这方面，微电极、超微电极和修饰电极的研究比较活跃。随着科学领域的研究对象向微观转变，直径小于 100 μm 的微电极、超微电极的研究也越来越活跃。例如，将柔性钯-银纳米线电极用于非酶葡萄糖检测，可用于实际唾液中葡萄糖的检测，实现无创检测。

3. 便携式分析测试仪的应用越来越多

便携式分析测试仪，顾名思义为方便随身携带的分析测试仪，得益于近年来微型化电极、超微电极等的研究，计算机和嵌入式技术的极速发展，微流控芯片和电子技术相结合的技术日益成熟，使便携式分析测试仪的开发和运用越来越多，以适应野外现场分析、环境分析、原位分析和应急分析等。例如，研究者开发了接地网腐蚀电化学检测系统，该系统由限流探头、恒电位仪、数据采集卡、笔记本电脑及相应数据处理软件构成，使用时将探头插入待测地网上方土壤，施加恒电流极化，通过解析充电曲线得到表征接地网腐蚀状态的极化阻力值 R_p，取得了良好的效果。为了满足即时检验在基层和个性化诊疗使用的需要，研究人员开发了一种免泵式微流控芯片和电化学生物医学传感器系统，可用于对过氧化物和前列腺癌标志物的快速检测。

综上，研发高灵敏度、微型化、便携、可动态在线，并经济适用、有自主知识产权的新型电化学分析仪器是发展的趋势，以满足环境、生命科学、能源、出入境检验检疫与食品安全等公共安全领域监测检测对仪器的需求。

【拓展阅读】

电化学极化经验公式——塔费尔公式

根据析氢反应的大量研究结果，塔费尔(Tafel)于 1905 年首先提出了电化学极化超电势与极化电流密度 I 之间的关系，即著名的塔费尔公式：

$$E = a + b\lg I \tag{9.5}$$

式中，a 和 b 为经验常数。a 表示电流密度为单位数值($1\ A \cdot cm^{-2}$)时的超电势值，它的大小和电极材料的性质、电极表面状态、溶液组成及温度等因素有关，根据 a 值的大小，可以比较不同电极体系中进行电子转移步骤的难易程度；b 值是一个主要与温度有关的常数，对大多数金属而言，常温下 b 的数值在 $0.12\ V$ 左右。该公式不适用于电流密度较小的区域，在 I 非常小时，超电势也很小($E < \pm 0.03\ V$)，超电势与电流密度呈线性关系，即 $E = kI$，k 为比例常数。

【参考文献】

韩磊, 宋诗哲, 张秀丽, 等. 2009. 便携式接地网腐蚀电化学检测系统及其应用[J]. 腐蚀科学与防护技术, 21(3): 337-340.

孟维琛, 王清翔, 李彦钊, 等. 2020. 柔性钯-银纳米线电极用于非酶葡萄糖检测[J]. 分析化学, 48(3): 363-370.

宋怡然, 胡敬芳, 李玥琪, 等. 2020. 基于 Android 的便携式水质电化学检测系统的研究[J]. 现代电子技术, 43(2): 32-36.

王倩倩, 钱海洋, 宋雪飞, 等. 2018. 基于免泵式微流控芯片和电化学检测生物医学传感器[J]. 科学技术与工程, 18(29): 91-97.

叶宪曾, 张新祥, 等. 2007. 仪器分析教程[M]. 2 版. 北京: 北京大学出版社.

赵博文, 李绍南, 廖鑫章, 等. 2020. 基于纳米银技术的柔性电极研究进展[J]. 材料科学与工程学报, 38(1): 158-166.

【思考题和习题】

1. 比较电解池和原电池的示意图，并解释两者不同的原因。

2. 决定电化学电池的阴、阳极和正、负极的根据各是什么？

3. 写出下列电池的半电池反应和电池反应，计算电动势。这些电池是原电池还是电解池？(设 $T=25℃$，活度系数均为 1)

　(1) $Pt \mid Cr^{3+}(1.0 \times 10^{-4}\ mol \cdot L^{-1})$，$Cr^{2+}(0.1\ mol \cdot L^{-1}) \parallel Pb^{2+}(8.0 \times 10^{-2}\ mol \cdot L^{-1}) \mid Pb$

　(2) Pt，$H_2(20265\ Pa) \mid HCl(0.100\ mol \cdot L^{-1}) \parallel HClO_4(0.100\ mol \cdot L^{-1}) \mid Cl_2(50663\ Pa)$，$Pt$

　(3) $Bi \mid BiO^{+}(8.0 \times 10^{-2}\ mol \cdot L^{-1})$，$H^{+}(1.0 \times 10^{-2}\ mol \cdot L^{-1}) \parallel I^{-}(0.100\ mol \cdot L^{-1})$，$AgI(饱和) \mid Ag$

4. 什么是极化现象？电极产生极化的原因是什么？极化有哪些类型？

5. 举出第二类电极、第三类电极的例子，并试推导其电极电势表示式。

6. 什么是参比电极？在电化学分析中对参比电极有什么要求？

7. 阐明并区分下列术语的含义：

　(1) 极化电极和去极化电极；

　(2) 指示电极和工作电极。

第 10 章 电导分析法

【内容提要与学习要求】

本章介绍电导分析法的原理、分析方法和发展趋势，要求学生掌握电导、电导率的基本概念和计算公式，了解电导测量的仪器原理与组成，学会基于电导率的影响因素分析测试过程中的信号变化，学会应用直接电导法和电导滴定法进行样品的电导测量与分析，了解电导分析与其他分析方法的结合以及最新的发展趋势。

电导分析法是电化学分析的重要内容之一，通过测量电解质溶液的电导值可确定物质的含量，当溶液中离子浓度发生变化时，其电导值也随之改变，包括直接电导法和电导滴定法。电导分析法的特点是仪器和操作简单、自动分析简便、灵敏度很高，但是由于溶液的电导是存在于溶液中的所有离子的共同贡献，使其几乎没有选择性，应用范围有限。然而，电导分析法常与其他技术结合，选择性可极大地提高，应用范围也更广。

10.1 电导分析的基本原理

10.1.1 电导和电导率

在外电场作用下，电解质溶液中的所有正、负离子沿着相反的方向移动形成电流。为区分电解质溶液的导电能力大小，常用电导即电阻的倒数来表示，电导的公式如下

$$G = \frac{1}{R} = \kappa \frac{A}{L} \tag{10.1}$$

式中，G 为电导，S；A 和 L 分别为导体的截面积(cm^2)和长度(cm)；κ 为电导率，$S \cdot cm^{-1}$。电解质溶液体系电导率的物理意义是：对于单位面积的两电极，距离为单位长度时溶液的电导。

当电极一定，外界环境(如温度)不变时，电导与电解质溶液浓度之间的关系为

$$G = k \cdot c \tag{10.2}$$

式中，k 为常数；c 为溶质的浓度，这是电导分析的理论基础。需要注意的是：该关系仅适用于稀溶液，在浓溶液中由于离子间相互作用使得电解质溶液电离不完全，电导与浓度之间不呈线性关系。

在实际应用中一般测量的参数为电导率 κ，它与电解质溶液间的关系包括：在一定范围内，离子浓度越大，电导率越大；离子的迁移速度越快，电导率越大；离子价态越高，电导率越大。当测试体系外部条件固定时，对于同一电解质，电导率只与溶液的浓度相关。为方便比较各种电解质的导电能力，引入摩尔电导率 Λ_m，其代表含 1mol 电解质的溶液在间隔为 1 cm 的两块平行的大面积电极之间的电导，单位为 $S \cdot cm^2 \cdot mol^{-1}$。需要注意的是：摩尔电导率规定了电解质物质的量(1 mol)而无论体积大小，而电导率表示一定体积(1 cm^3)溶液的电导，其中电解质的含量可以不同。摩尔电导率与电导率和溶质浓度的关系可表示为

$$\varLambda_m = 1000\kappa / c \tag{10.3}$$

式中, c 为溶液的浓度, $mol \cdot L^{-1}$。

当溶液无限稀释时, 摩尔电导率达到最大极限, 该值称为无限稀释摩尔电导率, 它在一定程度上反映了离子导电能力的大小, 表 10.1 为常见正、负离子对应的无限稀释摩尔电导率的大小, 其中氢离子和氢氧根离子的无限稀释摩尔电导率在阳离子和阴离子中最大, 代表导电能力最强。当电解质溶液中存在多种离子时, 溶液总的无限稀释摩尔电导率为其中各正、负离子分别对应的无限稀释摩尔电导率之和。

表 10.1 常见离子无限稀释下的摩尔电导率(25℃)

阳离子	摩尔电导率 $\varLambda_m / (S \cdot cm^2 \cdot mol^{-1})$	阴离子	摩尔电导率 $\varLambda_m / (S \cdot cm^2 \cdot mol^{-1})$
H^+	350	OH^-	198
Na^+	50	Cl^-	76
K^+	74	Br^-	78
$1/2\ Mg^{2+}$	53	$1/2\ CO_3^{2-}$	69
$1/2\ Ca^{2+}$	60	NO_3^-	71
$1/2\ Cu^{2+}$	55	$1/2\ SO_4^{2-}$	80
Ag^+	62	$HCOO^-$	41
NH_4^+	74	$1/3\ [Fe(CN)_6]^{3-}$	101

10.1.2 影响电导率的因素

电导率代表溶液中离子的导电能力, 受到多种因素的影响, 主要包括: ①电解质的种类和电离度。不同离子的电荷数和淌度(指单位电场强度下离子运动的速率)影响导电的能力, 电荷数越多、淌度越大, 电导率也越大。例如, 氢离子和氢氧根离子的淌度在阳离子和阴离子中最大, 因此它们的摩尔电导率最大。强电解质溶液由于电离程度高, 电导率也大。②溶液黏度。黏度会影响离子运动的速率, 因此会对电导率产生影响, 黏度越大, 电导率越小。③溶液浓度。一般来说, 当溶液从高浓度稀释为低浓度的过程中, 电导率先增大, 在一定浓度下电导率达到最大值后, 随着稀释的进行, 电导率减小。这是由于在第一阶段的稀释过程中, 离子间的吸引力减弱, 迁移速度加快, 电导率增加, 而进一步稀释时, 单位体积中离子数目减小, 导致电导率降低。④温度。温度越高, 离子的运动速率加快, 电导率增加。

10.2 电导的分析测量方法

10.2.1 溶液电导的测量

溶液电导测量的本质是测定其电阻, 测量装置主要包括电导池和电导仪。如图 10.1 所示, 电导池包含两片平行的铂电极、待测溶液和具有恒温水进口和出口的容器。常用的铂电极有两种: 铂黑电极和光亮的铂电极。前者由于具有表面积大、电流密度小的特点, 使得电极的极化作用小, 灵敏度更高, 常用于测量电导率高($>10\ \mu S \cdot cm^{-1}$)的溶液。当测量电导率低的溶液时,铂黑电极大的表面积对电解质有强的吸附作用而不稳定,此时应该用光亮的铂电极。对电极的要求是保持平行、大小基本一致。电导仪的简要电路结构如图 10.2 所示,其核心是惠斯通电桥(Wheatstone bridge),该电桥的使用可以精确测定电导池的电阻 R_x。电导仪的测量电源是一产生交流信号的振荡器,不使用直流电源的原因是减弱电解作用的发生。当测量低电阻样品溶液时,为防止极化现象,一般采用 kHz 的高频电源。交流电源的信号通过电桥的 AB 端输入,CD 端输出,再经过信号放大和整流将弱交流信号变为可测量的直流信号流经灵敏电流表。当电桥平衡时,电流表读数为零,此时的待测溶液电阻可由式(10.4)计算,而溶液的电导即可根据电导与电阻的关系[式(10.1)]计算。需要注意的是,在现代电导分析中,电导仪已经逐渐被功能更强大、更全面、测试精度更高的电化学工作站所取代。

$$R_x = R_1 \cdot R_2 / R_3 \tag{10.4}$$

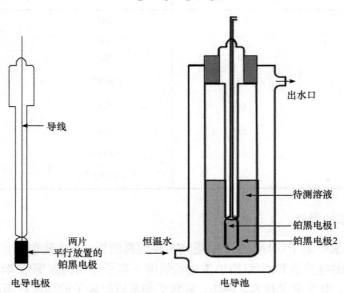

图 10.1 溶液电导的测量装置:电导电极和电导池

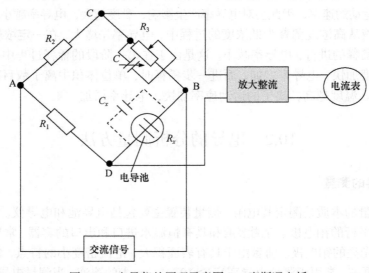

图 10.2 电导仪的原理示意图——惠斯通电桥

电导测量结果容易受到多种因素的影响，主要是温度和溶剂的作用。温度越高，离子运动的速度越快，同时导致样品的黏度越低，离子运动越容易，电导越大，温度升高 1℃，电导增加 1%～2%；水的纯度在低电导率样本中影响较大。例如，25℃时，蒸馏水的电导率为 1～2 $\mu S \cdot cm^{-1}$，而经过纯化之后的电导率降低为原来的 1/10，甚至更低。因此，在精确测量溶液电导率时需要保持温度的恒定和排除水本身纯度的影响。

10.2.2　直接电导分析法

直接测量溶液的电导，并根据电导值来确定待测物质含量的方法称为直接电导法(direct conductance method)。直接电导法的依据是式(10.2)，其中 k 为常数因子，与电极和温度等实验条件相关。利用直接电导法进行定量分析时，常用标准曲线法、直接比较法和标准加入法进行分析。标准曲线法是通过配制一系列已知浓度的溶液，分别测量其电导，绘制出电导与浓度的关系曲线，之后在相同条件下测定待测溶液电导，从标准曲线上或通过拟合的公式即可计算得到未知待测溶液样品的浓度。直接比较法是在相同测试条件下测定标准溶液和待测样品溶液的电导，根据直线的定量关系式(10.2)，可通过比例计算得到待测样品的浓度。标准加入法是先测定体积为 V_1 的待测溶液的电导 G_1，再向已经测试的待测溶液中加入少量的标准溶液，标准溶液的浓度记为 c_2，加入的体积为 V_2，然后测量混合均匀后溶液的电导 G_2，根据方程组(10.5)即可计算出待测溶液的浓度 c_x。

$$\begin{cases} G_1 = k \cdot c_x \\ G_2 = k \cdot \dfrac{V_1 c_x + V_2 c_2}{V_1 + V_2} \end{cases} \tag{10.5}$$

10.2.3　电导滴定分析法

电导滴定法(conductometric titration method)是逐渐滴入与待测离子反应的滴定剂，同时测定滴定过程中溶液电导的变化，通过到达滴定终点时所滴入的滴定溶液浓度和体积来确定待测物质浓度的分析方法，反应产物为水、沉淀或者难解离的物质。酸碱滴定为最常见的电导滴定体系，滴定终点通过滴定曲线的转折点确定。图 10.3 为几种常见的电导滴定曲线。以图 10.3(a)中氢氧化钠滴定盐酸溶液为例，介绍滴定过程和滴定曲线。在滴定前，溶液中只有 H^+ 和 Cl^-，随着 NaOH 的加入，溶液中的 H^+ 逐渐减少，Na^+ 逐渐增多，然而由表 10.1 可知，H^+ 的摩尔电导率比 Na^+ 高，因此在滴定过程中溶液的电导逐渐下降，当 H^+ 完全被 Na^+ 取代时，电导值达到极小。随着滴定的继续进行，溶液中 Na^+ 和 OH^- 增加，电导开始逐渐变大，形成向上升的滴定曲线，滴定终点即为电导最低时对应的位置。又如图 10.3(c)所示，使用强碱滴定弱酸时，滴定开始时 H^+ 被中和，电导略微下降，随着滴定的继续进行，弱酸被完全电离的弱酸盐代替，电导

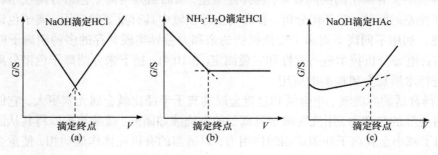

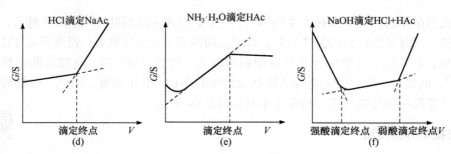

图 10.3　常见电导滴定曲线

(a) 强碱滴定强酸，NaOH 滴定 HCl；(b) 弱碱滴定强酸，$NH_3 \cdot H_2O$ 滴定 HCl；(c) 强碱滴定弱酸，NaOH 滴定 HAc；(d) 强酸滴定弱酸盐，HCl 滴定 NaAc；(e) 弱碱滴定弱酸，$NH_3 \cdot H_2O$ 滴定 HAc；(f) 强碱滴定强酸和弱酸的混合溶液，NaOH 滴定 HCl+HAc

逐渐上升，当弱酸被中和完全后，由于过量的碱存在，OH^- 的摩尔电导率高，电导增加的趋势更快。因此，滴定终点为电导变化率的转折点。

10.3　电导分析法的应用和发展趋势

10.3.1　电导分析法的应用

根据电导分析法的原理与两种定量分析测试方法的特点，电导分析法具有仪器简单、测量方便、灵敏度高等优势。直接电导法常用于测定水体的总盐度或纯度；监测有害气体如 SO_2、CO、NO_2 等；测定物理化学常数如介电常数和电解质的解离常数；对生产中间流程的控制及自动分析等。由于电导滴定的原理是测定滴定过程中电导的变化，可用于大部分反应物与产物电导相差较大的反应。电导滴定可以用于滴定弱酸或弱碱及对应的盐，如硼酸、苯酚、碳酸盐等，也适用于强酸和弱酸的混合酸，在普通滴定分析或后续介绍的电位滴定中都无法实现，这是电导滴定的突出优势之一。

电导滴定在应用中需要注意：在滴定过程中，由于滴定剂的加入，待测溶液会不断被稀释，离子浓度除了受到反应的影响外，还受到溶液体积变化的影响，因此为了减小稀释效应以及提高滴定的准确度，一般使用滴定剂的浓度比待测溶液浓度大 10 倍以上；电导滴定一般适用于酸碱反应和沉淀反应，不适用于氧化还原反应和配位反应，因为在氧化还原和配位过程中往往需要加入大量其他试剂用于控制酸度，所以滴定过程中溶液电导的变化不太显著，不易确定滴定终点。

【应用实例 1】　水质重金属检测

电导检测的仪器已作为检测器广泛用于离子色谱分析中。前面的内容已阐述，直接电导法测定的是溶液中所有离子的共同效果，选择性很差，然而当其与离子色谱分离技术相结合之后能解决选择性差的问题，在环境分析、食品安全等领域中具有重要的应用。离子色谱法基于离子交换原理，利用不同离子对离子交换树脂的亲和力差异实现共存的多种阴离子或阳离子的分离，再结合电导分析技术进行定性和定量测定(图 10.4)。接下来介绍离子色谱分离与直接电导法结合进行水质重金属检测的应用。

(1) 选择合适的淋洗液。重金属和过渡金属的离子半径比碱金属元素更大，它们与阳离子交换剂有更强的亲和力，用洗脱碱金属离子的淋洗液如硝酸、盐酸等难以将其从固定相中洗脱出来。为了减小金属离子和固定相的作用力，以适当的有机配体作流动相，使重金属离子在流动相中形成配合物，减少其在固定相中的保留。因此，在重金属分离检测中，可选择苹果酸和乙二胺的混合物作为淋洗液，并将其 pH 调节至 4.0 左右。

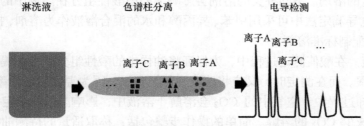

图 10.4　离子色谱法进行离子分离与检测的原理

(2) 配制标准溶液确定定量关系式。根据需要测定样品中的金属元素类型，如需要测定 Cu^{2+} 的浓度，配制一系列包含 Cu^{2+} 及样品中的其他非重金属离子(如 Na^+、Ca^{2+}、Mg^{2+})的溶液。确定合适的进样速度(如 0.5 mL·min^{-1})与样品量(如 30 μL)，在稳定的色谱柱温度(如 25℃)条件下进行色谱分离与电导检测，绘制 Cu^{2+} 浓度与电导之间的标准曲线，确定定量关系式:

$$G = 3.2c \tag{10.6}$$

式中，G 为电导，μS；c 为铜离子的摩尔浓度，μmol·L^{-1}。

(3) 测定待测样品中的离子浓度。使用与标准溶液相同的条件进行色谱分离与电导检测，获取待测样品的色谱图(图 10.5)。由图 10.5 可知 Cu^{2+} 的谱峰高度为 48 μS，再根据谱峰的高度与标准曲线关系式(10.6)可确定待测样品中重金属 Cu^{2+} 的浓度为 15 μmol·L^{-1}，即 0.96 mg·L^{-1}，根据《地表水环境质量标准》(GB 3838—2002)，可知该水质达到了 Ⅱ 类水(≤1.0 mg·L^{-1})的标准。

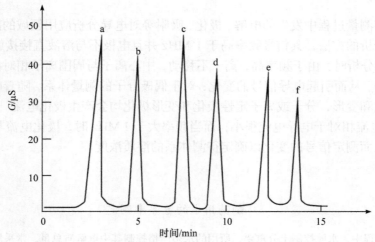

图 10.5　离子色谱检测到的金属离子谱线

a. 洗脱液；b. 三价铁离子；c. 铜离子；d. 二价铁离子；e. 镁离子；f. 钙离子

【应用实例 2】　油品酸度测定

利用电导滴定法可测定油品的酸度。油品中酸性物质的总含量用酸值表示，它是汽油、柴油、润滑油等油品的质量指标，也是控制油品腐蚀性能及其他性能的主要指标之一。通过测定油品酸值，大致可以判断油品中酸性物质含量的多少、油品的腐蚀性及变质程度。石油化工领域对油品酸度的标准测定方法主要基于酸碱滴定与电位滴定，也可以使用本章介绍的电导滴定方法测定。检测方法如下：

(1) 选择合适的溶剂。不同种类的溶剂会影响油品中酸性组分在溶剂中的溶解，进而影响酸值的大小。在电导滴定法中可采用甲苯、异丙醇和水的混合溶液作为溶剂，按体积比为 40：59.5：0.5 的比例配制标准溶剂。

(2) 加热回流。在酸值测定过程中，为保证将油样中的酸性组分完全抽提到溶剂中，加热回流是必需的步骤。而在测定时，又应将溶液冷却至室温，因为温度对电导率的测定有影响。同时，在溶液冷却过程中，空气中的 CO_2 会溶解于溶液中，影响酸值的测定，因此实验中采用异丙醇作溶剂减少 CO_2 的溶解。简单的操作步骤包括：称取适量的待测油样于洁净干燥的容器中，加入适量配制好的溶剂溶解，水浴加热回流 10~15 min，冷却至室温。

(3) 碱溶液滴定。将电导仪或电化学工作站的电极放入溶液，在电磁搅拌的条件下用标准碱溶液，如 0.1 mol·L^{-1} 的 KOH 异丙醇溶液滴定，记录不同滴定剂体积所对应的电导率，一般要求在 10 min 内完成。

(4) 确定酸度。油品中的酸性物质主要包括环烷酸，有机酸如脂肪羧酸、酚类化合物、硫醇等，无机酸如 CO_2、H_2S 等，以及脂类等物质，在使用强碱滴定时，滴定曲线类似图 10.3(c) 所示。根据记录图形找出电导率的突变确定滴定终点，最后使用式(10.7)确定油品酸度，完成测试。

$$X = c \cdot V / m \tag{10.7}$$

式中，X 为油品酸度值；c 为标准 KOH 溶液的浓度，g·L^{-1}；V 为滴定终点时对应的 KOH 溶液体积，L；m 为称取的待测油样质量，g。

10.3.2　发展趋势

为解决电导测量过程中发生的电解、极化、吸附等对电导分析应用领域的限制，当前已发展出高频电导分析的方法，其信号频率高于 1 MHz 并且电极不与溶液直接接触。对于离子体系，在高频电导分析时，由于频率高，离子不移动，中心离子与周围离子相对振动，正、负电荷中心发生交变，从而引起电导信号的变化；对于偶极分子的测量体系，随着电场的变化，分子发生取向变化和变形，分子或离子定性极化和变形极化均会产生极化电流。当频率低于 0.5 MHz 时，极化电流相对于电导电流很小；而当频率大于 1 MHz 时，极化电流与电导电流具有相同数量级，从而测定信号的变化以确定待测体系的溶质浓度。

【拓展阅读】

制药用水的电导率测定

在药物生产过程中，水质控制十分重要，所用的水须严格控制其中电解质总量，常采用电导率测定法对水质进行判断。所采用的电导率仪应定期进行校正，电导池常数可使用电导标准溶液直接校正，或间接进行仪器比对，电导池常数必须在仪器规定数值的±2%范围内，同时电导率仪可根据测定样品的温度自动补偿测定值并显示补偿后读数。水的电导率采用温度修正的计算方法所得数值误差较大，因此在药典通则中采用非温度补偿模式，温度测量的精确度应在±2℃以内。在药典通则中，对纯化水、注射用水分别给出的限度值(25℃)分别为 5.1 μS·cm^{-1} 和 1.3 μS·cm^{-1}；对于灭菌注射用水，若标示装量小于等于 10 mL，限度值(25℃)为 25 μS·cm^{-1}；若标示装量大于 10 mL，限度值为 5 μS·cm^{-1}。测定中，若电导率值小于限度值，则可认为合格；反之，则认为不合格。

【参考文献】

白玲, 郭会时, 刘文杰. 2013. 仪器分析[M]. 北京: 化学工业出版社.

董慧茹. 2016. 仪器分析[M]. 3 版. 北京: 化学工业出版社.

黄承志, 陈缵光, 陈子林, 等. 2017. 基础仪器分析[M]. 北京: 科学出版社.

李强, 袁玉兰. 2002. 应用电导滴定法测定油品酸值[J]. 精细石油化工, 5: 55-56.

叶宪曾, 张新祥, 等. 2007. 仪器分析教程[M]. 2 版. 北京: 北京大学出版社.

朱鹏飞, 陈集. 2016. 仪器分析教程[M]. 2 版. 北京: 化学工业出版社.

【思考题和习题】

1. 什么是电导? 电导和电导率有什么关系?

2. 影响溶液电导的因素有哪些?

3. 绘制 NaCl 滴定 $AgNO_3$ 的电导滴定曲线。

4. 设计实验测定大气中 SO_2 的含量。

5. 用 $1 \ mol \cdot L^{-1} \ NaOH$ 溶液滴定 10 mL 低浓度的 HCl 溶液, 滴定过程的读数如下所示, 试计算样品溶液 HCl 的浓度。

   0 mL, 3175 Ω; 0.1 mL, 3850 Ω; 0.2 mL, 4900 Ω; 0.3 mL, 6500 Ω; 0.4 mL, 5080 Ω; 0.5 mL, 3495 Ω; 0.6 mL, 2733 Ω。

6. 在合成氨的生产中, 为防止催化剂中毒, 必须实时监控一氧化碳和二氧化碳的含量, 测定时一般用 NaOH 溶液作吸收液, 将气体依次通过装有 I_2O_5 的氧化管炉和电导池, 测定电导的变化。试分析测定的原理。

第 11 章　电位分析法

【内容提要与学习要求】

　　本章主要介绍电位分析法的原理、离子选择性电极、电位分析测量方法、电位分析法的应用及最新发展趋势，要求学生了解离子选择性电极的类别，熟悉离子选择性电极的响应机理，理解 pH 电极中膜电位的形成，掌握膜电位与氢离子之间的化学计量关系，以及电位分析法测定氢离子的测定原理和过程，掌握利用电位选择性系数评价离子选择性电极的选择性，掌握直接电位法和电位滴定法的分析方法，了解电位滴定法的未来发展方向。

　　电位分析法是电化学分析中的一种重要方法。它是在通过电路的电流接近零的条件下，根据指示电极电势与待测离子活度的关系，通过测量由指示电极、参比电极和待测试液组成的原电池的电动势来确定被测离子浓度的一种定量分析方法。电位分析法分为直接电位法或离子选择性电极法和电位滴定法。前者具有较好的选择性，一般样品可不经分离或掩蔽处理进行测定，而且测定过程中不破坏试液。同时，仪器设备比较简单、操作方便、易于实现连续和自动分析，分析速度快，应用比较广泛。后者准确度较高，易实现自动化，而且可用于有色及浑浊试液的测定。直接电位法一般用于微量及痕量组分的测定，而电位滴定法只用于常量组分的测定。

11.1　电位分析法装置

　　电势测量时，将对待测离子有特异性响应的指示电极和一支合适的参比电极同时插入待测溶液中，构成一个原电池，装置如图 11.1 所示。

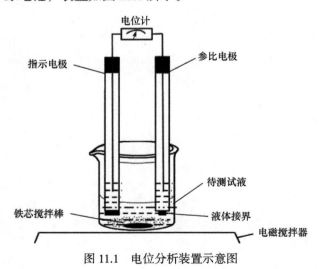

图 11.1　电位分析装置示意图

测量时组成原电池：

$$指示电极 \mid 试液 \parallel 参比电极$$

该原电池的电动势为

$$E = E_{指示} - E_{参比} + E_{液接} \tag{11.1}$$

式中，$E_{指示}$ 为指示电极电势；$E_{参比}$ 为参比电极电势；$E_{液接}$ 为液体接界电位，可用盐桥降低或消除。

11.2 离子选择性电极

电位分析法中的电极包括指示电极和参比电极两种。其中，参比电极是能提供电势标准的辅助电极。指示电极能对待测离子产生响应，且在测定过程中主体溶液浓度不会发生改变。理想的指示电极具有能快速、稳定、有选择性地响应被测离子，并且有好的重现性和长的寿命。指示电极大致可以分为两类：一类在电极上能发生电子交换，一般指金属基指示电极，主要包括第一类电极、第二类电极、第三类电极、零类电极，关于这类电极已经在第 9 章电化学分析法导论中介绍过了；另一类不能发生电子交换，称为离子选择性电极。

离子选择性电极是电位分析法的核心，选择合适的离子选择性电极能产生特定离子的高灵敏度响应，从而实现对待测目标物质浓度的测量。基于离子选择性电极的电位分析法应用指南可参考文献资料(Lindner and Pendley，2013)。离子选择性电极主要由敏感膜和内导体系组成。敏感膜也称传感膜，它可以将溶液中特定离子的活度转变成电势信号——膜电位。它是离子选择性电极最重要的组成部分，决定着电极的性质，不同的离子选择性电极具有不同的敏感膜。内导体系一般包括内参比溶液和内参比电极。有的离子选择性电极的内导体系始于敏感膜直接连接的导线，如全固态硫化银膜电极。内导体系的作用在于将膜电位引出。离子选择性电极电势为内参比电极电势与膜电势之和。

离子选择性电极的种类繁多且与日俱增。1976 年国际纯粹与应用化学联合会根据敏感膜的性质和材料的不同，推荐将离子选择性电极进行如下分类：

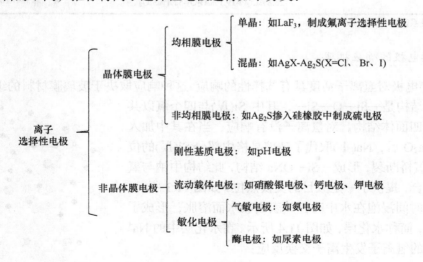

11.2.1 pH 玻璃电极

1. 玻璃电极的结构

玻璃电极属于非晶体膜电极。pH 玻璃电极是使用最早的离子选择性电极，它广泛地应用

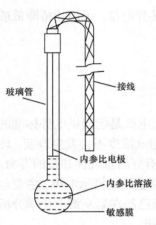

图 11.2 玻璃电极示意图

于溶液 pH 的测定。最常见的 pH 玻璃电极为球形玻璃电极，其结构如图 11.2 所示。玻璃管的下端是特殊玻璃制成的球形敏感膜，这种膜是在 SiO_2 基质中加入 Na_2O 和少量 CaO 烧制而成的，膜厚约 0.1 mm。球内储存 $0.1 \ mol \cdot L^{-1}$ 的盐酸作为内参比溶液，浸入内参比溶液的 $Ag \mid AgCl$ 电极为内参比电极。

玻璃电极除了可以对 H^+ 响应以外，还可以通过改变玻璃球膜材料的特定配方，做成对其他不同离子响应的电极，如 Li^+、Na^+、K^+、Ag^+ 等。例如，常用的 pH 玻璃电极的敏感膜中各成分的占比(摩尔比)分别为 $Na_2O：CaO：SiO_2=21.4\%：6.4\%：72.2\%$，对 pH 的测定范围为 pH=1～10，若其中加入一定比例的 Li_2O 可以扩大测定范围。如果改变玻璃的某些成分，如加入一定量的 Al_2O_3，可以做成某些阳离子电极，详见表 11.1。

表 11.1 某些阳离子玻璃电极的组成及选择性

主要响应离子	玻璃膜组成(摩尔比)	电位选择性系数*
Li^+	15%Li_2O-25%Al_2O_3-60%SiO_2	$K_{Li^+,Na^+} = 0.3$ $K_{Li^+,K^+} < 10^{-3}$
Na^+	11%Na_2O-18%Al_2O_3-71%SiO_2	$K_{Na^+,K^+} = 3.3×10^{-3}$ (pH = 7) $K_{Na^+,K^+} = 3.6×10^{-4}$ (pH = 11)
K^+	27%K_2O-5%Al_2O_3-68%SiO_2	$K_{K^+,Na^+} = 5×10^{-2}$
Ag^+	11%Li_2O-18%Al_2O_3-71%SiO_2	$K_{Ag^+,Na^+} = 1×10^{-3}$
	28.8%Li_2O-19.1%Al_2O_3-52.1%SiO_2	$K_{Ag^+,H^+} = 1×10^{-5}$

*电位选择性系数将在 11.3.1 小节介绍。

2. 玻璃电极的响应机理

pH 玻璃电极对氢离子活度具有选择性的响应，这种响应取决于玻璃膜材料的组成。纯 SiO_2
石英玻璃的结构是—Si—O—Si—，其中 Si(Ⅳ)与四个氧以共价键结合成四面体结构，对氢离子没有响应；当在其中加入一定量的 Na_2O 后，Na(Ⅰ)取代了玻璃晶格中部分 Si(Ⅳ)的位置，使一些氧桥断裂，形成—Si—ONa 结构，此结构中钠与氧以离子键结合，提供了一定数目的交换点位，如图 11.3 所示。当玻璃膜长时间浸泡在水中时，其表面吸水而溶胀，形成了水化凝胶层，简称水化层，如图 11.4 所示。在水化层中的 Na^+ 与水溶液中的氢离子发生离子交换反应：

$$H^+ + Na^+Gl^- \rightleftharpoons Na^+ + H^+Gl^-$$

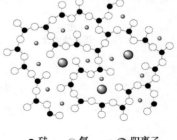

● 硅 ○ 氧 ◉ 阳离子

图 11.3 硅酸盐玻璃结构

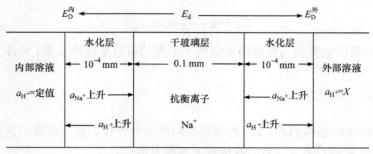

图 11.4　水化敏感玻璃膜的组成

Gl⁻表示水化层中的交换位点。由于交换反应的平衡常数很大(约为 10^{14})，水化层表面的位点在酸性或中性溶液中几乎全被氢离子占据。从水化层表面到水化层内部，H^+ 的数目逐渐减少，而 Na^+ 数目相应地增加。玻璃膜的中部是干玻璃区域，位点全被 Na^+ 占据。

当浸泡好的玻璃电极与溶液接触时，由于溶液界面与水化层表面氢离子活度不同，导致氢离子发生浓差扩散，在界面上产生相间电位。玻璃膜分别与内参比溶液和外部待测溶液接触，在膜的两侧建立起两个方向相反的相间电位。这两个相间电位分别用 $E_{试}$ 和 $E_{内}$ 表示。于是，玻璃膜电位 $E_{膜}$ 为

$$E_{膜} = E_{试} - E_{内} \tag{11.2}$$

式中，相间电位的大小取决于界面上溶液中氢离子活度 a_{H^+} 和水化层中氢离子活度 a'_{H^+}。根据热力学原理

$$E_{试} = K_1 + \frac{RT}{nF}\ln\left(\frac{a_{H^+,试}}{a'_{H^+,试}}\right) \tag{11.3}$$

$$E_{内} = K_2 + \frac{RT}{nF}\ln\left(\frac{a_{H^+,内}}{a'_{H^+,内}}\right) \tag{11.4}$$

假设内外两个表面的性质完全相同，水化层表面上可被氢离子所占有的点位数相同，且已全部被占据，则 $K_1 = K_2$，$a'_{H^+,试} = a'_{H^+,内}$，则式(11.2)可改写为

$$E_{膜} = E_{试} - E_{内} = \frac{RT}{F}\ln\left(\frac{a_{H^+,试}}{a_{H^+,内}}\right) \tag{11.5}$$

膜电位除了相间电位以外，还应包含两个扩散电位，此电位分布在膜内外两侧的水化层。若玻璃膜两侧水化层性质完全相同，则两个扩散大小相等但方向相反，横跨玻璃膜的扩散电位之和等于零。在这种情况下，膜电位则只需按上述考虑相间电位。如果内外两个水化层不完全相同，这种电位差称为不对称电位，它是由玻璃膜内外表面的情况不完全相同而产生的，其值与玻璃的组成、膜的厚度、膜的吹制条件和温度等因素有关。

玻璃电极作为整体，其电势还要包括内参比电极的电势，即

$$E_{玻} = E_{内参} + E_{膜} \tag{11.6}$$

由于内参比电极为 Ag | AgCl，其电极电势在内部固定的 Cl⁻活度($a_{Cl^-,内}$)下恒定；同时玻璃电极内参比溶液的氢离子活度固定不变，也可以把它看作是一个常数，因此式(11.6)可以简化为

$$E_{玻} = K + \frac{RT}{F}\ln(a_{H^+,试}) \tag{11.7}$$

由此可见，玻璃电极的电势值与被测溶液氢离子活度的对数呈线性关系，可作为溶液中氢离子活度的度量。

3. pH 的测定

根据电位分析法的基本原理，pH 的测定是将玻璃电极作为指示电极，选择饱和甘汞电极作为参比电极，两者同时插入待测溶液构成下列原电池：

Ag|AgCl, 0.1 mol · L⁻¹ HCl|玻璃膜|试液‖KCl(饱和), Hg₂Cl₂|Hg

此原电池的电动势可表示为

$$E = E_{SCE} - E_{玻} + E_{不对称} + E_{液接} \tag{11.8}$$

理论上，当 $a_{H^+,试} = a_{H^+,内}$ 时，内外界面的相间电位相等，$E_{膜}=0$。式中除了考虑不对称电位外，还有液接电位（$E_{液接}$）的影响。这种电势差是由于浓度或组成不同的两种电解质溶液接触时，在它们的交界面上正、负离子扩散速率不同，破坏了界面附近原来溶液正、负电荷分布的均匀性而产生的。在电池中通常用盐桥连接两种电解质溶液而使其降低至最小，一般仍有 1～2 mV。在测定条件下，E_{SCE}、$E_{不对称}$ 和 $E_{液接}$ 可视为常数，将式(11.7)代入式(11.8)可简写为

$$E = K' + \frac{RT}{F}\ln(a_{H^+,试}) \tag{11.9}$$

当 $T=298$ K 时，

$$E = K' + 0.059\text{pH} \tag{11.10}$$

由于式(11.10)中 K' 无法测定，且不同的 pH 电极 K' 值也不相同。因此，在实际测量中溶液的 pH_x 是通过与标准缓冲溶液的 pH_s 相比较而确定的。

11.2.2　晶体膜电极

敏感膜由微溶金属盐晶体制成的一类电极称为晶体膜电极。制造晶体膜的材料可以是金属盐的单晶，也可以是一种金属盐的细晶或两种金属盐细晶的混合物。因此，晶体膜可以分为单晶膜、多晶膜和混晶膜三种类型。敏感膜由金属盐晶体直接制成的电极称为均相晶体膜电极，而敏感膜是将微溶金属盐均匀分散在惰性基质中制成的电极，称为非均相晶体膜电极。晶体膜电极品种较多，是应用较广泛的一类离子选择性电极。

氟离子选择性电极是典型的单晶膜电极，也是目前性能比较好的离子选择性电极之一。其敏感膜是由掺有氟化铕(以增加敏感膜的导电性)的 LaF₃ 单晶切割而成。在晶体膜中，由于存在晶体缺陷空穴，靠近缺陷空穴的氟离子可移入空穴，氟离子的移动便能传递电荷，而 La³⁺ 固定在膜相中，不参与电荷的传递。由于晶格中缺陷空穴的大小、形状和电荷分布不同，因此只能允许特定的离子进入空穴，而其他离子不能进入空穴，因而实现对待测离子的选择性响应。

氟离子选择性电极的结构如图 11.5 所示。测定时，氟离子选择性电极和外参比电极(饱和甘汞电极)构成如下原电池：

Hg|Hg₂Cl₂, KCl(饱和)‖待测氟离子溶液|LaF₃ 膜|0.1 mol · L⁻¹(NaF+NaCl)，AgCl|Ag

电池电动势为

$$E = K' - \frac{RT}{F} \ln a_F \tag{11.11}$$

式中，a_F 为待测溶液中 F^- 的活度。F^- 的活度为 $10^{-6} \sim 1 \ mol \cdot L^{-1}$ 时，E 与 a_F 的关系完全符合式 (11.11)。氟离子选择性电极选择性较好，常见的阴离子如 NO_3^-、PO_4^{3-}、Ac^-、Cl^-、Br^-、I^- 和 HCO_3^- 等均不干扰 F^- 的测定，但是 OH^- 会产生干扰，因为在碱性溶液中电极表面会发生如下反应：

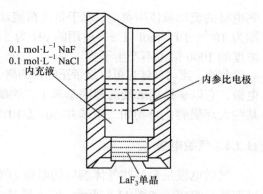

0.1 mol·L⁻¹ NaF
0.1 mol·L⁻¹ NaCl
内充液

内参比电极

LaF₃单晶

图 11.5 氟离子选择性电极

$$LaF_3 + 3OH^- \rightleftharpoons La(OH)_3 + 3F^-$$

反应生成的 F^- 为电极本身所响应，产生正干扰。另外，当溶液酸度较高时，HF 和 HF_2^- 的生成使 F^- 活度降低，造成负干扰。实验表明，使用氟离子选择性电极时，控制溶液的 pH 为 $5 \sim 6$ 为宜。另外，易与氟离子形成稳定配合物的 Fe^{3+} 和 Al^{3+} 也干扰测定。利用离子选择性电极法可测定地面水、地下水和工业废水中的氟化物。

11.2.3 流动载体电极

流动载体电极又称液膜电极。与玻璃电极不同，其敏感膜不是固体，而是液体。使响应离子的液体离子交换剂进入惰性多孔物质中，形成这种电极的液态敏感膜。钙离子选择性电极就是典型的液膜电极，其结构如图 11.6 所示，电极具有双重体腔结构。中心圆柱形体腔内储存的是 $0.1 \ mol \cdot L^{-1}$ 的 $CaCl_2$ 内参比溶液，外环形体腔内储存着 Ca^{2+} 的液体离子交换剂——二癸基磷酸钙 $[(RO)_2PO_2]_2Ca$ 的二正辛苯基磷酸酯溶液。内参比溶液、液体离子交换剂与传感膜相接触。传感膜是浸入烧结玻璃或高分子微孔薄片内的液体离子交换剂薄膜，内参比电极为 $Ag|AgCl$ 电极。钙电极的电活性物质是二癸基磷酸钙。二癸基磷酸根离子可以在膜内移动，它对 Ca^{2+} 有较大的亲和力，是 Ca^{2+} 的流动载体。膜内的二癸基磷酸钙有一定程度的解离，生成 $[(RO)_2PO_2]^-$ 和 Ca^{2+}，因为 $[(RO)_2PO_2]^-$ 对 Ca^{2+} 的亲和力大，并由于液膜中 Ca^{2+} 的活度与内参比溶液及外部待测溶液中 Ca^{2+} 的活度不同，分别在内外两个膜界面发生交换，最终达到平衡。这样在内外两界面上都发生电荷分离，产生了各自的相间电位，以及形成了横跨液膜的膜电位，如图 11.7 所示。此膜电位与试液中的离子活度之间有如下关系：

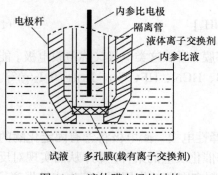

电极杆

内参比电极

隔离管

液体离子交换剂

内参比液

试液 多孔膜(载有离子交换剂)

图 11.6 液体膜电极的结构

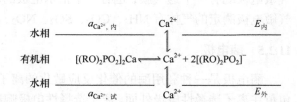

水相 ———— $a_{Ca^{2+}, 内}$ ———— Ca^{2+} ———————— $E_{内}$

有机相 $[(RO)_2PO_2]_2Ca \rightleftharpoons Ca^{2+} + 2[(RO)_2PO_2]^-$

水相 ———— $a_{Ca^{2+}, 试}$ ———— Ca^{2+} ———————— $E_{外}$

图 11.7 钙电极响应机制示意图

$$E_{膜}=K+\frac{RT}{2F}\ln a_{Ca^{2+}} \tag{11.12}$$

钙电极的流动载体带负电，属于负电荷流动载体电极。钙电极的响应符合能斯特方程，线性范围为 $10^{-1}\sim10^{-5}$ mol·L^{-1}，适用的 pH 为 5～11。钙电极的选择性好，Na$^+$ 和 K$^+$ 浓度超过 Ca^{2+} 浓度的 1000 倍也不产生干扰。

此外，流动载体也可以是带正电荷的离子或中性的分子。流动硝酸根电极是正电荷流动载体电极，它以季铵硝酸盐的邻硝基苯十二烷醚溶液为液体离子交换剂，以季铵离子为流动载体。某些大环聚醚化合物如二甲苯并-30-冠-10 为流动载体的钾电极是典型的中性流动载体电极。

11.2.4　气敏电极

气敏电极是对某些气体响应的电极。气敏电极一般由透气膜、内充液、指示电极及参比电极四部分组成，如图 11.8 所示，它实质是一个原电池。氨电极是一种成熟的气敏电极，该电极的指示电极为平头 pH 玻璃电极，参比电极为 Ag|AgCl 电极，内充液是 0.1 mol·L^{-1} 的 NH$_4$Cl 溶液。透气膜是一种憎水性的聚四氟乙烯微孔膜。测定试液中的铵离子时，向试液中加入强碱使铵离子转化为氨。生成的氨靠扩散作用通过透气膜进入内充液，并建立如下平衡：

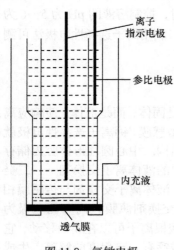

图 11.8　气敏电极

$$NH_3 + H_2O \Longrightarrow NH_4^+ + OH^-$$

因而有

$$K = \frac{[NH_4^+][OH^-]}{[NH_3]}$$

由于内充液中 NH$_4^+$ 浓度很大，NH$_3$ 水解产生的 NH$_4^+$ 可以忽略，溶液中的[NH$_4^+$]可视为定值，故上式可写成

$$[OH^-] = K_1[NH_3]$$

当通过透气膜的扩散达到平衡时，试液与内充液中 NH$_3$ 浓度相同，所以上式中 NH$_3$ 浓度在平衡时即为待测试液中 NH$_3$ 浓度。pH 玻璃电极响应内充液中的 OH$^-$，因而也可以间接地响应试液中的 NH$_3$。原电池的电动势与试液中 NH$_3$ 浓度有如下关系：

$$E = K - \frac{RT}{F}\ln[NH_3] \tag{11.13}$$

气敏电极既有一个透气膜，也有一个指示电极的敏感膜，所以这类电极又称覆膜电极。能够用气敏电极测定的气体有 NH$_3$、CO$_2$、SO$_2$、NO$_2$、H$_2$S、HCN、HF、Cl$_2$、Br$_2$(g) 和 I$_2$(g) 等。

11.2.5　酶电极

酶电极是一种利用酶的催化反应敏化的离子选择性电极。酶电极将含有固定化酶的胶层包覆在离子选择性电极外面。离子选择性电极响应酶催化反应的某种产物，从而实现对反应物的测定。例如，测定脲的电极是一种典型的酶电极。脲在脲酶的作用下分解生成铵根离子，再被铵根离子选择性电极所响应，从而间接测出脲的含量。又如，利用葡萄糖氧化酶催化葡萄糖生成过氧化氢，Mo(Ⅵ)催化过氧化氢定量地与碘离子反应生成碘单质。通过对碘单质的测量推算葡萄糖的含量，最终可实现使用碘离子电极间接地测定葡萄糖。

在酶电极中，酶具有很高的选择性，因此该类电极的选择性很高。但是酶也容易失活，电极很不稳定，寿命较短。目前，已见报道的利用不同的生物酶构建的酶电极测定的生物分子包括葡萄糖、脲、胆固醇、L-谷氨酸和 L-赖氨酸等。

11.3　直接电位法

11.3.1　直接电位法基本原理

直接电位法是将指示电极和参比电极插入被测溶液中构成原电池，根据原电池的电动势与被测离子活度间的函数关系直接测定离子活度，进而计算离子浓度的方法。由于直接电位法使用的指示电极为离子选择性电极，因此也称为离子选择性电极法。

在电位分析中，离子选择性电极与参比电极组成原电池，其电动势为

$$E = K \pm \frac{RT}{nF}\ln a \tag{11.14}$$

式中，"±"由离子的电荷性质决定。阳离子取"+"号，阴离子取"−"号。在 298 K 时，该式可改写为

$$E = K \pm \frac{0.059}{n}\lg a \tag{11.15}$$

将测得的电池电动势 E 对 $\lg a$ 作图可得到如图 11.9 所示曲线。符合式(11.15)的离子活度范围称为电极的线性响应范围(图 11.9 中的 AB 部分)。在此范围内，E 与 $\lg a$ 呈线性关系。直线 AB 部分的斜率即为电极的响应斜率。当斜率与理论值一致时，就称电极具有能斯特响应。由图 11.9 可见，当离子活度低至一定程度时，E 与 $\lg a$ 偏离线性关系。在响应曲线偏离直线 18/n mV(298 K)处，对应的离子活度称为离子选择性电极的检出限(图中的 DL 点)。离子选择性电极的检出限主要受膜材料在水中溶解度的影响。膜材料的溶解度越小，检出限越低。另外，检出限还与电极膜表面的光洁度有关，表面光洁度越高，检出限越低。例如，粗糙表面的

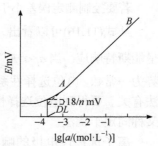

图 11.9　离子选择性电极的标准曲线及检出限

氟离子选择性电极的检出限为 1×10^{-5} mol·L^{-1}，抛光后可达 1×10^{-6} mol·L^{-1}。

从式(11.14)可以看出，能斯特响应斜率仅仅是温度的函数，即温度恒定斜率即为常数。然而，离子选择性电极的实际响应斜率与理论斜率不同。例如，对于市售的 pH 计，仪器响应斜率是按照方程式中的理论斜率(59 mV)设计的，因此在测定实际样品溶液的 pH 时就会产生一定的误差。为了解决这个问题，通常在对未知样品进行测定前选用两个标准溶液校准仪器的斜率。一般先以 pH 6.86 或 pH 7.00 的标准溶液进行定位校准，然后根据测试溶液的酸碱情况，选用 pH 4.00(酸性)或 pH 9.18(碱性)缓冲溶液进行斜率校正。

各种离子选择性电极并不是指定离子的专属性电极，它不但对指定离子有响应，而且对共存的其他离子也可能有一定的响应。将 i 离子电极插入 i 离子和 j 离子共存的溶液中，i 离子电极的膜电位可表示为

$$E = K \pm \frac{RT}{nF}\ln(a_i + K_{i,j}^{\text{pot}} \cdot a_j^{n_i/n_j}) \tag{11.16}$$

式中，a_i 和 a_j 分别为 i 离子和 j 离子的活度；n_i 和 n_j 分别为两种离子的电荷数；$K_{i,j}^{pot}$ 为电位选择性系数。式中的"±"取决于离子的电荷性质。电位选择性系数 $K_{i,j}^{pot}$ 是离子选择性电极对指定离子选择性好坏的量度，其数值为在相同条件下能产生相同电位响应的被测离子活度 a_i 与共存离子活度 a_j 的比值：

$$K_{i,j}^{pot} = \frac{a_i}{a_j^{n_i/n_j}} \tag{11.17}$$

如果两种离子均为一价离子，且 i 离子选择性电极的 $K_{i,j}^{pot}$ 为 0.01，则表示 j 离子的活度 a_j 是 i 离子活度 a_i 的 100 倍时，两者在 i 离子选择性电极上会产生相同的电位响应，即电极对 i 离子的响应比对 j 离子敏感 100 倍。可以看出，$K_{i,j}^{pot}$ 越小，电极对 i 离子的选择性越好，共存 j 离子的干扰越小。利用电位选择性系数可以估计干扰离子存在所造成的测定误差。

$$相对误差 = K_{i,j}^{pot} \cdot \frac{a_j^{n_i/n_j}}{a_i} \tag{11.18}$$

例如，钙离子选择性电极对 Ba^{2+} 的电位选择性系数为 1.0×10^{-4}。当钙电极测定活度为 1.0×10^{-3} $mol \cdot L^{-1}$ 的 Ca^{2+} 时，共存 1.0 $mol \cdot L^{-1}$ 的 Ba^{2+} 引起的误差为

$$相对误差 = K_{Ca,Ba}^{pot} \cdot \frac{a_{Ba}^{2/2}}{a_{Ca}} = 10\%$$

若要控制测定误差小于 5%，从上式也可计算出溶液中的 Ba^{2+} 浓度不能超过 0.5 $mol \cdot L^{-1}$。

从式(11.16)可以看出，只有当 $a_i \gg K_{i,j}^{pot} \cdot a_j^{n_i/n_j}$ 时，电动势由 a_i 项决定，电极对待测离子 i 呈能斯特响应。当 $a_i \ll K_{i,j}^{pot} \cdot a_j^{n_i/n_j}$ 时，电动势与干扰离子活度相关，如果 a_j 固定不变，则电动势为一常数。电位选择性系数是离子选择性电极的重要特性参数，其数值与实验条件和测定方法有关。要得到电位选择性系数的准确值则应进行实际测定，常用的测定方法是混合溶液法，又称固定干扰法。

离子选择性电极的响应时间是指从离子选择性电极和参比电极一起接触试液的瞬间开始，直到电动势稳定在 1 mV 以内所需的时间。电极响应的时间长短取决于敏感膜的性质，也与被测离子浓度、干扰离子的浓度及被测离子到达电极表面的速度有关。被测离子浓度高时，响应较快；有干扰离子存在时响应较慢，加快搅拌速度可以缩短响应时间。

11.3.2 直接电位法的分析方法

1. 单标准比较法

根据电位分析的原理和方法，以 pH 玻璃电极为正极，饱和甘汞电极(SCE)为负极组成如下原电池：

pH 电极(玻璃膜|0.1 $mol \cdot L^{-1}$ HCl，AgCl|Ag)|待测溶液‖SCE

原电池电动势为

$$E = K' + 0.059\,pH \tag{11.19}$$

在实际工作中，溶液的 pH 通过与标准缓冲溶液的 pH 相比较而确定。对于标准缓冲溶液和待测溶液

$$E_s = K' + 0.059\,pH_s$$

$$E_x = K' + 0.059\,pH_x$$

式中，pH_s 和 E_s 分别为标准缓冲溶液的 pH 和所测得的电动势；pH_x 和 E_x 分别为待测溶液的 pH 和所测得的电动势。比较以上两式可得

$$pH_x = pH_s + \frac{E_x - E_s}{0.059} \tag{11.20}$$

根据式(11.20)，利用已知 pH 的标准缓冲溶液校准 pH 计后，即可直接测定溶液的 pH。溶液 pH 测定结果的准确度虽然取决于标准缓冲溶液 pH 的准确度，但是也受到残余液接电位的影响。因此，测定时使用的标准缓冲溶液的 pH 应尽量与待测溶液的 pH 接近，以减小这种影响。pH 测定的绝对误差一般在 0.02 左右。

2. 标准曲线法

标准曲线法是离子选择性电极法常用的定量分析方法，依据的关系式是

$$E = K \pm \frac{RT}{nF}\ln a_i \tag{11.21}$$

式中，a_i 为被测离子的活度，与该离子浓度 c_i 的关系是

$$a_i = \gamma_i c_i \tag{11.22}$$

式中，活度系数 γ 的数值取决于溶液的离子强度。如果控制离子强度不变，将式(11.22)代入式(11.21)，合并常数项，则可得到浓度测量的定量关系式

$$E = K' \pm \frac{RT}{nF}\ln c_i \tag{11.23}$$

用标准系列溶液绘制 $E\text{-}\lg c_i$ 的标准曲线，然后利用此标准曲线进行离子浓度的测定。但该定量过程的前提条件是标准系列溶液和待测试液具有相同的离子强度。因此，使用标准曲线法必须有效地控制离子强度。常用的方法是加入大量的惰性电解质，称为离子强度调节剂(ISA)。在实际测定中，为了满足测定条件，往往还需要加入适当的缓冲溶液以控制溶液的 pH。同时，为了消除干扰，常常还需要加入掩蔽剂。为了方便起见，常将离子强度调节剂、缓冲溶液和掩蔽剂预先混合在一起，这种混合溶液称为总离子强度调节缓冲剂(TISAB)。

总离子强度调节缓冲剂的组成根据离子选择性电极的性质和试液的情况而定。例如，用氟离子选择性电极测定水样中的氟离子时，所用的 TISAB 的组成为 0.1 mol · L^{-1} NaCl、1 mol · L^{-1} 乙酸盐缓冲溶液和 0.001 mol · L^{-1} 柠檬酸钠。其中 NaCl 的作用是控制离子强度；乙酸盐缓冲溶液的作用是调控溶液的 pH 在 5.5 左右；柠檬酸钠的作用是掩蔽 Fe^{3+} 和 Al^{3+} 等金属离子。

标准曲线法准确度较高，适用于批量样品的分析。

3. 标准加入法

标准曲线法要求标准系列溶液与待测试液具有接近的离子强度和组成，否则会因活度系数不同而引起误差。若采用标准加入法，则可在一定程度上降低这种误差。

1) 一次标准加入法

标准加入法是将一定体积的标准溶液加入到已知体积的待测试液中，根据加入标准溶液前后所测得电池电动势的变化计算溶液中被测离子浓度的方法。设试液的体积为 V(mL)，浓度为 c_x(mol · L^{-1})，直接测得该待测试液的电动势 E_x：

$$E_x = K \pm \frac{RT}{nF}\ln \gamma_1 c_x \tag{11.24}$$

然后加入小体积(约为试液体积的 1%)浓度为 c_s(约为 c_x 的 100 倍)的待测离子标准溶液,搅拌均匀后,再测量电池电动势 E_{x+s}

$$E_{x+s} = K \pm \frac{RT}{nF} \ln \gamma_2 (c_x + \Delta c) \tag{11.25}$$

式中,Δc 为加入标准溶液后导致待测溶液浓度的增值。

$$\Delta c = \frac{V_s c_s}{V_x + V_s}$$

式(11.25)–式(11.24)得

$$\Delta E = \pm \frac{RT}{nF} \ln \frac{\gamma_2 (c_x + \Delta c)}{\gamma_1 c_x} \tag{11.26}$$

由于 $V_s \ll V_x$,试样溶液加入标准溶液前后的活度系数和自由离子分数都基本保持恒定,即 $\gamma_1 \approx \gamma_2$。

$$\Delta E = \pm \frac{RT}{nF} \ln \frac{c_x + \Delta c}{c_x} \tag{11.27}$$

令 $S = \pm (2.303 RT/nF)$,则

$$\Delta E = S \lg \frac{c_x + \Delta c}{c_x} \tag{11.28}$$

此式可进一步改写成

$$c_x = \Delta c (10^{\Delta E/S} - 1)^{-1} \tag{11.29}$$

只要测得原溶液和加入标准溶液后的电动势差值 ΔE,就可以由式(11.29)求得待测离子的浓度。

本法的优点是仅需加入一次标准溶液,不需要作标准曲线,操作比较简单。在有大量配位剂存在的体系中,该法是使用离子选择性电极测定离子总浓度的有效办法。

2) 连续标准加入法

连续标准加入法是在测量过程中连续多次加入标准溶液,根据一系列的 E 值对应的 V_s 值作图求得被测离子的浓度。方法的准确度较一次标准加入法更高,方法的原理如下:

将一次标准加入法的公式改写为

$$(V_x + V_s) 10^{E/S} = 10^{K/S} (c_x V_x + c_s V_s) \tag{11.30}$$

令 $10^{K/S} = K'$,得

$$(V_x + V_s) 10^{E/S} = K' (c_x V_x + c_s V_s) \tag{11.31}$$

在每次加入标准溶液后,测量电动势值,以 $(V_x + V_s) 10^{E/S}$ 为纵坐标、V_s 为横坐标作图,可得一直线,如图 11.10 所示。延长直线与横坐标交于一点,设此点的横坐标为 V_0,则有 $(c_x V_x + c_s V_s) 10^{K/S} = 0$。根据式(11.31)可得

$$K' (c_x V_x + c_s V_s) = 0$$

由此可求得

$$c_x = \frac{c_s V_0}{V_x} \tag{11.32}$$

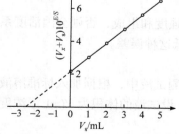

图 11.10 连续标准加入法计算图

为了避免计算 $(V_x + V_s) 10^{E/S}$ 的麻烦,可使用一种专用的半反对数坐标纸——格氏作图纸作图。这种作图纸的纵坐标为 E,

横坐标为 V_s，这样就把式(11.31)的 $(V_x+V_s)10^{E/S}$ 与 V_s 的线性关系转变为 E 与 V_s 的线性关系，而且已做了体积校正，使用起来比较方便，结果也比较准确，这种方法也称为格氏作图法。

4. 测量误差

对离子选择性电极测量有影响而导致误差的因素很多，包括离子选择性电极的性能、参比电极、测量体系，以及溶液组成和温度等，但最终都反映在电动势测量的误差上。电动势测量误差和浓度测定相对误差 $c/\Delta c$ 的关系可由能斯特方程式(11.23)导出

$$E = K' + \frac{RT}{nF}\ln c$$

将上式微分得

$$dE = \frac{RT}{nF}\frac{dc}{c} \tag{11.33}$$

若测量误差很小，则可认为 $dE \approx \Delta E$，$dc \approx \Delta c$，于是有

$$\Delta E = \frac{RT}{nF}\frac{\Delta c}{c} \tag{11.34}$$

在 T=298 K 时，

$$\Delta E = \frac{0.2568}{n}\frac{\Delta c}{c} \times 100 \text{ mV} \tag{11.35}$$

$$相对误差(\%) = \frac{\Delta c}{c} \times 100 = \frac{n\Delta E}{0.2568} \approx 4n\Delta E \tag{11.36}$$

由式(11.36)可以看出，离子选择性电极测量的相对误差与试液的浓度无关，在电动势测量误差一定时，相对误差与离子的电荷数有关。如果电动势误差 $\Delta E = 1\text{ mV}$(这是通常测定时的情况)，一价离子测定的相对误差约为 4%，二价离子约为 8%，三价离子约为 12%。可见测定的相对误差比较大，而且离子的价数越高，测定的相对误差就越大。因此，离子选择性电极法不适用于常量组分的测量，只能用于微量组分的测定。

11.4　电位滴定法

11.4.1　电位滴定法基本原理

电位滴定法是利用电极电势的突跃来确定终点的一种滴定分析方法，这种方法的准确度与基于指示剂指示滴定终点的滴定分析方法相当，但不受试液颜色、浑浊及缺乏合适指示剂等因素的限制，而且容易实现自动化。

电位滴定法与直接电位法一样，以指示电极、参比电极及待测试液组成测量原电池。电位滴定装置如图 11.11 所示。随着滴定剂的加入，由于发生化学反应，待测离子或与之相关的离子的浓度不断发生变化，指示电极电势也随之发生改变，最终表现在所用电极所测得该原电池电动势的改变。在化学计量点附近发生电势的突跃，确定滴定终点。由此可见，电位滴定法与直接电位法也有不同之处，直接电位法通过能斯特方程来定量被测物质，而电位滴定法是以测量电势的变化情况为基础。与普通滴定分析相同，电位滴定法依赖于物质相互反应量的关系。电位滴定法比直接电位法更准确，但费时较多。

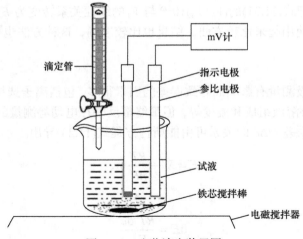

图 11.11　电位滴定装置图

进行滴定时，每加一次滴定剂，测量一次指示电极的电势。这样就得到一系列滴定剂用量 V 和相应电极电势 E 的数据，根据这些数据即可确定滴定终点。电位滴定法通则规定了通过测量电极电势来确定滴定终点的方法，适用于酸碱滴定、沉淀滴定、氧化还原滴定和非水滴定。特别适用于浑浊、有色溶液的滴定及缺乏合适指示剂的滴定。

11.4.2　电位滴定法的分析方法

在工业用碳酸氢铵的测定方法中，常采用电位滴定法来测定其中的氯化物含量：在丙酮或乙醇的酸性溶液中，以银离子、氯离子选择性电极或银-硫化银电极为测量电极，甘汞电极为参比电极，用硝酸银标准溶液滴定，根据电势突跃确定终点。确定滴定终点的方法有作图法和计算法两种，其中作图法包括 E-V 曲线法、$\Delta E/\Delta V$-V 曲线法(一阶微商法)和$\Delta^2 E/\Delta V^2$-V 曲线法(二阶微商法)。现以 $0.1\ \mathrm{mol\cdot L^{-1}} AgNO_3$ 标准溶液滴定 NaCl 溶液所得的数据予以说明。

1. E-V 曲线法

以电势值 E(mV)为纵坐标，加入滴定剂的体积 V(mL)为横坐标，绘制电势滴定曲线，曲线拐点所对应的体积为化学计量点，如图 11.12(a)所示。

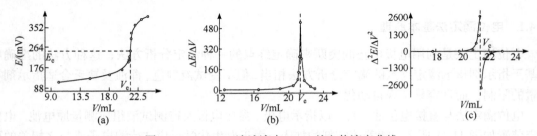

图 11.12　$AgNO_3$ 溶液滴定 NaCl 的电势滴定曲线

(a) E-V 曲线；(b) $\Delta E/\Delta V$-V 曲线；(c) $\Delta^2 E/\Delta V^2$-V 曲线

2. $\Delta E/\Delta V$-V 曲线法

$\Delta E/\Delta V$-V 曲线法又称为一阶微商法。以一阶微商 $\Delta E/\Delta V$ 为纵坐标，V 为横坐标作图，得尖峰状极大的曲线(一阶微商曲线)，曲线极大值所对应的体积 V 即为滴定终点，如图 11.12(b)所示。用此法作图确定终点较为准确，但手续较繁，且极大值处是通过实验数据点的连接线外推得到，存在一定的误差。

3. 二阶微商法

作图法求终点既费时又不准确，因此常用二阶微商法计算滴定终点。在符号由正(V_1)变负(V_2)的两个$\Delta^2E/\Delta V^2$之间，必然有$\Delta^2E/\Delta V^2=0$的一点，该点所对应的滴定剂体积即为终点，如图 11.12(c)所示。计算方法如下：首先分别计算出 V_1 和 V_2 对应的$\Delta^2E_1/\Delta V_1^2$ 和$\Delta^2E_2/\Delta V_2^2$；既然二阶微商等于零处为终点，那么滴定终点应在 V_1 和 V_2 之间。滴定剂体积从 V_1 增加到 V_2，对应的$\Delta^2E/\Delta V^2$ 变化值$\Delta=\Delta^2E_1/\Delta V_1^2-\Delta^2E_2/\Delta V_2^2$。设滴定剂消耗体积为($V_1+\Delta V$)mL 时，$\Delta^2E/\Delta V^2=0$ 即为终点，则

$$(V_2-V_1) : \Delta = \Delta V : \frac{\Delta^2 E_1}{\Delta V_1^2 - 0} \tag{11.37}$$

以此可以计算终点滴定剂所需体积为 $V=V_1+\Delta V$，与滴定终点相对应的终点电势也可以此计算得到。电位滴定也常应用滴定至终点电势的方法来确定终点，自动电位滴定法就是根据这一原理设计。终点电势应预先由实验得到，如上所示，不能根据标准电极电势进行计算。

11.4.3　电位滴定法的应用

电位滴定法依据滴定过程中电势的变化，特别是化学计量点前后电势的变化来确定滴定终点。相较于传统的指示剂法指示终点更为客观，因此在许多情况下电位滴定更为准确。同时，对于一些特殊的溶液，如有色、浑浊，甚至不透明，严重影响分析测试人员观察指示剂颜色的变化时，甚至根本不能找到合适的指示剂指示滴定终点时，也可以尝试使用电位滴定来完成，因此它的应用范围较传统滴定法更加广泛。

1. 酸碱滴定

一般酸碱滴定都可以采用电位滴定法。传统指示剂法确定终点时，通常要求在化学计量点附近至少有 2 个 pH 单位的突跃，才能观察出指示剂颜色的明显变化。因此，指示剂法测定弱酸、弱碱，以及多元酸(碱)或混合酸(碱)时，通常会遇到滴定终点判断困难的问题。但如果使用电位滴定法确定终点，pH 计较灵敏，化学计量点附近 pH 变化不到一个单位也能觉察到，大大拓宽了滴定分析的应用范围。例如，在乙酸介质中用 $HClO_4$ 滴定吡啶。此外，在非水溶液的酸碱滴定中，电位滴定法是基本的方法。例如，乙醇介质中用 HCl 溶液滴定三乙醇胺，在丙酮介质中滴定 $HClO_4$、HCl 和水杨酸混合物。

2. 氧化还原滴定

在氧化还原滴定中，指示剂法准确滴定的要求是滴定反应中，氧化剂和还原剂的标准电势之差 $\Delta\varphi\geqslant0.36$ V($n=1$)，而电位滴定法中只需 $\Delta\varphi\geqslant0.2$ V，应用范围更广。氧化还原滴定都能使用电位滴定法确定终点。例如，使用 $KMnO_4$ 标准溶液滴定 I^-、NO_3^-、Fe^{2+}、V^{4+}、Sn^{2+}、$C_2O_4^{2-}$ 等；使用 $K_2Cr_2O_7$ 标准溶液滴定 I^-、Fe^{2+}、Sn^{2+}、Sb^{3+}等。

3. 配位滴定

传统的配位滴定中，准确滴定的要求是滴定反应生成配合物的稳定常数 $K_稳\geqslant6$，而电位滴

定法可用于稳定常数更小的配合物。同时，在滴定过程中，若共存杂质离子对所用金属指示剂有封闭、僵化作用而使滴定难以进行，或需要自动滴定时，利用电位滴定法确定滴定终点是一个好的选择。例如，以 EDTA 为标准溶液，选择汞电极为指示电极，在滴定溶液中加入少量 Hg^{II}-EDTA，可滴定 Cu^{2+}、Zn^{2+}、Ca^{2+}、Mg^{2+}、Al^{3+}等多种金属离子。此外，配合滴定的终点也可用离子选择性电极来确定。例如，以氟离子选择性电极为指示电极可以用氟化物滴定 Al^{3+}；EDTA 滴定 Ca^{2+}时，可以选用钙离子选择性电极为指示电极。

4. 沉淀滴定

利用电位滴定法指示沉淀滴定的终点时，指示电极的选择取决于沉淀反应的类型。例如，以银电极为指示电极，可利用 $AgNO_3$ 标准溶液滴定 Cl^-、Br^-、I^-、SCN^-、S^{2-}、CN^-等，且可根据卤化银溶解度的巨大差异进行分级沉淀，连续滴定 Cl^-、Br^-、I^-；以汞电极为指示电极，可利用 $Hg(NO_3)_2$ 标准溶液滴定 Cl^-、Br^-、I^-、SCN^-、S^{2-}和 $C_2O_4^{2-}$ 等；以铂电极为指示电极，可利用 $K_4[Fe(CN)_6]$标准溶液滴定 Pd^{2+}、Cd^{2+}、Zn^{2+}和 Ba^{2+}等。此外，选择参比电极时需考虑内参比液的漏出是否影响滴定，如甘汞电极中的 Cl^-会对 Cl^-的测定产生干扰，因此需要选择双盐桥甘汞电极，利用硝酸钾盐桥将试液与甘汞电极隔开。

11.5　电位分析法的应用和未来发展

电位分析法是通过测量原电池(由指示电极和参比电极组成)的电动势来确定指示电极的电势。其中直接电位法则是根据能斯特方程由所测得的电极电势值计算出被测物质的含量。例如，利用玻璃电极测定溶液 pH，氟离子选择性电极测定牙膏、自来水和磷酸中的氟离子等，其中最典型的应用就是利用 pH 电位计测定水溶液的 pH。如前文所述，以玻璃电极作指示电极，饱和甘汞电极作参比电极，选用已经确定 pH 的标准缓冲溶液进行比较而得待测溶液的 pH，如式(11.19)。通常，实际的应用中常把玻璃电极和参比电极结合在一起组成 pH 复合电极。测定 pH 的仪器 pH 计就是按照上述原理设计制作的。实际测定方法有单标准 pH 缓冲溶液法和双标准 pH 缓冲溶液法，后者具有更高的准确度。同时，标准缓冲溶液的 pH 的可靠性是准确测量溶液 pH 的关键。目前，我国所建立的 pH 标准溶液体系有 7 个缓冲溶液。单标准 pH 缓冲溶液法测量溶液 pH 时，一般要求待测溶液的 pH 与标准缓冲溶液的 pH 之间小于 3 个 pH 单位。首先测量标准缓冲溶液的 pH，调节 pH 计读数为该溶液的标准 pH，以此校正仪器后再测量未知样品溶液。为了获得更高精度的 pH，通常选用双标准 pH 缓冲溶液校正仪器。首先，测量其中一个标准缓冲溶液对仪器进行定位；再选用另一个标准缓冲溶液调节斜率，使仪器显示的 pH 读数为该标准溶液的 pH；最后，对未知样品进行测定，但要求未知样品溶液的 pH 尽可能落在这两个标准 pH 溶液的 pH 之间。例如，可选用混合磷酸盐标准缓冲溶液 pH 6.86(0.025 mol · L^{-1}，298 K)进行定位，再选用硼砂标准缓冲溶液 pH 9.18(0.01 mol · L^{-1}，298 K)或邻苯二甲酸氢钾标准溶液 pH 4.00(0.05 mol · L^{-1}，298 K)校正斜率，可分别实现碱性或酸性未知样品溶液 pH 的高精度测定。例如，在地下水水质检验方法中，利用玻璃电极测定 pH 包括以下几个步骤：

(1) 配制 pH 标准缓冲溶液；

(2) 按照所选用的商用酸度计(pH 计)说明书要求，调好仪器；

(3) 根据室温设置温度，选用中性标准缓冲溶液，按照仪器要求进行"定位"校正仪器；

(4) 根据测定溶液的 pH 选择另一个标准缓冲溶液校正"斜率";

(5) 用待测样品润洗电极后再进行测定,可由仪器直接读出 pH。

注意事项:测定的精密度和准确度取决于所选用的仪器和电极的性能、标准缓冲溶液配制的准确度以及校正和操作的技巧等。

自 20 世纪初克雷默(Cremer)发现了玻璃膜两侧的电势与溶液中 H⁺活度有关的实验现象,基于离子选择性电极的电位分析测试技术诞生。但是玻璃和晶体膜材料电极在电极检测范围上受到严重限制,离子选择性电极的主要发展方向转向更具通用性和调控性的聚合物膜离子选择性电极领域。到 20 世纪 60 年代初期,经过几十年的发展,聚合物膜离子选择性电极实现了对上百种待测物的检测,并广泛应用于临床、环境与工业分析等领域。在离子选择性电极的制备过程中,通常以聚氯乙烯构建传感膜。为了提高离子选择性电极的分析特性和稳固性,科学家们研发了其他性能更优的传感基体,如含氟液膜、疏水或亲水的离子交换膜和双层膜等。此外,基于离子交换的纳米孔膜、离子液体分子印迹聚合物(molecular imprinted polymer, MIP)也被广泛应用于构建离子选择性电极的传感膜。其中,将具有特异性分子识别能力的分子印迹聚合物用于制备电位型传感器,集合了分子印迹和离子选择性电极两者的优点,该方法选择性好,易于小型化和自动化。另外,利用分子印迹聚合物制备的离子选择性电极的敏感膜在测定时,分析物不需要通过电极膜。根据文献报道,基于分子印迹的电位分析方法已被成功地应用于杀虫剂呋虫胺、1-己基-3-甲基咪唑、乙酰胆碱、乳酸、2-萘酸、牛磺酸、双酚 S 和双酚 AF 等物质的检测。但是,该敏感膜仍然存在检出限高和重复性不够理想等缺点。另外,为了扩大电位分析法的应用范围,也有研究人员将离子选择性电极的膜电位转化为其他电化学(如安培、库仑、计时电位和离子转移伏安)或光学(发光、比色)信号输出。这些设计不但可以使电位分析法能够获得更多的分析信息,也可以在一定程度上改善方法的可逆性、灵敏度和选择性等分析特性,为电位分析法的发展注入了新的活力。除此之外,发展微型化的离子选择性电极,如纸上和微流控电位分析装置、可穿戴的电位传感器、微型化的 pH 传感器、离子选择微电极和离子选择场效应晶体管等也是电位分析传感技术的一个重要发展方向。

【拓展阅读】

用于活体检测的新型电化学传感器

离子选择性电极除了常用于测定自来水、废水、矿物、土壤中的 Na^+、K^+、Ca^{2+}、F^-、NO_3^-、H^+等外,在生化传感领域也有很多新的应用。最近,有研究提出一种可在活体动物脑内实现活体检测的新型电化学传感器,通过在阵列电极上电沉积导电聚合物,再修饰 K^+的敏感膜,形成 K^+选择性电极,其不受 pH 或 O_2 的干扰,可用于研究小鼠大脑皮层细胞外 K^+浓度的变化。还有一种可同时检测 NO 和 K^+的双电化学传感器,其由 Pt 和 Ag 的微盘电极构成,采用电镀法对 Pt 盘表面进行改性,再用氟化干凝胶进行包覆用于检测 NO,将 Ag 盘表面氧化成 AgCl,在硅烷化后涂覆 K^+选择性膜,该传感器可用于癫痫发作时脑内 NO 和 K^+的动态监测。

【参考文献】

高小霞等. 1986. 电分析化学导论[M]. 北京: 科学出版社.

赵丽君, 郑卫, 毛兰群. 2019. 离子选择性电极在脑神经化学活体分析中的研究进展[J]. 分析化学, 47: 1480-1491.

Anirudhan T S, Alexander S. 2015. Design and fabrication of molecularly imprinted polymer-based potentiometric sensor from the surface modified multiwalled carbon nanotube for the determination of lindane (γ-hexachlorocyclohexane), an organochlorine pesticide[J]. Biosensors and Bioelectronics, 64: 586-593.

Lindner E, Pendley B D. 2013. A tutorial on the application of ion-selective electrode potentiometry: An analytical method with unique qualities, unexplored opportunities and potential pitfalls; Tutorial[J]. Analytica Chimica Acta, 762: 1-13.

Zdrachek E, Bakker E. 2019. Potentiometric Sensing[J]. Analytical Chemistry, 91(1): 2-26.

【思考题和习题】

1. 电位分析法可分为哪几类？各有何特点？

2. 离子选择性电极共分为几类？试各举一例并画出结构示意图。

3. pH 玻璃电极膜电位是如何产生的？pH 测定的原理是什么？

4. 试解释下列术语：能斯特响应；检出限；响应时间；电位选择性系数 $K_{i,j}^{pot}$。

5. 一种离子选择性电极的电势与试液中 i、j 两种离子活度的关系为

$$E = K + \frac{2.303RT}{F} \lg\left(a_i + K_{i,j}^{pot} a_j\right)$$

   (1) 若电位选择性系数 $K_{i,j}^{pot} \ll 1$，该离子选择性电极主要响应的离子是什么？干扰离子是什么？

   (2) 若电位选择性系数 $K_{i,j}^{pot} \gg 1$，该电极主要响应离子是什么？干扰离子是什么？

   (3) 如果是 i 离子选择性电极，从电极对 i 离子的选择性考虑，$K_{i,j}^{pot}$ 应比较大还是比较小？

6. 用氟离子选择性电极测定自来水中氟离子含量时，为什么要加入 TISAB？其组成和作用是什么？

7. 晶体膜氯电极对 CrO_4^{2-} 的电位选择性系数为 $2×10^{-3}$。当用此氯电极测定 0.01 mol·L^{-1} 铬酸钾溶液中的 $5×10^{-4} \text{ mol·L}^{-1}$ 氯离子时，相对误差是多少？

8. 玻璃膜钠离子选择性电极对氢离子的电位选择性系数为 $1×10^{-2}$，当钠电极用于测定 $1×10^{-5} \text{ mol·L}^{-1}$ 钠离子时，要满足测定的相对误差小于 5%，则应控制试液的 pH 大于什么数值？

9. 某 pH 计，设计时指针每偏转一个 pH 单位，电势改变 60 mV。仪器无斜率补偿。现使用一支响应斜率为 50 mV/pH 的 pH 玻璃电极，以 pH 4.00 的标准缓冲溶液校正来测定 pH 3.00 的溶液，则测定结果的误差有多大？

10. 用镁离子选择性电极测镁时，测量电池为

镁离子选择性电极|Mg²⁺溶液 ‖ SCE

   对于浓度 $1.15×10^{-2} \text{mol·L}^{-1}$ 的镁标准溶液，测得其电动势为 0.275 V，测得某未知液的电动势为 0.412 V，计算未知液的 pMg 值。若电动势测量误差为 0.001 V，计算测得 Mg^{2+} 的活度范围。

11. 在干净烧杯中准确加入 100.0 mL 试液，插入铅离子选择性电极和一个参比电极，测得电池的电动势为 −0.2246 V。向试液中加入浓度为 $2×10^{-4} \text{mol·L}^{-1}$ 的 Pb^{2+} 标准溶液 1.0 mL，搅拌均匀后再测得电动势为 −0.2148 V。试计算原溶液中 Pb^{2+} 的浓度。

12. 将钙离子选择性电极和参比电极插入浓度为 0.010 mol·L^{-1} 的 Ca^{2+} 标准溶液中，以钙离子选择性电极作负极，测得电池的电动势为 0.250 V。用未知浓度的 Ca^{2+} 试液代替 Ca^{2+} 标准溶液，测得的电池电动势为 0.271 V。若两种溶液具有相同的离子强度，试计算试液中 Ca^{2+} 的浓度。

第 12 章　电解分析法与库仑分析法

【内容提要与学习要求】

　　本章主要介绍电解法的装置、电解法与库仑分析法的原理及分析方法和应用,要求学生熟悉法拉第定律,理解分解电压和析出电位的概念,能判断电解时离子的析出次序;掌握恒电流电解法和控制电位电解法的原理及应用;掌握控制电位库仑分析法及库仑滴定法的原理及应用,能进行相关的计算。

　　电解法是出现较早的电化学分析方法。给电解池加上一直流电压,使电流通过溶液,在两电极上便发生电极反应而引起物质的分解,称为电解。进行电解反应时,在电极上析出物质的质量与溶液中通过电量的关系,可用法拉第(Faraday)定律表示如下:

$$m = \frac{M}{n} \cdot \frac{Q}{96485} = \frac{M}{n} \cdot \frac{it}{96485} \tag{12.1}$$

式中,m 为电解时在电极上析出物质的质量,g;M 为析出物质的摩尔质量,$g \cdot mol^{-1}$;n 为电解反应时转移的电子数;Q 为通过的电量,C;i 为电解时的电流,A;t 为电解时间,s;$96485\,C \cdot mol^{-1}$ 为法拉第常量。可见在电极上发生反应的物质的质量与该物质的 M/n 和通过电解池的电量成正比。因此,通过称量电解得到的沉积物(在阴极上电还原产生的金属,或是阴离子在阳极上氧化产生的氧化物或盐)的质量来计算被测组分含量的方法称为电解分析法,也称电重量分析法。电解分析法主要适用于含量较高的组分的分析测定。由于计算不涉及电解过程中所消耗的电量,所以在电解分析法中不要求电流效率一定等于 100%。电解分析法定量准确,如锌及锌合金中铜含量的测定,国标法就是采用的电解分析法。库仑分析法则是通过测量电解完全时所消耗的电量,然后根据式(12.1)计算被测物质含量的方法,也称电量分析法。

　　在应用中,电解分析法和库仑分析法都不需要基准物质或标准溶液,是一种绝对分析方法,这也是其特色所在。库仑分析法省去了电解分析法中的洗涤、干燥及称量等步骤,操作更简便;对于非沉积性的电解产物也可以测定;现代测量技术可以精确地测量微小的电流,这使库仑分析法的灵敏度和精确度均较高,可以测定含量低至 $10^{-6}\,mol \cdot L^{-1}$ 左右的物质,误差约 1%。

12.1　电解分析法

12.1.1　电解分析法原理

　　1. 分解电压和析出电位

　　图 12.1(a)为电解装置示意图,当在电解池的两级施加很小的电压时,几乎没有电流通过溶液。调节电阻(R)使外加电压逐渐升高,则电流略有增加,见图 12.1(b)。当电压达到某一定值时,如图 12.1(b)中的 D 点,通过电解池的电流明显增大,两电极上产生连续不断的电极反应,之后电流随电压增加而直线上升。被电解的物质在两极上迅速产生连续不断的电极反应时

所需的最小外加电压，即为分解电压。图 12.1(b)中 D 点所对应的电压就是分解电压。对可逆过程来说，电解物质的分解电压在数值上等于它本身所构成的原电池的电动势。在电解池中，这个电动势称为反电动势，其方向与外加电压的方向相反，它阻止电解的进行，只有当外加电压能克服反电动势时，电解才会发生。

例如，将两个铂电极插入硫酸铜溶液中，接通直流电源，并使外加电压达到分解电压，这时会有极少量的铜和氧气分别在阴极和阳极析出。一旦阴极上有少量铜附着，阳极上吸附了少量的氧，就形成了由铜电极和氧电极组成的自发电池，产生反电动势，阻止电解反应的继续进行。只有外加电压能克服反电动势时，电解才能进行。外加电压($E_{外}$)与分解电压($E_{分}$)、反电动势($E_{反}$)、电解电流(i)、回路中的总电阻 R 具有下列关系：

$$E_{分} = E_{反}$$
$$E_{外} - E_{分} = iR \tag{12.2}$$

事实上，分解电压不仅包括理论分解电压、电解回路的 iR 降，还包括极化产生的超电势及液体接界电位等。实际工作中，多不用分解电压，而用析出电位。在电解池中加入一个参比电极，如图 12.2(a)所示，在改变外加电压的同时，测量通过电解池的电流与阴极电势的关系，得到如图 12.2(b)所示的析出电位曲线。与图 12.1(b)类似，只有电势达到某一定值时，电流才随外加电压的增加而显著增大，图 12.2(b)中 D′点所对应的电势即为析出电位。对于可逆过程来说，某一物质的析出电位等于其平衡时的电极电势。

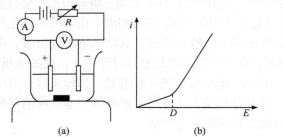

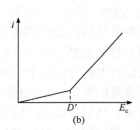

图 12.1　(a) 电解装置示意图；(b) 分解电压　　　图 12.2　(a) 带阴极电势测量的电解装置示意图；
　　　　　　　　　　　　　　　　　　　　　　　　　　　　　　　　(b) 析出电位曲线

仍以上述硫酸铜溶液的电解为例。当电解池接通外电源后，在铜电极上铜离子还原为金属铜析出，电极上的金属铜与溶液中的铜离子之间建立起电极反应的平衡：

$$Cu^{2+} + 2e^- \Longrightarrow Cu$$

其平衡电位为

$$E_{平} = E^{\ominus} + \frac{RT}{2F} \ln[Cu^{2+}]$$

若外加电压恰好使阴极电势 $E_{阴}$ 等于平衡电势 $E_{平}$，则电极反应处于平衡状态。若 $E_{阴}$ 比 $E_{平}$ 稍负一些，上述电极反应平衡被破坏，为了达到新的反应平衡，必须减小溶液中铜离子的浓度，使 $E_{平}$ 与 $E_{阴}$ 一致，即发生铜离子还原为金属铜的电极反应。所以，要使某一物质在阴极上连续不断地还原析出，阴极电势必须比析出电位负一些；同理，要维持连续不断的阳极反应，阳极电势应比析出电位正一些。阴极析出电位越正者，越易还原；阳极析出电位越负者，越易氧化。

由上可知，分解电压是针对整个电解池而言，析出电位则是相对电极而言的。对电化学分析来说，一般只需考虑某一工作电极的情况，因此析出电位更具有实际意义。

对于可逆过程来说，分解电压等于电解池的反电动势，而反电动势等于阳极平衡电位与阴极平衡电位之差，所以有

$$E_{分} = E_{析(阳)} - E_{析(阴)} \tag{12.3}$$

式中，$E_{析(阳)}$、$E_{析(阴)}$ 分别为阳极析出电位和阴极析出电位，也就是电极的平衡电位，可以用能斯特公式计算。

【例 12.1】　在 $1\ mol \cdot L^{-1}\ HNO_3$ 溶液中电解 $0.01\ mol \cdot L^{-1}\ AgNO_3$，计算其分解电压。

解　两电极上的反应分别为

阴极：　　　　　　　　　　　　　$Ag^+ + e^- \Longrightarrow Ag$

阳极：　　　　　　　　　　　$2H_2O \Longrightarrow 4H^+ + O_2 + 4e^-$

根据能斯特公式计算两电极上的析出电位，

$$E_{析(阴)} = E^{\ominus} + 0.059 \lg[Ag^+] = 0.799 + 0.059 \lg 0.01 = 0.68(V)$$

$$E_{析(阳)} = E^{\ominus} + 0.059 \lg\{[H^+]^4 \cdot p(O_2)/p^{\ominus}\} = 1.23 + 0.059 \lg 1 = 1.23(V)$$

$$E_{分} = E_{析(阳)} - E_{析(阴)} = 0.55(V)$$

事实上，由于存在电化学极化和浓差极化等现象，实际电势与它的可逆电势之间存在偏差，产生超电势 η。超电势的存在使电解时的实际分解电压大于理论计算值，式(12.3)应作相应的修正：

$$E_{分} = [E_{析(阳)} + \eta_{阳}] - [E_{析(阴)} + \eta_{阴}] \tag{12.4}$$

2. 电解时离子的析出次序及完全程度

电解法测定某一离子时，必须考虑共存离子的干扰。电解分析要求待测离子完全沉积在电极上，而其他离子不在电极上沉积。若待测离子沉积不完全会使测定结果偏低，若其他离子沉积在电极上则会使测定结果偏高，产生正误差。

假如有两种浓度相同的金属离子 A 和 B，A 的析出电位较正，先在电极上析出。随着 A 的不断析出，A 的浓度不断减小，阴极电势取决于 A 的浓度将不断变负。假设 A 离子被电解到只剩下原来浓度的 $1/10^6$ 时可认为电解完全，对于二价离子，这时的阴极电势将较开始时的析出电位负 0.18 V。若此时还未达到 B 离子的析出电位，则认为 B 离子没有析出，B 离子不会干扰 A 离子的测定。对于一价离子，当被电解到只剩下原来浓度的 $1/10^6$ 时，这时的阴极电势将较开始时的析出电位负 0.36 V，即两种一价离子析出电位相差 0.36 V 以上可认为不会产生干扰。例如，某待测试液中含有等浓度($0.1\ mol \cdot L^{-1}$)的 Cu^{2+} 和 Ag^+，以铂电极进行电解，Ag^+ 和 Cu^{2+} 的析出电位分别为

$$E_{Ag} = E^{\ominus}_{Ag^+/Ag} + 0.059 \lg[Ag^+] = 0.799 + 0.059 \lg 0.1 = 0.74(V)$$

$$E_{Cu} = E^{\ominus}_{Cu^{2+}/Cu} + \frac{0.059}{2} \lg[Cu^{2+}] = 0.35 + \frac{0.059}{2} \lg 0.1 = 0.32(V)$$

Ag⁺的析出电位较 Cu²⁺析出电位为正，故 Ag⁺先在阴极上析出。当电解进行到 Ag⁺浓度为原来的 $1/10^6$ 时，即[Ag⁺]= 10^{-7} mol·L⁻¹ 时，析出电位为

$$E_{Ag} = E_{Ag^+/Ag}^{\ominus} + 0.059 \lg[Ag^+] = 0.799 + 0.059 \lg 10^{-7} = 0.386(V)$$

因此，控制外加电压使阴极电势维持在+0.386 V 时，银离子可完全析出(浓度为 10^{-7} mol·L⁻¹)而铜离子不析出，实现了 Ag⁺与 Cu²⁺的分离。

Ag⁺与 Cu²⁺有较大的析出电位差，因此可以通过控制阴极电势实现分离。如果两种离子的析出电位接近，则不能通过控制阴极电势进行分离，它们共存时将彼此干扰，如电解锡（$E_{Sn^{2+}/Sn}^{\ominus} = -0.136$ V）和铅（$E_{Pb^{2+}/Pb}^{\ominus} = -0.126$ V）的混合溶液。

12.1.2 电解分析测试方法

1. 恒电流电解法

恒电流电解法是通过调节外加电压使电解在恒定电流条件下进行，然后称量电极上析出物质的质量进行分析的方法，也可用于分离。恒电流电解装置如图 12.3 所示。采用直流电源，施加在电解池上的电压通过可变电阻来调节，电解电流由电流表给出。将试液置于电解池中，阴极用铂网，阳极用螺旋的铂丝。随着电解的不断进行，被电解物质不断析出，电流随之降低。此时可增大外加电压，以保持电流恒定。

由于不要求严格控制外加电压，恒电流电解法仪器装置简单，方法准确度高。国标法关于锌及锌合金中铜含量的测定(GB/T 12689.4—2004)采用了恒电流电解法。合金用硝酸溶解，在硝酸和硫酸介质中于恒定电流下(2.0 A)电解，通过称量电解前后阴极的质量，计算合金中的铜含量。恒电流电解法的缺点是选择性不高，一般只适用于溶液中只含一种金属离子的情况，如钴、镍、锡、铅、锌、镉、汞、铋、铜及银等的分析测定。如果存在析出电位相差不大的两种或两种以上的金属，就会产生干扰。电解时，一般控制电流为 0.5~2 A。电流较小时，沉积更牢固均匀，但电解完全所需时间会增加。

2. 控制电位电解法

当溶液中有共存离子时，为了防止干扰离子在电极上共沉积，需仔细控制阴极或阳极电势在一定值的条件下进行电解。控制阴极电势电解装置示意图如图 12.4(a)所示。在电解池中插入

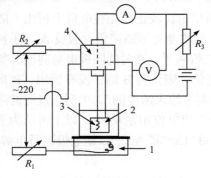

图 12.3　恒电流电解装置示意图

1. 加热器；2. 铂网阴极；3. 铂丝阳极；4. 搅拌马达；
R_1. 加热控制；R_2. 搅拌控制；R_3. 电解电流控制

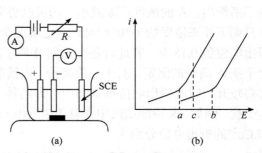

图 12.4　(a) 控制阴极电势电解装置示意图；(b) 控制阴极电势与析出电位的关系

参比电极(一般为甘汞电极)，它与阴极(工作电极)构成回路。在电解过程中，由电位计准确测出阴极电势，并通过变阻器 R 调节外加电压，使阴极电势保持在特定的数值或一定范围。此时只有一种离子在该电势下还原析出，其他离子留在溶液中，从而达到分离和测定的目的。在电解过程中，溶液中被测离子浓度不断降低，电流不断下降，当电流趋近于零时，电解完成。

随着电解的进行，溶液电导和 iR 会不断发生变化，以及超电势的存在等因素都使需要控制的阴极电势范围很难通过能斯特方程来计算。在实际操作中，首先在相同实验条件下分别获得两种金属离子的电解电流与阴极电势的关系曲线(i-E 曲线)，可得到分离这两种金属离子需控制的电势。例如，溶液中存在 A、B 两种金属离子，由实验得到它们的 i-E 曲线如图 12.4(b)所示，其中 a 为 A 离子的阴极析出电位，b 为 B 离子的阴极析出电位。控制阴极电势在 a 与 b 之间，如 c 点，这时 A 离子能在阴极上析出而 B 离子不能，以此达到分离的目的。控制电位电解法的主要特点是选择性好，可用于多种离子的分离测定(表 12.1)。另外，其准确度高，但电解时间较长，由于采用三电极体系，装置略显复杂。

表 12.1　控制电位电解法的一些应用

测定元素	共存元素
Ag	Cu 和碱土金属
Cu	Bi Pb Sb Sn Ni Cd Zn
Bi	Cu Pb Zn Sb Cd Sn
Sb	Pb Sn
Sn	Cd Zn Mn Fe
Pb	Cd Sn Ni Zn Mn Al Fe
Cd	Zn
Ni	Zn Al Fe

12.2　库仑分析法

库仑分析法是利用电解完全时所消耗的电量来计算被测物质含量的方法。库仑分析法要求电解过程中电流效率为 100%，且电极上不能发生副反应和次级反应。库仑分析法包括控制电位库仑分析法和控制电流库仑分析法。

12.2.1　控制电位库仑分析法

控制电位库仑分析法的仪器装置(图 12.5)与控制电位电解法类似，需控制电解过程中工作电极的电势为一恒定值。由于库仑分析法利用电解反应时通过电解池的电量来进行定量分析，故需要在电解电路中串联一个能精确测量通过电解池电量的库仑计。

常见的库仑计有重量库仑计如银库仑计，它是利用称量从硝酸银溶液中析出银的质量按式(12.1)来计算电量。重量库仑计精确度高，但不能直接给出读数，使用不够方便。气体库仑计是利用电解时产生的气体体积与电量的对应关系来测量电量，气体体积可以直接读数，使用方便。最常用的是氢氧库仑计，它准确度高(约±0.1%)，装置如图 12.6 所示，使用时与控制电位装置串联。它有一支刻度管，用橡胶管与电解管相连，电解管的底部焊接有两片铂电极，管外装有恒温水套。常用的电解液为 0.5 mol·L^{-1} K$_2$SO$_4$ 或 0.5 mol·L^{-1} Na$_2$SO$_4$ 溶液。当有电流流过时，阴极上析出氢气，阳极上析出氧气。电解前后刻度管中液面之差即为氢气和氧气的总体积。

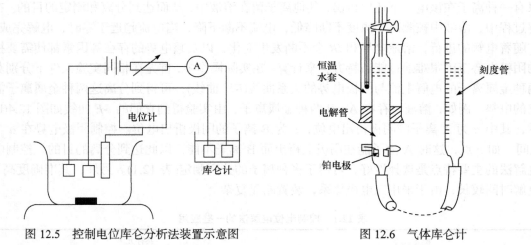

图 12.5　控制电位库仑分析法装置示意图　　　　图 12.6　气体库仑计

在标准状态下，每库仑电量析出 0.1742 mL 氢氧混合气体(指的是 0℃、101325 Pa 条件下；如果是常温 25℃，需进行校正)。设电解产生的氢氧混合气体体积为 V(mL)，根据式(12.1)可得

$$m = \frac{VM}{0.1742 \times 96485 \times n} = \frac{VM}{16807.7n} \qquad (12.5)$$

除银库仑计和氢氧库仑计外，还有电子积分库仑计(见本章【拓展阅读】)。库仑分析法要求电解过程中电极上不能发生其他副反应，但溶液中溶解氧及少量杂质的存在会产生额外的电极反应，使电流效率不能达到 100%。实际操作中，通常需要向溶液中通入惰性气体(氮气)以除去溶液中的溶解氧，有时整个电解过程都需在惰性气体保护下进行。消除电解液中可能存在的杂质的干扰可以通过先在较低的阴极电势条件下(一般比待测离子的析出电势负 0.3~0.4 V)进行预电解至电解电流降到一个很低的数值且基本不变，称为本底电流，此时将阴极电势调至待测离子所需的电势值，接通库仑计，加入一定量的试样溶液，再电解至本底电流，以库仑计测量整个电解过程所消耗的电量。如果溶液中还有较易还原的物质，可将阴极电势调至相应的数值，继续进行电解。通过控制合适的电势，可实现多种离子的连续测定，所以控制电位库仑分析法具有较高的选择性。由于库仑分析法不要求被测物质析出金属或难溶化合物，对电极反应产物不是固态的物质也可以测定，因此应用广泛，在无机物方面，可用于 50 多种元素的测定，也可用于有机物的分析。控制电位库仑分析法还可用于电极过程反应机理的研究，如确定电极反应中电子转移数目和分步反应情况等。

12.2.2　控制电流库仑分析法

控制电流库仑分析法又称库仑滴定法，建立在控制电流电解的基础上。通常，在试液中加入大量的某物质，以一定强度的恒定电流进行电解，使该物质在工作电极上发生氧化还原反应生成一种试剂，然后被测物质与生成的试剂发生定量反应。待被测物质反应完后，用适当的方法指示终点并立即停止电解。由电解进行的时间 t 及电流强度 i，可按法拉第定律[式(12.1)]计算出被测物质的质量。因此，控制电流库仑分析法又称为库仑滴定法。与一般的滴定分析法不同，库仑滴定法中滴定剂不是由滴定管加入，而是在恒电流条件下通过电解在试液内部产生。该法不仅可以测定能在电极上直接发生反应的物质，也可以测定在电极上不能发生反应的物质，且易达到 100% 电流效率。

例如，Fe^{2+} 的测定，Fe^{2+} 可在电解系统的铂阳极上被氧化为 Fe^{3+}，开始时电极反应为 $Fe^{2+} \Longleftrightarrow Fe^{3+} + e^-$。随着反应的进行，阳极表面 Fe^{3+} 浓度增加，Fe^{2+} 浓度降低，阳极电势向正的方向移动。溶液中 Fe^{2+} 还没有全部氧化生成 Fe^{3+} 时，阳极的电极电势可能已达到了水的分解电压，即 $2H_2O \Longleftrightarrow O_2 + 4H^+ + 4e^-$，这将导致 Fe^{2+} 氧化反应的电流效率不能达到 100% 而使测定失败。

若在此溶液中加入过量的 Ce^{3+}，开始时阳极上的主要反应仍然是 Fe^{2+} 氧化生成 Fe^{3+}，随着反应的进行，阳极电势向正的方向移动，当阳极电势移动到某一数值时，Ce^{3+} 即开始被氧化为 Ce^{4+}，生成的 Ce^{4+} 转移至溶液中并使溶液中的 Fe^{2+} 氧化生成 Fe^{3+}，即 $Ce^{4+} + Fe^{2+} \Longleftrightarrow Ce^{3+} + Fe^{3+}$。由于 Ce^{3+} 是过量的，阳极电势不会显著升高从而阻止了氧的析出。

虽然阳极上发生了 Ce^{3+} 氧化为 Ce^{4+} 的反应，但生成的 Ce^{4+} 又将 Fe^{2+} 氧化成 Fe^{3+}，因此加入过量的 Ce^{3+} 以后电解所消耗的总电量与单独的 Fe^{2+} 氧化生成 Fe^{3+} 的电量相当。过量 Ce^{3+} 的加入不仅可以稳定工作电极的电势避免副反应的发生，而且可以使电解过程在较高的电流密度下进行，从而加快反应速率，缩短反应时间。

库仑滴定的装置如图 12.7 所示，它包括电解系统和指示系统两大部分。电解系统由恒电流发生器、电解池(也称库仑池)、电位计和计时器等组成。通过电解池工作电极的电流可由电位计测定流经与电解池串联的标准电阻 R 上的电压降 iR 而得。计时器可用机械秒表，或与电解回路的开关联动的电子计时器。工作电极 1 一般为产生试剂的电极，直接置于溶液中，辅助电极 2 则经常需要套一多孔膜(如微孔玻璃)，防止辅助电极产生的反应干扰测定。指示系统指示滴定终点以控制电解的结束。库仑滴定法的终点可根据溶液的性质选择合适的方法进行，如 3 和 4 为电化学法(如死停法)指示终点用的指示电极。另外，电导法、比色法，甚至化学指示剂都可用于终点的指示。

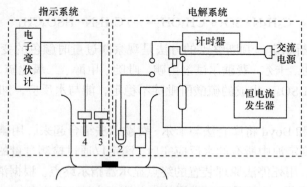

图 12.7　库仑滴定法装置示意图
1. 工作电极；2. 辅助电极；3、4. 指示电极

死停法属于电流法的一种。以 As^{3+} 的测定为例，指示系统的两支铂电极加一小的外加电压(0.2 V)。在 $0.1 \text{ mol} \cdot L^{-1} H_2SO_4$ 和 $0.2 \text{ mol} \cdot L^{-1} NaBr$ 介质中，Br^- 在阳极失去电子被氧化生成 Br_2。产生的 Br_2 立即与试液中的 As^{3+} 反应，将 As^{3+} 氧化为 As^{5+}。在终点之前，溶液中没有过量的 Br_2，没有电流通过指示系统。当 As^{3+} 作用完毕，溶液中出现了过量的 Br_2。计量点后，

过量的 Br_2 立即在指示系统的电极上被还原。于是指示电流迅速上升，表示到达终点。该法非常灵敏，可以测定低至 $5×10^{-7}\,mol \cdot L^{-1}$ 的 As^{3+}。

综上所述，库仑滴定法不需要基准物质或标准溶液，操作简便，且可避免由于使用基准物质或标准溶液可能引入的误差；库仑滴定法中的滴定剂是由电解产生的，因此可使用不稳定的滴定剂如 Mn^{3+}、Br_2、Cl_2、Cu^+、Ag^+ 等，扩大了定量分析的应用范围。库仑滴定是通过测量电解过程中的电量(电流 i 和时间 t)来计算分析结果，现阶段的技术条件下电流和时间都可以精确地测量，因此本方法具有很高的精密度和准确度，能满足各类分析的要求。同时，该方法分析速度快，仪器设备简单，价格便宜，这些优势使其应用广泛。

12.2.3 库仑分析法的应用

库仑滴定法应用广泛，凡能与电解产生的试剂反应的组分都可用库仑滴定法测定。所以，能用滴定分析法如酸碱滴定、沉淀滴定、配位滴定和氧化还原滴定法等测定的物质都可以用库仑滴定法进行测定。例如，在试液中加入过量含 Cl^-、Br^-、I^- 的盐，它们在阳极上相应地被氧化成 Cl_2、Br_2、I_2，可用于还原性组分 As(Ⅲ)、Sb(Ⅲ)、Cu(Ⅰ)、Fe(Ⅱ)、H_2S、NH_2OH、NH_3、I^-、S^{2-}、CNS^-、SO_3^{2-}、$S_2O_3^{2-}$ 等的测定；在试液中加入过量 Fe^{3+}、TiO^+、UO_2^{2+}，它们在阴极被还原为 Fe^{2+}、Ti^{3+}、U^{4+}，可用于氧化性组分 MnO_4^-、CrO_4^{2-}、VO_3^-、Fe^{3+}、Ce^{4+}、V^{5+}、Cl_2、Br_2 等的测定；利用银电极作工作电极，电解产生 Ag^+，可用于测试 Cl^-、Br^-、I^-、CNS^- 等离子。另外，水在阳极上电解产生的 H^+ 可用于碱的测定，水在阴极上电解产生的 OH^- 可用于酸的测定，以下举例说明。

1. 卡尔·费歇尔水分测定

1935 年，德国人卡尔·费歇尔开发了一种测定水分的方法，其原理是：利用碘和二氧化硫的氧化还原反应，在有机碱和甲醇的环境下，与水发生 1∶1 的反应。

$$H_2O + SO_2 + I_2 + 3C_5H_5N \longrightarrow 2C_5H_5N \cdot HI + C_5H_5N \cdot SO_3$$

$$C_5H_5N \cdot SO_3 + CH_3OH \longrightarrow C_5H_5N \cdot HSO_4CH_3$$

用含碘的试剂不断滴定，判断终点的方法是观察碘过量时颜色的变化，这就是最初的卡尔·费歇尔水分滴定法。卡尔·费歇尔试剂由碘、吡啶、甲醇、二氧化硫、水按一定比例组成。吡啶用以中和 HI 和 H_2SO_4，生成的硫酸酐吡啶不稳定，能与水反应，加入无水甲醇，使测定在非水环境中进行。

1959 年，Meyer 和 Boyd 将库仑法与卡尔·费歇尔法结合起来，用碘离子替换了碘单质，通过电解产生碘。当滴定池中所有的水反应完后，滴定仪通过检测过量的碘产生的电信号，以双铂电极为指示电极，用死停法原理装置的终点显示器指示终点。根据消耗的卡尔·费歇尔试剂体积计算试样的水含量。这就是现在常用的水分测定方法，又称卡尔·费歇尔库仑法。目前，石油产品、润滑油和添加剂中水含量的测定，国标法中都采用卡尔·费歇尔库仑滴定法(GB/T 11133—2015)。

2. 煤中全硫的测定

其原理是：煤在 1150℃ 高温和催化剂作用下，在空气流中燃烧，其中各种形态的硫均被

氧化形成 SO_2 和少量 SO_3，以电解碘化钾-溴化钾溶液生成的碘和溴来滴定 SO_2，以双铂指示电极指示终点，根据电解生成碘和电解生成溴所消耗的电量来计算煤中全硫的含量。其中少量 SO_3 的存在，是以在仪器内设置一固定的校正系数或通过用标准样品标定仪器进行校正。当然，煤的组成复杂多变，用一个固定的系数来校正 SO_3 含量，会产生一定的误差。

3. 中药材中黄酮含量的测定

除了无机组分的分析以外，库仑滴定法也可用于有机物的定量分析，如中药材中黄酮含量的测定。用乙醇回流法提取银杏叶中的总黄酮，得到粗提取液。在测定前先用聚酰胺柱层析净化以消除非黄酮类化合物的干扰。以 $2\ mol \cdot L^{-1}\ HCl$-$1\ mol \cdot L^{-1}\ KBr$-无水乙醇(体积比 3:3:2)混合液为电解液，选 10 mA 的量程，死停法指示终点。用微量注射器吸取样液 100 μL，注入电解池，开始电解，当表头指针移动 10 μA 为终点，记下电解通过的电量，然后按式(12.6)计算其含量。

$$含量(\%) = \frac{QM}{nFm} \times 100 \tag{12.6}$$

式中，Q 为电解通过的电量；M 为 $612\ g \cdot mol^{-1}$(由于银杏叶中芦丁含量较高，因此选芦丁为对照品，计算含量时采用芦丁的相对分子质量进行计算)；$n=8$；$F=96485\ C \cdot mol^{-1}$；$m$ 为样品质量，g。黄酮类化合物分子结构 A 环和 B 环上都有酚羟基，可以和溴发生取代反应，因此可用溴库仑滴定法进行测定。所得结果与分光光度法一致，但库仑滴定法操作更简便。

4. 水体中 COD 的测定

库仑滴定法分析速度快，易于实现自动化，可作为在线仪表和环境监测仪器，如以库仑滴定法为原理的 COD 自动在线监测仪。水样中有机污染物在硫酸介质中用重铬酸钾氧化，过量的重铬酸钾用电解产生的 Fe^{2+} 作滴定剂，进行库仑滴定，按照法拉第定律计算 COD_{Cr}：

$$COD_{Cr}(O, mg \cdot L^{-1}) = \frac{Q_S - Q_M}{96485} \times \frac{8 \times 1000}{V} \tag{12.7}$$

式中，Q_S 为标定重铬酸钾所消耗的电量；Q_M 为测定过量重铬酸钾所消耗的电量；V 为水样体积，mL；8 为 $\frac{1}{2}$ 氧 $\left(\frac{1}{2}O\right)$ 的摩尔质量，$g \cdot mol^{-1}$。

随着现代电子技术的发展，出现了一种微量和超微量的新型库仑分析法——微库仑分析法。微库仑分析法也是利用电生滴定剂来滴定被测物质，不同之处在于微库仑滴定过程中，通过电极的电流不是恒定的，而是随被测物质的量变化，通过指示系统的信号大小变化自动调节。因此，其准确度、灵敏度高，选择性好，能自动指示终点，分析速度快，适合微量和痕量分析。例如，天然气、液化石油气中硫含量的测定，化工产品和石油产品中氯含量的测定，可吸附有机卤化物的测定等均可采用微库仑分析法。

【拓展阅读】

电子积分库仑计

库仑滴定仪中测量电量的库仑计除了银库仑计及氢氧库仑计外，大多为电子积分库仑计。事实上，我们使用的手机中就有电子积分库仑计，用于手机电池的容量计算。手机电池的容量通常用毫安时(mA·h)表示，是电池可以释放为外部使用的电子的总数。毫安时不是标准单位，$1\ mA \cdot h = 0.001\ A \times 3600\ s = 3.6\ C$，但毫安时可以很方便地用于计量和计算。例如，一块 900 mA·h 的电池可供 300 mA 恒流持续 3 h。如果电流是随时间变化的，那么就需要对这个电流进行积分才能得到电荷量。手机上的电流就是这种情况，电流随时都在变化。目前手机电池的容量计量是在电池的保护线路上串联一个电量计量芯片，芯片上集成了一个电阻，阻值 20～30 mΩ。当流过不同电流后产生不同的压差，芯片就对这个电压(实际转换为电流)和时间进行积分，得到用户使用时的电量。芯片通过实时积分得到容量以后，通过通信线路传递给手机，手机就得到了这块电池的准确容量。在库仑计芯片的存储器中通常有以下一些有关电池的基本信息：

　　电池的初始容量(mA·h)，即额定容量；

　　电池的当前容量(mA·h)，使用状态时的电池容量；

　　当前流经的电流(mA)，即手机的电流损耗。

　　一般情况下，手机不会直接显示容量，而是显示容量百分比或待机时间，方便用户理解。容量百分比是当前的电池容量与电池的初始容量之比。例如，一块额定容量为 600 mA·h 的电池，如果当前容量为 400 mA·h，手机就显示电池余量为 67%。另外，手机根据自身的待机或通话时的电流损耗，会相应地内置一个计算公式，将这个剩余容量转换为待机时间或通话时间。

$$待机时间(h) = \frac{电池的当前容量}{当前流经的电流}$$

$$通话时间(h) = \frac{电池的当前容量}{通话时平均电流}$$

　　需要注意的是，当前流经的电流受很多因素的影响，如当地的信号。某手机在 A 地显示 180 h 待机时间，到 B 地可能就变成了 200 h 的待机时间。待机时间的变化并不能说明电池出现了问题，实际上电池的容量在两地是没有变的。另外，手机的附加功能如蓝牙功能、红外功能等会增加待机电流从而缩短待机时间。

　　虽然锂离子电池没有记忆效应，不需要专门的放电处理，不需要充满电池才可以使用。但是，对于正在使用配备库仑计电池的手机用户，有一点必须强调，那就是务必定期对所用的电池进行一次满充，以便库仑计进行容量调整和归一化，确保库仑计处在最佳工作状态。

【参考文献】

高小霞, 等. 1986. 电分析化学导论[M]. 北京: 科学出版社.

胡卫兵, 瞿万云, 吴遵义, 等. 2003. 银杏叶中总黄酮含量的库仑滴定法[J]. 化工科技, 11(1) : 42-44.

梁冰, 李永生, 李晖, 等. 2009. 分析化学[M]. 2 版. 北京: 科学出版社.

齐文启, 孙宗光, 李岩, 等. 1999. COD 自动在线监视仪的研制与应用[J]. 现代科学仪器, 1-2: 87-91.

曲静, 李家铸, 宋宝瑞, 等. 2018. 库仑分析法在煤炭检测中的应用[J]. 科技创新导报, 34: 28-29.

苏彬. 2016. 分析化学手册: 电分析化学[M]. 3 版. 北京: 化学工业出版社.

Kanyanee T, Fuekhad P, Grudpan K. 2013. Micro coulometric titration in a liquid drop[J]. Talanta, 115: 258-262.

【思考题和习题】

1. 什么是分解电压？什么是析出电位？二者有何关系？

2. 电解分析法中实现两种物质电解分离的必要条件是什么？

3. 库仑分析需要什么仪器设备？试比较控制电位库仑分析法和控制电流库仑分析法的特点？

4. 电流效率为什么是库仑分析的关键？如何确保库仑分析的电流效率达到百分之百？

5. 库仑滴定法中若产生滴定剂的电流效率不高，其分析结果的准确度一定不高吗？为什么？

6. 库仑分析法与电重量分析法有什么异同点？

7. 在 $0.1\ mol \cdot L^{-1}\ H_2SO_4$ 介质中含有 $0.1\ mol \cdot L^{-1}\ CuSO_4$ 溶液，用两个铂电极进行电解，氧在铂上析出的超电势为 0.40 V，忽略铜的超电势。计算外加电压达到何值 Cu 才开始在阴极析出。

8. 在 $AgNO_3$ 溶液中浸入两个铂片电极，接通电源，这时在两电极上各发生什么反应？若通过电解池的电流强度为 20 mA，通过电流时间为 7 min，计算在阴极上会析出多少克 Ag。

9. 有人欲用电解沉积法分离含 0.800 mol·L⁻¹ Zn²⁺和 0.060 mol·L⁻¹ Co²⁺的溶液中的阳离子。

　(1) 假定这一分离可以实现，试指出哪一种阳离子将被沉积，哪一种阳离子仍留在溶液中。

　(2) 假定以 1.0×10⁻⁶ mol·L⁻¹ 的残留浓度为定量分离的一个合理标志，为达到这一分离(如果存在的话)必须让阴极电势控制在什么范围(对饱和甘汞电极)？

10. 用控制电位库仑分析法测定某样品中的铜。称取 1.000 g 样品，铜电解定量析出后，氢氧库仑计上指示产生的气体量为 133.4 mL，求该样品中铜的百分含量。

11. 某含砷试样 5.00 g，经处理溶解后，将试液中的砷用肼还原为三价砷，除去过量还原剂，加 NaHCO₃ 缓冲液，置于电解池中。在 120 mA 的恒定电流下，用电解产生的 I₂ 进行库仑滴定 HAsO₃²⁻，经 9 min 20 s 到达滴定终点，试计算试样中 As₂O₃ 的质量分数。

第 13 章　伏安分析法

【内容提要与学习要求】

本章主要介绍极谱法的原理和装置、极谱法定性、定量分析方法、极谱干扰、常见伏安法的类型、伏安法的应用和发展趋势。要求学生了解极谱测试装置和极谱法应用场景;熟悉极谱干扰类型与消除方法;掌握极谱定性分析法和定量分析法;掌握极谱法与伏安法的区别与联系;掌握伏安法的原理、循环伏安法、线性扫描伏安法、方波伏安法、溶出伏安法等常见方法的异同和应用领域;学会利用电化学工作站进行样品的伏安法分析;了解伏安法的最新发展趋势。

伏安分析法是一类以测定在电解过程中的电流-电位变化曲线(伏安曲线)为基础来进行定性或定量分析的电化学分析方法。极谱法是由杰克海洛夫斯基于 1922 年创立,是 20 世纪电化学分析中富有学术和应用价值的新方法。伏安法在极谱法的理论基础上发展起来的,两种方法没有本质的区别,只是所采用的电极不同。极谱法采用的是表面周期性更新的液体电极(如滴汞电极),而伏安法采用固体电极或表面静止的液体电极。

伏安分析法具有灵敏度高、相对误差小、无须分离可同时测定 4~5 种组分、需要的试样量少、分析速度快、成本低等优点,同时兼有易受到共存物质前波干扰、电容电流的影响及电位分辨能力较差等缺点。伏安分析法可以测定痕量级别的、能在电极上发生电化学氧化或还原反应的有机物、金属离子,同时还可以辅助研究催化反应、材料表征、化学反应动力学等,逐渐成为重要的电化学研究方法。

13.1　极　谱　法

极谱法是伏安分析法的基础,其测试装置由极谱仪和电解池两部分组成,如图 13.1 所示。电解池由滴汞电极(dropping mercury electrode,DME)、饱和甘汞电极(saturated calomel electrode,SCE)和被测溶液三部分构成。滴汞电极是用塑料管将储汞瓶和玻璃毛细管连接起来构成的,毛细管外径 3~7 mm,内径约 0.05 mm,控制汞柱的高度,使汞每隔 3~5 s 从毛细管中滴出一滴,电极面积约为 1 mm^2。由于滴汞电极面积很小,电解时电流密度很大,易于产生浓差极化,其电极电势完全受外加电压的控制,是一个极化电极,在极化电极上通过无限小的电流便引起电极电势发生很大变化。饱和甘汞电极面积比滴汞电极大 100 倍以上,电解时电流密度很小,不易出现浓差极化,电极电势是恒定的,称为去极化电极。在去极化电极上,电极电势不随电流变化。电解时被测溶液静置,不搅拌。

极谱仪是以滴汞电极为工作电极(阴极),以饱和甘汞电极为阳极,通过移动触点 C 调节施加于电解池两电极间的电位差,并记录电极的外加电压和电解电流,得到的电流-电位曲线为极谱图。在高阻非水介质中时,电解液的电阻不可忽略,此时需要引入辅助电极(一般为铂丝电极)消除这一影响,这种装置称为三电极系统(three-electrode system),如图 13.2 所示。在常规三电极伏安测试体系中,参比电极用于控制工作电极的电位,对电极用于传导电流。其中,

对电极的面积一般要求比工作电极大，这样能确保由工作电极和对电极组成的电流回路中极化主要发生在工作电极而不是对电极上，也就是说此时工作电极|溶液界面的电荷及物质传递过程成为整个电流回路的速控步骤，决定整个回路中电流的变化及伏安图形状特征。目前，伏安法和极谱法大多采用三电极系统。

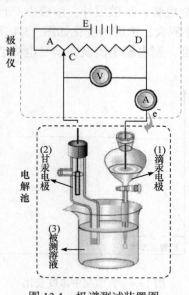

图 13.1　极谱测试装置图

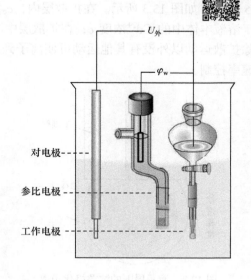

图 13.2　三电极装置图

13.1.1　极谱分析原理

极谱分析是通过改变外加电压记录不同电压下的电极电流从而得到伏安曲线。下面将以电化学还原金属离子为例来阐述电解过程中伏安曲线的基本原理。首先，电位从 0 V 开始逐渐增加，在未达到金属离子的还原电位以前，电极上通过的电流称为残余电流。当电位增加到还原电位时，滴汞电极表面的金属离子迅速还原从而产生还原电流。此时，由于电极表面的金属离子不断地被还原消耗，出现浓差极化现象，使溶液中的金属离子向滴汞电极表面扩散，从而产生了扩散电流。对于可逆电解过程来说，电极反应的速率要比金属离子的扩散速率快得多，因此扩散电流的大小取决于扩散速率的大小，而扩散速率又与扩散层中的浓度梯度成正比，于是极限电流的大小与溶液中金属离子的浓度相关，由此可知，极谱分析原理是基于扩散电流理论。

1. 极谱定量分析原理

以 Cd^{2+} 的测定为例进行讨论，它在滴汞电极上的反应为

$$Cd^{2+} + 2e^- + Hg \Longrightarrow Cd(Hg) \tag{13.1}$$

此反应可逆并遵守能斯特方程

$$E = E^\ominus + \frac{RT}{nF} \ln \frac{c_e}{c} \tag{13.2}$$

式中，c_e 为电极表面 Cd^{2+} 的浓度；c 为溶液本体中 Cd^{2+} 的浓度。外加电压越大，即滴汞电极的电位越负，电极表面 Cd^{2+} 浓度 c_e 越小，所以电极电势决定了电极表面 Cd^{2+} 浓度的数值，但溶液是静止的(不搅拌)，因此电极表面的 Cd^{2+} 浓度 c_e 小于溶液本体的 Cd^{2+} 浓度 c。

由于此浓度差将使溶液本体中的 Cd^{2+} 向电极表面扩散而形成了一个扩散层(其厚度约 0.05 mm)，如图 13.3 所示。在扩散层内，c_e 取决于电极电势；扩散层外，溶液中 Cd^{2+} 的浓度等于溶液本体中的 Cd^{2+} 浓度 c；在扩散层中浓度则从小到大，浓度的变化如图 13.4 所示。如果除扩散运动以外没有其他运动可使离子到达电极表面，则电解电流就完全受电极表面的扩散速率控制。

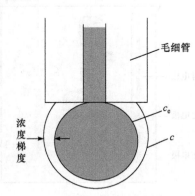

图 13.3　滴汞周围的浓差极化距离

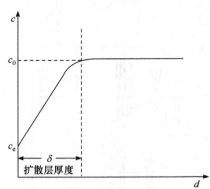

图 13.4　扩散层中浓度变化

由图 13.4 可见，电极表面的梯度 $\Delta c/\Delta x$ 近似做线性关系处理：

$$\left(\frac{\Delta c}{\Delta x}\right)_{\text{电极表面}} = \frac{c_0 - c_e}{\delta} \tag{13.3}$$

式中，δ 为扩散层厚度，因此在一定电位下，受扩散控制的电解电流可表示为

$$i_d = K(c - c_e) \tag{13.4}$$

式中，K 为伊尔科维奇(Ilkovic)比例常数，当外加电压继续增加使滴汞电极的电位变得更负时，c_e 将近于零，此时

$$i_d = Kc \tag{13.5}$$

扩散电流正比于溶液中 Cd^{2+} 浓度而达到极限值，不再随外加电压的增加而改变。

基于以上原理，极谱定量分析必须满足以下四个条件：①待测物质的浓度要小，能够快速形成浓度梯度；②溶液要保持静止，使扩散层厚度稳定，待测物质仅仅依靠扩散到达电极表面；③电解液中要含有较大量的惰性电解质，使待测离子在电场作用力下的迁移运动降至最小；④使用两支不同性能的电极，极化电极的电位随外加电压变化而变化，保证在电极表面形成浓差极化。

2. 极谱定性分析原理

在极谱分析中，不同金属离子具有不同的分解电压，但分解电压随离子浓度而改变，所以分解电压不能用来作为定性依据。当电流等于扩散电流一半时的电位与被还原离子的浓度无关(电解质的浓度与溶液的温度保持不变)，此时电位称为半波电位($E_{1/2}$)，其计算公式为

$$E_{1/2} = E' = E^{\ominus} + \frac{0.059}{n}\lg\left(\frac{\gamma_A K_B}{\gamma_B K_A}\right) \tag{13.6}$$

式中，A 表示可还原物质；B 表示还原产物；γ_A 与 γ_B 分别为 A 和 B 的活度系数；K_A 与 K_B 分别为 A 和 B 的尤考维奇常数。

半波电位是极谱定性分析的依据。在实际分析时，由于极谱分析可以使用的电极电势的范围有限(一般不超过 2 V)，在一张极谱图上可以同时出现的极谱波只有几个，而且许多物质的半波电位有时相差不多甚至重叠，因此用极谱半波电位做定性分析的实际意义不大，极谱分析主要是一种定量分析方法。但通过半波电位，可以了解在某种溶液体系下，各种物质产生极谱波的电位，因此对选择合适的分析条件，避免共存物质的干扰，以及定量分析的进行有重要作用。

13.1.2　极谱定量分析

极谱分析主要是应用在定量分析中，常用的极谱定量分析法有直接比较法、标准曲线法和标准加入法。

(1) 直接比较法是将浓度为 c_s 的标准溶液及浓度为 c_x 的未知液在同一实验条件下，分别测得其极谱波的波高 h_s 及 h_x，由

$$c_x = \frac{h_x}{h_s}c_s \tag{13.7}$$

求出未知液的浓度 c_x，注意测定应保持单一变量。

(2) 标准曲线法是分析化学中常用的一种定量分析方法。在同一条件下，先测定一系列不同浓度的标准溶液的扩散电流(或波高)，以浓度为横坐标、扩散电流为纵坐标作图，拟合出一条标准曲线，此曲线通常为一直线。测定未知溶液时可在同样条件下测定其扩散电流，再从标准曲线上找出其浓度。

(3) 标准加入法。通常在分析个别试样时，常应用此法。首先测定体积为 V 的未知液的极谱波高 h_x，然后加入一定体积(V_s)相同物质的标准溶液，在同一实验条件下再测定其极谱波高 H，由波高的增加计算出未知溶液的浓度。由扩散电流公式得

$$h_x = Kc_x \tag{13.8}$$

$$H = K\left(\frac{Vc_x + V_s c_s}{V + V_s}\right) \tag{13.9}$$

由以上两式可求得未知液的浓度为

$$c_x = \frac{c_s V_s h_x}{H(V + V_s) - h_x V} \tag{13.10}$$

由此可见，在进行定量测定时，通常只需测量所得极谱波的波高(以毫米或记录纸格数表示)，而不必测量扩散电流的绝对值。对于形状良好的极谱波，只需通过极谱波的残余电流部分和极限电流部分作两条相互平行的直线，两线间的垂直距离即为所求的波高。由于极谱波呈锯齿形，故在作直线时应取锯齿形的中值(图 13.5)。但很多情况下，可能呈不同的波形，此时应采用三切线法，作残余电流和极限电流的延伸线，这两条线与波的切线相交于 A 及 B 两点(图 13.5)，通

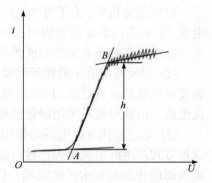

图 13.5　三切线测量法测量波高

过两相交点作两互相平行的线，此两平行线之间的垂直距离即为所求波高 h。极谱定量分析法广泛用于无机化合物和有机化合物的测定。

极谱无机分析对象包括 Cr、Mn、Fe、Co、Ni、Cu、Zn、Cd、In、Sn、Pb、As、Sb、Bi 等，其还原电位为–1.6～0 V，往往可以在一张极谱图上同时得到若干元素的极谱波。无机极谱分析主要用于测定纯金属中微量的杂质元素、合金中的各金属成分、矿石中的金属元素，工业制品、药物、食品中的金属元素，以及动植物体内或海水中的微量及痕量金属元素。例如，采用极谱法测定铅及铅合金中的微量锡。其步骤如下：①过氧化钠高温熔融试样后，加水溶解熔融物呈溶液；②滴加硫酸至溶液呈酸性，用脱脂棉过滤；③在滤液中加入 EDTA，煮沸，再加入过量的氨水至 Pb^{2+}完全生成沉淀，用滤纸过滤并用 EDTA 洗液洗涤烧杯和沉淀；④ 将部分滤液移至烧杯中，起始电位为 0.35 V 处进行测定时，锡在滴汞电极上产生良好的还原波。测得锡的波高减去随同试样空白的波高后，减去"零"标准溶液的波高，以锡的质量为横坐标，波高为纵坐标，绘制标准曲线。该方法的相对标准偏差 RSD 小于 2%，准确、可靠，在实际工作中已经得到很好的应用。

极谱有机分析对象包括有机金属化合物、高分子化合物、药物和农药等。例如，利用极谱法测定硫酸软骨素滴眼剂中硫柳汞的含量。硫柳汞作为一种有机汞的消毒防腐剂，为广谱抑菌剂，对革兰氏阳性菌、革兰氏阴性菌及真菌均有较强的抑制能力。具体方法为：按照仪器操作规程进行铅标电极测试，调整仪器状态，打开高纯氮气阀门(钢瓶二次出口阀门处压力调为 0.8 MPa)，设定好参数后，先检查高纯氮气通气是否正常，然后检查滴汞是否正常，最后进行电极检测。在进样杯中加入 50 mL 超纯水，再分别加入 0.5 mL 3 mol·mL^{-1}的氯化钾溶液和 20 μL 铅标准溶液(仪器自带)，氮气脱氧时间为 300 s，富集时间为 60 s，平衡时间为 10 s，连续测定 10 次，待仪器稳定后进行样品测试。在检测池中分别加入氯化钾-盐酸缓冲溶液 9 mL 和待测溶液 0.5 mL，氮气脱氧时间为 200 s，富集时间为 60 s，平衡时间为 5 s，采用两次标准加入法，进行电位扫描测定，并记录结果。

极谱分析除作定量测定外还可测定配合物离子的解离常数和配位数。利用伊尔科维奇方程可以测定金属离子在溶液中的扩散系数。使用汞柱高度的改变对极谱波作对数分析等手段判断电极过程的可逆性。

13.1.3 极谱干扰及其消除方法

1. 对流传质和电迁移传质

在极谱分析中，为了得到电流和浓度间的简单函数关系，期望得到纯扩散传质产生的电解电流，而在实际的反应过程中，溶液内部的反应物要不断向电极表面补充，这时除了扩散传质外，在电极表面还会发生对流传质和电迁移传质。

(1) 对流指溶液中的粒子随着液体的流动面一起运动。它包括液体各部分之间因浓度差或温度差引起的自然对流，以及由机械搅拌方式引起的强制对流。由这种方式产生的电流称为对流电流。消除对流可采用静置电解质溶液、控制电解时间不要过长等方法。

(2) 电迁移指在静电场的作用下，带正、负电荷的离子分别向负、正电极发生的移动。由这种方式产生的电流称为迁移电流。电化学分析中，为了不使问题复杂化而方便计算，期望电极表面的传质过程由扩散完成，也就是说要求电极表面上的迁移电流分量和对流电流分量均为零，得到纯扩散传质产生的电解电流。迁移电流可以通过加入一些在所研究电位范围内不发生电化学反应的惰性盐(支持电解质)来消除，其浓度至少是待测物的 100 倍，常用的支持电解质为钾盐或四丁基铵盐等。因为它们的离子浓度高，承担迁移电流的份额大，便使低浓度的待测物质对迁移电流的相对贡献大大减小，选择合适的支持电解质可使待测物质的迁移电流趋于零。在这些条件下，使传质过程简化，所获得电流即为扩散电流。

2. 极谱极大

在极谱分析中，常会出现一种特殊现象，即在电解开始后电流随电位的增加迅速到达一个极大值，随后又下降到极限扩散电流的正常值。这种异常的电流峰称为极谱极大。经实验证实，该极谱极大电流与待测物质的浓度并无定量关系，又严重影响半波电位及极限扩散电流的测量，因此必须消除。除去极谱极大最常用的方法是在溶液中加入少量的表面活性剂，常用的有动物胶、Triton X-100 和聚乙烯醇等。

3. 氧波

室温时，氧在水或溶液中的溶解度约为 $8\ mg \cdot L^{-1}$，浓度为 $2.5 \times 10^{-4}\ mol \cdot L^{-1}$，该浓度的溶解氧在极谱分析中产生的干扰很难忽略。溶解氧在滴汞电极上还原时产生的极谱波称为氧波。氧的还原分两步进行，产生两个高度相等的极谱波，其波形倾斜，延伸的电位范围很宽，从−1.3 V 直到−0.05 V，大多数金属离子在这个电位范围内还原，氧波重叠在被测物质的极谱波上将严重干扰测定，因此电化学实验试液必须除氧，其方法是向溶液中通入高纯氮 5～10 min(图 13.6)。为了不影响试液的浓度，氮气要用溶剂蒸气进行预饱和，实验过程中停止通气，但试液要保持在氮气气氛中。

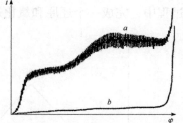

图 13.6　极谱中溶解氧干扰图

a. 除氧前；b. 除氧后

4. 氢波

极谱分析一般都在水溶液中进行，溶液中的氢离子在足够负的电位(虽然汞电极对氢的超电位比较大)时会在滴汞电极上析出产生氢波，在酸性溶液中，氢离子在−1.2～−1.4 V(视酸度的高低)处开始被还原，故半波电位较−1.2 V 更负的物质就不能在酸性溶液中测定。在中性或碱性溶液中，氢离子在更负的电位下开始起波，因此氢波的干扰作用大为减小。例如，在 0.1 $mol \cdot L^{-1}$ 季铵碱$[N(CH_3)_4OH]$的溶液中可用极谱法测定半波电位很负的碱金属离子(钾离子的半波电位为−2.13 V)。

13.2 伏 安 法

伏安法是在极谱法的理论基础上发展起来的一类分析方法，伏安图上电流的变化主要由工作电极表面的电极反应过程决定，这也是伏安分析以工作电极作为研究场所的基础。对工作电极而言，其上发生电极反应(非吸附反应)产生的法拉第电流一般由三个基本部分组成：①电子在电极导体上的转移或输运，即电极导体上电子的输运，速率很快；②电子跨过两相界面的异相电子转移过程，即两相界面物质的消耗，反应速率受施加电压影响；③物质从溶液本体向电极|

溶液界面扩散的液相传质过程，即溶液中物质的供应，在消除对流和电迁移后，速率受扩散控制。可见，对于伏安分析而言，其伏安曲线与异相电子转移和液相扩散传质这两个过程相关。施加电压的方式不同，得到的电流曲线、方法的灵敏度及相应的应用都不同。本节将着重介绍应用较多的几种伏安法。

13.2.1 循环伏安法

循环伏安法(cyclic voltammetry，CV)是一种常用的电化学研究方法，该方法通过控制电极电势以不同的速率、随时间以三角波形一次或多次反复扫描，使电极上交替发生不同的还原和氧化反应。其电位-时间曲线如同一个三角形，故又称为三角波电位扫描，如图 13.7 所示。

对于可逆的电极反应，当从低电位向高电位方向线性扫描时，溶液中还原性物质 R 在电极上氧化生成氧化态物质 O，反应式为 $R - ne^- \longrightarrow O$。当电位逆向扫描时，O 则在电极上还原为 R，反应式为 $O + ne^- \longrightarrow R$。所得电流电位曲线如图 13.8 所示，图的上半部为氧化波，称为阳极支，其电流和电位分别称为阳极峰电流 i_{pa} 和阳极峰电位 φ_{pa}。下半部是还原波，称为阴极支，其电流和电位分别称为阴极峰电流 i_{pc} 和阴极峰电位 φ_{pc}；在一次三角波线性电位扫描过程中，完成一个还原和氧化过程的循环，故称为循环伏安法。

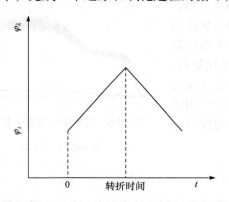

图 13.7　三角波电位扫描曲线

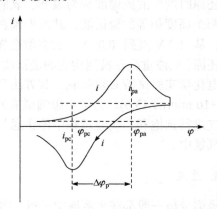

图 13.8　循环伏安法电流-电位扫描曲线

循环伏安法是电化学和电化学分析中十分有用的工具。根据得到的伏安曲线可以判断电极反应的可逆程度、催化反应过程、中间体、相界吸附过程，以及偶联化学反应的性质等，可用于研究电极反应的性质、机理、材料的电化学性质等。

1. 电极过程可逆性的判断

电极过程可逆性在循环伏安法中有两个峰电流(图 13.9)，由于空白电流的存在，峰电流值的测量应该扣除空白电流。两个峰电流的值、比值及两个峰电位的值是循环伏安法中最为重要的参数。对于受扩散控制的反应体系，符合能斯特方程的可逆过程，其循环伏安图的峰电流和峰电位值具有以下特征(25℃)：

$$\frac{i_{pa}}{i_{pc}} \approx 1$$

$$\Delta\varphi_p = \varphi_{pa} - \varphi_{pc} = 2.2\frac{RT}{nF} = \frac{56.5}{n}(\text{mV}) \tag{13.11}$$

可见,对于可逆反应,如果反应物是稳定的,则阴、阳极的 i-φ 曲线基本上是对称的,而且 $i_{pa}=i_{pc}$,如图 13.9 中曲线 a 所示。应当指出,实验中 $\Delta\varphi_p$ 值与循环伏安扫描时换向电位 φ_λ(图 13.7)的取值

有关。一般来说其值在 $\dfrac{57\sim63}{n}$ 判断为可逆。

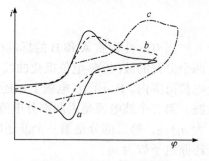

对于非扩散控制的反应体系,不符合能斯特方程的不可逆过程,反扫时不出现阳极峰,且电位扫描速率增加时 φ_{pc} 明显变负,如图 13.9 中曲线 c 所示。图 13.9 中曲线 b 为准可逆过程,其极化曲线的形状与可逆程度有关,一般来说,峰电位 φ_p 随电位扫描速率的增加而变化,阴极峰电位 φ_{pc} 变负,阳极峰电位 φ_{pa} 变正,$\Delta\varphi_p$ 增大($>58/n$ mV);i_{pa}/i_{pc} 的值可大于、等于或小于 1,但 $i_p/v^{1/2}$ 的值实际上与扫描速率无关,因为峰电流仍由扩散速率所控制。

图 13.9　理论循环伏安图

2. 电化学催化反应过程的研究

化学反应后行于电极反应者称为后置化学反应(EC)过程。一氯五氨合钌配离子的电极过程就属于 EC 反应。用循环伏安法对其机理做一些讨论。

在研究无机化合物一氯五氨合钌配离子 $[Ru(NH_3)_5Cl]^{2+}$ 的电极反应机理时得到循环伏安图(图 13.10)。在扫描速率很高的情况下,从图 13.10(a)可以看出,只出现一阴极波和一阳极波,其电极反应为 $[Ru(NH_3)_5Cl]^{2+} + e^- \rightleftharpoons [Ru(NH_3)_5Cl]^+$,阴极波为 $[Ru(NH_3)_5Cl]^{2+}$ 的还原,阳极波为 $[Ru(NH_3)_5Cl]^+$ 的氧化。在扫速较慢的情况下,从图 13.10(b)可见,除原来的一对阴、阳极峰外,在较正的电位处出现一对新的氧化还原峰。这是因为当扫速较慢时,反应产物 $[Ru(NH_3)_5Cl]^+$ 生成水合配离子,反应式为 $[Ru(NH_3)_5Cl]^+ + H_2O \rightleftharpoons [Ru(NH_3)_5H_2O]^{2+} + Cl^-$,由于有较长的时间,使该化学反应得以进行,因此在电极表面溶液中形成较多的水合配离子,能在较正的电位处发生电极反应,出现阴极峰和阳极峰,反应式为 $[Ru(NH_3)_5H_2O]^+ - e^- \rightleftharpoons [Ru(NH_3)_5H_2O]^{2+}$。图 13.10(c)为 $[Ru(NH_3)_5H_2O]^+$ 溶液的循环伏安图。它证实了图 13.10(b)中较正电位处的峰是水合钌离子还原及其产物氧化的结果。

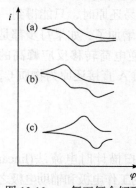

图 13.10　一氯五氨合钌配离子的循环伏安图

3. 电极吸附性的研究

电极上的吸附现象往往使循环伏安图变形或分裂出新的峰。若反应物或产物在电极表面上弱吸附,伏安图形变不大,仅使峰电流值增加。若反应物或产物在电极上为强吸附,则在正常峰之后或之前产生新的吸附峰。如果反应物强吸附,则在主峰后产生一小吸附峰;若产物为强吸附,则小峰发生在主峰之前,其吸附峰电流的大小取决于反应物的浓度、吸附自由能的大小和扫描速率等。

4. 多步电荷转移反应研究

多步电荷反应由下列反应式表示：

$$A + n_1 e^- \longrightarrow B \qquad \varphi_1^{\ominus}$$

$$B + n_2 e^- \longrightarrow C \qquad \varphi_2^{\ominus}$$

当电活性物质 A 和 B 的标准电极电势差值足够大时，电活性物质到 C 的还原反应会得到两个分开的波(电流-电位极化曲线)。第一个波是 A 到 B 的电化学还原。在第一个波(极化曲线)电位范围内，B 不能在电极上被还原。当进一步向阴极方向进行电位扫描时，便出现了第二个波。第二个波电流是由两部分电流叠加而成：一部分是 A 直接还原为 C 的电流，还原电子数为 n_1+n_2，第二部分是第一个波还原产物 B 通过扩散返回到电极表面发生电化学还原的电流，还原电子数为 n_2。

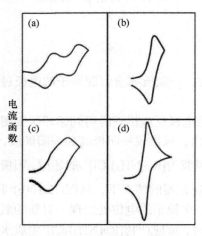

电流函数

图 13.11 多步电荷转移循环伏安图

电位扫描时，为了得到两个独立的波，要求 $\Delta\varphi^{\ominus} = \varphi_2^{\ominus} - \varphi_1^{\ominus} < -118$ mV。在这种条件下，每个波的高度及形状与单独的可逆波相同，只是测量第二个波高度时，用第一个波的衰变作为测量基线，如图 13.11(a)所示。当连续分步还原反应 $\Delta\varphi^{\ominus} > -100/n$ mV 时，单个波会合并成宽的歪曲的波。波的高度与形状不再具有可逆波的特性，如图 13.11(b)所示。当电活性物质 A 与 B 有相同的 $\varphi^{\ominus}$ 时，即 $\Delta\varphi^{\ominus} = 0$，在该条件下得到的只有波的循环伏安图。波的高度是位于一个电子与两个电子之间的可逆波的高度，如图 13.11(c)所示。当电活性物质 B 比 A 更容易还原时，只能得到一个波，波的形状变窄了，峰的高度增加了，如果每步都是单电子反应，则峰高是单电子可逆电荷转移反应峰高的 $2^{3/2}$ 倍。电极反应的行为好像是物质 A 直接还原为物质 C，如图 13.11(d)所示。

13.2.2 线性扫描伏安法

线性扫描伏安法(linear sweep voltammetry，LSV)也称线性电位扫描计时电流法(linear potential sweep chronoamperometry)。它是将线性电位扫描施加于电解池的工作电极和辅助电极之间。工作电极是可极化的电极，如滴汞电极、固体铂、金或碳(石墨)电极；而辅助电极和参比电极则具有相对大的表面积，并且不可极化。常规电极上扫描速率为 10 mV·s^{-1}～1000 V·s^{-1}，可单次或多次扫描。其工作电极上的电位(相对于参比电极)线性变化(图 13.12)，电位与时间的关系为

$$\varphi_t = \varphi_i + vt \tag{13.12}$$

式中，φ_i 为起始扫描的电位；v 为电位扫描速率，V·s^{-1}；t 为扫描时间，s。若电解池中有一种电活性物质，则其电流响应如图 13.13 所示。从开始扫描至电极上发生电化学反应的电位以前，电流没有明显变化，扫描至发生电化学反应电位后，电流开始上升，上升至极大点后电流下降，其伏安曲线呈峰形。在单扫伏安法中峰电流 i_p 和峰电位 φ_p 是人们最感兴趣的两个参数。

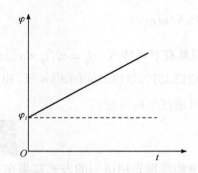

图 13.12 线性扫描电极电位变化图

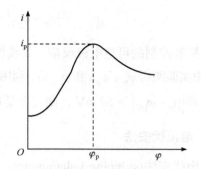

图 13.13 线性扫描电极电流变化图

峰电流值应相对于背景来测量。对于可逆波，兰德雷斯-塞夫契克(Randles-Sevcik)推导出峰电流为

$$i_p = 269n^{3/2}AD^{1/2}v^{1/2}c \tag{13.13}$$

式中，A 为电极面积，cm^2；D 为扩散系数，$cm^2 \cdot s^{-1}$；v 为扫描速率，$V \cdot s^{-1}$；c 为被测物质的浓度，$mol \cdot L^{-1}$；i_p 为峰电流，A。

从兰德雷斯-塞夫契克方程可以看出线性扫描伏安法有如下应用。

(1) 定量分析。在一定的底液中对某一电活性物质来说，n 和 D 是一定的，只要在实验中保持 A 及 v 一定，则 i_p 与 c 成正比，对可逆过程线性扫描伏安法的检出限为 10^{-6} mol $\cdot L^{-1}$。例如，美国材料与试验协会将线性扫描方法作为测量无锌涡轮机油中受阻酚和芳香胺抗氧化剂含量的标准试验方法(ASTM D6810—2013)。该方法采用美国 Fluitec 公司生产的便携式 RULER CE520 润滑油剩余寿命测试仪进行测试，分别有 5 种电解液，可以用来测定油液中含有芳香胺型、受阻酚型和二烷基二硫代磷酸锌中一种或多种混合的抗氧剂含量。在我国，类似的标准有《工业润滑油残留原始抗氧化剂含量的测定 线性扫描伏安法》(参见行业标准 SN/T 4368—2015)。

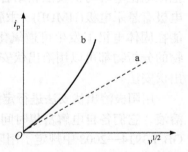

图 13.14 反应物强吸附的检出
a. 反应物无吸附；b. 反应物吸附

(2) 吸附性研究。从式(13.13)可见，i_p 与 $v^{1/2}$ 成正比，这时反应物不吸附，电流仅受扩散速率控制；如反应物吸附则曲线偏离直线往上翘，如图 13.14 所示。对于对称的线性扫描吸附波，可以通过线性扫描伏安法求得其吸附量、确定吸附模式并求得吸附因子和吸附系数等。

(3) 电极反应机理研究。由能斯特方程可以导出峰电位 φ_p 和半峰电位 $\varphi_{p/2}$ 与直流极谱半波电位 $\varphi_{1/2}$ 的关系(25℃时)为

$$\varphi_p - \varphi_{1/2} = -1.109\frac{RT}{nF} = -28.25/n\text{(mV)} \tag{13.14}$$

由于峰变宽，峰电位可能不易确定，有时用 $\varphi_{p/2}$ 处的半峰电位会更方便。

$$\varphi_{p/2} - \varphi_{1/2} = 1.109\frac{RT}{nF} = 28.25/n\text{(mV)} \tag{13.15}$$

注意 $\varphi_{1/2}$ 位于 φ_p 和 $\varphi_{p/2}$ 之间。对能斯特可逆波，一个有用的判据是

$$\left|\varphi_{p}-\varphi_{p/2}\right|=2.20\frac{RT}{nF}=56.5/n(\mathrm{mV}) \tag{13.16}$$

对于受扩散控制的可逆电极反应,其线性扫描伏安图具有下列特点: $i_p \propto c$, $i_p \propto v^{1/2}$; φ_p 与 v 无关;由实验测得 φ_p、$\varphi_{p/2}$ 和 $\varphi_{1/2}$ 后,利用式(13.14)、式(13.15)、式(13.16)可求得 n 值。由式(13.16)可见,若 $\left|\varphi_p-\varphi_{p/2}\right| > 57\,\mathrm{mV}$,则可能是准可逆或不可逆波电极反应。

13.2.3 溶出伏安法

溶出伏安法(stripping voltammetry,SV)是将待测物质预先用适当的方式富集在某一电极上,然后用线性电位扫描或用示差脉冲伏安法在电位扫描的过程中将其溶解下来,根据溶出过程中得到的电流-电位曲线来进行分析的方法。由于富集时间较长(2~15 min),溶出时间短(10~100 s),富集物在短时间内迅速溶出,给出很大的电分析信号,因此溶出伏安法灵敏度很高,一般可达 10^{-7}~10^{-11} mol·L^{-1},可用于微量分析和超微量分析。溶出伏安法的操作主要分为两步:第一步是预电解,第二步是溶出。

(1) 预电解是用控制电位电解法将待测痕量组分富集到电极上。为了提高富集效率,溶液应充分搅拌,富集时间一般为 2~15 min。富集后,停止搅拌,让溶液静置 30 s,称为休止期,使沉积物在电极上均匀分布,为下一步溶出做准备。

(2) 溶出是用伏安法在短时间内(10~100 s)将富集在电极上的待测物迅速溶解,返回溶液中。溶出峰电流大小与被测物质的浓度成正比。溶出过程是富集过程的逆过程。溶出时,工作电极发生氧化反应的称为阳极溶出伏安法(anodic stripping voltammetry,ASV);发生还原反应的称为阴极溶出伏安法(cathodic stripping voltammetry,CSV)。由此可见,溶出伏安法是一种把恒电位电解与伏安法相结合,在同一电极上进行的电化学分析法。溶出伏安法常用的工作电极有悬汞电极(HMDE)、汞膜电极(MFE)、玻璃态石墨(玻碳)电极、铂电极及金电极等。凡能在固体电极上发生可逆氧化还原反应的分析物或可在电极表面形成一种能再溶出的不溶物的分析物都可以用溶出伏安法来测定。溶出伏安法应用较多的是阳极溶出伏安法和吸附溶出伏安法。

用阳极溶出伏安法进行定量分析,标准曲线法和标准加入法都可以使用。对于试样和标准溶液,它们各自电解富集时间、电解电位、静置时间及扫描速率等实验条件必须彼此相同。GB/T 3914—2008 中规定了用阳极溶出伏安法测定化学试剂产品中杂质铅、铜、锌、镉、银等的标准方法(图 13.15)。溶出伏安法除用于测定金属离子外,还可测定一些阴离子,如氯、溴、碘、硫等。

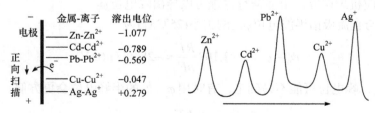

图 13.15 电位扫描图及相应的伏安图

吸附溶出伏安法(adsorptive stripping voltammetry,AdSV)的名称与上述方法很相似,但是它们之间的差别很大。吸附溶出伏安法的特点是:①其富集作用是靠待测物本身或者待测物与配体形成的配合物的吸附作用来实现的，当然这种吸附作用的大小也受电极电位的影响，但富集时不发生电极反应；②溶出过程仍然是待测物或配合物的还原或氧化，与它们在浓度高时电极反应一样。这种方法主要应用于某些生物分子、有机物或以有机物为配体的金属配合物的分析。

13.2.4　计时电流法

计时电流法(chronoamperometry，CA)是一种通过向电化学体系的工作电极施加单电位阶跃或双电位阶跃后，测量电流响应与时间函数关系的电化学方法。在大量惰性电解质存在下，传质过程主要是扩散。将一平面电极浸在含有氧化态 O 的电解液中，物质 O 在标准电极电势下可逆地还原：

$$O + ne^- \longrightarrow R$$

1902 年，美国科特雷尔(Cottrell)根据扩散定律和拉普拉斯(Laplace)变换，对一个平面电极上的线性扩散做了数学推导，得到科特雷尔方程

$$i = \frac{nFAD^{1/2}c_0}{(\pi t)^{1/2}} \tag{13.17}$$

式中，i 为极限电流；n 为电极反应的电子转移数；F 为法拉第常量；A 为电极面积；D 为活性物的扩散系数；c_0 为 O 在溶液中的初始摩尔浓度；t 为电解时间。当时间趋向于无穷大时，电流就趋近于零，这是电极表面活性物的浓度由于电解而逐渐减小的结果。根据科特雷尔公式，计时电流法可用于定量分析。科特雷尔方程适用于扩散过程，反应速率受扩散控制(图 13.16 中曲线 1)，如果电极反应不可逆或伴随化学反应时，则动力电流 i 随时间的变化见图 13.16 中曲线 2，它受反应速率常数的控制。

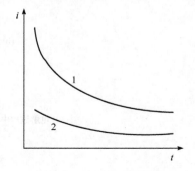

计时电流法常用于电化学研究，即电子转移动力学研究。近年来还有采用两次电位突跃的方法，称为双电位阶的计时电流法。第一次突然加一电位，发生电极反应，经很短时间的电解，又跃回到原来的电位(或另一电位处)，此时电极反应又转变为它的初始状态。它通常用于在极短时间内还原产物 R 可能参与化学反应的情况，因此该法可用于催化反应电极过程和后置反应电极过程的研究。

图 13.16　计时电流法测试的时间-电流曲线

此外，计时电流法还用于光电测试及恒电位电解反应中，如图 13.17 所示，随着开灯和关灯循环，电极表面电流也随之呈周期性变化，该测试目前应用在光催化、太阳能电池、光电传感器等领域。恒电位电解反应是通过设置恒定的电位，测试电解过程中电流随时间的变化情况。该方法可用于电化学还原反应，如图 13.18 所示为恒电位还原石墨烯的 i-t 曲线。同时，恒电位电解是固定污染源废气氮氧化物、二氧化硫和一氧化碳的测定方法之一。测定二氧化硫时，通常待测气体通过渗透膜进入电解槽，在高于二氧化硫标准氧化电位的规定外加电位作用下使电解液中扩散吸收的二氧化硫发生氧化反应，与此同时产生对应的极限扩散电流 i，在一定范围内其大小与二氧化硫浓度成正比。该方法与标准 GB/T 16157—1996《固定污染源排气中颗粒物测定和气态污染物采样方法》所包含的条文一致。

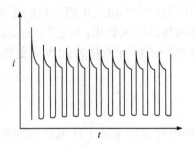

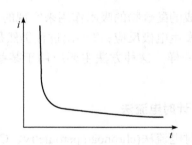

图 13.17　光电反应中时间-电流曲线　　　　图 13.18　恒电位还原石墨烯的时间-电流曲线

13.2.5　其他伏安法

1. 方波伏安法

方波伏安法(square wave voltammetry，SWV)在电解池均匀而缓慢地加入直流电压的同时再叠加一个 225 Hz 的振幅很小(≤30 mV)的交流方形波电压进行伏安测量。因此，通过电解池的电流既有直流又有交流，可见方波伏安法也是一种交流伏安法。可通过测量不同外加直流电压时交变电流的大小，得到交变电流-直流电压曲线以进行定量分析，其电压、电流变化情况如图 13.19 所示。

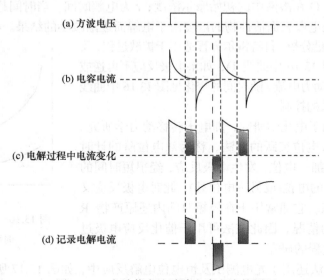

(a) 方波电压

(b) 电容电流

(c) 电解过程中电流变化

(d) 记录电解电流

图 13.19　方波伏安法消除电容电流的原理

方波伏安法中由于叠加的交流方形波电压能够较彻底地消除电极表面双电层电容电流的影响，此时记录的电流基本为电解电流，检测的灵敏度大为提高。同时，由于方波电压变化的瞬间电极的电位变化速率很大，离子在极短时间内迅速反应，因此这种脉冲电解电流值大大超过同样条件下的扩散电流值，从而使方波伏安法成为目前灵敏度较高的一种伏安分析法。但是，由于叠加了较高频率的电压，也会带来一些负面影响：①电极反应的可逆性对测定的灵敏度有很大影响。如前所述，所谓电极反应的可逆性和不可逆性是相对于电极反应速率而言。在方波极谱中，由于叠加较高频率(通常为 225 Hz)的电压，即加入极化电压的速率相当快，所以对于电极反应速率较缓慢的物质，得出的峰高将大为降低，可逆性差的物质有时甚至不出峰，因而其应用会受到限制。②为了有效地消除电容电流，应使电解池回路的 RC 值远小于方波半周期的数值。对于 25 Hz 的方波频率，半周期为 2 ms，一般要求 R 值不大于 50 Ω。减小 R 值，一方面会使测量的微量电流转换为信号的电压相对减小，增加仪器放大的困难，另一方面要求溶液内阻减小，就需要采用高浓度的支持电解质，这就可能引入杂质，增大空白，因而对痕量测定不利。为了解决上述困难，所采取的方法是降低方波的频率以及改变叠加电压的方式，由此发展了一种新的方法——脉冲伏安法。脉冲伏安法分为常规脉冲伏安法和差分脉冲伏安法两种。

2. 常规脉冲伏安法

常规脉冲伏安法指在直流电压上周期性地施加一个矩形脉冲电压，脉冲电压随时间梯形增加(图 13.20)，脉冲保持约 50 ms，然后再跃回起始电位。在脉冲结束前某一固定时刻(如 20 ms)，用电子积分电路对电流采样，采样结果送往记录系统，并以数字记录下来，如图 13.21 所示的常规脉冲伏安极谱图。

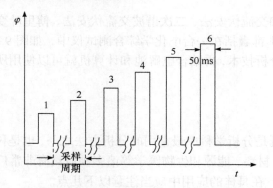
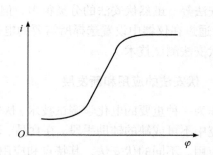

图 13.20 常规脉冲伏安法所加电压波形　　图 13.21 常规脉冲伏安法电压-电流图

3. 差分脉冲伏安法

差分脉冲伏安法(differential pulse voltammetry, DPV)是线性增加的直流电压与恒定振幅的矩形脉冲的叠加，脉冲高度固定，典型值为 50 mV。脉冲宽度比其周期要短得多，一般取 40～80 ms。在对体系施加脉冲前 20 ms 和脉冲期后 20 ms 测量电流，图 13.22 即为在一个周期中两次测量示意图。将这两次电流相减，并输出这个周期中的电解电流Δi。这也是差分脉冲伏安法命名的原因。随着电势增加，连续测得多个周期的电解电流Δi，并用Δi 对电势φ作图，即得差分脉冲曲线，由图 13.23 可见，差分脉冲伏安图不同于常规脉冲伏安图，它在直流极谱波的$\varphi_{1/2}$处电流差值最大，而在未发生电极反应时于极限电流平台处的Δi 很小，故呈现对称峰形。

差分脉冲伏安法具有以下四个特点：①可以有效地消除电容电流，是目前直接测量浓度最灵敏的方法之一，对于可逆体系检出限可达 10^{-8} mol·L^{-1}，通常比分子或原子吸收光谱、大部分色谱方法要灵敏得多。②具有更高的选择性，更好的 DPV 峰的分辨率。因其 i-v 曲线具有峰形，从而比常规脉冲伏安法和经典直流的 i-V 曲线有更强的分辨率。可分辨半波电位或峰电位相距 25 mV 的相邻两极谱波。③允许使用浓度很低的支持电解质。由于脉冲持续时间长，在保证充分衰减的前提下，允许 R 增大 10 倍或更大一些，这样只需使用 0.001～0.01 mol·L^{-1} 的支持电解质就可以。这样可降低其中的杂质在残余电流中的比例，大大降低空白值。④对于不可逆波也有很高的灵敏度。由于脉冲持续时间长，对于电极反应速率缓慢的不可逆反应，也可以提高测定灵敏度，检出限可达到 $10^2 \sim 5 \times 10^{-8}$ mol·L^{-1}。这对于许多有机化合物的测定、电极反应过程的研究等都是十分有利的。

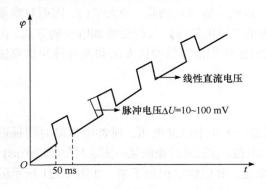

图 13.22　差分脉冲伏安法所加电压

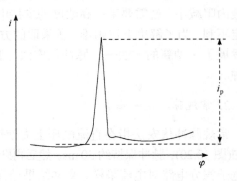

图 13.23　差分脉冲伏安法的电压-电流图

除此之外，还有其他的一些伏安分析法，如交流伏安法、二次谐波交流伏安法、傅里叶变换伏安法等。虽然伏安法的分类很多，但是基本都囊括在一台电化学综合测试仪中，如图 9.2 所示，通过在仪器中设置选择所需要的电化学分析技术，再结合电解池和计算机就可以使用所需的伏安法测试技术。

13.2.6　伏安法的应用和新发展

作为一种重要的电化学测试技术，伏安法既是分析学科中最常用的分析方法之一，也是科学研究中不可或缺的辅助手段。在食品、环境、材料、能源和生物医学等诸多领域具有非常广泛的应用。不同的伏安法，其特点和应用不同，在具体的应用中应当注意以下几点。

(1) 技术的选择。在一台电化学工作站中，可以实现多种电化学测试。在应用的过程中，根据应用需求选择适合的电化学测试技术。例如，研究物质的可逆性，选择循环伏安法；研究恒电位电解反应时，选择计时电流法。由于大多数的伏安法都可以做检测，这时需要根据检测的对象或灵敏度要求进行技术的选择。例如，检测金属离子时，只能选择溶出伏安法，因为金属离子需要先富集到电极表面再溶出，而检测抗坏血酸、尿酸时，就可以选择方波伏安法、差分脉冲伏安法等。

(2) 参数设置。在伏安法中，技术参数指导电极的电化学行为。在确定了测试技术后，还需要注意参数的设置，常用参数包括起始电位、高电位、低电位、采样间隔电位、扫速、灵敏度等。最佳的参数既可以查阅相关文献，根据文献中的参数进行设置，也可以通过实验优化得到。参数设置不当会导致得不到理想的测试结果，甚至导致整个测试失败。

(3) 电解液的选择。伏安法归根到底研究的是电解池中电极的电解反应，电解液需要根据实际应用进行选择。在分析检测中，选择电解液需要注意：①电解液中支持电解质和溶剂不能干扰电极反应；②电解液的 pH 要恰当。例如，检测金属离子时，金属离子在较碱性的溶液中要水解，在较酸性的溶液中，H$^+$ 又会干扰电极反应。

(4) 电极与电化学工作站的连接。电化学工作站有四根与电极连接的导线，每根导线要准确地连接对应的电极，以上海辰华电化学工作站为例：在三电极体系中，红色接辅助电极，白色接参比电极，绿色接工作电极。此外，连接的金属夹子不能相互接触，以免造成短路。

现阶段伏安法主要采用特殊材料制备固体电极进行伏安分析，特别是用于水质重金属检测。随着世界范围内水质污染日趋严重，重金属污染问题也日益突出。重金属污染一旦发生，治理就变得非常困难，危害性极大。阳极溶出伏安法检测重金属离子已被美国国家环境保护局等权威机构列为标准检测方法。以标准曲线法测定水质中痕量铅、镉为例，具体检测步骤如下。

(1) 标准曲线绘制：选择 pH 5.0 乙酸缓冲溶液配制不同浓度的 Pb^{2+}、Cd^{2+} 标准溶液，采用三电极体系，以玻碳电极或化学修饰电极为工作电极，优化各项检测条件，先在电位为 $-1.2\,V$ 处富集溶液中的 Pb^{2+}、Cd^{2+}，紧接着采用差分脉冲伏安法或者方波伏安法由 $-1.0\,V$ 向 $-0.3\,V$ 快速扫描，这时先后得到镉、铅分别被氧化而产生的峰电流，如图 13.24 所示。不同浓度的标准溶液得到不同电流大小的伏安曲线，分别以 Pb^{2+}、Cd^{2+} 的浓度为横坐标，以伏安曲线中浓度对应的电流为纵坐标，拟合得到两条标准曲线。

(2) 水样的测试：消解样品溶液使水中的铅和镉都以游离的无机离子形式存在，调节水样的 pH 为5.0。再在与标准曲线相同的条件下电化学测试样品溶液，得到伏安曲线，根据电流的大小和标准曲线的拟合方程，求得样品溶液中金属离子的浓度。

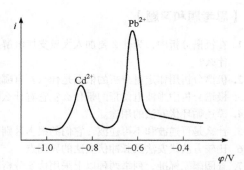

图 13.24　Pb^{2+} 和 Cd^{2+} 的阳极溶出伏安曲线

伏安法的发展伴随着工作电极的更新和应用范围的扩大。在化学修饰电极、酶电极、旋转圆盘电极等的基础上发展起来的微电极、超微阵列电极，并将其应用于微量分析、生化物质分析和活体分析，是电化学和电化学分析的前沿领域。电极的微型化和超微型化的意义不仅在于可以节省稀有样品和贵重材料，满足特殊场合下的测试，更重要的是它表现出许多优良的电化学特性，如电流密度高、响应速度快、欧姆压降(iR 降)小、信噪比高等。微电极是指至少一个维度的尺寸为微米或纳米级的工作电极，微电极特殊的性质使其在电化学测试中具有独特的优点和重要性，在生命分析领域如在单细胞检测和活体分析中具有众多重要的应用。微阵列电极是指在直径几毫米的微区表面点阵状排列几十个电极，主要应用在生物传感领域，可将多项生物物质的指标同时转换为电信号，是高通量分析中很重要的分析技术，是实现生物传感器微型化和集成化的重要途径。此领域的研究还处于初级阶段，许多应用还在开发中，理论研究也需进一步深入。

【拓展阅读】

血 糖 仪

糖尿病是一种以高血糖为特征的代谢性疾病，利用便携式血糖仪，人们可以随时检测血糖浓度、监测血糖变化，从而采取相应的措施控制血糖。血糖仪是一种电化学酶传感器，检测原理是采用电化学分析中的三电极体系，其工作电极为葡萄糖氧化酶电极，电极上的葡萄糖氧化酶催化血液中的葡萄糖氧化同时产生了过氧化氢，通过检测过氧化氢在阳极发生电化学反应时所产生的电流，从而实现对血糖的检测。由于酶对环境温度和酸碱条件要求较为苛刻，催化反应结束后，酶与底物及产物不易分离，并且酶的纯化、分离不但过程复杂，而且成本高，前期实验条件十分严格，因此对酶电极进行改性以获得更高的灵敏度、更低的检出限以及降低成本是相关企业的关注重点。自从 1973 年，Guilbault 等首次提出了用于血糖检测的葡萄糖氧化酶电极，生物酶电极的发展经历了三个阶段，1970～1975 年为萌芽期，国外开始有公司研发固定酶电极应用于血糖仪中，1975～2005 年为平稳发展期，酶电极的改性相关领域的专利申请量平稳增加，2005 年以后为快速发展期，国内外专利申请量剧增。

【参考文献】

巴德，福克纳. 2005. 电化学方法原理和应用[M]. 2 版. 邵元华，朱果逸，董献堆，等，译. 北京: 化学工业出版社.
高鹏，朱永明，于元春. 2019. 电化学基础教程[M]. 2 版. 北京: 化学工业出版社.
哈曼，哈姆内特，菲尔施蒂希. 2010. 电化学[M]. 陈艳霞，夏兴华，蔡俊，译. 北京: 化学工业出版社.
Plieth. 2019. 材料电化学[M]. 廖维林，吴伯荣，穆道斌，等，北京: 译. 科学出版社.
蒙克. 2012. 电分析化学基础[M]. 朱俊杰，罗鲲，潘宏程，译. 北京: 化学工业出版社.
孙世刚，克斯狄森，魏茨科夫斯基. 2008. 电化学吸附和电催化的原位光谱研究[M]. 北京: 科学出版社.
吴守国，袁倬斌. 2012. 电分析化学原理[M]. 合肥: 中国科学技术大学出版社.
谢德明，童少平，曹江林. 2013. 应用电化学基础[M]. 北京: 化学工业出版社.

【思考题和习题】

1. 在极谱分析中，为什么要加入大量支持电解质？加入电解质后电解池的电阻将降低，但电流不会增大，为什么？
2. 极谱分析用作定量分析的依据是什么？有哪几种定量方法？怎样进行？
3. 极谱分析中半波电位指的是什么？它有什么特点和作用？
4. 简述循环伏安法的用途。
5. 什么是可逆波和不可逆波，它们的根本区别是什么？
6. 比较方波伏安法及脉冲伏安法的异同点。
7. 查阅国家标准，列举两种以上采用伏安分析法的国家标准方法。

第三篇　色 谱 分 析

第14章 色谱分析法导论

【内容提要与学习要求】

本章在简述色谱法分类及特点的基础上，对色谱分离过程中的参数及公式进行了说明，并重点介绍了色谱基本理论中的塔板理论和速率理论。此外，对色谱分离基本方程及其影响因素进行了分析。通过本章的学习，掌握色谱法的有关概念、公式及色谱分析的基本理论；熟悉色谱过程及柱效、选择因子和容量因子对分离度的影响；了解色谱法的分类。

色谱是集分离和检测于一体的分析方法，在仪器分析中占有重要地位。色谱法是根据固定相对混合物的吸附能力或溶解能力等的不同而建立起来的一种物理化学分离分析方法。随着色谱法的发展(发展历史详见【拓展阅读】)，它已成为分离、纯化有机物或无机物的一种重要方法，对于复杂混合物、相似化合物的异构体或同系物等的分离非常有效。尽管色谱法种类繁多，但都是两个不相混溶的相在做相对运动。两相中相对固定不动的相称为固定相(stationary phase)，携带待分离试样向前运动的相称为流动相(mobile phase)。当混合物随流动相流经色谱柱时，就会与柱中固定相发生作用(溶解、吸附等)，由于各组分物理化学性质和结构上的差异，与固定相发生作用的大小、强弱不同，随着流动相的移动，混合物在两相间经过反复多次的分配平衡，使各组分被固定相保留的时间不同，从而按一定次序先后从色谱柱中流出。目前，色谱法已广泛应用于工农业生产、医药卫生、经济贸易、石油化工、环境保护、生理生化、食品质量与安全等领域，如样品中农药残留量的测定、农副产品分析、食品质量检验、生物制品的分离制备等。

14.1 色谱法的分类及特点

14.1.1 色谱法的分类

色谱法利用分配系数差异，当两相做相对运动时，物质在同一推动力的作用下，在两相中发生反复多次的分配，使分配系数仅有微小差异的组分产生显著的分离效果，从而使混合物中各组分按一定顺序先后从色谱柱中流出，得以完全分离。组分在两相分配中，固定不动的一相称为固定相；相对流动的一相称为流动相。在柱层析中，流动相也常称为洗脱剂、淋洗剂或顶洗剂等。色谱法可以根据固定相、流动相的状态、操作形式、分离机制等进行分类，如图 14.1 所示。

各种色谱分离分析法各有特点，如表 14.1 所示。

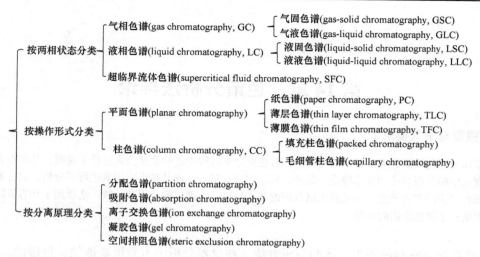

图 14.1　色谱法的分类

表 14.1　色谱法的性能

方法		薄层色谱(TLC)	气相色谱(GC)	液相色谱(LC)	超临界流体色谱(SFC)	毛细管电泳(CE)
固定相	状态	硅胶、氧化铝、键合分子层	黏稠液体、固体吸附剂、键合分子层	固体吸附剂、键合分子层	固体吸附剂、键合分子层	胶束、添加剂
	扩散系数/(cm² · s⁻¹)	$10^{-5}\sim10^{-7}$	$10^{-5}\sim10^{-7}$	$10^{-5}\sim10^{-7}$	$10^{-6}\sim10^{-7}$	—
	膜厚/μm	0.001	0.1~10	0.5~5	0.1~5	
流动相	形态	液体	气体	液体	高密度气体	液体
	密度/(g · mL⁻¹)	1	0.001	1	0.2~0.3	1
	扩散系数/(cm² · s⁻¹)	$10^{-5}\sim10^{-6}$	$1\sim10^{-2}$	$5\times10^{-5}\sim10^{-6}$	10^{-3}	$10^{-5}\sim10^{-6}$
	使用压力/MPa	常压	0.2~1.0	≈5~40	≈13	常压
	驱动因素	毛细现象	压力差	压力差	压力差	电渗流
样品	样品	液体样品	气体、液体、易挥发固体	液体样品、热不稳定样品	相对分子质量10000 左右的低聚物	离子或中性样品、相对分子质量大的样品
	进样量/g	$10^{-6}\sim10^{-3}$	$10^{-9}\sim10^{-3}$	$10^{-9}\sim10^{-1}$	$10^{-9}\sim10^{-3}$	$10^{-7}\sim10^{-13}$
色谱柱	填充柱[内径×长(cm×cm)]	平面	0.2×500	(0.4~0.6)×(5~25)	(0.4~0.6)×(5~25)	—
	毛细管柱[内径×长(cm×cm)]	—	(0.01~0.053)×(500~6000)	(0.05~0.1)×(20~50)	(0.005~0.01)×(30~50)	(0.005~0.01)×(20~70)
检测器	通用	碘或硫酸显色	TCD、FID	示差折光、蒸发光散射	FID	电导
	选择性	紫外灯检视	ECD、FPD	荧光	UV	UV、荧光
控制分离因素	相对分子质量	—	相对分子质量小的先流出	GPC 中相对分子质量大的先流出	—	相对分子质量小的先流出
	溶质的极性、官能团	影响大	有影响	影响大	有影响	有影响

注：GPC 为凝胶渗透色谱。

14.1.2　色谱法的特点

1. 分离效率高

色谱法能高效地分离分析复杂混合物或性质极为相似的物质，如同系物、同分异构体、同位素及具有生物活性的化合物等。

2. 分析速度快

对于某一复杂样品的分离和分析，通常只需几分钟到几十分钟便可完成一个分析周期，获取多种组分的测定结果。

3. 灵敏度高

样品组分含量仅数微克，或不足 1 μg 均可进行很好的分析，若使用高灵敏度的检测器，则可检测出 $10^{-11} \sim 10^{-14}$ g 的物质。

4. 应用广泛

目前色谱法已广泛地应用于石油、化工、医药卫生、生物、轻工、农业、环境保护、刑侦等各个领域，是现代常用的分析手段之一。它几乎可用于所有化合物的分离和测定，无论是有机物、无机物、低分子或高分子化合物，还是具有生物活性的生物大分子。

尽管色谱法具有高分离效能、高检测性能、高速快捷等特点，但也有一定的局限性，其不足之处在于对被分离组分的定性较为困难。将色谱仪的高分离效能与其他定性能力极强的仪器相结合，发展色谱与其他分析仪器联用技术，将有效地克服这一缺点。

14.2　色谱分析过程及参数

14.2.1　色谱分析过程

色谱分析过程即为待分离组分与流动相、固定相不断相互作用进行分配的一个过程。以图 14.2 为例，选择合适的固定相均匀地填充在管柱中，在柱顶端注入样品混合物溶液(含组分 A 和组分 B)，样品被吸附于固定相上，当注入流动相时，样品因在流动相中有一定溶解性，发生一个解吸附过程。当流动相沿固定相向下流动时，样品也随之向下移动，在此过程中，样品将被新的固定相所吸附。当注入新的流动相时，样品混合物又溶解于新的流动相中，与固定相发生一个解吸附过程，同时与色谱柱下端新的固定相发生一个吸附过程。随着色谱柱中连续不断地注入新的流动相，样品在流动相的带动下，不断地与固定相发生吸附与解吸附的过程。由于样品中不同结构的组分具有不同的理化性质，样品中各组分与固定相的吸附能力不同而得以分离。如图 14.2 所示，组分 A 在流动相中的溶解度比组分 B 略大，即固定相对其吸附能力弱些。因此，组分 A 随流动相移动的速度比组分 B 快，在不断地吸附与解吸附过程后，组分 A 与组分 B 的距离逐渐拉大，A 率先

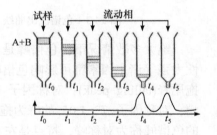

图 14.2　色谱过程示意图

流出色谱柱。

14.2.2 色谱流出曲线和相关术语

1. 色谱图

色谱分析时，混合物中各组分经色谱柱分离，随流动相依次流出色谱柱，先后到达检测器。经检测器把各组分的浓度信号转变成电信号，然后用记录仪或工作站软件将信号记录下来。以检测到的响应信号为纵坐标，时间或流动相的体积为横坐标所得到的曲线图称为色谱流出曲线，也称为色谱图，图中曲线突起的部分称为色谱峰。由于响应信号的大小或强度与物质的量或物质的浓度成正比，因此色谱流出曲线实际上是物质的量或浓度-时间曲线。正常的色谱峰为对称的正态分布曲线，如图 14.3 所示。

2. 色谱图的基本术语

基线：在实验操作条件下，当没有组分流经检测器而仅有流动相流过时的流出曲线，称为基线，如图 14.3 中的 OO'。稳定的基线是一条与横坐标(时间轴)平行的直线，若基线上斜或下斜，称为基线漂移；若基线出现上下波动则称为噪声。基线反映了仪器(主要是检测器)噪声随时间的变化，因此基线的平稳与否在一定程度上反映了检测器的稳定与否。

拖尾因子(tailing factor，T)也称为对称因子(symmetry factor，f_s)，是用于衡量色谱峰对称与否的参数，可用式(14.1)计算。

$$T = \frac{W_{0.05h}}{2a} = \frac{a+b}{2a} \tag{14.1}$$

式中，$W_{0.05h}$ 为色谱图中，0.05 倍色谱峰高处的峰宽；a 和 b 分别表示 0.05 倍色谱峰高处峰宽被峰高切割成前后两段的宽度，如图 14.4 所示。

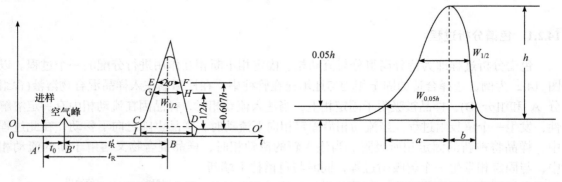

图 14.3　色谱流出曲线　　　　　　　　图 14.4　拖尾因子计算示意图

绝大多数情况下，色谱峰是非对称的，色谱过程中如进样量太大、色谱柱对样品的吸附性太强等诸多因素都可影响色谱峰的对称分布。非对称的色谱峰分为前延峰(leading peak)和拖尾峰(tailing peak)：对称因子 $T<0.95$ 的色谱峰称为前延峰，其特点是前面平缓，后面陡峭；对称因子 $T>1.05$ 的峰为拖尾峰，特点是前延陡峭，后面平缓；对称因子为 $0.95\sim1.05$ 的色谱峰称为对称峰，特点是左右对称。

色谱峰是待分离组分流经检测器时所产生的电信号，其峰位(保留值)、峰高或峰面积、峰宽三个参数可分别用于组分的定性、定量、柱效分析。

峰高和峰面积：色谱分析法的定量参数常用峰高或峰面积表示。峰高(peak height，h)是指色谱峰顶点与基线之间的垂直距离，以 h 表示。峰面积(peak area，A)则是色谱峰与基线之间所围成的面积，用 A 表示。色谱峰的面积可由色谱工作站中的微机处理器或积分仪求得，目前可直接由色谱工作站软件自动计算，无须手动计算。

对称峰：
$$A = 1.065hW_{1/2} \tag{14.2}$$

非对称峰：
$$A = 1.065h\frac{W_{0.15} + W_{0.85}}{2} \tag{14.3}$$

两式中，$W_{1/2}$ 为半峰宽；$W_{0.15}$ 和 $W_{0.85}$ 分别为色谱峰高 0.15 倍和 0.85 倍处的宽度。

保留值(retention value)：表示试样中各组分在色谱柱中滞留的时间，或在柱中滞留时间内所消耗的流动相体积。保留值主要取决于各组分在两相间的分配过程，因而保留值是由色谱过程中的热力学因素所控制，当条件一定时，任何一种组分都有一个确定的保留值，该保留值可用作定性分析的参数。通常保留值可用保留时间(组分在色谱柱所滞留的时间)或保留体积(将组分洗脱流出色谱柱所需要流动相的体积)来描述。

死时间(dead time，t_0)：不能被固定相滞留的组分从进样到色谱柱后出现浓度极大值所需的时间，其与色谱柱内填料间的空隙体积、流动相流速相关。

保留时间(retention time，t_R)：指组分从进样开始到色谱柱后出现浓度极大值所需要的时间。在固定相、流动相、流速、温度等色谱条件保持不变时，组分的 t_R 值不变，故 t_R 可以作为定性的指标。对于不同的色谱柱，t_0 不一样，或者操作条件不一样，化合物的 t_R 会随之变化。

调整保留时间(adjusted retention time，t_R')：保留时间扣除死时间就是调整保留时间，体现了待测组分真实地用于固定相溶解或吸附所需的时间。在一定的操作条件下，t_R' 仅由组分的性质所决定。

$$t_R' = t_R - t_0 \tag{14.4}$$

保留时间可以作为色谱法定性的基本依据，但在其他色谱条件不变的情况下，同一组分的保留时间常受到流动相流速的影响，因此色谱工作者有时也用保留体积来表示保留值。

死体积(dead volume，V_0)：从进样器到检测器之间空隙体积的总和，包括固定相颗粒间的空隙容积，色谱仪中连接的管道接头和检测器内部容积之和。即将色谱柱从进样器开始到出检测器流路中空隙填满需要流动相的体积。当忽略柱外死体积，只考虑色谱柱中固定相颗粒间的空隙体积时，死时间与死体积有如下关系：

$$V_0 = t_0 \cdot F_0 \tag{14.5}$$

式中，F_0 为柱后出口处流动相的体积流量，$mL \cdot min^{-1}$。

保留体积(retention volume，V_R)：从进样开始到某组分从色谱柱后出现浓度极大值所消耗的流动相的体积，即将某组分冲洗出色谱柱所需要流动相的体积。

调整保留体积(adjusted retention volume，V_R')：保留体积扣除死体积即为调整保留体积，是真实地将待测组分从固定相中携带出柱所需的流动相的体积。

$$V_R' = t_R' \cdot F_0 \tag{14.6}$$

相对保留值(relative retention value，α)：两组分调整保留值之比称为相对保留值，常用 γ 或 α 表示。

$$\alpha = \frac{t'_{R(2)}}{t'_{R(1)}} = \frac{V'_{R(2)}}{V'_{R(1)}} \tag{14.7}$$

由于相对保留值仅与柱温、固定相性质有关，与色谱柱的柱长、柱径、类型、填充情况及流动相流速无关，因此是较理想的定性指标。

峰宽(peak width)：也称为区域宽度，是衡量色谱柱柱效的重要参数之一，峰宽越小，柱效越好，表明分离效果越好。峰宽常用标准差、半峰宽、峰宽等表示。

标准差(standard deviation，σ)：色谱峰 0.607 倍峰高处峰宽的一半。标准差的大小反映了组分流出色谱柱的离散程度，标准差越小，色谱峰越尖锐，表明组分流出色谱柱时越集中，分离效果越好；标准差越大，色谱峰越宽，表明组分流出色谱柱时越分散，分离效果越差。

半峰宽(half peak width，$W_{1/2}$)：色谱峰高一半处的峰宽。半峰宽与标准差的关系为

$$W_{1/2} = 2\sigma\sqrt{2\ln 2} = 2.355\sigma \tag{14.8}$$

峰底宽(peak width，W)：在流出曲线两侧拐点处作切线与基线相交，两交点之间的距离称为峰底宽。

峰底宽与标准差或半峰宽的关系为

$$W = 4\sigma \text{ 或 } W = 1.699W_{1/2} \tag{14.9}$$

色谱分析中，在一定温度下，组分在固定相和流动相之间所达到的平衡称为分配平衡。为了描述这一分配行为，通常采用分配系数 K 和分配比 k 来表示。

分配系数(distribution coefficient)：一定温度和压力下，组分在固定相和流动相中达到分配平衡时，该组分在两相中的浓度之比是一个常数，这一常数称为分配系数，用 K 表示。

$$K = \frac{c_s}{c_m} \tag{14.10}$$

式中，c_s 为固定相中组分的平衡浓度；c_m 为流动相中组分的平衡浓度。分配系数由被分离组分、固定相、流动相热力学性质决定。在一定温度下，不同的物质分配系数不同。分配系数小的组分，每次分配后在固定相中的浓度较小，因此较早地流出色谱柱；而分配系数大的组分，则由于每次分配后在固定相中的浓度较大，因而流出色谱柱的时间较长。对于一个组分，分配系数主要取决于固定相和流动相的性质。选择适宜的固定相和流动相，增加组分间分配系数的差别，可显著改善分离效果。试样中的各组分具有不同的分配系数是分离的前提，对于某一固定相，如果两组分具有相同的分配系数，则无论如何改善操作条件都无法实现分离，即组分均在同一时间流出色谱柱。当 $K=0$ 时，组分不被固定相保留，最先流出色谱柱。由此可见，分配系数有差异是各组分色谱分离的依据。

柱温：柱温是影响分配系数的一个重要参数。在气相色谱中，其他条件一定时，分配系数与温度成反比，升高温度，分配系数变小。提高分离温度，组分在固定相中的浓度减小，可缩短出峰时间。在气相色谱中，温度的选择对分离影响很大。在液相色谱中，温度的选择对分离影响相对较小。

分配比(distribution ratio)：在一定温度、压力下，组分在两相间分配达平衡时的质量之比，称为分配比，又称保留因子、容量因子、容量比或分配容量，用 k 表示，即

$$k = \frac{m_s}{m_m} = \frac{c_s V_s}{c_m V_m} = K \frac{V_s}{V_m} \tag{14.11}$$

式中，m_s 为组分在固定相中的质量；m_m 为组分在流动相中的质量；V_s 为色谱柱中固定相的体积；V_m 为色谱柱中流动相的体积。

分配比 k 是衡量色谱柱对被分离组分保留能力的重要参数，是组分与色谱柱填料相互作用强度的直接量度，其不仅与组分、固定相和流动相的性质、温度、压力有关，还与固定相和流动相的体积有关。k 值越大，组分在固定相中的量越多，柱容量越大，保留时间越长。当 k 为零时，则表示该组分在固定相中不分配，因而不能被色谱柱所保留，其保留时间等于死时间。

分配平衡是在色谱柱中两相之间进行的，因此分配系数、分配比也可用组分停留在两相之间的保留值来表示，即

$$k = \frac{t_R'}{t_0} = \frac{t_R - t_0}{t_0} \text{ 或 } k = \frac{V_R'}{V_0} = \frac{V_R - V_0}{V_0} \tag{14.12}$$

从式(14.12)可以看出，分配比反映了组分在某一色谱柱上的调整保留时间(或体积)是死时间(或死体积)的多少倍。k 越大，说明组分在色谱柱中停留的时间越长，对该组分来说，相当于柱容量越大。

色谱峰能被分离，则组分 A 和组分 B 的分配系数或分配比不能相等，即 $K_A \neq K_B$ 或 $k_A \neq k_B$，这是色谱分离的前提条件。

14.3　色谱基本理论简介

14.3.1　塔板理论

塔板理论最早由马丁(Martin)等提出，将色谱柱比作精馏塔，把色谱柱内混合物分离过程与精馏塔内的精馏分离类比，沿用精馏塔中塔板的概念来描述组分在两相中的分配行为。该理论的基本假设为

(1) 色谱柱柱内径一致、填充均匀，由称为塔板的若干小段组成，高度相等，称为塔板高，以 H 表示；

(2) 溶质在所有塔板上的分配系数都相同，在两相间瞬间达到分配平衡，溶质纵向扩散可以忽略；

(3) 流动相或载气进入色谱柱不是连续的，而是脉冲式的间歇过程，每次进入的流动相或载气体积为一个塔板体积 ΔV。

以液液色谱为例说明塔板理论分离过程：

为简单起见，设色谱柱由 5 块塔板($n=5$)组成，并以 0、1、2、3、4 表示塔板编号；某组分为 100 个单位量，每个塔板中固定相和流动相的体积相等，溶质分配系数为 1。

根据上述假定，在色谱分离过程中，该组分的分布可计算如下：

开始时，100 个单位量的该组分加到第 0 号塔板上，分配平衡后，由于分配系数为 1，固定相和流动相中各分配 50 份的溶质。当一个塔板体积的流动相以脉冲形式进入 0 号塔板时，就将 0 号塔板中流动相及 50 份的溶质推到 1 号塔板，此时 0 号塔板固定相中的 50 份溶

质将在两相中重新分配，各为 25 份；而 1 号塔板流动相中 50 份溶质也会在两相中重新分配，各为 25 份。之后每当一个新的塔板体积流动相以脉冲式进入色谱柱时，上述过程就重复一次，直至将溶质洗出色谱柱。当有 5 个塔板体积流动相进入色谱柱时，溶质开始从色谱柱流出。溶质最大浓度在 8 和 9 个塔板体积流动相时出现，溶质流出浓度曲线趋于正态分布，但峰形并不对称，主要是因为塔板数太少，溶质分配平衡次数太少。

在实际情况中，色谱柱塔板数会很大，可得到近似正态分布曲线，可用正态分布函数描述溶质分布。

由塔板理论可得理论塔板数 n 的计算公式

$$n = 5.54 \left(\frac{t_R}{W_{1/2}} \right)^2 = 16 \left(\frac{t_R}{W} \right)^2 \tag{14.13}$$

式中，t_R 为溶质或组分的保留时间；$W_{1/2}$ 为半峰宽；W 为峰底宽。

这样可计算色谱柱(柱长为 L)的理论塔板高度 H：

$$H = \frac{L}{n} \tag{14.14}$$

当 L 一定时，n 越大，H 越小，则柱效能越高，分离能力越强。

在实际应用中，经常出现计算的理论塔板数 n 很大但柱效却不高的现象。这是由于采用 t_R 计算时未将不参与柱内分配的死时间 t_0 扣除，因此提出将扣除死时间后的有效理论塔板数 n_{eff} 和有效理论塔板高度 H_{eff} 作为评价柱效能的指标。

$$n_{eff} = 5.54 \left(\frac{t'_R}{W_{1/2}} \right)^2 = 16 \left(\frac{t'_R}{W} \right)^2 \tag{14.15}$$

$$H_{eff} = \frac{L}{n_{eff}} \tag{14.16}$$

色谱柱的有效理论塔板数越大，越有利于分离，但仍不能确定试样中各组分是否能有效分离。混合物试样中各组分能否分离取决于各组分在固定相上分配系数的差异。如果两组分的分配系数相同，无论理论塔板数多大，都无法分离。因此，理论塔板数或有效理论塔板数的大小不是组分能否分离的标志，而是一定条件下柱效能的反映。

由于不同物质在同一色谱柱的分配系数不同，因此同一色谱柱对不同物质的柱效能是不一样的。因此，在说明柱效时，除注明色谱条件外，还应该指出是用什么物质进行测量的。

塔板理论奠定了色谱理论基础，用热力学观点形象描述了溶质在色谱柱中的分配平衡和分离过程，初步揭示了色谱分离的过程；提出了色谱流出曲线的数学模型，给出了色谱柱柱效的计算公式和评价方法。理论塔板数是溶质在色谱柱内两相间分配平衡次数的量度，是评价色谱柱柱效的主要指标，具有重要的理论与实用价值。

但塔板理论是具有一定局限性的半经验性理论，其某些假设并不完全符合色谱柱内实际发生的分离过程。色谱分离实际上是一个动态过程，很难实现真正的瞬间分配平衡。溶质在随流动相转移的过程中，不可避免地存在纵向扩散；分配系数与浓度无关只在有限的浓度范围内成立。因上述原因，塔板理论不能说明以下问题：①为什么同一组分在不同流速下其理论塔板数不同；②理论塔板数与塔板高度的色谱含义与本质；③色谱柱结构参数、操作条件与理论塔板数的关系；④引起色谱峰展宽的原因、影响塔板高度的因素和提高柱效的途径。

14.3.2　速率理论

为了克服塔板理论的缺陷，1956 年荷兰学者范第姆特(van Deemter)等在马丁等工作的基础上，提出了色谱分离过程的动力学理论——速率理论。速率理论吸收了塔板理论中塔板高度的概念，同时考虑了溶质在两相中的扩散和传质过程，更接近溶质在两相中的实际分配过程，导出了塔板高度与流动相线速度的关系式，此关系式称为速率理论方程式，也称范氏方程，其数学简化式为

$$H = A + B/u + Cu = A + B/u + (C_s + C_m)u \tag{14.17}$$

式中，u 为流动相的线速度；A 为涡流扩散项系数；B 为分子扩散项系数；C 为传质阻力项系数；C_s 和 C_m 分别为固定相和流动相传质阻力项系数；H 为塔板高度，但其含义有别于塔板理论，是单位柱长统计意义的分子离散度。它是阐明多种色谱区带或色谱峰扩张因素的综合参数，也作为色谱柱柱效指标。H 越小，柱效越高。

吉汀斯(Giddings)发现，方程中影响塔板高度的各项因素不是独立的，涡流扩散和流动相传质相互影响，产生新的耦合项，提出速率理论耦合方程，称为吉汀斯方程：

$$H = B/u + C_s u + \left(\frac{1}{\dfrac{1}{A} + \dfrac{1}{C_m}u} \right) \tag{14.18}$$

范第姆特和吉汀斯方程在气相色谱和液相色谱中得到广泛应用，但不同色谱类型，决定方程各项系数(A、B、C)的色谱参数不完全相同，因而形成不同类型的色谱速率理论方程。

1. 气相色谱速率理论方程

范第姆特等首先研究了决定方程各项系数的色谱参数，导出气相色谱速率理论方程。

涡流扩散项 A：在填充色谱柱中，当组分随流动相向柱出口迁移时，流动相碰到填充物颗粒时，会不断地改变流动方向，组分分子在前进中形成紊乱的类似"涡流"的流动，故称涡流扩散。

在填充柱内，由于填充物颗粒大小的不同及其填充的不均匀性，使组分分子通过色谱柱时的路径长度有所不同。这样同时进入色谱柱的组分在柱内停留的时间不同，部分组分较快通过色谱柱，而部分组分发生滞后，导致色谱峰变宽，其变宽的程度由式(14.19)决定：

$$A = 2\lambda d_p \tag{14.19}$$

式中，λ 为填充不规则因子；d_p 为固定相填料的平均直径。

从式(14.19)可知，使用细而均匀的颗粒并且填充均匀，是减小涡流扩散和提高柱效的有效途径。对于 GC 中的空心毛细管柱，不存在涡流扩散，即 $A=0$。

分子扩散项 B/u：又称纵向扩散项，是由浓度梯度造成的。当样品组分被流动相或载气带入色谱柱后，是以"塞子"的形式存在于柱的很小段空间内，由于存在纵向的浓度梯度，必然就会发生纵向扩散，从而造成谱带展宽。分子扩散项系数为

$$B = 2\gamma D_m \tag{14.20}$$

式中，γ 为填充柱内流动相扩散路径的弯曲因素，为弯曲因子，是由固定相引起的，其反映了固定相颗粒的几何形状对分子纵向扩散的阻碍程度；D_m 为组分分子在流动相中的扩散系数，$cm^2 \cdot s^{-1}$。

在填充柱内，由于固定相颗粒的存在，使分子自由扩散受到影响，扩散程度降低，填充柱 γ 一般为 0.5～0.7，对毛细管柱，扩散不受影响，$\gamma=1$。

从式(14.20)可知，分子扩散项与组分在流动相中的扩散系数成正比。而 D_m 大小与组分的性质、流动相的性质及柱温等因素有关。相对分子质量大的组分，扩散不易，D_m 较小，D_m 与流动相相对分子质量的平方根成反比，并随柱温的升高而增大。因此，在气相色谱中，为了减小分子扩散项，可使用相对分子质量较大的流动相，同时采用较高的流动相线速度，并控制较低的柱温。而在液相色谱中，组分在流动相中的纵向扩散可忽略不计。

传质阻力项(Cu)：组分在固定相和流动相之间的分配存在一个组分分子在两相间的交换、扩散过程，这个过程称为质量传递，简称传质。以气液分配色谱为例，当组分进入色谱柱后，由于它对固定液的亲和力，组分分子首先从气相向气液界面移动，然后向液相扩散。接下来再从液相中扩散出来进入气相，这个过程称为传质过程。传质过程需要时间，而且在流动状态下，不能瞬间达到分配平衡。当它返回气相时，必然落后于随流动相前进的组分，从而会引起色谱峰变宽。这种情况就如同受到阻力一般，因此称为传质阻力，用 C 表示。

在气相色谱中，固定相传质阻力与载体上的固定液液膜厚度 d_f 的平方成正比，与溶质在固定相内的扩散系数 D_s 成反比，固定相传质项系数 C_s 为

$$C_s = q\frac{k}{(1+k)^2}\times\frac{d_f^2}{D_s} \tag{14.21}$$

式中，k 为保留因子；q 为由固定相颗粒形状和孔结构决定的结构因子，若固定相填料为球形，q 为 $8/\pi^2$；若为不规则无定形，则为 2/3。从式(14.21)可知，固定相液膜越厚，分子到达相界面距离越远；扩散系数越小，分子运行实现分布平衡越慢，两者均导致传质速率降低，塔板高度增加。

气体流动相的传质阻力与填充物粒度 d_p 的平方成正比，与组分在载气流中的扩散系数 D_m 成反比，流动相传质项系数 C_m 为

$$C_m = 0.01\frac{k^2}{(1+k)^2}\times\frac{d_p^2}{D_m} \tag{14.22}$$

在气相色谱分离过程中，可以采用粒度小的填充物和相对分子质量小的载气，可使 C_m 减小，提高柱效。

将式(14.19)～式(14.22)代入式(14.17)，可得球形填料气相色谱的范第姆特方程：

$$H = 2\lambda d_p + \frac{2\gamma D_m}{u} + 0.01\frac{k^2}{(1+k)^2}\frac{d_p^2}{D_m}u + \frac{8}{\pi^2}\frac{k}{(1+k)^2}\frac{d_f^2}{D_s}u \tag{14.23}$$

2. 液相色谱速率理论方程

液相色谱与气相色谱速率理论方程的主要区别要归因于液体与气体的性质差异。溶质在液体中的扩散系数比在气体中小 10^5 倍左右；液体黏度比气体大 10^2 倍；液体表面张力比气体约大 10^4 倍；液体密度比气体约大 10^3 倍；气体可压缩，具有高压缩性系数，液体压缩性可以忽略。这些差异对液体中扩散和传质影响很大。

与气相色谱速率理论方程不同的是，除气相色谱中类似的固定相、流动相传质项外，增加了固定相孔结构内滞留流动相的传质项 C_{sm}，即

$$C = C_s + C_m + C_{sm} \tag{14.24}$$

对于液相色谱，固定相传质系数 C_s 计算公式与气相色谱中的公式(14.21)类似，而流动相传质系数 C_m 与保留因子 k 无关，公式为

$$C_m = \frac{\omega d_p^2}{D_m} \tag{14.25}$$

式中，ω 为与柱和填充性质有关的系数；D_m 为试样分子在流动相中的扩散系数；d_p 为固定相的粒径。由式(14.25)可知，固定相的粒径越小，试样分子在流动相中的扩散系数越大，传质速率就越快，柱效就越高。

固定相孔结构内滞留流动相的传质项 C_{sm} 可用下式表示：

$$C_{sm} = \frac{(1-\varepsilon_i + k)^2}{30(1-\varepsilon_i)(1+k)^2} \times \frac{d_p^2}{\gamma D_m} \tag{14.26}$$

式中，ε_i 为固定相的孔隙度。

将上述传质项系数公式代入式(14.17)，可得液相色谱速率理论方程：

$$H = 2\lambda d_p + \frac{2\gamma D_m}{u} + \omega \frac{d_p^2}{D_m}u + q\frac{k}{(1+k)^2}\frac{d_f^2}{D_s}u + \frac{(1-\varepsilon_i + k)^2}{30(1-\varepsilon_i)(1+k)^2}\frac{d_p^2}{\gamma D_m}u \tag{14.27}$$

3. 流速对塔板高度 H 的影响

根据速率方程式，测定不同流速下的塔板高度 H，作气相色谱和液相色谱的 H-u 曲线，可得如图 14.5 和图 14.6 所示的曲线。

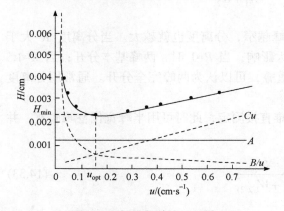

图 14.5 气相色谱的 H-u 图

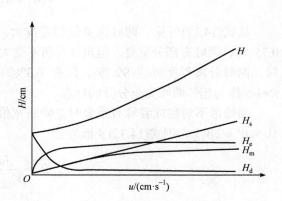

图 14.6 液相色谱的 H-u 图

由图 14.5 和图 14.6 可见，气相色谱和液相色谱的板高 H(或柱效能)与流速的变化关系有相同之处，也有不同之处。液相色谱的纵向扩散非常小，H 与 u 的关系较简单。这是由于液相色谱的纵向扩散系数和传质阻力系数都与气相色谱有所不同，因为纵向扩散在液相色谱中很小，塔板高度主要由传质阻力项 Cu 决定，即流速 u 越大，塔板高度 H 越大。而在气相色谱中，纵向扩散明显，在低流速时，纵向扩散尤为明显，在此区域，增大流速可使塔板高度变小，但随着流速 u 的继续增大，传质阻力也会增加，所以在高流速时，传质阻力项 Cu 对 H 的影响更大些，在气相色谱的 H-u 曲线上存在一个最低点，即存在最佳流速 u_{opt} 和最小塔

板高度 H_{min} 的一点。而在液相色谱 H-u 曲线中，几乎很难找到这一点。

气相色谱的最佳流速可以通过实验和计算求出，将式(14.17)微分得

$$\frac{dH}{du} = -\frac{B}{u^2} + C = 0 \tag{14.28}$$

$$\frac{B}{u^2} = C \tag{14.29}$$

$$u_{opt} = \sqrt{\frac{B}{C}} \tag{14.30}$$

$$H_{min} = A + 2\sqrt{BC} \tag{14.31}$$

14.3.3 色谱分离效能的衡量

1. 分离度

在多组分的色谱分离过程中，经常出现色谱峰部分重叠，有时甚至完全重叠的现象。要将难分离的两物质分离，两峰之间的距离要大，保留时间要有足够大的差距，同时也要求色谱峰要窄。单独用柱效或选择性很难真实反映组分在色谱柱中的分离情况，因此需要引入一个既能反映柱效又能反映选择性的指标，作为总分离效能指标，这个指标即为分离度。

分离度，也称分辨率，用 R 表示，定义为相邻两组分色谱峰保留值之差与两组分色谱峰峰底宽总和一半的比值，其计算公式为

$$R = \frac{t_{R_2} - t_{R_1}}{\frac{1}{2}(W_1 + W_2)} = \frac{2(t_{R_2} - t_{R_1})}{W_1 + W_2} \tag{14.32}$$

从式(14.32)可见，两峰保留值相差越大，峰越窄，分离度也就越大。当分离度 R 大于 0.75 时，两峰有部分重叠，但定性分析不受太大影响；当 $R=1$ 时，两峰基本分开；当 $R=1.5$ 时，两峰分离程度可达 99.7%，仅有 0.3%的重叠，可以认为两峰完全分开。通常用分离度 $R=1.5$ 作为相邻两峰完全分开的标志。

当峰形不对称或者峰有重叠时，峰底宽很难直接测定，此时可用半峰宽代替峰底宽，并认为 $W \approx 2W_{1/2}$，则式(14.32)变形为

$$R = \frac{t_{R_2} - t_{R_1}}{W_{1/2(1)} + W_{1/2(2)}} \tag{14.33}$$

2. 色谱分离基本方程

色谱分离基本方程如式(14.34)所示。通过此方程可将影响分离度的主要因素包括柱效(或塔板数，n)、选择因子(或组分相对保留值，α)和保留因子(也称容量因子或分配比，k)等联系在一起。

$$R = \frac{\sqrt{n}}{4}\left(\frac{\alpha - 1}{\alpha}\right)\left(\frac{k}{k+1}\right) \tag{14.34}$$

式(14.34)中三项影响分离度的因素分别称为柱效项 $\left(\dfrac{\sqrt{n}}{4}\right)$、柱选择性项 $\left(\dfrac{\alpha-1}{\alpha}\right)$ 和柱保留项 $\left(\dfrac{k}{k+1}\right)$。

分离度与柱效的关系：当 α 和 k 一定时，从式(14.34)可得式(14.35)：

$$\left(\frac{R_1}{R_2}\right)^2 = \frac{n_1}{n_2} = \frac{L_1}{L_2} \tag{14.35}$$

即当气相色谱固定相一定时，被分离物质的 α 和 k 为定值，此时分离度 R 与柱效 n 的平方根成正比，因此柱效高的色谱柱可改善分离效果。

从式(14.35)可知，分离度的平方与柱长成正比，即用较长的柱可以提高分离度，但增加柱长会延长保留时间，容易使色谱峰变宽，色谱柱的费用也会随柱长增加而增大。因此，需要在保证一定分离度的情况下尽可能使用短的色谱柱。增加塔板数更有效的办法是选择或制备出柱效高的色谱柱，通过降低塔板高度提高分离度。

3. 分离度与选择因子的关系

由色谱分离基本方程可知，当选择因子 $\alpha=1$ 时，$R=0$。此种情况下，无论柱效多高均无法使两组分分离。显然增大选择因子(或相对保留值)是提高分离度的有效办法。分离度对选择因子的微小变化很敏感，选择因子很小的增加就能引起分离度的显著变化。改变固定相和流动相的性质、组成、降低柱温等可有效增大选择因子。

4. 分离度与保留因子的关系

从式(14.34)可知，k 值大一些对分离有利，但并非越大越好。当 k 大于 10 时，增加 k 值对 $\dfrac{k}{k+1}$ 的改变不大，对分离度的提高不明显，反而使分析时间大为延长。因此，k 的最佳值为 2~5，一般不超过 10。一般可以通过改变固定相、流动相、柱温或改变相比使 k 值发生变化。

在实际应用中，往往以 n_{eff} 代替 n，此时分离度 R 的表达式为

$$R = \frac{\sqrt{n_{\mathrm{eff}}}}{4}\left(\frac{\alpha-1}{\alpha}\right) \tag{14.36}$$

于是可得到柱长 L 为

$$L = n_{\mathrm{eff}} \times H_{\mathrm{eff}} = 16R^2\left(\frac{\alpha}{\alpha-1}\right)^2 H_{\mathrm{eff}} \tag{14.37}$$

由式(14.37)可计算达到某一分离度需要的色谱柱长度。

根据色谱分离基本方程，在进行色谱条件优化时，可采取以下方法提高分离度：①通过适当增加柱长提高理论塔板数。②提高柱效或理论塔板数。对高效液相色谱，在分离速度允许下，尽可能降低流动相流速，以改善传质，提高柱效。对气相色谱，为兼顾分离速度，总是选择流动相流速大于最佳流速。降低固定相填料粒径、固定相液膜或键合层厚度，采用低相对分子质量、低黏度流动相及适当提高柱温等均有利于提高柱效。③调节、控制保留因子

以改善分离，可通过改变固定相、流动相、柱温或改变相比使 k 值在最佳范围内。④提高选择因子，选择因子的提高可同时缩短分析时间。提高选择因子是提高分离度和分离速度的最有效手段，改变固定相和流动相的性质、组成、降低柱温等可有效增大选择因子。

【拓展阅读】

1903 年，俄国植物学家茨维特(Tswett)在研究植物叶中的色素时发现，将石油醚浸取的植物色素提取液倒入一根装有碳酸钙($CaCO_3$)的直立玻璃管内，不间断地用石油醚淋洗。由于不同的色素在碳酸钙颗粒表面的吸附力不同，一段时间后，玻璃管上的混合液逐渐形成具有一定间隔的颜色不同的清晰色带，各色素成分得到了分离，色谱法因此而得名。此后这种方法广泛应用于无色物质的分离，但色谱这个名称仍被沿用至今。历史上曾有两次诺贝尔化学奖是授予色谱研究工作者的：1948 年瑞典科学家蒂塞利乌斯(Tiselius)因对毛细管电泳和吸附分析的杰出贡献而获奖，1952 年英国的马丁和辛格(Synge)因发展了分配色谱而获奖。此外，1937～1972 年有 12 次诺贝尔奖的研究中，色谱法都起了关键的作用。表 14.2 为色谱法的发展史。

表 14.2　色谱法的发展史

时间	发明者或推进者	发明的色谱方法或重要作用
1906 年	茨维特	用碳酸钙作吸附剂分离植物色谱，最先提出色谱概念
1931 年	库恩(Kuhn)，莱德勒(Lederer)	用碳酸钙和氧化铝分离 α-、β-和 γ-胡萝卜素，使色谱法开始为人们所重视
1938 年	施赖伯(Shraiber)等	最先使用薄层色谱
1938 年	泰勒(Taylor)，尤里(Uray)	用离子交换色谱法分离钾和锂的同位素
1941 年	马丁和辛格	提出色谱塔板理论，发明液-液分配色谱，预言了气体可作为流动相(即气相色谱)
1944 年	康斯登(Consden)等	发明了纸色谱
1949 年	麦克莱恩(Macllean)	在氧化铝中加入淀粉黏合剂制作薄层板使薄层色谱进入实用阶段
1952 年	马丁，詹姆斯(James)	从理论和实践方面完善了气-液分配色谱法
1956 年	范第姆特	提出色谱速率理论，并应用于气相色谱；基于离子交换色谱的氨基酸分析专用仪器问世
1958 年	戈莱(Golay)	发明毛细管柱气相色谱
1959 年	波拉斯(Porath)等	发表凝胶过滤色谱的报告
1964 年	穆尔(Moore)	∫ 明凝胶渗透色谱
1965 年	吉汀斯	发展了色谱理论，为色谱学的发展奠定了理论基础
1975 年	斯莫尔(Small)	发明了以离子交换剂为固定相、强电解质为流动相，采用抑制型电导检测的新型离子色谱法
1981 年	乔根森(Jorgenson)等	创立了毛细管电泳法
1980 年	伊东洋一郎(Ito)	高速逆流色谱(HSCCC)技术
1991 年	乔根森等	提出全二维色谱、多位色谱技术
1957 年以来	霍姆梅斯(Homlmes)	推进色谱联用技术不断发展

【参考文献】

白玲, 郭会时, 刘文杰. 2013. 仪器分析[M]. 北京: 化学工业出版社.

董慧茹. 2010. 仪器分析[M]. 北京: 化学工业出版社.

杜延发. 2010. 现代仪器分析[M]. 长沙: 国防科技大学出版社.

冯玉红. 2011. 现代仪器分析实用教程[M]. 北京: 北京大学出版社.

郭明, 胡润淮, 吴荣晖, 等. 2013. 实用仪器分析教程[M]. 杭州: 浙江大学出版社.

刘宇, 孙菲菲, 闫敬, 等. 2016. 仪器分析[M]. 北京: 高等教育出版社.

刘约权. 2010. 现代仪器分析[M]. 2 版. 北京: 高等教育出版社.

栾崇林. 2015. 仪器分析[M]. 北京: 化学工业出版社.

齐美玲. 2012. 气相色谱分析及应用[M]. 北京: 科学出版社.

姚开安, 赵登山. 2017. 仪器分析[M]. 南京: 南京大学出版社.

尹华, 王新宏. 2012. 仪器分析[M]. 北京: 人民卫生出版社.

【思考题和习题】

1. 试说明塔板理论有什么贡献及其局限性。

2. 什么是速率理论? 其与塔板理论有什么区别与联系? 对色谱条件优化有什么实际应用?

3. 在长 3 m 的气相色谱柱上, 死时间为 1.5 min, 某组分的保留时间为 17 min, 色谱峰底宽度为 0.4 min, 试计算:

   (1) 该色谱柱的理论塔板数 n, 有效理论塔板数 n_{eff};

   (2) 该色谱柱的理论塔板高度 H, 有效理论塔板高度 H_{eff}。

4. 设气相色谱柱的柱温为 150℃时, 测得速率理论方程中的 $A=0.08$ cm, $B=0.18$ cm$^2 \cdot$ s^{-1}, $C=0.03$ s, 试计算该色谱柱的最佳流速和对应的最小塔板高度。

第 15 章 气相色谱法

【内容提要与学习要求】

本章主要从气相色谱固定相、气相色谱仪组成、气相色谱测试方法与技术、气相色谱定性和定量分析方法、气相色谱应用及发展等方面对气相色谱法进行了介绍。在学习过程中，学生应该掌握气相色谱相关术语、气相色谱常用检测器的基本原理，掌握气相色谱常用的定性和定量分析方法，掌握气相色谱分离条件对结果的影响；熟悉气相色谱仪的基本组成，熟悉气相色谱常用样品制备技术，熟悉气相色谱固定相的组成及相应特点；了解气相色谱发展历史和气相色谱相关应用领域。

气相色谱(GC)是色谱法的一种，是用气体作流动相的色谱分析方法。气相色谱法按照固定相的物态可分为气液色谱法和气固色谱法。用涂有固定液的载体作为固定相的称气液色谱法，而用固体吸附剂作固定相的称气固色谱法。按照气相色谱分离原理，气相色谱也可分为吸附色谱和分配色谱两类，气固色谱属于吸附色谱，而气液色谱属于分配色谱。根据所使用的色谱柱不同，一般可分为填充柱气相色谱和空心毛细管柱气相色谱两类。

气相色谱具有选择性高、灵敏度高、分析速度快、应用范围广等诸多特点，已经成为多组分混合物分离分析的最有力方法之一，广泛应用于医药行业、石油化工、环境保护、食品科学、香精香料、农业等领域。高性能色谱柱的使用、多维气相色谱的发展及高灵敏度检测器的广泛应用，使气相色谱的应用拓展到更广泛的领域。

15.1　气相色谱固定相

气相色谱分析中样品组分的分离是在色谱柱内完成的，在一定色谱条件下，因各组分与固定相间的作用力类型及其作用强度不同、保留时间不同而得到分离。气相色谱分析中待测组分的分离效果在很大程度上取决于固定相，因而色谱固定相是气相色谱分析的核心和关键。气相色谱的固定相分为固体固定相和液体固定相，液体固定相也称固定液，需要一定的载体才能固定在色谱柱中。相比之下，液体固定相种类众多、选择余地大，应用更为广泛，约占气相色谱分析应用的 90%。

15.1.1　固体固定相

固体固定相为多孔性的固体吸附剂颗粒，其分离基于吸附剂对试样中各组分吸附能力的不同。

常用的固体固定相有以下几类：

(1) 活性炭：有较大的比表面积，吸附性较强。

(2) 氧化铝：有较大的极性，适用于常温下氧气、氮气、一氧化碳、甲烷、乙烷等气体的分离。

(3) 硅胶：硅胶具有与活性氧化铝相似的分离性能，以硅胶为吸附剂时，除能用于上述物质的分离外，还能用于二氧化碳、一氧化二氮、二氧化氮、臭氧等的分离测定。

(4) 分子筛：分子筛为碱金属和碱土金属的硅铝酸盐(沸石)，具有多孔性，可用于氢气、氧气、氮气、甲烷、一氧化碳等的分离测定。

(5) 高分子多孔微球：高分子多孔微球聚合物是气固色谱中用途最广的一类固定相，主要以苯乙烯和二乙烯基苯交联共聚制备，或引入极性不同的基团，可获得具有一定极性的聚合物。此类固定相适用性广，既适用作气固色谱固定相，又可作气液色谱载体。其选择性高，分离效果好，具有疏水性，对水的保留能力比绝大多数有机化合物小，特别适合有机化合物中微量水的测定，也可用于多元醇、脂肪酸、胺类等的分析；热稳定性好，可在 250℃ 以上温度长期使用；粒度均匀，机械强度高，不易破碎；耐腐蚀，可用于氨、氧气、氯化氢等的分析。

(6) 化学键合固定相：化学键合固定相一般采用硅胶为基质，利用硅胶表面的硅羟基与有机试剂经化学键合而成。其特点是使用温度范围宽，抗溶剂冲洗，无固定相流失；寿命长；传质速度快。在很高的载气线速度下使用时，柱效下降很小。这类固定相不但用于气相色谱中，而且更广泛地用作高效液相色谱固定相。

15.1.2　载体

气相色谱载体又称担体，为多孔性颗粒材料，其作用是提供一个大的惰性表面使固定液能在表面上形成一层薄而均匀的液膜。对载体的要求是：具有足够大的比表面积和良好的热稳定性，化学惰性，既不与试样组分发生化学反应，也无吸附性、无催化性，颗粒接近球形，粒度均匀，具有一定的机械强度。

按化学成分大致可分为硅藻土型和非硅藻土型载体两大类。

硅藻土型载体由天然硅藻土煅烧而成。其中天然硅藻土与黏合剂在 900℃ 煅烧后得到的是红色硅藻土载体，红色是由于含有氧化铁。其结构紧密，机械强度较好，表面孔穴密集，孔径较小，表面积大，能负荷较多的固定液，但表面存在活性吸附中心。

天然硅藻土与少量的碳酸钠助熔剂在 1100℃ 左右混合煅烧，就可得到白色硅藻土载体。由于其中氧化铁与碳酸钠在高温下生成无色的硅酸钠铁盐，故载体呈白色。此种载体结构疏松、强度较差、载体孔径大、表面积小、能负载的固定液少，其优点是表面吸附性和催化性弱，分析极性组分时，可得到对称色谱峰。

非硅藻土型载体主要包括聚四氟乙烯、聚三氟乙烯及玻璃微球，这类载件仅在一些特殊对象(强极性腐蚀性化合物)中应用。

15.1.3　液体固定相

液体固定相也称为固定液，其应用远比固体固定相广泛。采用液体固定相有如下优点：溶质在气液两相间的分布等温线呈线性，可获得较对称的色谱峰，保留值重现性好；有众多的固定液可供选择，适用范围广；可通过改变固定液的用量调节固定液膜的厚度，改善传质，获得高柱效。

固定液是一类高沸点有机物，涂在载体表面，操作温度下呈液态。它应具备以下特点：

(1) 对组分有良好的分离选择性，即组分与固定液之间具有一定的作用力，使被分离组分间分配系数显示出足够的差别，同时固定液对试样的各组分还要有适当的溶解能力；

(2) 热稳定性和化学稳定性好，在使用条件下不会发生热分解、氧化及与分离组分不会发生不可逆的化学反应；

(3) 在操作温度下，有较低的蒸气压，保证固定液的最高使用温度高，防止固定液流失；

(4) 润湿性好，固定液能均匀地分布在载体表面或毛细管柱内壁。

固定液可按化学结构进行分类，即按固定液官能团的类型分类。在气相色谱分析中，可按"相似相溶"的原则选择固定液。

烃类：包括烷烃、芳烃及其聚合物，都属于非极性和弱极性固定液。代表为角鲨烷，它是极性最小的固定液。

醇和聚醇：它们是能形成氢键的强极性固定液，其中应用最广泛的是聚乙二醇及其衍生物。它们是分离各种极性化合物的重要固定液，其中尤以相对分子质量为 2000 左右，商品名为 PEG-20M 或 Carbowax20M 用得最为广泛。

酯和聚酯：聚酯由多元酸和多元醇反应得到，对醚、酯、酮、硫醇等有较强的保留能力，如酯类、邻苯二甲酸二壬酯(DNP)等。

聚硅氧烷类：聚二甲基硅氧烷是在气相色谱中应用最广的一类固定液。它具有很高的热稳定性和很宽的液态温度范围，在-60~350℃下均为稳定的液体状态，相当多的化合物均可在该类固定液上得到很好的分离。硅氧烷的烷基可被各种基团，如苯基和氰基取代，形成具有不同极性和选择性的固定液系列，并有良好的热稳定性。

特殊选择性固定液：如液晶，一种按分子形状分离组分的固定液，分子形状不同的位置异构体尤其是空间异构体能够得到良好的分离。

15.2　气相色谱仪

15.2.1　气相色谱仪组成

气相色谱仪的基本组成包括气路系统、进样系统、分离系统、检测系统(或检测器)、温控系统和数据处理及计算机控制系统。检测器为气相色谱仪的关键组成部分，将单独在15.2.2 小节进行介绍。气相色谱仪结构示意图和实物图见图 15.1 和图 15.2。

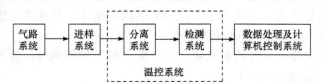

图 15.1　气相色谱仪结构示意图

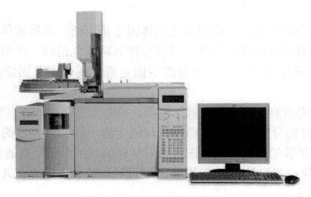

图 15.2　气相色谱仪实物图

1. 气路系统

气路系统是一个载气连续运行的密闭管路系统，通过该系统，获得纯净、流速稳定的载气。气路系统包括各种气源、气体净化管和载气流速控制器等部分。载气作为 GC 流动相，要求载气具有化学惰性，不与有关物质反应。载气的选择取决于检测器、色谱柱及分析要求，常用的载气有高纯氢气、氮气、氦气等(纯度大于 99.99%)。这些气体一般由高压钢瓶供给，氢气、氮气也可由气体发生器供给。载气通常需要净化装置除去气体中的水分、氧及烃类物质。为保证气相色谱分析的准确性和重复性，要求载气的流量恒定，通常使用减压阀、稳压阀等来控制载气的稳定性。现代气相色谱仪常采用电子压力控制器或电子流量控制器提高仪器稳定性和分析结果的准确性。

2. 进样系统

进样系统是将样品在引入色谱柱前瞬间汽化并快速转入色谱柱的装置，主要包括进样器和汽化室两部分，毛细管柱色谱的进样系统还包括分流器部分。气相色谱进样可采用微量进样器手动进样或自动进样器进样。自动进样器可自动完成进样针清洗、润洗、取样、进样等过程。

对于填充柱进样系统，样品进入进样口后被瞬间汽化，所有被汽化的样品组分被带入色谱柱进行分离。而毛细管柱进样较为复杂，其中分流/不分流是毛细管柱气相色谱最常用的进样方式。分流模式主要用于样品中高含量组分的分析，不分流模式主要用于痕量组分的分析。

3. 分离系统

分离系统或色谱柱是气相色谱仪的核心，安装在可控制温度的柱温箱内。色谱柱一般可分为填充柱和毛细管柱两类。填充柱由不锈钢或玻璃材料制成，内装有固定相，柱内径一般为 2~4 mm，柱长 1~10 m。常用的毛细管柱是将固定液均匀地涂在内径 0.1~0.5 mm 的毛细管内壁而成，也可在毛细管内壁涂上多孔材料，用于气固色谱分析。与填充柱相比，毛细管柱分析效率高、分析速度快、样品用量少，但柱容量低，要求检测器的灵敏度高。

4. 温控系统

温度是气相色谱分析的重要操作参数，它直接影响色谱柱的选择性、柱效、检测器的灵敏度和稳定性。温控系统由热敏元件、温度控制器和指示器等组成，用于控制和指示汽化室、色谱柱、检测器的温度。根据试样沸程范围，色谱柱的温度控制方式有恒温和程序升温两种。程序升温是指在一个分析周期内，温控系统设置柱温呈线性或非线性增加，一些宽沸程的混合物，其低沸点组分由于柱温太高而使色谱峰变窄、互相重叠；而其高沸点组分又因柱温太低、洗出峰很慢、形宽且平，采用程序升温，使混合物中沸点不相同的组分能在最佳的温度下洗出色谱柱，以改善分离效果，缩短分析时间。

所有的检测器都对温度的变化敏感，因此必须精密控制检测器的温度，一般要求控制在±0.1℃以内。

5. 数据处理及计算机控制系统

色谱数据系统采集数据、显示色谱图，直至给出定性、定量分析结果，包括记录仪、数字积分仪、色谱工作站等。现代色谱工作站是色谱仪专用计算机系统，还具有选择、控制、优化色谱操作条件等多种功能。

15.2.2　气相色谱检测器

气相色谱常用的检测器包括氢火焰离子化检测器(flame ionization detector，FID)、热导检测器(thermal conductivity detector，TCD)、电子捕获检测器(electron capture detector，ECD)、火焰光度检测器(flame photometric detector，FPD)、氮磷检测器(nitrogen phosphorus detector，NPD)及质谱检测器(mass spectrometric detector，MSD)等。

　　1. 检测器的分类及性能指标

根据检测器的响应信号与被测组分质量或浓度的关系，常将检测器分为质量型检测器和浓度型检测器。浓度型检测器的响应信号与载气中某组分浓度成正比。浓度型检测器测得的峰高表示组分通过检测器时的浓度值，峰宽表示组分通过检测器的时间。峰面积随着流速增加而减小，峰高基本不变。该类型常用的检测器有 TCD 和 ECD 等。质量型检测器的响应信号与单位时间进入检测器的某组分质量成正比。质量型检测器测得的峰高表示组分单位时间内通过检测器的质量，峰面积表示该组分的总质量。峰高随着流速增加而增大，峰面积基本不变。该类型常用的检测器有 FID、FPD 和 MSD 等。

此外，检测器根据检测的组分还可分为通用型检测器和选择型检测器。前者对所有组分均有响应，后者只对特定组分产生响应。

通常要求检测器的灵敏度高、检测限低、死体积小、响应迅速、线性范围宽、稳定性好等。通用型检测器要求适用范围广，选择型检测器要求选择性好。气相色谱中常用检测器的性能见表 15.1。

表 15.1　气相色谱常用 5 种检测器的性能指标

检测器	类型	检出限	线性范围	响应时间/s	最小检测量/g	适用范围
TCD	通用型	$4\times10^{-10}\,g\cdot mL^{-1}$(丙烷)	$>10^5$	<1	$1\times10^{-4}\sim1\times10^{-6}$	有机物和无机物
FID	选择型	$2\times10^{-12}\,g\cdot s^{-1}$	$>10^7$	<0.1	$<5\times10^{-13}$	含碳有机物
NPD	选择型	N: $\leqslant1\times10^{-13}\,g\cdot s^{-1}$ P: $\leqslant5\times10^{-14}\,g\cdot s^{-1}$	10^5	<1	$<1\times10^{-13}$	含氮、磷的化合物，农药残留物
ECD	选择型	最低可达 $5\times10^{-15}\,g\cdot s^{-1}$	10^4	<1	$<1\times10^{-14}$	卤素及亲电子物质，农药残留物
FPD	选择型	S: $<1\times10^{-11}\,g\cdot s^{-1}$ P: $<1\times10^{-12}\,g\cdot s^{-1}$	S: 10^3 P: 10^4	<0.1	$<1\times10^{-10}$	含硫、磷的化合物，农药残留物

灵敏度(或响应值)S：在一定范围内，响应信号 E 与进入检测器的物质的质量 m 呈线性关系：

$$E=Sm \tag{15.1}$$

$$S=E/m \tag{15.2}$$

式中，S 为单位质量的物质通过检测器时，产生的响应信号的大小。S 值越大，检测器的灵敏度越高。

色谱中检测信号通常显示为色谱峰，则响应值也可以由色谱峰面积(A)除以物质质量求得

$$S=A/m \qquad (15.3)$$

最低检测限(或最小检测量)：噪声水平决定着能被检测到的浓度(或质量)。一般将检测器响应值为 3 倍噪声水平时(即信噪比 $S/N=3$)的试样浓度(或质量)定义为最低检测限。

线性范围：检测器的线性范围是指检测器响应信号与组分质量或浓度呈线性关系的范围，常用最大进样量与最小进样量之比来表示，该比值越大，定量分析中能够测定的浓度或质量范围就越大。

2. 氢火焰离子化检测器

氢火焰离子化检测器(FID)是以氢气和空气燃烧的火焰作为能源，含碳有机物在火焰中燃烧产生离子，在外加电场作用下，离子定向运动形成离子流，微弱的离子流经过高电阻，放大转换为电压信号被记录仪记录下来，或经 A/D 转换被计算机记录下来，得到色谱峰。氢火焰离子化检测器结构示意图见图 15.3。

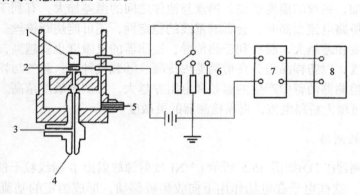

图 15.3 氢火焰离子化检测器结构示意图
1. 收集极；2. 极化极；3. 氢气；4. 接柱出口；5. 空气；6. 高电阻；7. 放大器；8. 记录仪

FID 是典型的质量型、破坏型检测器，对含碳的有机物具有很高的灵敏度，一般来说要比 TCD 灵敏度高几个数量级。FID 属选择型检测器，对含碳有机物有较大的响应，对永久性气体、水等无机化合物没有响应。

FID 主体是离子室，由石英喷嘴、极化极、收集极、气体通道及金属外罩等部件组成。载气携带试样流出色谱柱后，与氢气混合进入喷嘴，空气从喷嘴四周导入点燃后形成火焰，在极化极和收集极之间加直流电压，形成电场，试样随载气进入火焰发生离子化反应形成离子流。

火焰离子化机理至今还不十分清楚，普遍认为是一个化学电离过程。以有机烃类化合物为例，有机物首先在高温下(2000～2200℃)形成自由基 CH·，与激发态氧作用生成 CHO$^+$，燃烧后生成的大量水蒸气进而与 CHO$^+$反应形成较稳定的 H$_3$O$^+$，被电极接收。

3. 热导检测器

热导检测器(TCD)基于每种组分都具有导热能力，组分不同则导热能力不同以及金属热丝(热敏电阻)具有电阻温度系数这两个物理原理，由于它结构简单，性能稳定，对无机物和有机物都有响应，通用性好，而且线性范围宽，因此是应用最广的气相色谱检测器之一。

热导池电桥结构示意图如图 15.4 所示。R_1、R_2、R_3 和 R_4 是阻值相等的热敏电阻。它们

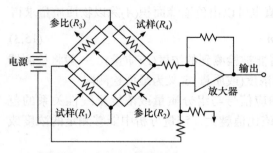

图 15.4　热导池电桥结构示意图

组成惠斯通电桥，其热敏元件为钨丝。参考臂连接在进样口之前，仅允许载气通过。测量臂连接在色谱柱出口，样品分析时有载气携带组分通过。

TCD 检测基于不同组分气体具有不同的热导系数。进样前，钨丝通电加热与散热达到平衡后，两臂电阻值相等，此时无电压信号输出，色谱图为一直线(基线)。

进样后，载气携带样品组分通过测量臂，使测量臂的温度改变，引起电阻变化，此时因测量臂与参考臂的电阻值不等而产生电阻差，使电桥失去平衡，两端存在电位差，有电压信号输出，记录组分浓度随时间变化的曲线则得到色谱峰。

影响 TCD 灵敏度的主要因素包括：①桥路电流：检测器的响应值与桥路电流的 3 次方成正比。电流增加，钨丝的温度增加，钨丝与池体之间的温差加大，有利于热传导，检测器灵敏度提高。但桥路电流太高时，会影响基线的稳定性，还可能烧断钨丝。②池体温度：池体温度与钨丝温度相差越大，越有利于热传导，检测器的灵敏度也就越高，但池体温度不能低于色谱柱的温度，以防样品组分在检测器内冷凝。③载气种类：载气与样品组分的热导系数相差越大，在检测器两臂中产生的温差和电阻差越大，检测灵敏度越高。载气的热导系数大有利于传热，可增大桥路电流，提高检测器的灵敏度。

4. 电子捕获检测器

电子捕获检测器(ECD)如图 15.5 所示。^{63}Ni 放射源放射出 β 射线粒子使载气离子化，同时产生大量电子。这些电子在电场作用下向收集极移动，形成恒定的基流($10^{-9}\sim10^{-8}$ A)。当电负性组分从色谱柱进入检测器时，会捕获慢速低能量电子使基流强度下降产生一个负峰，通过放大可记录得到响应信号，其大小与进入池中组分量成正比。因负峰不便观察和处理，常通过极性转换使负峰变为正峰。

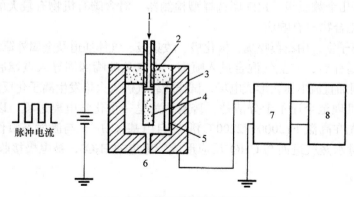

图 15.5　电子捕获检测器结构示意图
1. 载气入口；2. 绝缘极；3. 阴极；4. 阳极；5. ^{63}Ni 放射源；6. 载气出口；7. 放大器；8. 记录器

电子捕获检测器要求载气用高纯氮气(含氧量<10 ppm)。电子捕获检测器属选择型检测器，是目前分析含电负性元素有机物最常用、最灵敏的检测器。对含卤素、硫、氰基、硝基、共

轭双键的有机物、过氧化物、醌类金属有机物等具有高灵敏度，对胺类、醇类及碳氢化合物等灵敏度不高。该检测器线性范围较窄，多用于农副产品、食品及环境中农药残留量的测定。

5. 火焰光度检测器

火焰光度检测器(FPD)，也称硫磷检测器，对含硫、磷化合物具有高选择性和高灵敏度。FPD 为质量型选择型检测器，其工作原理是根据含硫、磷化合物在富氢火焰中燃烧时生成化学发光物质，并能发射出特征波长的光，通过记录这些特征光谱检测硫和磷。FPD 检测器适于二氧化硫、硫化氢、石油精馏物的含硫量、有机硫、有机磷的农药残留物等的分析测定，也可用于其他含杂原子有机物和有机金属化合物的检测。火焰光度检测器结构示意图见图 15.6。

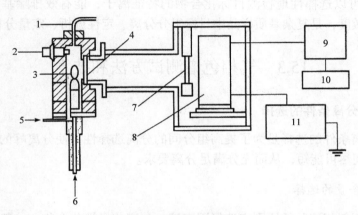

图 15.6　火焰光度检测器结构示意图

1. 出口管；2. 点火器；3. 火焰；4. 窗口；5. 氢气；6. 载气+试验气+空气(或氧气)；7. 滤光片；8. 光电倍增管；9. 放大器；
10. 记录系统；11. 高压电源

6. 氮磷检测器

氮磷检测器(NPD)是一种质量检测器，对氮、磷化合物具有高灵敏度和高选择性。NPD 的结构与 FID 类似，但组分是在冷氢火焰(600～800℃)中燃烧产生含氮、磷的电负性基团，再与硅酸铷电热头表面的铷原子蒸气发生作用，产生负离子。氮磷检测器结构示意图见图 15.7。

铷珠是一种外表面涂有碱金属盐(如铷盐)的陶瓷珠，放置在燃烧的氢火焰和收集极之间，当试样蒸气和氢气流通过铷珠表面时，含氮、磷的化合物从被还原的碱金属蒸气中获得电子被电离，产生的离子被收集测定，失去电子的碱金属形成盐再沉积到铷珠表面上。

NPD 为质量型选择型检测器，灵敏度高，在农药、石油、食品、药物、香料及临床医学等多个领域有广泛的应用。

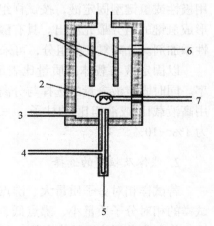

图 15.7　氮磷检测器结构示意图

1. 收集极；2. 碱金属珠；3. 空气；4. 氢气；
5. 色谱柱出口；6. 微电流输出；7. 加热线圈

7. 质谱检测器(气相色谱质谱联用)

质谱将待测物经离子化后按照质荷比(m/z)顺序通过质量分析器进入检测器，然后根据产生的信号进行定性、定量分析测定。质谱的基本部件由离子源、质量分析器和检测器三部分组成，质量分析器不同时其结构有很大不同。

气相色谱和质谱联用可以充分发挥气相色谱的高分离效率和质谱的高专属性与高灵敏度。气相色谱作为进样系统，将待测样品组分进行分离后直接进入质谱进行检测，既满足了质谱分析对样品组分纯度的要求，又省去了样品制备、转移的烦琐过程，极大地提高了对复杂样品进行定性、定量分析的效率。质谱作为检测器，具有较强的定性能力，强大的谱库极大地方便了这些组分的定性，弥补了气相色谱定性分析的不足，同时质谱的多种扫描方式和质量分析技术，可以选择性地检测目标化合物的特征离子，能有效排除基质和杂质峰的干扰，提高检测灵敏度，是复杂基质样品中目标组分分离、定性分析、定量分析的有效工具。

15.3　气相色谱测试方法和技术

15.3.1　气相色谱分离条件的选择

气相色谱分离条件的选择是为了提高组分间的分离选择性，使分离峰的个数尽量多，提高柱效，分析时间尽可能短，从而充分满足分离要求。

1. 固定液及含量的选择

一般可按"相似相溶"的原则来选择固定液。分离非极性化合物，一般选用非极性固定液，此时非极性固定液与试样间的作用力为色散力，被分离组分按沸点从低到高的顺序流出。中等极性化合物，一般选用中等极性固定液，此时固定液与试样间的作用力主要为诱导力和色散力，在这种情况下组分基本按沸点从低到高的顺序流出，对于沸点相近的极性和非极性化合物，一般非极性组分先流出。强极性化合物，一般选用强极性固定液，固定液与组分之间主要是静电作用力，一般按极性从小到大的顺序流出。能形成氢键的化合物，一般选用极性或氢键型固定液，按试样组分与固定液分子形成氢键的能力从小到大先后流出，不能形成氢键的组分最先流出。具有酸性或碱性的极性物质，可选用强极性固定液并加酸性或碱性添加剂。分离复杂的组分，可采用两种或两种以上的混合固定液。

以固定液与载体的质量比表示固定液的含量，它决定固定液的液膜厚度，影响传质速率。同时固定液含量的选择与分离组分的极性、沸点及固定液的性质有关。低沸点试样多采用高液载比(或液担比)的柱子，一般为 20%～30%；高沸点试样则多采用低液载比柱，一般为 1%～10%。

2. 载体及粒度的选择

若试样相对分子质量大、沸点高、极性大、使用的固定液量少，大多选用白色载体；若试样的相对分子质量小、沸点低、非极性、固定液的用量多，则应选用红色载体；对于强极性、热和化学不稳定的化合物，可用玻璃载体。一般载体的粒度以柱径 1/25～1/20 为宜。当柱为内径 3～4 mm 的填充柱，可选用 60～80 目或 80～100 目的载体。

3. 柱长及内径的选择

填充柱的柱长一般为 1～5 m，毛细管柱的柱长一般为 20～50 m。

柱内径增大可增加柱容量，有效分离的试样量增加。但径向扩散路径也会随之增加，导致柱效下降。内径小有利于提高柱效，但渗透性会随之下降，影响分析速度。对于一般的分离分析来说，填充柱内径为 3～6 mm，毛细管柱内径为 0.2～0.5 mm。

4. 操作条件的选择

根据色谱速率理论，优化色谱操作条件是进行各种分析的重要步骤。

(1) 载气及载气线速度的选择：气相色谱常用氢气、氮气、氦气等作载气。选择的载气首先要适应所用的检测器。例如，使用热导检测器时，为了提高检测器的灵敏度，选用热导系数大的氢气或氦气作载气；氢火焰离子化检测器用相对分子质量大的氮气作载气，稳定性高，线性范围宽。其次，要考虑载气对柱效和分析速度的影响，载气的扩散系数与其相对分子质量的平方根成反比。用低相对分子质量的氢气和氦气作载气有较大的扩散系数，它的黏度小，也有利于提高载气线速度，加快分析速度。载气线速度也是气相色谱操作的一个重要影响因素。当载气线速度小时，一般应选扩散系数小即相对分子质量大的氮气作载气，降低组分在载气中的扩散。载气线速度较大时，选用扩散系数大、相对分子质量较小的氢气和氦气作载气，可提高气相传质速率。

(2) 温度的选择：气相色谱中温度的选择包括三个部分：汽化室(进样口)温度、检测器温度和柱温。其中柱温是影响色谱分离效能和分析时间的最重要操作参数。柱温提高，扩散系数增大，有利于改善传质，提高柱效。但是，增加柱温会使纵向扩散加剧，导致柱效下降。同时，提高柱温，一般相对保留值降低，分离选择性下降。因此，柱温的选择要兼顾热力学和动力学因素对分离度的影响，兼顾分离和分析速度等多方面的因素。一般情况下，选择柱温时首先需要考虑的是固定液的最高使用温度。为了避免固定液的流失，采用的柱温需要低于固定液的最高使用温度(低于 30～50℃)。使用毛细管柱上限温度应比填充柱低，最好比其固定液的最高使用温度低 50～70℃。某些固定液有最低操作温度即凝固点温度，一般操作温度应选择在凝固点温度以上。宽沸程的试样，可采用程序升温，即在一个分析周期内，以一定的升温速率使柱温由低到高随时间呈线性或非线性增加，使混合物中各组分能在最佳温度下流出色谱柱，达到用最短时间获得最佳的分离效果。汽化室(进样口)的温度选择取决于试样的沸点范围、化学稳定性及进样量等因素。汽化室温度一般选择在试样的沸点或高于柱温 50～100℃，用以保证试样快速且完全汽化。检测器的温度一般均应高于柱温，以防止污染或出现异常响应。

(3) 进样量的选择：进样量的大小对柱效、色谱峰高、峰面积均有一定影响。进样量过大会引起色谱柱超负荷、柱效下降、峰形扩张、保留时间改变。另外，检测器超负荷会出现畸形峰。对于填充柱，液体试样的进样量为 0.1～10 μL，气体试样进样量控制在 0.1～10 mL。

15.3.2　气相色谱样品制备技术

气相色谱法主要适用于分析挥发性和半挥发性的物质，要求待测物在色谱分析条件下能够汽化，同时要有一定的热稳定性。气相色谱对分离样品有较高的要求，在进行分析之前需要选择合适的制备方法对样品进行前处理。样品制备方法是否合适会直接影响分析测定结果。在选择制备方法时，需要考虑许多因素：样品的物态(固体、液体还是气体)、待测定组分的理化性质、分析目的等。气相色谱分析常用的样品制备方法包括溶剂提取法、溶剂萃取法、水蒸气蒸馏(steam distillation，SD)法、同时蒸馏萃取(simultaneous distillation extraction，SDE)法、固相萃取(solid phase extraction，SPE)法、固相微萃取(solid phase micro extraction，SPME)法、顶空分析法等。

1. 溶剂提取法和溶剂萃取法

溶剂提取法是利用一定极性的溶剂将样品中的目标成分提取出来的方法。溶剂提取既包括常规的直接溶剂提取，也包括在一定辅助场(超声、微波、高压等)作用下的溶剂提取。直接溶剂提取选择一定极性的溶剂采用冷浸或加热回流的办法提取待测组分，一般选择极性较小的溶剂，如正己烷、乙醚等。但在提取过程中，可能会提取到一些极性较小但沸点较高不易汽化的物质，在气相色谱分析中，特别是对于复杂样品，直接溶剂提取应用较少。

场辅助溶剂提取法包括超声辅助提取法、微波辅助提取法、超临界流体提取法等，在复杂样品的处理中应用广泛。例如，超临界 CO_2 流体提取法通过选择合适的提取条件，可直接提取多种植物原料中的挥发油，其相对低的操作温度避免了挥发油中热敏性成分的破坏，最大限度地保持了挥发油原有的香气，提取后的挥发油简单处理后即可进行气相色谱分析。

溶剂萃取法是利用与水不相溶的有机溶剂与样品溶液(一般为水相)一起振荡，由于不同物质在不同溶剂中的分配系数不同，一些组分进入有机相，一些组分保留在水相，从而达到分离和富集的目的。溶剂萃取具有操作简便、快速等特点，在样品制备中应用广泛，但对于气相色谱分析，仅靠溶剂萃取不能满足样品制备的要求，可作为气相色谱分析样品制备的辅助手段。

2. 水蒸气蒸馏法

水蒸气蒸馏是提取样品中挥发性成分常用的方法。水蒸气蒸馏又可分为共水蒸馏法和通水蒸气蒸馏法两种。适合水蒸气蒸馏的组分应具有以下特点：①具有挥发性；②不溶或难溶于水；③与沸水及水蒸气长时间共存不发生化学变化。

共水蒸馏法是将样品完全浸没在水中，将水加热至沸腾，水蒸气与挥发性物质共同馏出分离而得到挥发性物质。共水蒸馏法最大的优势是设备便宜、操作简单，但在共水蒸馏过程中，特别是对于挥发油，部分成分可能因高温或水解作用而发生降解，影响最后分析结果的准确性。

与共水蒸馏法不同，通水蒸气蒸馏法是通过外部加热装置产生水蒸气或在植物原料下方加热水产生水蒸气，水蒸气透过植物原料而使挥发性成分馏出。通水蒸气蒸馏的优势在于蒸气量可控，可避免挥发性成分与水的长时间接触，在一定程度上减少了挥发性成分的水解和高温分解。不过，通水蒸气蒸馏设备较共水蒸馏复杂，有时难以保证水蒸气充分透过植物原料，提取效率会受到一定影响。

水蒸气蒸馏是《中华人民共和国药典》采用的中药挥发油提取方法。将中药材的粗粉浸泡湿润后，加热蒸馏或通入水蒸气蒸馏，药材中的挥发性成分随水蒸气蒸馏而被带出，经冷凝后油水分离，得到挥发油。

3. 同时蒸馏萃取

水蒸气蒸馏法主要应用于挥发性成分含量较高能够直接收集的样品，对于有些样品，挥发性成分含量非常低，用水蒸气蒸馏很难得到挥发性成分。这时可利用同时蒸馏萃取法。同时蒸馏萃取实际上是共水蒸馏与溶剂萃取的结合，常使用 Likens-Nickerson 装置，广泛用于环境、食品和香精香料领域。自 1964 年该技术出现以来，研究者已经对实验装置进行了很多改进并成功应用于多个领域中。同时蒸馏萃取常用的有机溶剂为二氯甲烷和戊烷。

4. 固相萃取和固相微萃取

固相萃取(SPE)是从 20 世纪 70 年代发展起来的样品制备技术。SPE 方法多采用长 2～3 cm 的聚丙烯小柱，内装各种填料。

SPE 基于样品组分在固定相和流动相之间分配系数或吸附系数的差异。SPE 保留或洗脱的机制取决于目标组分与固相表面和液相之间的分子间作用力。通过选择吸附目标组分而不吸附样品中干扰成分的吸附剂，在富集目标组分的同时去除样品基质中的干扰组分，进而对样品进行富集、分离和纯化。

SPE 的基本方法是通过加压使液体样品通过装有吸附剂的 SPE 小柱，吸附剂可选择性地保留目标组分，再选用适当强度溶剂洗去其他组分(杂质或干扰物)，然后用少量强溶剂洗脱目标组分，从而达到快速分离净化与浓缩的目的。也可选择性吸附干扰杂质，而让目标组分流出；或同时吸附杂质和目标组分，再使用合适的溶剂选择性洗脱目标组分。

SPE 技术操作简便快速、富集倍数高且易于实现自动化或与其他分析仪器联用，因此逐渐取代液液萃取法成为液体样品预处理优先考虑的方法。SPE 与 GC、GC/MS 等在线联用分析技术在食品、环境、生物和医药等领域的复杂基体痕量目标物分析中得到了广泛应用。

固相微萃取(SPME)是在 1990 年发明的一种吸附/解吸技术，SPME 以固相萃取为基础，保留了 SPE 的优点，克服了需要柱填充物和使用有机溶剂进行解吸的缺点。SPME 是以涂渍在石英玻璃纤维上的固定相(高分子涂层或吸附剂)作为吸附介质，对样品中目标组分进行萃取和浓缩，并在气相色谱进样口中直接热解吸进样进行分析的方法。

SPME 用于 GC 分析测定时，将样品置于样品瓶内。SPME 按萃取方式可分为两种：顶空 SPME 法和直接 SPME 法。顶空 SPME 法是纤维头不与样品直接接触，而是悬停在样品的顶空，将气相中的待测组分进行吸附、富集后进行分析。直接 SPME 法是将纤维头插入样品中，当待测组分与固定相充分接触至平衡时取出，进样分析。

固相微萃取集采样、萃取、富集和进样于一体，具有耗时少、效率高、操作简单等优点，在环境、食品、医药、临床、法庭分析等众多领域已得到广泛应用，可用于气态、液态、固态样品中的挥发性有机物、半挥发性有机物及无机物的分析。

5. 顶空分析法

顶空分析集样品制备和进样于一体，是通过顶空进样器将顶空瓶内的样品加热升温，使样品中挥发性组分从样品基质中挥发出来，在气-液(或气-固)两相中达到平衡后，直接抽取顶空瓶内样品基质上方的气体进样，对样品中挥发性组分进行 GC 定性、定量分析。其分析测定的理论基础是在一定条件下，气相和凝聚相(液相和固相)之间存在分配平衡，气相的组成能反映凝聚相的组成。

与常规样品制备方法(如溶剂萃取、吸附解吸附等)不同的是，顶空分析法采用气体直接进样，无须有机溶剂提取，避免了样品基质的干扰，对色谱柱污染小，得到的谱图简单、干净，是痕量挥发性组分分析的优选方法之一，在医药卫生、石油化工、精细化工、食品酿造、食品包装材料、环境监测、法医鉴定等领域有广泛的应用。

15.4　气相色谱定性和定量分析方法

气相色谱法具有强大的组分分离能力，样品组分分离后，可采用一定的方法对组分进行定性或定量分析。在进行定性或定量分析前，需对样品的性质(来源、可能组成及相关性质)有一定的了解，然后结合分析目的选择合适的方法。

15.4.1　气相色谱定性分析方法

气相色谱常用定性分析方法包括标准品对照定性、相对保留值定性、保留指数定性及联用技术定性等。在实际应用中，特别是对复杂样品组分进行定性分析时，可同时采用多种不同的定性分析方法，以保证结果的准确性。

1. 标准品对照定性

在一定的色谱条件下，样品中组分具有相对恒定的保留值(如保留时间、调整保留时间等)，可以将其作为定性分析指标。用待测组分的标准品作为对照进行定性分析是最常用的定性分析方法之一，可以直接根据标准品的保留时间对样品组分进行定性分析，也可以将标准品加入到样品中，根据样品中某组分峰面积的增加进行定性分析。

利用保留值定性：在相同的色谱条件下分别测定样品和待测组分标准品的色谱图，如果某组分的保留值与在相同色谱条件下测得的标准品的保留值相同，则可初步认为它们是同一种组分。该方法适于待测样品组分较少，并在仪器、色谱条件完全相同的情况下进行定性分析。若样品组分较为复杂，定性分析结果可能就会有偏差，因为组分较多时可能会出现多组分没有分离而同时流出，即在某保留时间位置出现的色谱峰有可能为多组分混合物的色谱峰，对复杂样品应采用几种不同的定性分析方法进行定性分析。

利用标准品加入法定性：在样品中加入待测组分的标准品，通过对比标准品加入前后样品色谱图中某色谱峰高或峰面积的增加情况，来确定样品中是否含有该待测组分。

需要注意的是，由于两种组分在同一色谱柱上可能有相同的保留值，只用一根色谱柱定性不能保证定性分析结果的准确性，特别是对于复杂组分样品，应同时用两根(或多根)不同极性的色谱柱串联进行定性分析，比较待测组分和标准品在两根(或多根)色谱柱上的保留值。如果两者在两根(或多根)色谱柱上都具有相同的保留值，则可认为待测组分与标准品为同一物质。

2. 相对保留值定性

相对保留值是在一定色谱条件下被测组分与基准物的调整保留时间之比，是色谱定性分析常用参数之一。与保留时间定性相比，利用相对保留值定性更为可靠，简便可行。保留时间定性必须保证测定条件完全一致，有时不易做到；而相对保留值定性只需要柱温和固定液相同即可，不受其他色谱条件如柱长、流速等影响。该方法一般选用沸点适中的有机物作为基准物，如苯、乙酸乙酯等。测定时，要求基准物的保留时间应与待测组分的保留时间相近。

在柱温和固定液相同时，组分的相对保留值为固定值。在相关手册、文献中可以找到一些化合物在不同固定液上的保留数据，可用于定性分析参考。

3. 保留指数定性

保留指数又称 Kovats 保留指数(Kovats retention index)，常以 KI 或 I_X 表示。保留指数定性是通过在一定色谱条件下测定待测组分的保留指数并与已知文献数据进行比对定性，不需标准品，但保留指数的测定条件需要与文献值的实验条件(如色谱柱固定液、柱温等)一致。

保留指数的测定方法：以正构烷烃作为标准，规定其保留指数为分子中碳原子个数乘以100(如正庚烷的保留指数为 700)。待测组分 X 的保留指数(KI 或 I_X)的测定根据待测组分的调整保留时间和待测组分前后相邻的两个分别具有 Z 和 $Z+1$ 个碳原子的正构烷烃的调整保留时间 $[t'_{R(Z+1)} > t'_{R(X)} > t'_{R(Z)}]$，按照保留指数的计算式(15.4)计算得到。

$$KI = 100\left[\frac{\lg t'_{R(X)} - \lg t'_{R(Z)}}{\lg t'_{R(Z+1)} - \lg t'_{R(Z)}} + Z\right] \quad [t'_{R(Z+1)} > t'_{R(X)} > t'_{R(Z)}] \tag{15.4}$$

【例 15.1】　测定某组分在 HP5-ms 柱上的保留指数。测得调整保留时间为：组分 16.15 min，正十三烷 14.04 min，正十四烷 17.50 min，计算该组分的保留指数。

解　已知 Z=13，根据式(15.4) 可得

$$KI = 100 \times \left(13 + \frac{\lg 16.15 - \lg 14.04}{\lg 17.50 - \lg 14.04}\right) = 1364$$

即该组分的保留指数为 1364。

对于复杂样品组分，如香精香料样品利用保留指数定性时，一般需提供两种不同极性的色谱柱上的数据。在与文献值进行比对时，要进行有效的保留指数定性，非极性柱上待测样品所测保留指数与文献中标准品保留指数相差不能超过 5，而在极性柱上相差不能超过 10。

4. 联用技术定性

气相色谱具有强大的组分分离能力，而质谱、光谱等是进行组分定性分析的有力工具。将气相色谱与质谱、光谱等手段联用，既可实现组分的分离，又能对组分进行定性分析。在联用技术中，最常用的为气相色谱质谱联用 (gas chromatography-mass spectrometry，GC-MS)法。

GC-MS 定性分析是采用计算机辅助检索的方法，对组分的质谱图与质谱数据库图谱进行匹配比对，找出匹配度(或相似度)较高的化合物。这种方法虽然简单，但是匹配度相同的可能有多个化合物，定性较为困难。采用高分辨质量测定的质谱(如飞行时间质谱)是解决常规GC-MS 定性分析困难的有力手段。根据质量测定结果，可以推断出化合物的元素组成，从而缩小质谱检索范围，使分析结果更加准确。另外，保留指数结合质谱检索也是常用的定性分析方法，在香精香料分析、食品风味成分分析中应用广泛。

15.4.2　气相色谱定量分析方法

气相色谱定量分析基于样品中待测组分的质量或浓度与检测器的响应信号(通常为峰面积)成

正比这一性质进行。气相色谱常用定量分析方法包括归一化法、外标法、内标法和标准加入法。

1. 归一化法

归一化法是气相色谱常用的一种定量分析方法，通常将峰面积作为定量分析参数，归一化法的计算公式为

$$w_i = \frac{m_i}{m_1 + m_2 + \cdots + m_n} \times 100\% = \frac{f_i A_i}{\sum_{i=1}^{n}(f_i A_i)} \times 100\% \qquad (15.5)$$

式中，m_i、A_i、w_i 分别为待测组分 i 的质量、峰面积、质量分数(或相对峰面积百分数)；f_i 为组分 i 的定量校正因子。

归一化法应用的前提是样品中所有组分全部流出色谱柱并在色谱图上都出现色谱峰。归一化法简便，进样量的准确性和操作条件的变动对测定结果影响不大，可用于复杂样品组分的含量测定。

2. 外标法

外标法较为简便，不需要校正因子，但要求进样量准确，色谱操作条件一致，适用于常规分析和大量样品的分析。外标法分为标准曲线法和外标一点法。

标准曲线法是用待测组分的标准品在一定浓度范围内配制一系列不同浓度的标准溶液，然后在一定色谱条件下测定该系列不同浓度的标准品溶液的峰面积。以峰面积为纵坐标，浓度为横坐标作图，可得到线性回归方程 $A = a + bc$(A 为峰面积，a 为截距，b 为斜率，c 为浓度)在相同色谱条件下对样品溶液进行测定，可得样品溶液中待测组分的峰面积，将峰面积代入线性回归方程，即可得样品中待测组分的浓度。

外标一点法采用待测组分的标准品配制一定浓度的标准品溶液(c_s，浓度一般与实际样品中待测组分的浓度相近)，同时配制样品溶液，并在相同色谱条件下对标准溶液和样品溶液分别进行测定，得到峰面积。根据式(15.6)可计算出样品中待测组分的浓度(c_i)。

$$\frac{c_i}{c_s} = \frac{A_i}{A_s} \quad \text{或} \quad c_i = \frac{A_i}{A_s} \times c_s \qquad (15.6)$$

3. 内标法

内标法是向一定量的试样中加入一定量的与待测组分不同的化合物，也称内标物(internal standard，IS)，进行色谱分析。根据样品质量(m)、内标物的质量(m_{is})、定量校正因子、待测组分和内标物的峰面积比，按照式(15.7)计算待测组分的含量。

$$m_i = \frac{A_i f_i}{A_{is} f_{is}} \times m_{is} \qquad w_i = \frac{A_i f_i m_{is}}{A_{is} f_{is} m} \times 100\% \qquad (15.7)$$

根据测定方法的不同，内标法又分为内标标准曲线法和内标对比(内标一点法)。

内标标准曲线法是配制待测组分的浓度由低到高的标准溶液并向各标准溶液中加入等量的内标物后进行色谱分析，以待测组分的峰面积 A_i 与内标物峰面积 A_{is} 的比值 A_i/A_{is} 为纵坐标，待测组分的浓度与内标物浓度的比值 c_i/c_{is} 为横坐标作图，可得到线性回归方程。试样溶液中也加入与标准溶液中相同量的内标物，测得 A_x/A_{is}，然后代入回归方程可计算出试样中

待测组分的浓度或含量。

内标对比法可以看作内标标准曲线法的简化。内标对比法仅用一份标准溶液，其浓度与样品中待测组分的浓度相近。计算公式如下：

$$\frac{c_i}{c_s} = \frac{A_i / A_{is}}{A_s / A_{is}} \quad 或 \quad c_i = \frac{A_i / A_{is}}{A_s / A_{is}} \times c_s \tag{15.8}$$

内标法采用待测组分与内标物峰面积的比值进行定量分析，可以减小因实验条件和进样量的少许波动或误差等对定量分析结果的影响，准确度高，适用于复杂基质样品的分析测定，如生物样品中目标组分的分析测定。内标物的选择是内标法的关键之一。对内标物的选择有以下要求：①样品中不含有该物质；②与待测组分性质接近，出峰位置应位于待测组分附近；③纯度高，性质稳定；④与样品能互溶但无化学反应。

4. 标准加入法

标准加入法是称取等量样品若干份并依次加入不同浓度的待测组分的标准溶液，并将制得的各溶液进行色谱分析测定峰面积。以加入的标准溶液的浓度为横坐标，测得的峰面积为纵坐标绘制标准曲线。标准曲线的延长线与横坐标轴的交点到坐标原点的距离即为原样品中待测组分的浓度。

标准加入法因样品中待测组分与外加的标准品处于相同的样品基质中，可以在一定程度上校正样品基质干扰带来的影响，适合复杂基质样品的测定。但由于本法对每种样品的测定都需要配制至少 3 份以上含样品和标准品的混合溶液，工作量较大，不适合大批量样品的分析测定。

15.5　气相色谱的应用及发展

15.5.1　应用范围

气相色谱法因具有选择性高、灵敏度高、分析速度快、应用范围广等诸多特点，在医药、石油化工、环境科学、食品科学、香料香精、化妆品、农业等领域有广泛的应用。围绕气相色谱在各领域的应用，目前已制定了大量的国家标准和行业标准。例如，相关标准分析方法有：《稳定轻烃组分分析　气相色谱法》(SY/T 0542—2008)；《化妆品中防腐剂苯甲醇的测定　气相色谱法》(GB/T 24800.11—2009)；《环境空气　挥发性有机物的测定　吸附管采样-热脱附/气相色谱-质谱法》(HJ 644—2013)；秋水仙碱中残留溶剂的测定(《中华人民共和国药典 2015 年版》(第二部)；《黄酒中挥发性醇类的测定方法　静态顶空-气相色谱法》(QB/T 4708—2014)；《水果和蔬菜中 500 种农药及相关化学品残留量的测定　气相色谱-质谱法》(GB 23200.8—2016)；《食用植物油料油脂中风味挥发物质的测定　气相色谱质谱法》(NY/T 3294—2018)等。

15.5.2　应用示例

环境空气中挥发性有机物(volatile organic compounds，VOCs)已成为影响人体健康的重要因素，某市环境监测站对市区空气中挥发性有机物进行监测，按照 HJ 644—2013，采用吸附管采样-热脱附/气相色谱-质谱法，对环境空气中 34 种挥发性有机物进行测定，具体过程如下：

1. 样品采集

对采样系统进行气密性检查，将流量调节到设定值(10～200 mL·min⁻¹)，将吸附管连接到采样泵上，按照吸附管上标明的气流方向进行采样，采样体积为 2 L。样品采集完成后，迅速取下吸附管，密封吸附管两端，外面包裹一层铝箔纸，运输到实验室进行分析。另外采集现场空白样品。

2. 分析步骤

热脱附仪参考条件：传输线温度 130℃；吸附管初始温度 35℃；聚焦管初始温度 35℃；吸附管脱附温度 325℃；吸附管脱附时间 3 min；聚焦管脱附温度 325℃；聚焦管脱附时间 5 min；一级脱附流量 40 mL·min⁻¹；聚焦管老化温度 350℃；干吹流量 40 mL·min⁻¹；干吹时间 2 min。

色谱参考条件：进样口温度 200℃；载气氮气；分流比 5∶1；柱流量(恒流模式) 1.2 mL·min⁻¹；升温程序为初始温度 30℃，保持 3.2 min，以 11℃·min⁻¹升温到 200℃保持 3 min。

质谱参考条件：扫描方式全扫描；扫描范围 35～270 amu；离子化能量 70 eV；接口温度 280℃，其余温度按照仪器说明书进行设定。

标准曲线的绘制：用微量注射器分别移取 25.0 µL、50.0 µL、125 µL、250 µL、500 µL 的标准储备溶液至 10 mL 容量瓶中，用甲醇定容，配制目标浓度分别为 5.00 mg·L⁻¹、10.0 mg·L⁻¹、25.0 mg·L⁻¹、50.0 mg·L⁻¹和 100 mg·L⁻¹的标准系列。用微量注射器移取 1 µL 标准系列溶液注入热脱附仪中，按照仪器参考条件，从低浓度到高浓度进行测定，绘制标准曲线。以目标物质量(ng)为横坐标，响应值为纵坐标，用最小二乘法绘制标准曲线。

测定过程：将采完样的吸附管迅速放入热脱附仪中，按照仪器参考条件进行热脱附，样品中目标物随脱附气进入色谱柱进行分析。现场空白样品采用同样的步骤进行分析。目标物参考色谱图见图 15.8。

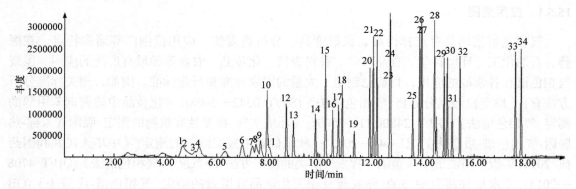

图 15.8　环境空气中 34 种挥发性有机物标准色谱图

3. 结果计算

以保留时间和质谱图比较进行定性分析。样品中目标物质量 m(ng)通过相应的标准曲线进行计算。

环境空气中待测目标物的质量浓度按照式(15.9)进行计算。

$$\rho = \frac{m}{V_{nd}} \tag{15.9}$$

式中，ρ 为环境空气中目标物的质量浓度，$\mu g \cdot m^{-3}$；m 为样品中目标物的质量，ng；V_{nd} 为标准状态下(101.325 kPa，273.15 K)的采样体积，L。

在没有标准品时，对试样中未知物的定性分析和定量分析较为困难，往往需要结合保留指数或与红外光谱、质谱等结构分析仪器联用。

15.5.3　气相色谱的发展趋势

1. 多维气相色谱

对于非常复杂的混合物样品(如石油样品、部分精油样品)，气相色谱法仅用一根色谱柱往往达不到完全分离的目的，于是有研究者提出用多根色谱柱的组合来实现完全分离。这样混合物在第一根色谱柱上预分离后，将需要进一步分离的组成转移到第二根色谱柱上进行更为有效的分离，这就是多维气相色谱的基本思想。全二维气相色谱(comprehensive two-dimensional gas chromatography，GC×GC)是 20 世纪 90 年代发展起来的具有高分辨率、高灵敏度、高峰容量等优势的崭新分离技术，是复杂体系分离分析的强大工具，在 20 多年间得到迅速的发展，应用领域不断扩大。例如，其用于中药挥发油的分析，在分析广藿香精油中鉴定出 394 个化合物。

2. 高选择性气相色谱

气相色谱虽然在化学、石油化工、食品、医药、环境监测等领域得到了广泛的应用，但实际样品的复杂性对气相色谱的分离能力提出了更高的要求。样品组分的良好分离有利于提高组分分析测定结果的准确性，而固定相的选择性是提高色谱柱分离性能的关键因素。近年来，国内外在研发新型高选择性 GC 固定相方面开展了大量的工作，如离子液体、链状聚合物、蝶烯类材料、石墨烯及类似物、三聚茚类、六苯基苯类等；今后将会有更多高选择性 GC 固定相被开发出来，从而提高气相色谱的分离性能。

3. 便携式气相色谱

环境化学的特殊需要决定了环境分析及其检测仪器的特殊性。随着环境科学的发展，适应这种要求的环境分析检测仪器也得到了长足的发展，如便携式气相色谱仪。在野外或现场分析中，如环境空气中挥发性有机物的检测，便携式微型气相色谱仪或气质联用仪具有明显的优势。目前，市场上已有多个厂家的便携式气相色谱仪，而且其应用逐渐扩展到其他领域。

4. 气相色谱联用技术

气相色谱与波谱或光谱技术的联用，将气相色谱的高分离效能与波谱/光谱仪的结构分析优势有机结合，成为分析复杂体系样品强有力的手段。目前，最常用的是气相色谱-质谱联用(GC-MS)和气相色谱-串联质谱联用(GC-MS/MS)，已发展的还有气相色谱-傅里叶变换红外光谱联用(GC-FTIR)等。在食品风味分析中，气相色谱-质谱联用/嗅辨法(GC-MS/O)的应用也非常广泛。

【拓展阅读】

气相色谱-嗅辨法

气相色谱-嗅辨法(gas chromatography olfactometry，GC/O)是将气相色谱的分离能力和人类嗅觉的特殊敏感性和选择性相结合，将嗅觉和仪器检测结合起来的分析技术。

传统的 GC-MS 能够在一次运行中分离和检测上百种挥发性化合物，但并非所有的挥发性物质都具有香味活性。为了确定这些挥发性物质是否具有香味活性，人们通过主观嗅觉来评定气相色谱流出成分的气味，这种方法即为气相色谱-嗅辨法。其原理非常简单，在 GC 末端安装分流口，将经过前处理的样品注入连有气味检测仪的色谱柱中，通过 FID 或 MS 检测器检测样品的化学组成，而嗅辨员则坐在气味检测仪的出口处，记录在气体流出物中所闻到的香气，定性地描述香气信息及香气的强度，同时获得样品的化学组成和气味特征信息。GC/O 不仅可以对单一组分进行定性分析，还能检测出复杂风味中起决定性作用的香气成分，并且可以定量单一组分对风味体系香气的贡献。

人鼻通常比任何物理检测器更为敏感，GC/O 在气味分析方面具有强大的检测能力，因此它在食品工业、化妆品、烟草、包装、环境分析、化学工业及刑侦检测等行业都有广泛的应用。

常用的 GC/O 检测方法有时间强度法、强度法、稀释法及检测频率法。选择检测方法时应根据研究目的、嗅辨员的水平及计划所需的时间等因素综合考虑。

此外，GC/O 还可与 SPME 和 MS 等技术联用，相互取长补短，在应用于香味研究中发挥着越来越广泛而重要的作用。然而，由于不同的人对不同香味敏感度不同，每个人的嗅闻灵敏度在不同时间段的差异等方面的原因造成了 GC/O 应用中的不足。

【参考文献】

齐美玲. 2012. 气相色谱分析及应用[M]. 北京: 科学出版社.

苏立强. 2017. 色谱分析法[M]. 2 版. 北京: 清华大学出版社.

武汉大学. 2018. 分析化学(下册)[M]. 6 版. 北京: 高等教育出版社.

严矿林, 林丽琼, 郑夏汐, 等. 2013. 样品前处理技术在气相色谱分析中的应用进展[J]. 色谱, 31: 634-639.

Bartle K D, Myers P. 2002. History of gas chromatography[J]. Trends in Analytical Chemistry, 21: 547-557.

Bicchi C, Chaintreau A, Joulain D. 2018. Identification of flavour and fragrance constituents [J]. Flavor and Fragrance Journal, 33: 201-202.

He Y, Qi M. 2020. Selective stationary phases for gas chromatographic analyses[J]. Scientia Sinica Chimica, 50(9): 1142-1150.

【思考题和习题】

1. 简述气相色谱仪的基本构成及检测器的类型。
2. 在气相色谱分析中，进样口、色谱柱及检测器的温度应该如何设置？
3. 常见的固体固定相有哪些？
4. 色谱定性分析的依据是什么？有哪些定性分析方法？
5. 气相色谱定量分析方法内标法、外标法和标准加入法各有哪些优缺点？
6. 在 HP5-ms 柱上进行玫瑰精油的分离，测得玫瑰精油中某组分的调整保留时间为 16.25 min，该组分峰左右的正十四烷峰和正十五烷峰的调整保留时间分别为 15.10 min 和 17.40 min，计算该组分的保留指数。

第16章 高效液相色谱法

【内容提要与学习要求】

本章在简述高效液相色谱法的特点及基本原理的基础上,对高效液相色谱法的主要类型、定性与定量分析方法及高效液相色谱仪的基本结构进行了重点介绍,并对高效液相色谱法的应用及发展趋势进行了说明。通过本章的学习,掌握高效液相色谱法的基本原理、分类和定性与定量分析方法,了解高效液相色谱仪的构造及工作流程,重点掌握高效液相色谱分离类型的选择。

16.1 概　述

高效液相色谱(high performance liquid chromatography,HPLC)也称为高压液相色谱、高速液相色谱、高分离度液相色谱或现代液相色谱,是 20 世纪 60 年代末在经典液相色谱法和气相色谱法的基础上,采用高压泵输送流动相,高效填充剂作为固定相的新型分离分析技术。高效液相色谱法不受样品挥发性的限制,广泛地应用于药物、食品、化妆品的质量控制,废水、水体污染物分析等。

16.1.1　与气相色谱法比较

气相色谱法虽然具有分离效率高、分析速度快、灵敏度高、选择性好等特点,但一般要求在较高温度下进行,适用范围受到限制。对于高沸点有机物、高分子和热稳定性差的化合物以及生物活性物质的分离分析较为困难,因此仅有 20%的有机物适用于气相色谱法。高效液相色谱法不受样品挥发性的限制,刚好弥补了这一不足。高效液相色谱法与气相色谱法的比较见表 16.1。

表 16.1　高效液相色谱法与气相色谱法比较

比较项目	气相色谱法	高效液相色谱法
应用范围	可分析低相对分子质量、低沸点有机化合物,永久性气体;配合程序升温可分析高沸点有机化合物;配合裂解技术可分析高聚物	可分析高沸点、中分子、高分子有机化合物(包括极性、非极性),低相对分子质量、低沸点样品,离子型无机化合物,热不稳定、具有生物活性的生物分子
进样方式	样品需加热汽化或裂解	样品制成溶液
固定相	分离机理:根据吸附、分配两种原理进行样品分离,可供选择的固定相种类较多	分离机理:根据分离、吸附、离子交换、筛析、亲和等多种原理进行样品分离,可供选用的固定相种类繁多
	色谱柱:固定相粒度大,为 0.1~0.5 mm;填充柱内径为 1~4 mm,柱长为 1~4 m,柱效为 10^2~10^3;毛细管柱内径为 0.1~0.3 mm,柱长为 10~100 m,柱效为 10^3~10^4;柱温为常温~300℃	色谱柱:固定相粒度小,为 5~50 μm;填充柱内径为 2~10 mm,柱长为 10~25 cm,柱效为 10^3~10^4;毛细管柱内径为 0.01~0.03 mm,柱长为 5~10 m,柱效为 10^4~10^5;柱温为常温
流动相	气体流动相为惰性气体,不与被分析的样品发生相互作用。气体流动相动力黏度为 10^{-5} Pa·s,输送流动相压力仅为 0.1~0.5 MPa	液体流动相可为极性、弱极性、非极性、离子型溶液,可与被分析产品产生相互作用,并能改善分离的选择性。液体流动相动力黏度为 10^{-3} Pa·s,输送流动相压力高达 2~20 MPa

比较项目	气相色谱法	高效液相色谱法
检测器	选择型检测器：电子捕获检测器、火焰光度检测器、氮磷检测器 通用型检测器：热导检测器、氢火焰离子化检测器	选择型检测器：紫外吸收检测器(UVD)、二极管阵列检测器(PDAD)、荧光检测器(FD)、电化学检测器(ECD) 通用型检测器：蒸发光散射检测器(ELSD)、折光指数检测器(RID)
扩散系数	溶质在气相的扩散系数(10^{-1} cm² · s⁻¹)大，柱外效应的影响较小，对毛细管气相色谱应尽量减小柱外效应对分离效果的影响	溶质在液相的扩散系数(10^{-5} cm² · s⁻¹)很小，因此在色谱柱以外的死空间应尽量小，以减小柱外效应对分离效果的影响

16.1.2 高效液相色谱的特点

高效液相色谱法起源于经典液相色谱法，但其采用了新型高压输液泵、高灵敏度检测器和高效固定相，大大提高了分离效率。与经典液相色谱相比，高效液相色谱的主要特点如下：

(1) 高压：液相色谱法以液体作为流动相，当液体流经色谱柱时，受到较大的阻力，即色谱柱的入口与出口处具有较高的压差。为了能较快地通过色谱柱，需对液体施加高压。在现代液相色谱法中，进样压力与供液压力均很高，一般可达到 15～35 MPa，甚至高达 50 MPa。因此，高压是高效液相色谱的一个突出特点。

(2) 高速：高压输液泵的使用使高效液相色谱的分析时间较经典液相色谱大大缩短，一般都小于 1 h。当输液压力增加时，流动相流速加快，样品分析时间会进一步缩短。

(3) 高效：由于新型高效微粒固定相填料的使用，高效液相色谱填充柱的柱效可高达 5×10^3～3×10^4 块 · m⁻¹理论塔板数，远远高于气相色谱的 10^3 块 · m⁻¹理论塔板数。与此同时，计算机技术的引入也使分离操作和数据处理效率大大提高。

(4) 高灵敏度：高效液相色谱大多采用了高灵敏度的检测器，大大提高了检测灵敏度。例如，使用广泛的紫外吸收检测器，最小检出量为 10^{-9} g；用于痕量分析的荧光检测器灵敏度可达 10^{-12} g。此外，高效液相色谱法的高灵敏度还表现在所需样品量在微升数量级便可进行全分析。

(5) 高选择性：高效液相色谱法具有高柱效，且流动相可以控制和改善分离过程的选择性，因此不仅可以分析不同类型的有机化合物及其同分异构体，还可以分析在性质上极为相似的旋光异构体。由于其使用了非破坏性的检测器，样品被分析后，在大多数情况下可除去流动相，实现样品回收，也可用于样品的纯化制备。

由于具有上述特点，20 世纪 70 年代以来，高效液相色谱得到了迅速发展，已广泛应用于化学、生物、石油化工、食品、医药、环保等领域。高效液相色谱与其他仪器的联用是一个重要的发展方向，如 HPLC-MS 联用、HPLC-NMR 联用、HPLC-IR 联用等均得到了迅速发展。

16.2 高效液相色谱类型及分离条件选择

16.2.1 高效液相色谱的主要类型

1. 液-固吸附色谱

液-固吸附色谱法也称吸附色谱法，是以固体吸附剂为固定相，依据各组分在固定相上吸附能力的差异进行分离。当流动相分子进入色谱柱后，占据吸附剂表面分散的吸附中心，待试样中组分被流动相带入色谱柱，由于吸附剂对流动相分子和各组分分子的吸附能力不同，流动相分子将与组分分子发生竞争性吸附作用，吸附色谱即可实现对不同类型的有机化合物的分离分析。当组分分子结构与吸附剂表面活性中心的几何结构相适应时，易被吸附。因此，吸附色谱还适用于分离几何异构体。

2. 液-液分配色谱

液-液分配色谱法(liquid-liquid chromatography，LLC)，简称液-液色谱法或分配色谱法，其流动相和固定相均为液体，且互不相溶。液-液分配色谱法的基本原理与气-液分配色谱法一样，即利用组分在固定相和流动相中溶解度的差异，在两相间实现分离。根据固定相和流动相之间相对极性的大小，可将分配色谱法分成正相分配色谱法和反相分配色谱法。正相分配色谱流动相极性小于固定液，适合分离如脂肪酸、甾醇类、类脂化合物、磷脂类化合物等极性化合物，极性小的组分先流出，极性大的组分后流出。反相分配色谱法适合芳烃、稠环芳烃及烷烃等非极性或弱极性化合物的分离，组分流出顺序恰好与正相分配色谱相反。

分配色谱法具有色谱柱分离效果好、样品负载量高、重现性好、再生方便等优点。但在色谱分离过程中，由于固定液涂渍在载体上，在流动相中会产生微量溶解，在流动相连续通过色谱柱的机械冲击下，固定液会不断流失，而流失的固定液又会污染已被分离开的组分，给色谱分离带来不良影响，使分配色谱的应用受到限制。

3. 键合相色谱

采用化学键合固定相的液相色谱称为化学键合相色谱法(chemically bonded phase chromatography，CBPC)，简称键合相色谱法。化学键合固定相是利用化学反应通过共价键将各种不同的有机官能团键合到载体(硅胶)表面的游离羟基上，形成均一、牢固的单分子薄层而构成的固定相。由于化学键合固定相对各种极性溶剂具有良好的热稳定性和化学稳定性，由其制备的色谱柱柱效高、使用寿命长、重现性好，几乎对各种类型的有机化合物均呈现良好的选择性，可用于梯度洗脱操作，特别适用于分离容量因子 k 值范围宽的样品。至今键合相色谱法已逐渐取代分配色谱法获得了日益广泛的应用，在高效液相色谱法中占有极其重要的地位。

根据固定相与流动相相对极性的强弱，键合相色谱可分为正相键合相色谱和反相键合相色谱。正相键合相色谱是将全多孔(或薄壳)微粒硅胶载体经酸化处理制成支撑表面含有大量硅羟基的载体，再与含有氨基(—NH$_2$)、氰基(—CN)、醚基(—O—)的硅烷化试剂反应，生成表面具有氨基、氰基、醚基的极性固定相。由于键合固定相的极性大于流动相的极性，因而适用于分离油溶性或水溶性的极性和强极性化合物。

反相键合相色谱法则是将全多孔(或薄壳)微粒硅胶载体经酸活化处理后与含烷基链(C$_4$、C$_8$、C$_{18}$)或苯基的硅烷化试剂反应，生成表面具有烷基(或苯基)的非极性固定相，其键合固定相的极性小于流动相的极性，因而适用于分离非极性、极性或离子型化合物。应用范围比正相键合相色谱更广泛。

4. 亲和色谱

亲和色谱(affinity chromatography)是利用流动相中的生物大分子和固定相表面偶联的特异性配基发生亲和作用，对溶液中的溶质进行选择性吸附而分离的方法，如图 16.1 所示。通常

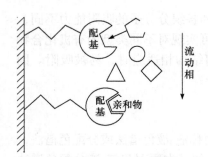

图 16.1　亲和色谱分离原理示意图

是在载体表面先键合上一种具有反应活性的间隔基手臂(环氧、联胺等)，再连接上配基(酶、抗原等)。当试样流经固定相时，试样中的亲和物将与配基结合而与其他组分分离。待其他组分流出色谱柱后，被保留在柱上的组分可通过改变流动相的 pH 或组成，以纯品的形式洗脱下来。

5. 空间排阻色谱

空间排阻色谱法(steric exclusion chromatography，SEC)又称尺寸排阻色谱法，简称排阻色谱法、凝胶色谱法或分子筛色谱法，以具有一定孔径分布的多孔性凝胶为固定相，主要用于高分子或聚合物的分离。与其他液相色谱方法原理不同，空间排阻色谱法不是根据样品组分与两相之间的相互作用力不同来进行分离，而是基于组分分子的尺寸和形状差异来实现分离，其分离过程类似于分子筛的筛分过程，样品分子基本上按其分子大小(被排斥先后)由柱中流出完成分离任务。相对分子质量小的组分随着流动相陷入凝胶固定相孔穴的概率大，保留时间长，后流出，相对分子质量大的组分被排阻，先流出。

空间排阻色谱法具有灵敏度高、分析时间短、谱峰窄、样品损失小及色谱柱不易失活等优点，特别适用于对未知样品的探索分离，可快速判断混合物的复杂性，提供样品按分子大小组成的全面情况。但空间排阻色谱法的分离度较低，不能完全分离多组分、复杂的样品，而且不宜用于分子大小组成相似或分子大小仅差 10% 的组分分析，如不能分离同分异构体等。对于一些高聚物，由于其组分相对分子质量的变化是连续的，虽不能用空间排阻色谱进行分离，但可测定其相对分子质量的分布。

6. 离子色谱、离子对色谱及离子交换色谱

离子色谱(ion chromatography，IC)、离子对色谱(ion pair chromatography，IPC)及离子交换色谱(ion-exchange chromatography，IEC)是液相色谱领域的一个重要分支，在化工、食品化学、环境化学、电子、生物医药、新材料等许多领域被广泛应用，其原理及特点详见本书第 17 章。

16.2.2　高效液相色谱的固定相和流动相

1. 固定相

固定相又称为柱填料，高效液相色谱主要采用 3～10 μm 的微粒固定相，以及相应的色谱柱工艺和各种先进的仪器设备。填料粒度细是保证高效的关键，有利于缩短溶质在两相间的传质扩散过程，减小涡流扩散效应，提高色谱柱的分离效率。

1) 按化学组成分类

按化学组成分类，微粒硅胶、微粒多孔碳和高分子微球是几种主要的类型。由于硅胶具有容易控制的孔结构和表面积、良好的机械强度、表面化学反应专一和较好的化学稳定性等优点，3～10 μm 的微粒硅胶和以此为基质的各种化学键合相成为目前高效液相色谱填料中占统治地位的固定相。但硅胶基质固定相只能在 pH 为 2～7.5 的流动相条件下使用。当酸度过

大时，硅胶连接有机基团的化学键容易断裂；当碱度过大时，特别是有季铵离子存在时，硅胶则易于粉碎溶解。微粒多孔碳填料是由聚四氟乙烯还原或石墨化炭黑制成的，优点在于完全非极性的均匀表面是一种天然的"反相"填料，可以在 pH>8.5 的条件下使用。但其机械强度较差，对强保留溶质柱效较低。高分子微球是另一类重要的液相色谱填料，能耐较宽的 pH 范围，化学惰性好。高分子微球大部分的基体化学组成是苯乙烯和二乙烯基苯的共聚物 (PS-DVB)，也有聚乙烯醇、聚酯类型，主要用于凝胶渗透色谱、离子和离子交换色谱等。

2) 按结构和形状分类

按结构和形状分类，固定相可分为薄壳型、全孔型(包括一般孔径和大孔填料)、球形和无定形。早期经典液相柱色谱常使用粒径在 100 μm 以上的无定形硅胶颗粒，其传质速率慢、柱效低。20 世纪 60 年代在高效液相色谱发展的初期，出现了薄壳型填料。它是在直径约 4 μm 的玻璃球表面覆盖一层 1~2 μm 的硅胶层而制成的孔径均一、渗透性好、溶质扩散快的新型固定相，使液相色谱实现了高效、快速分离(与经典液相色谱相比)。但由于薄壳型填料对样品的负载量低(<0.1 mg·g^{-1})，20 世纪 70 年代后迅速被 5~10 μm 全多孔微粒所替代。现在只用于预净化或预浓缩柱上，或用于某些简单的混合物分离。高效液相色谱中使用的全多孔型固定相是由硅胶颗粒凝聚而成，柱容量大、比表面积大、传质速率快、柱效高、分离效果好，适合于复杂样品、痕量组分的分离分析。目前，全多孔球形和无定形的硅胶微粒固定相已成为高效液相色谱柱填料的主体，获得广泛应用。

3) 按填料表面改性与否分类

无机吸附剂基质固定相可以分为化学键合相和吸附型两类。化学键合固定相具有十分突出的优良性能，是目前应用最广、性能最佳的液相色谱固定相，其借助化学反应的方法通过化学键把有机分子结合到担体表面。目前，商品化学键合固定相填料有 C$_2$、C$_8$、C$_{18}$、氨基、硝基、苯基、氰基、二醇基、醚基、离子交换以及不对称碳原子的光学活性键合相等表面官能团。吸附色谱法采用的吸附剂有硅胶、氧化铝、分子筛、聚酰胺等，较常使用的是 5~10 μm 的硅胶微粒(全多孔型)。

4) 按液相色谱冲洗模式(方法)分类

反相、正相、离子交换和排阻色谱固定相是经常遇到的分离模式和固定相的类别。在液相色谱中，通常习惯性将反相色谱的固定相称为反相填料，如烷基、苯基键合相、多孔碳填料等，把极性大的固定相称为正相填料，如硅胶、氨基、硝基或氰基等极性键合相。

离子交换固定相的颗粒表面均带有磺酸基、氨基、羧基、季铵基等离子交换基团，可以与流动相中样品离子之间发生离子交换作用，使样品中无机或有机离子，或可解离化合物在固定相上有不同的保留。根据交换基的不同，离子交换树脂可以分为阳离子交换树脂(强酸性、弱酸性)和阴离子交换树脂(强碱性、弱碱性)。由于强酸性或强碱性离子交换树脂较为稳定，pH 使用范围较宽，因此在高效液相色谱中应用较多。

排阻色谱固定相是具有一定孔径分布范围的系列产品。常用的排阻色谱固定相分为硬质、半硬质和软质凝胶三种。硬质凝胶：如多孔玻璃珠、多孔硅胶等。可控孔径玻璃珠是近年来备受关注的一种固定相，其具有较窄的粒度分布和恒定的孔径，因此色谱柱易于填充均匀，对流动相溶剂体系(水或非水溶剂)流速、压力、离子强度或 pH 等都影响较小，适用于高流速下操作。多孔硅胶则由于机械强度、热稳定性、化学稳定性好，可在柱中直接更换溶剂而被较多使用，但其缺点是吸附问题，需要进行特殊处理。半硬质凝胶：也称有机凝胶，如苯乙烯-二乙烯基苯交联共聚凝胶，可耐较高压，是应用最多的有机凝胶，适用于非极性有机溶剂，不能用于丙酮、乙醇类极性溶剂。同时由于不同溶剂溶胀因子各不相同，因此不能随意更换溶剂。软质凝胶：如琼脂糖凝胶、交联葡聚糖凝胶等，适用于水为流动相的情形，常用于常压排阻色谱法。交联葡聚糖凝胶也称为葡聚糖凝胶，是由甘油基与葡聚糖(右旋糖酐)通过醚桥(—O—CH$_2$—CHOH—CH$_2$—O—)相交联而成的多孔状网状结构，在水中可膨胀成凝胶粒子。制备时添加不同比例的交联剂可控制葡聚糖凝胶孔径的大小。交联度小的孔隙大，吸水膨胀的程度也大，适用于大相对分子质量物质的分离；交联度大的孔隙小，吸水少，膨胀也少，适用于小相对分子质量物质的分离。

2. 流动相

在液相色谱中，当固定相选定时，流动相的种类、配比能显著地影响分离效果。因此，对流动相的选择需考虑分离、检测、输液系统的承受能力及色谱分离目的等各个方面。就流动相本身而言，主要有如下要求。

1) 流动相纯度

流动相的纯度需满足检测器的要求，以及使用不同批次溶剂时色谱保留值数据具有重复性。实验中至少使用分析纯试剂，一般采用色谱纯试剂。因为在色谱柱整个使用过程中，如溶剂不纯，长期积累的杂质将导致检测器噪声增加，同时也影响收集的馏分纯度。此外，溶剂的毒性和可压缩性也是在选择流动相时应考虑的因素。

2) 与色谱系统的适应性

所选的流动相应不与固定相发生不可逆的化学吸附，避免其引起柱效损失或保留特性的变化。例如，在液-固色谱中，氧化铝吸附剂不能使用酸性溶剂。同样，硅胶吸附剂不能使用碱性或含有碱性杂质的溶剂。在液-液色谱中流动相应与固定相不互溶，否则会造成固定相流失，柱的保留特性发生改变。仪器的输液部分大多是不锈钢材质，因此选用的流动相应不含氯离子。而当使用多孔镍过滤板时，则应当避免使用较大酸度的流动相。

3) 黏度小

应选用黏度小的溶剂作为流动相。高黏度溶剂会降低样品组分的扩散系数，造成传质速率减慢、柱效下降。与此同时，在同一温度下，柱压随溶剂黏度增大而增大，柱压过高会给设备及操作带来较大影响。

4) 与检测器相适应

使用紫外吸收检测器时，流动相应在所使用波长下没有吸收或吸收很小；而当使用示差折光检测器时，应当选择折射率与样品差别较大的溶剂作流动相，以提高灵敏度。

5) 沸点低、固体残留物少

流动相对待测样品要有适当的溶解度，否则在柱头易产生固体残留物，堵塞溶剂输送系统的过滤器和损坏泵体及阀件。

为了保证良好的分离效果，在选用流动相时，溶剂的极性作为选择的重要依据。例如，采用正相液-液色谱分离时，可先选中等极性的溶剂，若组分的保留时间太长，表示溶剂的极性太小，改用极性较强的溶剂；反之，改用极性较弱的溶剂。同时也可在低极性溶剂中，逐渐增加极性溶剂的含量，使保留时间缩短，即梯度洗脱。

常用溶剂的极性大小为煤油＜庚烷＜己烷＜环己烷＜二硫化碳＜四氯化碳＜甲苯＜氯丙烷＜苯＜溴乙烷＜氯仿＜二氯甲烷＜异丙醚＜乙醚＜乙酸乙酯＜正丁醇＜甲乙酮＜四氢呋喃＜二氧六环＜丙酮＜丙醇＜乙醇＜甲醇＜乙腈＜甲酰胺＜水。

为了获得合适极性的溶剂，常采用二元或多元组合的溶剂系统作为流动相。通常根据所起的作用，采用的溶剂可分成底剂及调节剂两种。底剂决定基本的色谱分离情况，而调节剂则起调节样品组分的滞流并对某几个组分具有选择性的分离作用。因此，流动相中底剂和调节剂的组合直接影响分离效率。在反相色谱中，一般以水为流动相的主体，以不同配比的有机溶剂作调节剂，如甲醇、乙腈、四氢呋喃、二氧六环等。在正相色谱中，底剂采用低极性溶剂，如苯、氯仿、正己烷等，而调节剂则根据样品的性质选取极性较强的针对性溶剂，如醇、酸、醚、酯和酮等。

离子交换色谱分析主要在含水介质中进行，组分的保留值可通过 pH 和流动相中离子强度控制。由于流动相离子与交换树脂相互作用力不同，因此流动相中的离子类型对样品组分的保留值有显著的影响。

排阻色谱法所用的溶剂必须能润湿凝胶以防止吸附作用。因软质凝胶的孔径大小是溶剂吸流量的函数，当采用软质凝胶时，溶剂须能溶胀凝胶。与此同时，溶剂的黏度十分重要，高黏度将限制扩散作用而降低分辨率。

16.2.3 高效液相色谱分离类型的选择

应用高效液相色谱法对样品进行分离、分析需首先根据样品的特性选择一种最合适的分离类型。考虑的因素包括样品的性质(如化学结构、相对分子质量、极性、溶解度等理化性质)、液相色谱分离类型的特点及应用范围、实验室条件(仪器、色谱柱等)。

标准的液相色谱类型(液-固、液-液、离子交换、离子对色谱及离子色谱等)适用于分离相对分子质量为 200~2000 的样品，而大于 2000 的样品宜用空间排阻色谱法。相对分子质量较小的样品可依据样品在多种溶剂中的溶解情况考虑最初应选用的分离类型。对于非水溶性样品，若溶于戊烷、己烷或异辛烷，可选用液-固吸附色谱；若溶于二氯甲烷或氯仿，则多用常规的正相色谱和吸附色谱；若溶于甲醇等，则可用反相色谱。空间排阻色谱可适用于溶于水或非水溶剂、分子大小有差别的样品。此外，应了解各种分离类型的特点。例如，液-固吸附色谱法对不同官能团和异构体的分离效果较好，反相液-液色谱法则对非极性化合物有效，而正相液-液色谱法对强极性样品和同系物分离较成功。

16.3 高效液相色谱仪

16.3.1 高效液相色谱仪的结构

高效液相色谱仪有多种类型，按功能可分为分析型、制备型和专用型三类。三者虽然性能、应用范围不同，但基本组件相似。一般由高压输液系统、进样系统、分离系统、检测系统和数据处理系统组成。此外，还可根据需要配置流动相在线脱气、梯度洗脱、自动进样、馏分收集等辅助装置。高效液相色谱仪的结构示意图如图 16.2 所示。

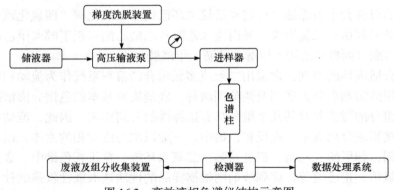

图 16.2　高效液相色谱仪结构示意图

16.3.2　高效液相色谱仪的组成

1. 高压输液系统

高压输液系统由储液器、高压输液泵、过滤器、梯度洗脱装置、脱气装置及阻尼器等组成。

1) 储液器

储液器用来储装载液，以供给足够数量的合乎要求的流动相完成分析工作。储液器的材料应耐腐蚀，一般由玻璃、不锈钢、氟塑料或特种塑料等制成。使用过程中，储液器的放置位置应高于泵体，以便保持一定的输液静压差。同时，储液器应密闭，以防溶剂蒸发引起流动相组分变化，还可防止空气重新溶解于已脱气的流动相中。高效液相色谱所用的流动相在进入储液器前，须用 0.45 μm 微孔滤膜过滤，除去溶剂中的机械杂质，以防堵塞输液管道或进样阀。抽液管的进口端设有微孔不锈钢过滤器，以防止微小固体进入高压泵造成损坏。

2) 高压输液泵

高压输液泵是高压输液系统的核心部件，是驱动溶剂和样品通过色谱柱和检测系统的高压源，其性能好坏直接影响分析结果的可靠性。好的泵应满足：输出压力高而平稳，输出流量恒定，可调范围宽，死体积小，便于清洗和更换溶剂，能够进行梯度洗脱，密封性能好，耐腐蚀，保养维修简便，使用寿命长。

高压输液泵按排液性能可分为恒流泵和恒压泵两种，按工作方式又可分为螺旋注射泵、机械往复柱塞泵、液压隔膜泵和气动放大泵四种。其中前两种为恒流泵，后两种为恒压泵。恒压泵可使输出的流动相压力稳定，当系统的阻力变化时，输入压力虽不变，但流量却随阻力而变；恒流泵则可保持在工作中给出稳定的流量，流量不随系统阻力变化。目前高效液相色谱中采用的主要是恒流泵，其中以机械往复柱塞泵的应用最为广泛。

3) 梯度洗脱装置

HPLC 的洗脱方式有等度洗脱(isocratic elution)和梯度洗脱(gradient elution)。等度洗脱是指在分析周期内流动相组成保持恒定不变，适用于组分数目少、性质差别不大的样品。梯度洗脱则适用于样品中组分 k 值范围较宽的复杂样品的分析，其利用两种或两种以上的溶剂，按照一定时间程序连续或阶段地改变配比浓度，以改变流动相极性、离子强度或 pH 等，从而改变被测组分的保留值，提高分离效率，加快分析速度，使样品中各组分均能在最佳的分离条件下出峰。与此同时，梯度洗脱还可以改善峰形、提高分辨能力、降低检出限和提高定量分析的精度。

梯度洗脱可分为低压梯度洗脱(外梯度)和高压梯度洗脱(内梯度)。低压梯度洗脱是在预定的程序下比例阀将流动相按照要求混合均匀后，通过高压泵输入到色谱柱；高压梯度洗脱则是在预定的程序下高压泵将流动相输入混合器，混合均匀后再输入色谱柱系统。

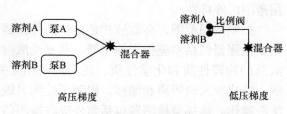

图 16.3　高压梯度与低压梯度结构示意图

高压梯度洗脱是一种泵后高压混合形式，所采用的泵多为机械往复柱塞泵，由此获得的流量精度高、梯度曲线重复性好(图 16.3)。

2. 进样系统

进样系统是将待分析样品有效地注入色谱柱内进行分离的装置，要求进样器耐高压，耐腐蚀，重复性好，死体积小，保证中心进样，进样时色谱系统压力、流量波动小，便于实现自动化等。常用的进样方式有隔膜注射进样、阀进样、自动进样器进样。

1) 隔膜注射进样

与气相色谱类似，用微量注射器针头穿过橡胶隔膜进样，是最简便的一种进样方式。由于可以把样品直接送至柱床顶端，死体积几乎等于零，隔膜注射进样往往可获得较高的柱效，且其价格便宜。但该进样方式不能在高压下使用(如 10 MPa 以上)，重现性较差，加之隔膜垫片使用次数有限，能耐各种溶剂的橡胶不易找到，因而常规分析使用受到限制。

2) 阀进样

阀进样是高效液相色谱普遍采用的一种进样方式，分为定体积和不定体积两种，以六通进样阀最为常用。由于需要在高压下工作，六通阀制作工艺和密封性要求较高，其阀体用不锈钢材料制作，旋转密封部分由坚硬的合金陶瓷材料制成。当进样阀手柄置"取样"位置，用微量注射器将样品常压注入进样阀的定量环中，多余的样品则从出口排出。再将进样阀手柄旋至进样位置，定量环与流路接通，样品在流动相作用下进入色谱柱。巧妙的设计使注入的样品能以最短的距离被送至色谱柱柱头上。六通阀的进样体积由定量环的容积确定(一般为 20 μL)，为保证良好的重复性，每次进样体积不能小于定量环的容积。

3) 自动进样器进样

高效液相色谱还可用自动进样器进行批量进样，分析样品的取样、进样、复位、样品管路清洗和样品盘的转动等操作全部按照既定程序自动进行。自动进样的样品量可连续调节，进样重复性高，适合于大量样品的分析，节省人力，可实现自动化操作。

3. 分离系统

色谱柱是高效液相色谱的核心，由柱管和固定相组成。按规格可分为分析型和制备型两类。色谱柱应具备耐高压、耐腐蚀、抗氧化、密封不漏液和柱内死体积小、柱效高、柱容量大、分析速度快、柱寿命长等特点，通常采用内壁抛光的不锈钢管柱制成。

4. 检测系统

检测器是高效液相色谱仪的三大关键部件(高压输液泵、色谱柱、检测器)之一，其作用是将经色谱柱分离出来的组分含量随时间变化的信号转变为易于测量的电信号。理想的检测器应具备高灵敏度、重现性好、线性范围宽、响应快、死体积小、不引起柱外谱带扩展、适用范围广等特性。

按照应用范围，高效液相色谱仪的检测器可分为通用型检测器和选择型检测器，其中通用型检测器包括示差折光检测器、蒸发光散射检测器等，其响应大小不仅取决于试样和洗脱液总的物理性质和化学性质，还与流动相有关。因此易受环境温度、流量变化等因素的影响，造成较大的噪声和漂移，限制了检测灵敏度，不适于痕量组分分析，并且不能用于梯度洗脱操作。选择型检测器包括紫外吸收检测器、荧光检测器、电化学检测器等，其仅对待分离组分的物理或物理化学性质有响应，对流动相几乎不产生响应，因此受外界干扰少，灵敏度高，可用于梯度洗脱。

1) 紫外吸收检测器

紫外吸收检测器(ultraviolet absorption detector，UVD)是高效液相色谱仪中使用最广泛的一款检测器，具有死体积小、灵敏度高、线性范围宽、重现性好、不破坏样品、易于操作等优点。只能用于检测能吸收紫外光物质，需选用在检测波长处无紫外吸收特性的溶剂。由于对流速和温度的变化不敏感，紫外吸收检测器可用于梯度洗脱。紫外吸收检测器分为固定波长(单波长)检测器、可变波长(多波长)检测器和光电二极管阵列检测器，其中光电二极管阵列检测器可获得三维色谱-光谱图像，对定性判别或鉴定样品中的不同类型的化合物有帮助。

2) 荧光检测器

荧光检测器(fluorescence detector，FLD)是一种灵敏度高且选择性好的检测器，其利用某些有机化合物在受到一定波长和强度的紫外线照射后，发射出较激发光波长长的荧光进行检测。稠环芳烃、卟啉类化合物、维生素 B、黄曲霉素等，以及许多生化物质包括某些代谢产物、药物、氨基酸、胺类、甾族化合物等都可用荧光检测器检测。某些产生荧光的物质经过荧光衍生化处理后也可进行荧光检测。荧光检测器检出限可达 $10^{-12} \sim 10^{-13}$ g·mL^{-1}，比紫外吸收检测器的灵敏度高 2~3 个数量级，但其线性范围仅为 10^3，使用范围较窄。近年来，采用可调谐的激光作为荧光检测器的光源而产生的激光诱导荧光检测器极大地增强了荧光检测的信噪比，因而在痕量和超痕量分析中得到广泛应用。荧光检测器对流动相脉冲不敏感，常用流动相也无荧光特性，故可用于梯度洗脱。

3) 电化学检测器

电化学检测器(electrochemical detector，ECD)是基于电化学分析法所设计的。在液相色谱中对那些无紫外吸收或不能发生荧光但具有电活性的物质，可选用电化学检测器。目前主要有电导、安培、极谱和库仑四种类型，其中电导检测器(conductivity detector，CD)和安培检测器(Ampere detector，AD)是离子色谱中广泛使用的检测器。电导检测器是基于物质在某些介质中电离后电导产生变化来测定电离物质的含量，其主要部件是电导池。安培检测器是在外加电压的作用下，通过被测物质在电极上发生氧化还原反应导致电流变化进行检测，其灵敏度较高，检出限可达 10~12 g·mL^{-1}，适合于痕量组分分析。凡是能够发生氧化还原反应的物质，如巯基化合物、羰基化合物、儿茶酚胺类药物、生物胺等均可以检测。

4) 示差折光检测器

示差折光检测器(differential refractive index detector，RID)又称折光指数检测器、示差检测器或光折射检测器，是除紫外吸收检测器之外应用最多的液相色谱检测器。示差折光检测器对所有溶质均有响应，某些不能选用选择型检测器检测的组分，如高分子化合物、糖类、脂肪烷烃等，可用其进行检测。示差折光检测器仅在恒温、恒流下操作，其灵敏度低于紫外吸收检测器，检出限为 $10^{-7}\sim10^{-6}$ g·mL^{-1}。由于梯度洗脱会造成流动相折光指数不断变化，因此该检测器不能用于梯度洗脱。

5) 蒸发光散射检测器

蒸发光散射检测器(evaporative light scattering detector，ELSD)适用于挥发性低于流动相的任何样品组分的测定。该检测器具有雾化器和漂移管易于清洗、流动池死体积小、灵敏度高、喷雾气体消耗量少等优点。蒸发光散射检测器对所有固体物质均有几乎相等的响应，检测限一般为 8～10 ng。由于该检测器对有紫外吸收的组分检测灵敏度相对较低，只适合流动相能完全挥发的色谱条件，若流动相含有难易挥发的缓冲剂，则不能使用蒸发光散射检测器进行检测。

6) 质谱检测器

质谱检测器又称质量检测器(mass spectrometric detector，MSD)，是一种在灵敏度、选择性、通用性及化合物的相对分子质量和结构信息的提供等方面均有突出优点的通用型检测器，其主要由离子源、质量分析器、离子检测器、接口系统、真空系统和计算机系统等部件组成。一般地，采用全扫描模式可得到特定组分的质谱图，从而得到组分的化学结构信息；而采用选择离子监测模式则可得到特定质量数碎片离子的色谱图，用于定量测定。

5. 色谱数据处理装置

计算机技术的广泛使用使高效液相色谱的操作更加快速、简便、准确、精密和自动化，色谱工作站具有自动诊断、全部操作参数控制、智能化数据处理和谱图处理、进行计量认证、控制多台仪器的自动化操作、网络运行等一系列功能。

6. 馏分收集器

与气相色谱不同，液相色谱柱后流出物中的被分离组分在室温下均以溶液形式存在，当溶剂挥发后，便可得到试验样品的纯组分。因此，液相色谱可用于制备或收集纯馏分作进一步的鉴定、考察，或是为了获取足够量的纯产品。对于简单的混合物，可采用试管手工收集，也可在检测器后安装小死体积的三通阀完成馏分收集。当样品中被分离组分复杂或者所需收集时间较长时，则可选用自动馏分收集器按照预定的程序或按时间或按色谱峰的起落信号逐一收集和重复多次收集。

16.4　高效液相色谱法的定性与定量分析方法

对色谱柱后流出物进行定性、定量分析是色谱分析过程中的一个重要环节。第 15 章所述的气相色谱定性、定量分析方法基本上都可以作为高效液相色谱的定性、定量分析方法，但高效液相色谱也有一些特殊的分析方法。

16.4.1　高效液相色谱法的定性分析

与气相色谱法的定性分析相似，在采用保留值定性时，可采用保留体积、保留时间、相对保留值及已知物对照法。但与气相色谱相比，高效液相色谱定性的难度更大，影响待测组分迁移的因素较多，同一组分在不同色谱条件下的保留值可能相差较大。即便在相同的操作条件下，同一组分在不同色谱柱上的保留值也可能有很大差别。因此，在高效液相色谱分析过程中，对定性分析方法提出了更高的要求。

16.4.2　高效液相色谱法的定量分析

与气相色谱一样，高效液相色谱定量分析的主要目的是确定样品中某组分的含量，其定量依据是被测组分的质量或浓度与检测器的响应值(峰高或峰面积)成正比。气相色谱中的定量方法均能适用于高效液相色谱，其中外标法和内标法是常用的分析方法。因微量注射器不易精确控制进样量，采用外标法测定样品中成分或杂质含量时，以定量环或自动进样器进样更优。内标法则可避免因进样体积误差及样品前处理对测定结果的影响。当用于杂质分析时，由于测定误差大，面积归一化法通常仅能用于粗略考察样品中的杂质含量，因此较少使用，除另有规定外一般不采用该法检测微量杂质。

外标法、内标法、面积归一化法与气相色谱章节中介绍的方法相同，下面主要介绍高效液相色谱的另外三种定量分析方法。

1. 主成分自身对照法

该法主要用于药品中杂质的限量检查。

1) 加校正因子的主成分自身对照法

测定杂质含量时，可采用加校正因子的主成分自身对照法。建立此法时，按规定精密称取杂质对照品和待测成分对照品，配制测定杂质校正因子的溶液，进样，记录色谱图，计算杂质的校正因子。测定杂质含量时，按各品种项下规定的杂质限度，将样品溶液稀释成与杂质限度相当的溶液作为对照溶液，进样，调节仪器灵敏度(以噪声水平可接受为限)或进样量(以柱子不过载为限)，使对照溶液的主成分色谱峰峰高约达满量程的 10%～25%或其峰面积能准确积分(通常含量低于 0.5%的杂质，峰面积的相对标准偏差应小于 10%；含量为 0.5%～2%的杂质，峰面积的相对标准偏差应小于 2%)。然后，取样品溶液和对照品溶液适量，分别进样。除另有规定外，样品溶液的记录时间应为主成分色谱峰保留时间的 2 倍。测量样品溶液色谱图上各杂质的峰面积，分别乘以相应的校正因子后与对照溶液主成分的峰面积比较，计算各杂质含量。

2) 不加校正因子的主成分自身对照法

测定杂质含量时，若没有杂质对照品，也可采用不加校正因子的主成分自身对照法。配制对照溶液并调节检测器灵敏度后，取样品溶液和对照溶液适量，分别进样。前者的记录时间，除另有规定外，应为主成分色谱峰保留时间的 2 倍，测量样品溶液色谱图上各杂质的峰面积并与对照溶液主成分的峰面积比较，计算杂质含量。若样品所含的部分杂质未与溶剂峰完全分离，则按规定先记录样品溶液的色谱图Ⅰ，再记录等体积纯溶剂的色谱图Ⅱ。色谱图Ⅰ上杂质峰的总面积(包括溶剂峰)减去色谱图Ⅱ上的溶剂峰面积，即为总杂质峰的校正面积，然后计算。

在定量分析时，为了保证结果的准确性和重复性，需要进行色谱系统适用性试验，色谱系统适用性试验包括色谱柱的理论塔板数(n)、分离度(R)、重复性、拖尾因子(T)。

2. 痕量组分定量分析方法

与混合物中主成分的定量检测目的不同，痕量分析需要解决的问题是准确测定出混合物中一种或几种痕量组分的浓度。所以，在进行痕量组分定量分析时，为最大限度地消除干扰并得到最高的准确度，痕量组分峰必须与邻近峰完全分开；当痕量组分峰较主成分先流出且两峰靠得很近时，可得到较精确的测量结果。相反，当痕量组分峰在主成分峰拖尾的边缘上洗脱时，将难以精确定量。通常痕量测定精度一般只要求为 5%～15%。

痕量组分定量分析常采用峰高定量法。这种方法受峰重叠影响较小，准确度和精度都很高。采用等度洗脱的分离模式，通过外标校正法定量：在空白溶液(无分析物的基体)中加入不同量的校正标准物，进样分析，进而作出校正曲线。理想的校正曲线应该能外延至纵坐标的零点。如果外延至零点以下，说明在分离过程中已有部分样品损失。如果校正线外延至零点以上，说明有样品中的其他组分产生干扰或基线干扰。在痕量分析中，大多数系统分析物的绝对回收率应不低于 75%。当回收率太低或不稳定时，可选择适当的内标来改善痕量分析的精度。此外，当无法得到空白样品时，可采用标准加入法来进行痕量组分定量分析。

3. 标准加入法

为了给样品提供最好的校正，采用标准加入法的校正标准液应在空白基体中制备。例如，对于药物中有效成分的测定，基体可选用不含药物的本底来配制。在此情况下，标准加入法可用来绘制定量校正曲线。此外，痕量分析时标准加入法也有较多应用。

16.5　高效液相色谱法的应用及发展趋势

16.5.1　高效液相色谱法的应用领域

高效液相色谱由于为热稳定性差、挥发性小或无挥发性、极性强，特别是那些具有某种生物活性的物质提供了非常适合的分离分析环境，且其检测器可不破坏试样，分离后组分易收集，因而广泛应用于石油化工、合成化学、环境监测、生物化学、生物医学、药物分析及卫生检验等领域。

16.5.2　应用示例

1. 联苯胺的测定

联苯胺是服装生产、皮革制造、造纸等工业的主要污染物，可在生产或使用过程中经废水进入环境，已被国际癌症研究中心(international agency for research on cancer，IARC)确认为致癌物。目前，工业废水中联苯胺可采用《水质　联苯胺的测定　高效液相色谱法》(HJ 1017—2019)进行测定，具体过程如下：

1) 试样制备

取 150 mL 样品置于 250 mL 锥形瓶中，以约 2 mL·min⁻¹ 的流速通过活化后的固相萃取柱。待样品完全富集后，继续使用真空泵抽吸 5 min。用 7 mL 氨水甲醇溶液洗脱，洗脱液收集至浓缩瓶中，并将浓缩瓶置于氮吹仪上，在 60℃浓缩至 1 mL，再用水定容至 2 mL，混匀后经滤膜过滤至棕色样品瓶中，待测。

2) 空白试样制备

用实验用水代替样品，按照与试样制备相同的步骤制备空白试样。

3) 分析步骤

(1) 色谱参考条件。流动相 A：乙腈；流动相 B：乙酸铵溶液；流动相 A/流动相 B=20/80(体积比)；洗脱程序：等度洗脱；流速：1 mL·min^{-1}；柱温：40℃；进样体积：40 μL；激发波长：292 nm；检测波长：395 nm。

(2) 标准曲线的建立。分别取适量的联苯胺标准液，用甲醇水溶液稀释，制备至少 5 个浓度点的标准系列，使联苯胺的质量浓度分别为 2 μg·L^{-1}、5 μg·L^{-1}、10 μg·L^{-1}、50 μg·L^{-1}、100 μg·L^{-1}、200 μg·L^{-1}(此为参考浓度)。按照色谱参考条件，由低浓度至高浓度依次对标准系列溶液进样，以联苯胺的质量浓度(μg·L^{-1})为横坐标，对应的色谱峰峰面积或峰高为纵坐标，建立标准曲线。

(3) 试样测定。按照与标准曲线建立相同的操作步骤进行试样测定。

(4) 空白样品测定。按照与试样测定相同的操作步骤进行空白试样测定。

4) 结果的计算

(1) 根据样品中目标化合物与标准系列中目标化合物的保留时间进行定性分析，可采用不同波长下的荧光强度比辅助定性，必要时用高效液相色谱-三重四极杆质谱法进行确认。

(2) 定量分析。样品中联苯胺的质量浓度 ρ(μg·L^{-1})按式(16.1)进行计算：

$$\rho = \frac{\rho_1 \times V_1 \times D}{V} \tag{16.1}$$

式中，ρ 为样品中联苯胺的质量浓度，μg·L^{-1}；ρ_1 为由标准曲线得到的试样中联苯胺的质量浓度，μg·L^{-1}；V_1 为试样定容体积，mL；V 为取样体积，mL；D 为稀释倍数。

2. 植物中游离氨基酸的测定

茶叶、中药材、烟叶等植物样品中 21 种游离氨基酸采用《植物中游离氨基酸的测定》(GB/T 30987—2020)进行测定，具体过程如下：

1) 试样提取

准确称取样品约 2.0 g(精确至 0.0001 g)于 250 mL 锥形瓶中，加入 200 mL 沸水冲泡，95℃水浴加热，每隔 5 min 混匀一次，提取 10 min 后取出，趁热抽滤，滤液冷却至室温后，用水定容至 250 mL，混匀后取适量样品溶液，经 0.45 μm 水相滤膜过滤后待测。

2) 衍生化操作

移取制备好的样品溶液或标准工作溶液 10 μL 于洁净的玻璃内插管中，加入衍生用缓冲溶液 70 μL，然后加入衍生试剂 20 μL，涡旋混合 10 s，加盖密封于进样瓶中，在室温下静置 1 min，转移至 55℃烘箱中，加热 10 min，取出待测。

3) 分析步骤

(1) 色谱参考条件。色谱柱：C18，5 μm，4.6 mm×250 mm，或同等性能的色谱柱；激发波长：250 nm；发射波长：395 nm；柱温：35℃；流速：1 mL·min^{-1}；进样体积：5 μL。梯度洗脱程序见表 16.2。

表 16.2　高效液相色谱法梯度洗脱程序

时间/min	流动相比例/%	
	A	B
0	100.0	0.0
5	100.0	0.0
25	97.3	2.7
40	81.2	18.8
55	74.4	25.6
67	50.2	49.8
70	0.0	100.0
75	0.0	100.0
77	100.0	0.0

(2) 绘制标准曲线。启动高效液相色谱仪，设定工作参数，待基线稳定后，分别吸取不同浓度的系列混合氨基酸标准溶液，按照规定进行衍生化操作。衍生化完毕后，注入高效液相色谱仪进行测定，分别得到 21 种氨基酸的峰面积。分别以各氨基酸峰面积为纵坐标，浓度为横坐标，建立标准工作曲线。通过保留时间识别各氨基酸出峰顺序。

(3) 试样测定。样品溶液与标准溶液在相同条件下进行衍生化和测定操作，分别得到样品中各氨基酸色谱峰峰面积，代入标准曲线计算含量。以水作为空白样品，在相同测定条件下进行衍生化和测定，计算空白样品中各氨基酸本底值。样品测定值扣除空白样品中各氨基酸本底值，即得样品中各氨基酸净含量。

4) 结果的计算

样品中各游离氨基酸含量的计算见式(16.2)：

$$w_2 = \frac{(c - c_k) \times V \times M \times 10^{-6}}{m \times m_1} \times 100 \tag{16.2}$$

式中，w_2 为样品中各氨基酸组分的含量，$mg \cdot 100\ g^{-1}$；c 为样品溶液中由标准曲线计算出的氨基酸浓度，$nmol \cdot mL^{-1}$；c_k 为空白样品溶液中由标准曲线计算出的氨基酸浓度，$nmol \cdot mL^{-1}$；V 为样品总体积，mL；M 为氨基酸的摩尔质量，$g \cdot mol^{-1}$；m 为样品质量，g；m_1 为样品干物率，测定方法见 GB/T 8303—2013。

16.5.3　高效液相色谱法的发展趋势

1. 超高效液相色谱

超高效液相色谱是一种采用小颗粒填料色谱柱和超高压系统的新型液相色谱技术，可显著改善色谱峰的分离度及检测灵敏度，同时大大缩短样品的分析周期。与高效液相色谱相比，超高效液相色谱具有更快的分析速度、更高的检测灵敏度及分离度，其可在高压且更宽的线速度和流速下进行超高效的样品分离，并取得较好的效果。

分离度与微粒粒径的平方根成反比，因此微粒粒径小于 2 μm 甚至到 1.7 μm 时，超高效液相色谱使色谱柱效及分离度显著提高。当系统采用粒径为 1.7 μm 的颗粒，其色谱柱长为颗粒粒径为 5 μm 的柱长的 1/3，但仍保持柱效不变，使样品的分离在提高 3 倍的流速下进行，缩短了分离时间。以往的样品应用各种高灵敏度的检测器进行检测，以提高检测灵敏度，而在超高效液相色谱领域则是通过减小微粒的颗粒粒径，使相应的检测灵敏度得到快速提高。超高效液相色谱比高效液相色谱的分离度有很大提高，更加有利于样品组分进行离子化，有助于与其样品的基质杂质进行分离，通过降低基质效应，提高检测灵敏度。

目前，超高效液相色谱广泛应用于环境分析、食品安全、动植物体成分分析、药物开发、代谢组学等领域。

2. 变性高效液相色谱

变性高效液相色谱(denaturing high performance liquid chromatography，DHPLC)是在单链构象多态性(single stranded conformational polymorphism，SSCP)和变性梯度凝胶电泳(denaturing gradient gel electrophoresis，DGGE)基础上发展起来的一种新的杂合双链突变检测技术，可自动检测单碱基替代及小片段核苷酸的插入或缺失。其工作原理是：随着柱温的升高，DNA 片段开始变性，部分变性的 DNA 被较低浓度的乙腈洗脱下来。由于错配的异源双链 DNA 与同源双链 DNA 的解链特征不同，在相同的部分变性条件下，异源双链因有错配区的存在而更易变性，其在色谱柱中的保留时间短于同源双链，故先被洗脱下来，从而在色谱图中呈现为双峰或多峰的洗脱曲线。DHPLC 具有自动化程度高、灵敏度和特异性较高、高通量检测、检测 DNA 片段和长度变动范围广、相对价廉等优点。目前，该技术在基因突变检测、DNA 微卫星鉴定、肿瘤杂合性缺失的检测、RT-PCR 的竞争性定量、基因作图、细菌鉴定、寡核苷酸的分析和纯化及 DNA 片段大小测定等诸多基因组研究领域中广泛应用。

3. 现代仪器联用技术

将高效液相色谱与波谱或光谱技术联用，即将高效液相色谱的高分离效能与波谱或光谱仪的结构分析优势有机结合，是分析复杂体系样品强有力的手段。目前最常用、最有效的是液相色谱-质谱(LC-MS)联用。此外，液相色谱-傅里叶变换红外光谱(LC-FTIR)联用、液相色谱-核磁共振(LC-NMR)联用和液相色谱-核磁共振-质谱(LC-NMR-MS)联用也已用于科学研究中，联用技术为复杂体系样品中未知组分的在线解析提供了可能。

高效液相色谱与其他色谱技术的联用称为二维色谱，即采用柱切换技术，将一根分离柱上未分开的组分在另一根柱上用不同的分离原理加以完全分离，为复杂样品的分析提供了有力手段。目前，常见的二维色谱有 HPLC-GC、HPLC-CE、LLC-IEC 和 LLC-SEC 等。

16.6　超临界流体色谱简介

超临界流体色谱法(supercritical fluid chromatography，SFC)是以超临界流体(supercritical fluid，SF)为流动相的色谱技术。超临界流体色谱始于 20 世纪 60 年代，20 世纪 80 年代空心毛细管柱式超临界流体色谱的成功开发，使其应用领域逐渐拓宽。超临界流体色谱以其流动相的特殊性质而在分离分析领域占有一席之地，可作为气相色谱和高效液相色谱的重要补充技术。

16.6.1　超临界流体

纯物质一般都存在三种聚集状态，气体、液体和固体。在物质的 p-T 图(图 16.4)中，气固平衡线、气液平衡线和液固平衡线三条曲线的交点为三相点。在 p-T 图中，还存在物质的临界点，其对应的温度(T_c)和压力(p_c)分别称为临界温度(critical temperature)和临界压力(critical pressure)。物质处于其临界温度和临界压力之上的状态为单一相态，称为超临界流体。

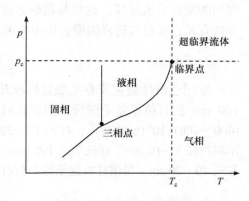

图 16.4　纯物质的 p-T 图

超临界流体具有独特的物理性质，对分离具有重要价值。这些性质介于气体和液体性质之间，如表 16.3 所示。从热力学上看，超临界流体的密度是气体的 100～1000 倍，与液体相近，具有和液体相似的溶解能力及与溶质的作用力。而从动力学上看，超临界流体的黏度比液体低，扩散系数是液体的 10～100 倍，传质速率高，因而可以获得更快的分离或萃取速度。

表 16.3　不同物态的物理性质

物态	密度/(g·cm⁻³)	黏度/(g·Pa⁻¹·s⁻¹)	扩散系数/(m²·s⁻¹)
气体	约 10^{-3}	$(1\sim3)\times10^{-5}$	0.1～0.04
超临界流体	0.2～0.9	$(1\sim3)\times10^{-5}$	$10^{-4}\sim10^{-3}$
液体	0.8～1.0	$(0.2\sim3)\times10^{-3}$	$<10^{-5}$

正因为超临界流体的独特性质，当作为色谱流动相时，其具有气体和普通溶剂无可比拟的优势，能够弥补气相色谱和液相色谱的不足而兼有二者的特点。超临界流体色谱既可分离气相色谱不适合的高沸点、低挥发性的样品，又比高效液相色谱具有更快的分离速度和更高的柱效率。

16.6.2　超临界流体色谱仪

超临界流体色谱仪兼有气相色谱仪和高效液相色谱仪两方面的特点，既有气相色谱仪的色谱柱恒温箱，又有高效液相色谱的高压泵，整个系统基本处于高压、气密状态。仪器主要由高压泵、进样系统、色谱柱、限流器和检测器等部分构成。

1. 高压泵

超临界流体色谱仪常用高压泵主要分为两种：一种是螺旋注射泵；另一种是往复柱塞泵。一般泵的缸体要冷却至 0～10℃，要求工作压力≥400×10⁵ Pa，流量在 0.01～5.00 mL·min⁻¹内可调，并能快速程序升压或程序升密度，且重现性好，压力脉动尽可能小。目前，超临界流体色谱仪已有双泵系统，一个泵引入 CO_2 或其他主流体，另一个泵引入单一或混合改性剂，通过控制泵速而改变混合流体体积比。

2. 进样系统

超临界流体色谱仪一般采用 HPLC 手动或自动进样阀。对于填充柱，采用带试样管的 Rheodyne 型六通进样阀。对毛细管柱，采用类似气相色谱的动态分流及微机控制开启进样阀时间的定时分流进样，也可与超临界流体萃取在线连用柱头进样等。进样重复性不仅与进样方式有关，而且与进样温度、压力有关，需严格控制。

3. 色谱柱

常用色谱柱型主要有毛细管柱或开管柱、毛细管填充柱和填充柱。开管柱为内径 50～100 μm 的石英厚壁毛细管，固定相液膜厚 0.25 μm 到几个微米，壁厚≥200 μm，可承受 $(400～600)×10^5$ Pa 的高压，柱长 10～20 m。毛细管填充柱为内径 250～530 μm 厚壁毛细管，填料粒径 3～10 μm，柱长 20～100 cm。填充柱填料粒径等与 HPLC 类似，柱内径 2～4.6 mm，柱长 10～20 cm。色谱柱放置于恒温箱内。

4. 限流器

限流器是超临界流体色谱仪中不可缺少的关键部件之一。为使超临界流体在整个色谱分离过程中始终保持超临界流体状态，当用 FID、MSD 等检测器时，在柱出口与检测器之间需要有一个流量限制器，以保证柱子的出口压力缓慢地降至常压。当用 UVD 检测器时，因其本身可在高压下操作，故可在检测器出口接限流器。限流器分多种类型，常用的有直管型限流器、小孔型限流器、多孔型限流器等。超临界流体通过限流器的相变是个膨胀、吸热过程，因此限流器一般都保持在 250～450℃。

5. 检测器

超临界流体色谱仪可兼容多种检测器，各种气相色谱和高效液相色谱检测器均可使用。FID 是在用 CO_2 作流动相时，最为普遍采用的检测器。FID 对大多数有机分子均有响应。除高灵敏度外，FID 还能承受程序升压，同时便于操作，对 CO_2 没有响应，既适用于开口柱，也适用于填充柱。但当流动相含有机改性剂时，则不适用于 FID。蒸发光散射检测器可作为超临界流体色谱分析的通用检测器。元素选择型检测器，如电子捕获检测器、火焰光度检测器、氮磷检测器等可用于多氯联苯、有机磷、硫、氨基甲酸酯农药等测定。紫外吸收检测器是含有机改性剂流动相常用检测器，要求检测池必须耐高压。此外，能用于超临界流体色谱的检测器还有等离子体发射光谱检测器、电导检测器、荧光检测器等。

超临界流体色谱与结构分析方法的联用技术也得到了发展和应用，如 SFC-MS 联用技术、SFC-FTIR 联用技术、SFC-NMR 联用技术等。其中 SFC-MS 联用技术已较为成熟，应用非常广泛，可分离分析药物、天然产物、高分子添加剂等。

16.6.3　固定相与流动相

在超临界流体色谱中，通常使用化学键合固定相，如将固定相聚硅氧烷用自由基交联方法键合至硅石英柱上。流动相的选择需要考虑超临界流体的临界温度和临界压力，以及其腐蚀性、毒性、与检测器的匹配等因素。

1. 固定相

在超临界流体色谱中，使用最多的固定相是甲基聚硅氧烷，如 OV-1、OV-101、DB-1、SPB-1、SB-methyl-100；苯基聚硅氧烷，如 DB-5、SB-phenyl-5、OV-73；二苯基聚硅氧烷，如 SB-biphenyl-25、SB-biphenyl-30；乙烯基聚硅氧烷，如 SE-33、SE-54；正辛基、正壬基聚

硅氧烷，如 SB-octyl-50、SB-nonyl-50；以及二酰胺类交联手性固定相等。超临界流体色谱用于分离分析手性对映体是近年来其应用的一个热点，其手性固定相是在 HPLC 和 GC 手性固定相的基础上发展起来的，近年来也出现了专为超临界流体色谱所设计的手性固定相。通常手性固定相的类型可分为酰胺类、环糊精类和聚糖类等，除冠醚类和蛋白质类外，绝大多数手性固定相都可直接用于超临界流体色谱，而不需要任何预处理。

2. 流动相

常用的超临界流体色谱流动相可分为两类：第一类临界温度 $T_c < 190℃$，这类物质在常温下大部分是气体，如 CO_2、乙烯、乙烷、丙烯等，通常用于分离热稳定性差的物质；另一类为临界温度 $T_c > 190℃$，这类物质常温下为液体，如正戊烷、正己烷、异丙醇等，通常用于分离挥发度低、相对分子质量大的化合物。

CO_2 是最常用的超临界流体色谱流动相，它具有无色、无味、无毒、不易燃、临界条件适中($T_c=31.3℃$，$p_c=7.39$ MPa)、环境友好等特点，特别适合分离分析热敏性物质。此外，用 CO_2 作流动相时，易于与 FID 检测器联用。大多数超临界流体色谱仪都采用 CO_2 作为流动相，其缺点是不利于对极性物质及能与 CO_2 发生化学反应的物质洗脱。为了寻找更为理想的流动相，以满足分离分析极性和大相对分子质量化合物的要求，目前普遍采用的方法是在 CO_2 流体中加入第二组分，即改性剂，来改变 CO_2 的极性，常加入有机改性剂如甲醇、乙腈等，以改善流动相对极性样品的溶解能力，扩大 CO_2 对样品的适用范围。作为改性剂除了要求有较强的极性外，还要求与 CO_2 的互溶性好，在实验条件下稳定。

16.6.4　超临界流体色谱的应用与展望

超临界流体色谱的应用领域非常广泛，目前已用于分离分析脂肪酸甘油酯、类脂物、胆固醇、胆汁酸、脂溶性维生素、甾体类药物、氨基酸、多肽、石油中高级脂肪烃($>C_{100}$)、高级脂肪醇、烃基聚硅氧烷、聚乙二醇、聚醚、金属有机化合物、聚烯烃等。药物制备及分析领域中超临界流体色谱应用的发展也十分迅速，高分析速度和减少溶剂的浪费是其明显优于 HPLC 之处。在超临界流体色谱中，用 CO_2 作为主流动相，加入一定量的甲醇作为改性剂，几乎可以对所有的极性化合物进行分离分析。此外，超临界流体色谱已用于热力学和溶液理论研究，测定溶质在高压下的吸附、萃取、扩散过程和相关物理化学常数。

超临界流体色谱技术是一种重要的分离分析工具，其作为 HPLC 和 GC 技术的重要补充，具有分离效率高、分离时间短及易与检测器匹配等优点，得到广泛应用。然而由于超临界流体色谱的理论研究还不够深入和透彻，其应用缺少相应的理论指导，因此对超临界流体色谱中物质的保留性质以及相应的热力学和动力学因素对分离效率的影响的研究无疑是超临界流体色谱工作的重点。

【拓展阅读】

液相色谱衍生化技术

液相色谱中衍生化包括柱前及柱后的衍生化，其目的是改善分析能力。紫外吸收检测器是液相色谱中使用最多的检测器，无紫外吸收或吸收很弱的化合物可通过衍生化反应在分子中引入紫外吸收基团后进行检测。紫外衍生化应选择重复性好、产率高的反应，在进入色谱仪之前应进行纯化分离，避免过量的试剂或试剂中的杂质干扰下一步的分离和检测，同时还应注意介质对紫外吸收的影响。目前，常用的紫外衍生化反应有酯化反应、羰基化反应、苯甲酰化反应、苯基磺酰氯反应、二硝基氟苯(DNFB)反应和异硫氰酸苯酯(PITC)反应等。

荧光检测器的灵敏度较紫外吸收检测器高几个数量级，但高效液相色谱能分离的试样大多没有荧光，因此需在目标化合物上接入荧光生色基团。常用的荧光衍生化试剂有丹磺酰肼、丹磺酰氯、荧光胺、邻苯二甲醛等。

除可以进行上述液相衍生化反应外，还可进行固相化学衍生化反应。后者将衍生化小型柱直接与色谱仪器的进样器连接，即将固相有机合成反应移植到色谱分析中。此外，固定化酶反应器也是一类固相化学衍生剂。

【参考文献】

冯玉红. 2008. 现代仪器分析实用教程[M]. 北京: 北京大学出版社.

高向阳. 2010. 新编仪器分析[M]. 5 版. 北京: 科学出版社.

郭明, 胡润淮, 吴荣晖, 等. 2016. 实用仪器分析教程[M]. 杭州: 浙江大学出版社.

郭旭明, 韩建国. 2014. 仪器分析[M]. 北京: 化学工业出版社.

李继萍. 2013. 仪器分析[M]. 北京: 北京理工大学出版社.

刘宇, 孙菲菲, 闫敬, 等. 2016. 仪器分析[M]. 北京: 高等教育出版社.

吕玉光. 2016. 仪器分析[M]. 北京: 中国医药科技出版社.

田丹碧. 2015. 仪器分析[M]. 北京: 化学工业出版社.

姚开安, 赵登山. 2017. 仪器分析[M]. 南京: 南京大学出版社.

朱鹏飞, 陈集. 2016. 仪器分析教程[M]. 北京: 化学工业出版社.

【思考题和习题】

1. 根据液相色谱图可获得哪些主要信息？
2. 高效液相色谱法与经典液相色谱法相比有哪些特点？
3. 以固定相和流动相的极性及组分出峰顺序说明什么是正相色谱，什么是反相色谱。
4. 什么是 HPLC 的梯度洗脱？梯度洗脱有哪些优点？
5. 提高液相色谱柱效的途径有哪些？
6. 如何优化高效液相色谱的分离条件？
7. 说明高效液相色谱分析时色谱峰保留时间缩短的原因及解决方法。

第 17 章　离子色谱法

【内容提要与学习要求】

　　本章在简述离子色谱三种分离方式基本原理的基础上，对离子色谱仪基本构造进行了重点介绍，并对离子色谱的应用和发展趋势进行了说明。通过本章的学习，掌握离子色谱的三种不同分离方式离子交换、离子排斥和离子对色谱的分离原理，掌握离子色谱的定性、定量分析方法；了解离子色谱仪的组成，了解离子色谱仪使用过程中的注意事项、应用和未来发展方向。

　　离子色谱(ion chromatography，IC)是高效液相色谱的一种色谱分离技术。离子色谱是采用离子交换原理和液相色谱技术分离测定在水中解离为有机和无机离子的一种液相色谱方法。与其他液相色谱分离弱极性和非极性的有机化合物不同，离子色谱主要分离极性和部分弱极性化合物。离子分离技术采用低容量离子交换柱，以强电解质作为流动相，通过抑制柱除去与测试离子电荷相反的离子，降低流动相的背景电导，最终通过电导等检测器实现同时分离检测多种阴、阳离子。需要抑制柱的离子色谱法称为双柱离子色谱法或抑制型离子色谱法。后续发展起来的非抑制型离子色谱，以弱酸及其盐为流动相，通过控制 pH，降低背景电导，不需要抑制柱直接检测电导，称为单柱离子色谱法或非抑制型离子色谱法。由于单柱离子色谱法的灵敏度低于双柱离子色谱法，目前大部分离子色谱采用双柱离子色谱法。离子色谱仪最初应用于环境领域水中痕量阴、阳离子的分析，随着离子色谱技术的发展，离子色谱技术不仅可以分析无机阴、阳离子，还可以分析有机离子、重金属和过渡元素。安培检测器能够检测氨基酸、糖类和抗生素等。目前，离子色谱已经广泛应用于能源、食品、环境、电子、生命科学和制药等领域，已成为色谱领域的一个重要分支。

17.1　离子色谱基本原理

　　离子色谱是高效液相色谱的一种，其沿用了高效液相色谱的分离理论和相关概念，离子色谱法的迁移和扩展也采用柱色谱理论。根据离子色谱的分离方式，通常分为离子交换色谱法(ion exchange chromatography，IEC)、离子排斥色谱法(ion chromatography exclusion，ICE)和离子对色谱法(ion pair chromatography，IPC)三种。

17.1.1　离子交换色谱法

　　离子交换色谱是离子色谱最常用的分离方式。离子交换色谱分为阴离子交换色谱和阳离子交换色谱，阴离子交换色谱通常选用季铵盐型阴离子交换树脂，阳离子交换色谱通常选用磺酸基阳离子交换树脂。离子交换色谱中的离子交换剂具有固定电荷的作用，而待测离子置换离子交换剂上的解离离子，被离子交换树脂的电荷保留。不同的待测离子与色谱柱固定相的作用力不同，导致其保留时间不同而被分离。

　　以阴离子交换树脂分离阴离子为例，阴离子交换树脂的固定相为 $B\text{-}R_x$。首先淋洗液进入色谱柱，色谱柱中的阴离子交换树脂和淋洗液处于平衡状态，此时阴离子交换树脂吸附的反电荷离子为淋洗液阴离子 B^{x-}；然后含有阴离子 A^{y-} 的待测样品进入色谱柱，与 B^{x-} 争夺阴离子交换树脂上的正电荷位置，此离子交换过程用式(17.1)表示：

$$x A^{y-} + y B\text{-}R_x \longrightarrow y B^{x-} + x A\text{-}R_y \tag{17.1}$$

此反应的平衡常数为 K_B^A，即待测样品阴离子 A^{y-} 对淋洗液阴离子 B^{x-} 的选择性系数。K_B^A 决定阴离子 A^{y-} 的保留特性，衡量阴离子 A^{y-} 与离子交换树脂之间亲和力的强弱。

$$K_B^A = \frac{[A\text{-}R_y]^x [B^{x-}]^y}{[A^{y-}]^x [B\text{-}R_x]^y} \tag{17.2}$$

由式(17.2)可得

$$\lg t_R = -y/x \lg c + y/x \lg V + k \tag{17.3}$$

式中，t_R 为保留时间；c 为淋洗液的浓度；V 为阴离子交换树脂的交换容量；k 为常数。这是阴离子交换色谱中的保留时间基本方程，包含了实验参数对保留时间的影响。淋洗液离子的电荷越高，淋洗能力越强。离子交换树脂的交换容量越大，淋洗液浓度越小，保留体积越大，保留时间越长。

影响阴离子交换的因素主要有阴离子交换树脂的交换容量、淋洗液浓度、淋洗液 pH、离子电荷、离子半径和树脂种类。阴离子交换树脂的季铵基 "R" 基团不同，亲水性和疏水性不同，"R" 基团的碳链较长，疏水性强；相反，亲水性强。季铵型强碱阴离子交换树脂上的阴离子选择性系数次序为

$$ClO_4^- > I^- > HSO_4^- > SCN^- > CClCOO^- > CFCOO^- \approx NO_3^- \approx Br^- > NO_2^- \approx CN^- > Cl^- >$$
$$BrO_3^- > OH^- > HCO_3^- > H_2PO_4^- > IO_3^- > CH_3COO^- > F^-$$

阳离子交换分离机理和影响保留时间因素与阴离子交换分离相似，样品阳离子 A^{y+} 与淋洗液阳离子 B^{x+} 争夺离子交换树脂上的负电荷位置，阳离子的交换反应与阴离子的交换反应相似。阳离子的选择性系数次序为

$$Th^{4+} > Fe^{3+} > Al^{3+} > Ba^{2+} > Tl^{2+}(SO_4^{2-}) \approx Pb^{2+} > Sr^{2+} > Ca^{2+} > Co^{2+} > Ni^{2+} \approx Cu^{2+} >$$
$$Zn^{2+} \approx Mg^{2+} > UO^{2+}(NO_3^-) \approx Mn^{2+} > Ag^+ > Cs^+ > Be^{2+}(SO_4^{2-}) \approx Rb^+ > Cd^{2+} > K^+ >$$
$$NH_4^+ > Na^+ > H^+ > Li^+$$

17.1.2　离子排斥色谱法

离子排斥又称高效离子排斥(HPICE)，是基于 Donnan 排斥、空间排阻和吸附过程，利用溶质和固定相之间的非离子性相互作用，用于无机弱酸、有机酸、醇类、醛类、氨基酸和糖类等的分离。

阴离子 HPICE 分离柱中填充总体磺化的 H 型高容量阳离子交换树脂，树脂电荷密度大，待测阴离子受 Donnan 排斥，不能进入树脂微孔；非离子型组分不受 Donnan 排斥，能进入树脂微孔。树脂上的功能基使树脂颗粒间隙的液体与微孔内吸留液体间形成"半透膜"。强解离组分不能透过此膜进入树脂内孔，故不被保留；非解离组分能透过此膜进入树脂微孔内部，被保留。

树脂对组分的保留是内部微孔体积与表面积的函数。阴离子的保留体积需介于总的排斥体积和死体积之间，即待测离子需用大于排斥体积的淋洗液洗脱。

离子排斥也取决于溶质进入微孔的扩散能力，通过改变溶质的解离度来改变保留时间。

影响离子排斥保留的因素主要有溶质的 pK_a、淋洗液的 pH、溶质的浓度、树脂的性质、温度和淋洗液流速。

17.1.3　离子对色谱法

离子对色谱法具有高分辨率和选择性，该方法主要用于分离和检测疏水性的阴、阳离子和金属配合物。离子对色谱法的分离机理为吸附和分配。在高效液相色谱中，离子对色谱法是将一种或多种与溶质离子电荷相反的离子(也称反离子或对离子)加入流动相(或固定相)中，反离子与溶质离子结合生成疏水离子对化合物，从而改变了溶质离子的分配和保留性质。一般以疏水性材料为固定相。下面以分离有机阳离子 X^+ 为例，与流动相中的反离子 Y^- 形成离子对化合物 XY，XY 在两相间进行分配。

$$X^+_{水相} + Y^-_{水相} \rightleftharpoons XY_{有机相} \tag{17.4}$$

上述反应的平衡常数 K_{XY} 的表达式为

$$K_{XY} = \frac{[XY]_{有机相}}{[X^+]_{水相}[Y^-]_{水相}} \tag{17.5}$$

溶质的分配系数 D 的表达式为

$$D = \frac{[XY]_{有机相}}{[X^+]_{水相}} = K_{XY}[Y^-]_{水相} \tag{17.6}$$

容量因子 k 与分配系数的关系为

$$k = D \cdot \frac{1}{\beta} = K_{XY}[Y^-]_{水相} \frac{1}{\beta} \tag{17.7}$$

式中，β 为相比。根据保留时间与容量因子的关系得

$$t_R = \frac{L}{u}(1+k) = \frac{L}{u}\left(1 + K_{XY}[Y^-]_{水相}\frac{1}{\beta}\right) \tag{17.8}$$

式中，u 为流动相线速度；L 为柱长。保留值随 K_{XY} 和反离子 Y^- 的浓度增大而增大。反离子和有机相的性质决定了分配系数 K_{XY} 的大小。

离子对分离的选择性主要由流动相决定。水相中起主要作用的两种组分是离子对试剂和有机溶剂，分离由此两种组分的类型和浓度决定。

离子对试剂是一种大离子态分子，其电荷与待测离子相反，与待测离子结合后通常亲脂区域与固定相相吸，电荷区域与被测物作用。用于测定阴离子的离子对试剂常用烷基铵类，如溴化十六烷基三甲铵、氢氧化四丁基铵；用于测定阳离子的离子对试剂常为烷基磺酸盐类，如庚烷磺酸钠、己烷磺酸钠等。离子对色谱的固定相是中性的亲脂性树脂，而且单一的固定相可以用于阴离子或阳离子的分析。

17.2 离子色谱仪

17.2.1 离子色谱仪的结构

离子色谱仪通常由流动相输送系统、进样系统、分离系统、抑制或衍生系统、检测系统及数据处理系统等组成，如图 17.1 所示。其结构与常规高效液相色谱类似，不同之处为离子交换剂填充柱，耐酸碱性更强；检测器前通常有抑制器；检测器通常配置电导检测器。

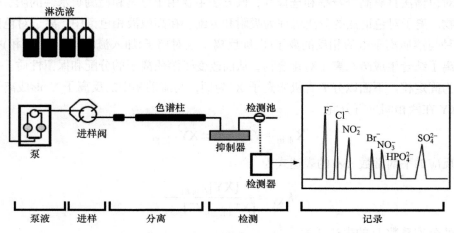

图 17.1　离子色谱装置流程示意图

离子色谱仪工作流程为输液泵将淋洗液以设定的流速输入分析系统，进样器将样品导入，淋洗液将样品载入色谱柱，色谱柱将样品组分分离，依次随淋洗液进入检测器，抑制型离子色谱则采用高压输液泵将再生液输送至抑制器，抑制器使流动相背景电导降低，流出物导入电导检测器，将检测信号送至数据处理系统。

1. 输送系统

离子色谱仪淋洗液输送系统包括储液装置、高压输液泵、梯度淋洗装置等，与高效液相色谱输液系统类似。

(1) 储液装置：淋洗液储存装置为储液瓶或储液罐，用于存储一定体积的淋洗液。存储容器要求有足够容积，存储足够多液体且方便脱气，使用的材质对淋洗液为惰性。离子色谱的流动相一般是酸、碱、盐或配合物水溶液，根据阴离子和阳离子种类选择对应的淋洗液。离子色谱分析阴离子，一般使用碳酸盐系统或者氢氧化物系统作为流动相，采用优级纯的碳酸钠、碳酸氢钠、氢氧化钠、氢氧化钾配制，过滤，超声。离子色谱分析阳离子，一般选择甲胺磺酸作为淋洗液。储液系统一般是以玻璃、聚四氟乙烯或聚丙烯为材料，容积一般以 0.5～4 L 为宜，溶剂使用前须脱气。由于工作时色谱柱内有压力，流路中易释放气泡，造成检测器噪声增大，基线不稳，仪器不能正常工作，特别是流动相含有有机溶剂时更为突出。

脱气方法有多种，在离子色谱中应用较多的方法如下：①低压脱气法：通过水泵、真空泵抽真空，可同时加热或向溶剂吹氮，适用于纯水溶剂配制的淋洗液。②吹氦气或氮气脱气法，氦气或氮气经减压通入淋洗液，在一定压力下可将淋洗液的空气排出。③超声波脱气法，将淋洗液置于超声波清洗槽，以水为介质超声脱气。一般超声 30 min 左右，达到脱气目的。新型离子色谱仪的高压泵上带有在线脱气装置，可自动对淋洗液进行在线自动脱气。

(2) 高压输液泵：这是离子色谱仪的重要部件，将流动相输入到分离系统，样品在柱中完成分离。高压泵通常流量稳定，流量精度为±1%左右，以保证保留时间的重复和定性、定量分析的精密度；有一定输出压力，离子色谱一般在 20 MPa 状态下工作，比液相色谱略低，耐酸、碱和缓冲液腐蚀。与液相色谱不同，离子色谱的淋洗液含有酸或碱，泵为全塑 PEEK 材料制作；压力波动小，更换溶剂方便，死体积小，易于清洗和更换溶剂；流量在一定范围内任选，能达到一定精度要求，部分输液泵具有梯度淋洗功能。目前，离子色谱中应用较多的是往复柱塞泵，只有低压离子色谱采用蠕动泵，但蠕动泵承受的压力较小，操作过程中会出现问题。往复柱塞泵的柱塞往复运动频率较高，对密封环的耐磨性及单向阀的刚性和精度要求高。密封环通常采用聚四氟乙烯添加剂材料制造，单向阀的球、阀座及柱塞为人造宝石材料。一般来说，双柱塞流量更平稳，脉动小，但构造复杂，价格也比较高。液相色谱的泵采用不锈钢或钛合金材料，与液相色谱相比，离子色谱泵体采用全塑系统，对酸、碱、盐有抗污染的性能，保证了对金属离子测定的准确性。

(3) 梯度淋洗装置：梯度淋洗和气相色谱程序升温类似，方便了离子的分离，而离子色谱电导检测器是一种总体性质的检测器，梯度淋洗通常只在含氢氧根离子的淋洗液中采用抑制电导检测器实现。采用梯度淋洗技术，分离度高、分析时间短、检测限低，对于复杂混合物，特别是保留强度差异较大的混合物分离，是一种极为重要的分析方法。此外，新型抑制器通过脱气方式除去淋洗液中的 CO_2，由于碳酸盐淋洗液具有较低的背景电导，大大增加了灵敏度，实现碳酸盐的梯度淋洗。

离子色谱梯度淋洗分为低压梯度、高压梯度和淋洗液发生器，具体如下：①低压梯度，低压梯度广泛应用于离子色谱仪中，可进行四元梯度，通过控制电磁比例阀的开关频率来改变控制器程序，得到任意混合浓度的淋洗液。②高压梯度，高压梯度是由两台高压输液泵、梯度程序控制器、混合器等部件组成。两台输液泵分别将两种淋洗液输入混合器，充分混合后，进入色谱分离系统，称为泵后高压混合。梯度淋洗的溶剂混合器必须具备容积小、无死区、清洗方便、混合效率高等性能，能获得重复的、滞后时间短的梯度淋洗效果。③淋洗液发生器，美国戴安(Dionex)公司生产的淋洗液发生器，仅通过加入纯水，控制电流大小即可生成不同浓度的淋洗液，达到梯度淋洗的目的。

2. 进样系统

离子色谱仪进样系统是将常压状态的样品切换到高压状态下的部件。进样系统要求耐高压、耐腐蚀、重复性好、操作方便，保证每次工作状态的重现性。通常有手动进样、气动进样和自动进样三种进样方式。与色谱泵类似，选择全 PEEK 材质的进样阀能够较好地保证仪器寿命和分析结果的准确性。

进样系统有以下几种类型：

(1) 手动进样阀：采用六通阀，工作原理与 HPLC 相同，进样量高于 HPLC，一般进样量为 50 μL。样品以低压状态充满定量环，当阀门沿顺时针方向旋至另一位置时，即将储存在定量环中的固定体积样品送入分离系统分析。

(2) 气动进样阀：气动进样阀以氮气或氦气为动力，通过两路四通加载定量管后，进行取样和进样，有效减少了手动进样带来的误差，实现半自动进样，但此过程需使用氮气钢瓶。

(3) 自动进样器：自动进样器是一种自动化程度很高的系统，由色谱软件控制，自动装样、进样、清洗，操作者需将样品按顺序准备好放入进样盘。

3. 分离系统

分离系统是离子色谱的重要部件。包含预柱，又称在线过滤器，PEEK 材质，除去颗粒杂质；后接保护柱，其与分析柱填料相同，消除样品中可能损坏分析柱填料的杂质，如果不一致，会导致死体积增大、峰扩散和分离度差等；然后是分析柱，实现样品组分的有效分离。

色谱柱是分离系统的核心部分，根据填料种类不同实现对混合物的有效分离。在离子色谱中应用最广泛的柱填料是由苯乙烯-二乙烯基苯共聚物制备得到的离子交换树脂，主要有带有磺酸基团的强酸型阳离子交换树脂和带有季铵基团的强碱型阴离子交换树脂。除上述强酸和强碱型离子交换树脂外，还有弱酸、弱碱和螯合剂型等离子交换树脂。

4. 抑制系统

抑制系统是离子色谱的核心部件之一，主要作用是降低背景电导和提高检测灵敏度。抑制器的好坏关系到离子色谱的基线稳定性、重现性和灵敏度等关键指标。

柱-胶抑制采用固定短柱或填充抑制胶抑制，不同的抑制柱交替使用，属于间歇式抑制。离子交换膜抑制采用离子交换膜，利用离子渗透的原理抑制。需要配制硫酸再生液，系统需要配置氮气或动力装置。电解再生膜抑制则利用电解水产生媒介离子和离子配合离子交换膜进行抑制。

5. 检测系统

离子色谱常用的检测器是电导检测器，其次是安培检测器。

电导检测器是基于极限摩尔电导率应用的检测器，主要用于检测无机阴、阳离子，有机酸和有机胺等。目前采用较多的有双极脉冲检测器、四极电导检测器和五极电导检测器。

双极脉冲检测器：在流路上设置两个电极，通过施加脉冲电压，在合适的时间读取电流，进行放大和显示。该检测方式易受到电极极化和双电层的影响。

四极电导检测器：在流路上设置四个电极，在电路设计中维持两测量电极间电压恒定，不受负载电阻、电极间电阻和双电层电容变化的影响，具有电子抑制功能(阳离子检测支持直接电导检测模式)。

五极电导检测器：在四极电导检测模式中加一个接地屏蔽电极，提高测量的稳定性，在高背景电导下获得极低的噪声，具有电子抑制功能(阳离子检测支持直接电导检测模式)，是非化学抑制型电导检测器。

安培检测器是基于测量电解电流大小为基础的检测器，主要用于检测具有氧化还原特性的物质。安培检测器分为直流安培检测模式和积分脉冲安培检测模式。直流安培检测模式主要用于抗坏血酸、溴、碘、氰、酚、硫化物、亚硫酸盐、儿茶酚胺、芳香族硝基化合物、芳香胺、尿酸和对二苯酚等物质的检测。脉冲安培检测模式主要用于醇类、醛类、糖类、胺类(一二三元胺，包括氨基酸)、有机硫、硫醇、硫醚和硫脲等物质的检测，不可检测硫的氧化物。积分脉冲安培检测模式是脉冲安培检测的升级检测模式，适用于检测脉冲安培检测的物质。

17.2.2 离子色谱的定性和定量分析方法

离子色谱采用的定性和定量分析方法与高效液相色谱相同。色谱峰所对应的离子对组分通过保留时间进行判断。此定性分析方法需根据已知成分和浓度的标准物对照，标准品与样品在相同测试条件下，具有相同的保留时间，说明样品组分与标准品可能是同一组分。常用的定量分析方法有标准曲线法和标准加入法，可参考前述第 14～16 章相关内容。

17.3　离子色谱的分析应用及发展

17.3.1　离子色谱的分析应用

离子色谱法具有方便快速、灵敏度高、选择性好、短时间内可同时测定多组分、分离柱稳定性好、容量高等特点，在离子型化合物的测定方面发挥重要作用，特别是阴离子的测定，难以用其他测试方法替代。离子色谱分析法常用于水质检测、饮料、啤酒、废水处理、冶金工艺水样分析和工业样品等领域的质量控制。特别是卤素离子在电子工业品中的残留受到越来越严格的控制，因此离子色谱被广泛应用到无卤素分析等重要工艺控制部门。

例如，我国相关标准分析方法：《铜精矿化学分析方法　第 12 部分：氟和氯含量的测定　离子色谱法》(GB/T 3884.12—2010)；《烟草及烟草制品　硫的测定　离子色谱法》(YC/T 499—2014)；《生活饮用水标准检测方法　无机非金属指标》(GB/T 5750.5—2006)等。

美国国家环保局分析方法：《离子色谱检测饮用水中十种无机阴离子》(U.S. EPA 300.1)，《离子色谱在线浓缩检测饮用水中的高氯酸根》(U.S. EPA 314.1)；美国材料与试验协会标准分析方法：《用抑制离子色谱法测定水中阴离子的标准试验方法》(ASTM D4327—2017)；国际标准化组织分析方法：《水质-用离子液相色谱法测定已溶解的阴离子　第 1 部分：溴化物、氯化物、氟化物、硝酸盐、亚硝酸盐、磷酸盐和硫酸盐的测定》(ISO 10304—1—2007)。

离子色谱应用广泛，应用中需注意要求和范围。细菌、可溶性硅和腐殖酸等易造成色谱柱污染，不能使用电渗析水，使用的去离子水、淋洗液需进行滤膜过滤和脱气，以免造成仪器的稳定性下降。淋洗液浓度过高，背景电导干扰大，影响检测结果准确性；淋洗液浓度过低，离子洗脱不完全，也影响结果准确性。淋洗液流速高，保留时间短，峰形易重叠且系统压力增大；淋洗液流速低，保留时间长，峰形变宽。测试过程中，配制标准溶液需根据待测样品浓度，通常待测样品浓度为配制标准溶液最大浓度的 20%～50%。标准溶液应存放在聚乙烯瓶中，于冰箱保存，温度为 4～6℃，不宜长期存放。另外，离子色谱仪测试完毕，需用去离子水冲洗整个系统 30 min，若 7 天以上不用，将色谱柱和抑制器拆下，用死堵头封死，避免因长期不用，色谱柱和抑制器失水使色谱柱填料被破坏，因此离子色谱仪需经常开机维护。

17.3.2　应用示例

某饮用水中 F^-、Cl^-、Br^-、NO_3^-、SO_4^{2-} 含量的测定，等度淋洗，定量分析具体过程如下。

样品前处理：待测样品用 0.22 μm 微孔滤膜过滤，备用待测。

待测元素标准溶液配制：取标准溶液用去离子水稀释，配制 c_1、c_2、c_3、c_4、c_5 系列标准溶液。

分析步骤：

(1) 仪器测量条件。不同型号仪器最佳测试条件不同，根据仪器说明书优化测试条件。仪器参考测量条件见表 17.1。按照厂家提供的工作参数设定。开启仪器，淋洗液冲洗管路，待仪器预热 30 min，且基线达到要求，准备测试。

表 17.1　仪器参考测量条件

色谱柱	柱温/℃	流速/(mL·min⁻¹)	淋洗液	检测器	定量环体积/μL
SH-AC-3 型 250 mm×4.0 mm	35~40	0.8~1	2 mmol·L⁻¹ Na₂CO₃ + 8 mmol·L⁻¹ NaHCO₃	电导型	25

（2）标准曲线的绘制。设定测试条件，并平行进样分析，以目标元素峰面积 A 为纵坐标，以目标元素系列浓度 c 为横坐标，线性回归，绘制标准曲线。

（3）试样测定。相同的条件下建立标准曲线分析待测样品，如图 17.2 所示。待测样品测定过程中，若待测元素浓度超过校正曲线范围，试样稀释后重新测定或重新建立标准曲线后再测定。

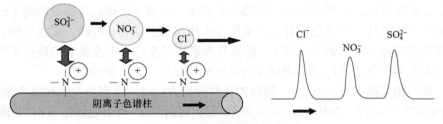

图 17.2　离子色谱流出曲线图

（4）空白样品测定。按照试样的操作步骤测定空白试样。

（5）计算。将待测样品的峰面积扣除空白样品的峰面积，代入标准曲线，即求出待测样品的浓度。

综上所述，离子色谱是分析化学领域中发展较快的分析方法之一，可测定各种阴离子和阳离子。近年来离子色谱技术逐渐向多功能、多用途方向发展，由常见的阴、阳离子的分析向多种复杂有机分子的分析方向发展，如采用离子色谱技术分析醇、醛、芳香胺、氨基酸、酚、有机酸、糖类和蛋白质等。离子色谱联用技术也是离子色谱未来发展的方向之一，目前离子色谱已经实现与原子吸收和原子发射等技术联用。

【拓展阅读】

离子色谱在药物分析中的应用

离子色谱法应用于药品检验，主要是阴离子、有机酸、阳离子、有机胺、抗生素、中药材有效成分测定及其元素测定、多糖类药物的定量检测。2010 年版的《中华人民共和国药典》首次新增了离子色谱法，将其收入附录，主要开展的检测项目为帕米膦酸二钠注射液及注射用帕米膦酸二钠含量测定、氯膦酸二钠及其制品含量测定及有关物质测定、盐酸头孢吡肟中 N-甲基吡咯烷的测定、肝素钠及注射液中有关物质的测定。

2015 年版的《中华人民共和国药典》中，离子色谱法定量检测、杂质控制的药物主要是一些含阴离子、阳离子、有机胺的药物，这些药物采用的色谱柱有阴离子交换色谱柱、AS11-HC、AS23 色谱柱以及以羧酸基键合硅胶为填充剂的色谱柱，采用的检测器主要为常用的电导检测器，检测方式是常用的抑制电导检测。2015 年版的《中华人民共和国药典》中应用离子色谱法进行质量控制的部分药品的具体情况见表 17.2。

表 17.2　离子色谱法在 2015 年版的《中华人民共和国药典》中的应用情况

药品名称	检验项目	色谱柱	检测器
注射用盐酸头孢吡肟	N-甲基吡咯烷的测定	以羧酸基键合硅胶为填充剂的色谱柱	电导
盐酸头孢吡肟	N-甲基吡咯烷的测定	以羧酸基键合硅胶为填充剂的色谱柱	电导
氯膦酸二钠注射液	含量测定	AS11-HC	电导

续表

药品名称	检验项目	色谱柱	检测器
氯膦酸二钠	有关物质	AS11-HC	电导
帕米膦酸二钠注射液	含量测定	阴离子交换色谱柱	电导
肝素钠	有关物质	AS11-HC	紫外
阿伦膦酸钠肠溶片	肠溶片含量	AS23 色谱柱	电导
阿伦膦酸钠片	含量测定	AS23 色谱柱	电导
阿伦膦酸钠	AS11	AS11 色谱柱	电导

【参考文献】

丁明玉, 田松柏. 2001. 离子色谱原理与应用[M]. 北京: 清华大学出版社.

韩立, 段迎超. 2014. 仪器分析[M]. 长春: 吉林大学出版社.

刘志广, 张华, 李亚明. 2007. 仪器分析[M]. 2 版. 大连: 大连理工大学出版社.

牟世芬, 朱岩, 刘克纳. 2019. 离子色谱方法及应用[M]. 3 版. 北京: 化学工业出版社.

孙东平, 李羽让, 纪明中, 等. 2014. 现代仪器分析实验技术(上册)[M]. 北京: 科学出版社.

孙凤霞. 2011. 仪器分析[M]. 北京: 化学工业出版社.

武汉大学化学系. 2001. 仪器分析[M]. 北京: 高等教育出版社.

许晓辉, 秦雯雯, 张生萍, 等. 2016. 离子色谱法在药品检验及《中国药典》中的应用进展[J]. 转化医学电子杂志, 3(5): 69-71.

张经华, 朱新勇, 吴爱华. 2017. 我国离子色谱仪发展 30 年回顾[M]. 北京: 北京科学技术出版社.

【思考题和习题】

1. 离子色谱测试过程中基线不稳定的原因是什么?
2. 电导检测器为什么作为离子色谱分析检测器?
3. 离子色谱可以同时测定水中的阴离子和阳离子吗? 为什么?
4. 淋洗液的组成对待测离子的保留时间和响应值的影响是什么?
5. 讨论离子色谱与高效液相色谱之间的关系。

第 18 章　毛细管电泳法

【内容提要与学习要求】

本章在毛细管电泳基本原理和术语的基础上，介绍了毛细管电泳的不同分离模式，对毛细管电泳仪构造进行了简要概述，同时也给出了毛细管电泳进样技术、联用技术和测试注意事项，最后对其应用领域进行了说明。通过本章学习，要求学生掌握毛细管电泳的基本原理，掌握电渗流的形成机理、电泳淌度等基本概念和术语，掌握毛细管电泳仪的原理及结构，熟悉毛细管电泳的常见分离模式和分离机理，了解毛细管电泳进样及联用技术，了解毛细管电泳的应用领域。

毛细管电泳技术是分离技术中的一种，是以直流高压电场为驱动力，以毛细管为分离通道的液相色谱技术。分离效率高，理论塔板数可达每米几十万塔板，样品试剂消耗少，分析速度快，所以被广泛应用于医学、药学、生物化学、分子生物学、遗传学、免疫学等领域。在手性化合物拆分、基因测序等方面应用十分广泛。自 1996 年起，毛细管电泳已经在美国、中国等的药典中被采用，逐渐成为手性化合物拆分、电镀液离子分析、阴离子毒物检测等的常规分析方法。

18.1　毛细管电泳原理

电泳(electrophoresis)是在电解质中，带电粒子或离子在电场作用下以不同速度向所带电荷相反方向迁移的现象。粒子或离子在场中的泳动速度与其所带的电荷以及粒子或离子的体积大小有关，不同粒子或离子的性质不同，因此可以实现不同粒子或离子的分离和检测。利用这种现象对化学或生物化学组分进行分离分析的技术称为电泳技术。传统的电泳技术用于高效分离具有局限性：在高压电场作用下，粒子流的迁移产生严重的焦耳热。而毛细管电泳(capillary electrophoresis，CE)克服了这一缺点，电泳在很细的毛细管中进行，毛细管具有很高的比表面积，使产生的焦耳热及时扩散，因此可以施加很高的电压，提高分离速率。

毛细管电泳又称高效毛细管电泳(high performance capillary electrophoresis，HPCE)，是传统的电泳与现代微柱分离技术相结合而产生的新型技术。它是以高压电场为驱动力、毛细管为分离通道的新型液相分离技术，是基于不同大小、电荷数的离子在充满电解质的毛细管内电泳速度不同而实现带电物质的分离。分离的机理是基于各组分之间淌度的差异和分配行为差异。毛细管电泳有以下优点：分离通道体积小，试剂消耗量少；毛细管的侧面/截面积之比大，散热快，可以使用高电场；以电渗流为驱动力，不需要外加压力，仪器简单；分离效率高；分离模式多；分析对象广泛，分析成本低，对环境友好。

1. 电渗流

当固体和液体接触时，由于固体表面分子解离或吸附溶液中的离子，在液、固界面形成双电层，二者存在电势差。在液体两端施加电压，液体就会相对于固体表面移动，这种现象称为电渗现象，其中液体整体移动的现象称为电渗流(electroosmotic flow，EOF)。石英毛细管中，

当内充液 pH＞2.2 时，毛细管内表面的硅羟基解离成—SiO⁻
而带负电荷，为了达到电荷平衡，溶液中的正离子会聚集
到管壁内表面，形成双电层。双电层靠近溶液的一面因
电荷累积的差别分为紧密层(stern layer)和扩散层(diffusion
layer)。扩散层中阳离子数量远大于阴离子，在毛细管两
端施加电压时，扩散层阳离子向负极移动，因为这些离子
是溶剂化的，会带动毛细管中溶液整体向负极运动，形成
电渗流，见图18.1。

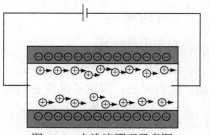

图 18.1　电渗流原理示意图

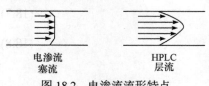

图 18.2　电渗流流形特点

电泳过程中，EOF 为塞式流型，整体移动，谱带展宽
很小。HPLC 为抛物线流型，管壁附近流速小，管中心流
速为平均速度的 2 倍，谱带展宽较大，见图18.2。这解
释了 CE 柱效高于 HPLC 的原因。

EOF 大小用电渗速度 v_{EOF} 表示，取决于电渗流淌
度 μ_{EOF} 和电场强度 E。

$$v_{EOF} = \mu_{EOF} E = \frac{\varepsilon \xi}{4\pi\eta} E \tag{18.1}$$

式中，ε 为介电常数；ξ 为 Zeta 电势；η 为缓冲液黏度。可以看到，影响 EOF 大小的因素包括电
场强度、毛细管材料、电解质溶液性质等。EOF 大小和 E 成正比，当毛细管长度一定时，EOF
大小正比于工作电压。不同材料毛细管的表面电荷特性不同，产生电渗流大小不同。电解质溶
液性质的影响因素包括溶液 pH、离子种类、温度、添加剂等。对于石英毛细管，pH 增大，表面
硅羟基电离增强，电荷密度增大，ξ 增大，EOF 增大，pH=7.8 时，达到最大；pH＜3，完全被氢
离子中和，电中性，电渗流为零。分析时，需要缓冲溶液来维持体系 pH 的稳定。缓冲溶液离
子强度大小会影响双电层厚度、溶液黏度、工作电流，进而影响 EOF。缓冲溶液离子强度增加，
黏度增大，EOF 变小。温度升高，溶液黏度下降，EOF 增大。加入有机溶剂如甲醇、乙腈，可
减小 EOF。

2. 电泳淌度

带电粒子的电泳行为用电泳淌度(electrophoretic mobility)来表征，电泳淌度 μ_{ep} 定义为单位
电场强度下离子的平均电泳速度，以式(18.2)表示。

$$\mu_{ep} = \frac{q}{6\pi\eta r} \tag{18.2}$$

式中，q 为带电离子电荷；η 为缓冲溶液黏度；r 为离子半径。电泳速度 v_{ep} 可表示为

$$v_{ep} = \mu_{ep} E = \frac{qE}{6\pi\eta r} \tag{18.3}$$

3. 迁移速度

EOF 速度为一般离子电泳速度的 5～7 倍。电场作用下，毛细管中出现电泳和电渗现象，
带电粒子的迁移速度为电泳速度和电渗速度的矢量和。

对于阳离子：
$$v_+ = v_{EOF} + v_{+ep} \tag{18.4}$$

对于阴离子：　　　　　　　　　　　$v_- = v_{EOF} + v_{-ep}$　　　　　　　　　　　(18.5)

对于中性样品：　　　　　　　　　　　$v_0 = v_{EOF}$　　　　　　　　　　　　(18.6)

阳离子的两种效应运动方向一致，在负极最先流出；中性物质无电泳现象，只随 EOF 运动，随后流出；阴离子电泳方向与 EOF 方向相反，最后在负极流出或不流出。

4. 区带展宽与柱效

CE 柱效可用塔板数 n 或塔板高度 H 来表示：

$$n = \frac{\mu_{ep} L_{eff}}{2D} E \qquad (18.7)$$

$$H = L_{eff}/n \qquad (18.8)$$

式中，D 为扩散系数；L_{eff} 为毛细管有效长度。

5. 分离度

分离度是衡量 CE 将样品组分分开的能力，可沿用 HPLC 分离度计算式。毛细管电泳中影响分离度的主要因素包括工作电压、样品组分淌度差、毛细管有效长度与总长度比等。

18.2　毛细管电泳分离模式

CE 按分离介质和分离原理不同，存在多种操作模式。最常用的 CE 分离模式包括毛细管区带电泳(CZE)、胶束电动毛细管色谱(MEKC)、毛细管凝胶电泳(CGE)、毛细管等电聚焦(CIEF)、毛细管等速电泳(CITP)等，见表 18.1。

表 18.1　毛细管电泳主要分离模式

	类型	说明	英文全称	英文缩写
空管	毛细管区带电泳	毛细管和电极槽灌有相同的缓冲液	capillary zone electrophoresis	CZE
	胶束电动毛细管色谱	在 CZE 缓冲液中加入一种或多种胶束	micellar electrokinetic capillary chromatography	MEKC
	毛细管等电聚焦	管内装 pH 梯度介质	capillary isoelectric focusing	CIEF
	毛细管等速电泳	使用两种不同的 CZE 缓冲液	capillary isotachophoresis	CITP
	开管毛细管电色谱	使用固定相涂层毛细管	open-tube capillary electrochromatography	OTCEC
	亲和毛细管电泳	在 CZE 缓冲液或毛细管内加入亲和作用试剂	affinity capillary electrophoresis	ACE
填充柱	毛细管凝胶电泳	管内填充凝胶介质，用 CZE 缓冲液	capillary gel electrophoresis	CGE
	填充毛细管电色谱	毛细管内填充色谱填料	packed-column capillary electrochromatography	PCCEC

18.2.1　毛细管区带电泳

CZE 是毛细管电泳中最基本、应用较早、较广泛的一种操作模式，分离基础是溶质的淌度差别。在直流高压驱动下，各被测物存在质荷比差异，以不同速度在电解质溶液中移动而实现分离。在 CZE 中，需要控制的因素主要有缓冲溶液的浓度和 pH、电压、添加剂等。

　　CZE 缓冲液由缓冲试剂、pH 调节剂、溶剂和添加剂组成。缓冲试剂和缓冲体系 pH 的选择是决定分离成败的关键。缓冲液的种类、浓度、pH 影响电渗流和组分的电泳行为，对 CZE 的柱效、分离度和选择性有至关重要的作用。三羟基甲基氨基甲烷(Tris)、硼酸盐等形成的缓冲溶液，缓冲能力强，由于它们的离子较大，即使较高浓度也不会产生较大电流，不会产生强的焦耳热效应，应用广泛。CE 常用的其他缓冲试剂有磷酸、柠檬酸、乙酸等见表 18.2。缓冲溶液浓度增加，缓冲能力增强，电渗流下降，溶质在毛细管中的迁移速度下降，迁移时间延长。缓冲溶液浓度一般控制在 $10\sim200$ mmol·L^{-1}。电导率大的缓冲试剂如硼砂和磷酸盐，浓度多在 20 mmol·L^{-1} 附近，电导率小的试剂如硼酸，浓度可在 100 mmol·L^{-1} 以上。

表 18.2　CE 中常用的缓冲试剂

试剂	pK_a(25℃)	英文缩写
磷酸	2.14,7.10,13.3	—
柠檬酸	3.06,4.74,5.40	—
甲酸	3.75	—
琥珀酸	4.19,5.57	—
乙酸	4.75	—
2-(N-吗啉)乙磺酸	6.13	MES
2-[(2-氨基-2-氧代乙基)氨基]乙磺酸	6.75	ACES
3-N-吗啉-2-羟基丙磺酸	6.79	MOPSO
2-[N,N-二(2-羟乙基)氨基]乙磺酸	7.17	BES
3-(N-吗啉)丙磺酸	7.2	MOPS
2-羟基-3-[N,N-二(2-羟乙基)氨基]丙磺酸	7.5	DIPSO
N-(2-羟乙基)哌嗪-N'-乙磺酸	7.51	HEPES
2-羟基-3-[N-三(羟甲基)甲氨基]丙磺酸	7.56	TAPSO
N-(2-羟乙基)哌嗪-N'-(2-羟丙磺酸)	7.9	HEPPSO
N-(2-羟乙基)哌嗪 N'-丙磺酸	7.9	EPPS
哌嗪-N,N'-二(乙磺酸)	7.9	POPSO
N-三(羟甲基)甲基甘氨酸	8.05	Tricine
三羟基甲基氨基甲烷	8.1	Tris
二聚甘氨酸	8.2	GlyGly
N,N-二(2-羟乙基)甘氨酸	8.25	Bicine
3-[N-三(羟甲基)甲氨基]丙磺酸	8.4	TAPS
硼酸	9.14	—
2-(环己氨基)乙磺酸	9.55	CHES
3-(环己氨基)丙磺酸	10.4	CAPS

pH 决定了弱电解质试样的解离，因而决定了溶质的有效淌度，同时也能控制电渗流的方向和大小。一般以实验确定最佳 pH 条件。但样品分子结构不同，在一定的 pH 范围内不同溶质分子的解离不同，能实现良好的分离。例如，对于氨基酸、肽和蛋白质等两性样品，采用酸性(pH≈2)或碱性(pH＞9)分离条件，容易得到好的效果；对于羧酸，在 pH=5～9 时分离效果较好；对于糖类，在 pH=9～11 时分离效果较好。

如果缓冲体系各参数优化后仍不能得到良好的分离效果，可以加入添加剂，最简单的是无机电解质，如 NaCl、KCl。较高浓度的电解质使大量的阳离子参与竞争毛细管壁的负电荷位置，抑制蛋白质分子在管壁上的吸附，压缩区带。但高浓度的电解质容易引起体系过热，谱带扩散，分离效率下降。用两性有机电解质取代无机电解质，可以解决过热问题。

缓冲体系中可加入表面活性剂，如十二烷基硫酸钠和十二烷基季铵盐等。低浓度的阳离子表面活性剂可以在石英毛细管内壁形成单层或双层吸附层，改变电渗流大小，甚至使电渗流反向。若加入的表面活性剂浓度超过临界胶束浓度，使毛细管电泳的分离机理发生变化，电泳模式由 CZE 模式变化为 MEKC 分离模式。

CZE 可以分离对映体，但需加入手性的拆分试剂，提供手性环境。常见的手性拆分试剂有手性的环糊精、冠醚等。

缓冲液中可以加入高分子添加剂如纤维素、聚乙烯醇、多糖等。这些高分子可以吸附在石英毛细管内壁，影响电渗和分离；高分子形成的分子团影响试样的迁移过程，改善分离。

CE 缓冲液一般用水配制，但也可以加入少量有机溶剂，改善分离度。常用的有机溶剂添加剂包括甲醇、乙醇、乙腈、丙酮、甲酰胺、二甲基亚砜等。

18.2.2　毛细管等电聚焦

CIEF 是一种基于物质等电点不同在毛细管内进行分离的电泳技术。该技术不仅可以浓缩样品，还有很高的分辨率，可以分离等电点差异小于 0.01pH 单位的相邻蛋白质。

在 CIEF 中，先通过管壁涂层使电渗流减到最小，以防蛋白质吸附及避免稳定的聚焦区带被破坏。CIEF 有进样、聚焦和迁移三个步骤。将样品与两性电解质混合压力进样，两端储瓶内缓冲液分别为强酸和强碱。加高压(6～8 kV)3～5 min 后，直到电流降到很低，在毛细管内部建立 pH 梯度。样品组分依据带电性质向正极或负极泳动，柱内 pH 与该组分的等电点(pI)相同时，溶质分子的净电荷为零，该组分将聚集在该点不再迁移，实现复杂样品中各组分的分离。聚焦后，通过改变检测器末端储瓶内缓冲液的 pH，使聚焦的样品组分依次通过检测器而得以确认。CIEF 作为一种特殊的微分离技术，近年来在蛋白质、抗体、临床样品等生命活性物质的分离分析方面已经得到广泛应用。

18.2.3　毛细管等速电泳

CITP 是一种移动边界电泳技术，采用两种不同缓冲体系，一种为"前导电解质"，充满整个毛细管柱；另一种为"尾随电解质"，置于一端的储瓶中。前者淌度高于所有样品组分，后者淌度低于所有组分，分离组分按其淌度不同夹在中间，以同一速度移动，实现分离。当体系中任意两个区带脱节，其间阻抗趋于无穷大，电场强度迅速增大，迫使后一区带迅速赶上，保持恒定速度。

当系统处于稳定状态，不同区带中形成不同强度的电场，各区带紧紧邻接而不脱离，保持相同速度前进，形成等速状态。区域长度与样品含量成正比，为样品定量分析提供依据，通过电导也可定性。CITP 的原理见图 18.3。

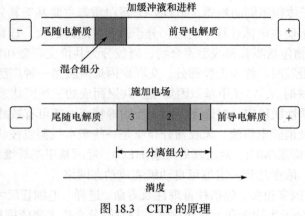

图 18.3　CITP 的原理

因为没有其他载体电解质，在平衡状态下，如果有离子因扩散进入相邻区带，由于它的速度和这一区带上主体组分离子的速度不同，迫使它回到自己的区域，形成界面清晰的谱带。各区带不会交错或混合，保持鲜明界限，即"自锐化效应"。CITP 的分辨率高，有利于高纯度样品的制备。CITP 不仅适用于分离分析药物中的一些无机离子、生物碱、抗生素、麻醉药、有机酸，还适用于分析一些生物大分子，如氨基酸、肽类、蛋白质等。

18.2.4　毛细管电色谱

毛细管电色谱(capillary electrochromatography, CEC)是一种在高效液相色谱和毛细管电泳基础上发展起来的高效微分离技术，兼具微径高效液相色谱(μHPLC)和毛细管区带电泳的机理，具有高柱效、高分辨率、高选择性、快速分离的特点，既可分离中性物质，也可分离带电物质。

CEC 的分离机理是电泳和色谱的双重分离机制。它的实现是在熔融石英毛细管中填充或管壁涂覆、键合色谱固定相，用高压直流电源代替高压泵，依靠 EOF 驱动流动相，使中性和带电分子根据其在色谱固定相和流动相间分配系数不同及电泳淌度差异而实现分离。

毛细管电色谱中填充或者涂覆色谱填料，填料颗粒表面也会产生双电层。由于填料表面积远大于毛细管壁面积，所以填料表面硅羟基引起的电渗流在 CEC 中占主导地位。由于同时存在电场、固定相、流动相，因此样品中各组分在其中的保留既取决于它们在两相间相互作用的不同，又与它们在电场中迁移速率差异有关。当溶质为中性化合物时，电泳淌度为零，在电色谱中的容量因子与其在液相色谱中的相同，反映纯色谱过程；当溶质带电荷，但在固定相中没有保留时，化合物在纯色谱中的容量因子为零，化合物在毛细管电色谱中的容量因子反映了它在电场中的迁移；当溶质既带电荷又有保留时，化合物在毛细管电色谱中既包含了色谱过程和电泳过程，又有它们的相互作用。CEC 因为具有双重分离机理，在生物分子分离分析方面具有优势，应用主要集中在氨基酸、多肽和蛋白质及核酸等生物样品中。在中药分析、手性化合物分离、生物体液(如尿液、血液)中临床药物分析、食品中营养成分及食品添加剂分析、农药残留和环境残留分析等也广泛应用。

18.2.5　毛细管凝胶电泳

CGE 以凝胶等聚合物网络为分离介质，基于被测物各组分质荷比和分子体积不同进行分离，质荷比相同而分子体积不同的物质，如 DNA、蛋白质等主要基于其分子体积分离。由于凝胶网络的筛分作用，溶质在电泳迁移中受阻，分子越大，阻碍越大，迁移越慢。

CGE 中常用聚合物包括凝胶和线型聚合物，凝胶分为共价交联型和氢键型。当 CGE 用水溶性线型聚合物代替凝胶时，称为无胶筛分。交联聚丙烯酰胺是一种广泛应用的凝胶基质，是由单体丙烯酰胺和交联剂 N, N'-亚甲基双丙烯酰胺共聚而成的三维网状多孔聚合物，具有机械强度好、有韧性、化学性质稳定、对许多样品无吸附等特点，还可有效减少溶质扩散，阻挡毛细管壁对溶质的吸附及消除电渗流。无胶筛分介质是一些亲水线型或枝状高分子，如线型聚丙烯酰胺(PLA)、甲基纤维素(MC)、羟乙基纤维素(HEC)、羟丙基甲基纤维素(HPMC)、聚乙烯醇等，这些物质溶于水，浓度达到一定值可自动组装成动态网络。

影响 CGE 分离的因素很多，包括柱重现性及寿命、进样、毛细管尺寸、电场强度、凝胶浓度等。CGE 主要用于分子生物学和蛋白质化学，凝胶筛分介质主要依据样品分子尺寸来选择，分离大片段 DNA、双链 DNA 或蛋白质时，可以采用琼脂糖凝胶；分离小片段 DNA 或 DNA 测序时，可以采用线型或交联度为 $5\%T \sim 10\%T$ 的聚丙烯酰胺凝胶。

18.2.6　胶束电动毛细管色谱

MEKC 可用于带电物质分离，也可用于电中性物质分离。在缓冲溶液中加入离子型表面活性剂，其浓度大于或等于临界胶束浓度(CMC)时，表面活性剂单体会聚集成胶束(准固定相)，利用溶质在水相和胶束间分配差异进行分离(图 18.4)。

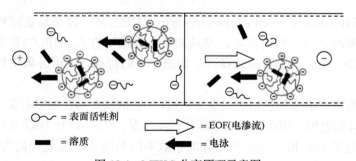

图 18.4　MEKC 分离原理示意图

在 MEKC 中，中性粒子因为本身疏水性的不同而实现分离。疏水性强的组分在胶束相中分配多，保留强；疏水性弱的组分在缓冲液中分配多，保留弱。采用阴离子表面活性剂或阳离子表面活性剂时，因胶束带电性质差别，保留强弱与保留时间的关系相反。

MEKC 分离受到准固定相性质、传质阻力大小、体系温度、纵向扩散的影响。不同表面活性剂存在物理化学性质差异，形成胶束的性质包括电荷、CMC、胶束聚集数、几何形状均不同，对溶质的增溶能力不同，可以调控分离选择性。胶束的浓度也会影响分离，胶束数目增加，胶束相体积增大，相比增大，减小区带展宽，有利于提高柱效，但可能增加纵向扩散和产生更多的焦耳热。目前，MEKC 在生物、化工、药物、环境、食品等领域已成功用于氨基酸、维生素、各类药物及中间体、有机化合物、环境污染物等的分离分析。

18.3　毛细管电泳仪

毛细管电泳仪主要由高压电源、毛细管、进样系统、检测器、数据记录和处理系统等部件组成，基本结构如图 18.5 所示。

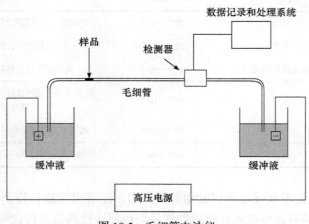

图 18.5　毛细管电泳仪

18.3.1　高压电源

高压电源的作用是提供电泳所需的电场。毛细管电泳仪的电源为高压直流电源，电压为 0～±30 kV，连续可调，输出电压精度高于 1%。直流高压通过插入电解质溶液的两个铂电极加在毛细管两端。高压电源应当在干燥环境中运行，避免因尖端放电而影响结果或损坏仪器。

18.3.2　进样系统

CE 进样量为纳升级，进样过程通常是将毛细管进样端插入样品溶液中，把重力、压力、电场力等作为驱动力，使样品进入毛细管中，进样量多少可以通过控制驱动力大小和进样时间来调节。压力进样是通过在进样端和出口端形成压力差，样品在压力差作用下进入毛细管，完成进样。形成压力差有三种方式：进口端加正压，商品化仪器大多采用正压进样；出口端负压；进口端和出口端形成高度差，由重力产生压力差。电动进样时，将进样端的缓冲液换成样品液，接通高压电源，样品液在电场和电渗流作用下进入毛细管。通过改变进样电压和进样时间可以控制进样量。电动进样时，样品液中盐离子浓度会影响检测灵敏度，脱盐处理可以有效提高检测灵敏度。

18.3.3　分离毛细管

分离毛细管的作用是提供分离的场所和通道。广泛使用的是石英毛细管，但易折断，通常在管外均匀涂覆聚酰亚胺涂层以增强其韧性。CE 毛细管内径为 10～100 μm，外径为 350～400 μm。CE 一般为在线检测，如光学测量，要求毛细管透光性良好。实际使用中，一般采用酸腐蚀法或烧灼法除去透光性差的聚酰亚胺涂层，形成检测窗口，便于样品检测。

18.3.4　检测器

光吸收法、电化学法、化学发光、电导、质谱等均可用于 CE 检测，表 18.3 列出了 CE 常用检测方法的优缺点。

表 18.3　CE 常用检测方法及其优缺点

	检测方法	检测限/(mol·L^{-1})	优缺点
光吸收法	紫外	$10^{-5} \sim 10^{-9}$	通用型，二极管阵列紫外检测可得到光谱信息
	荧光	$10^{-7} \sim 10^{-9}$	灵敏度高，但样品常需衍生化
	激光诱导荧光	$10^{-14} \sim 10^{-17}$	灵敏度极高，样品常需衍生化，价格高
电化学法	安培	$10^{-10} \sim 10^{-11}$	灵敏度高，选择性好，只用于电活性物质分析，需要专门电子装置
	电导	$10^{-7} \sim 10^{-8}$	通用型，但需要专门电子装置，毛细管需处理
质谱	质谱	$10^{-8} \sim 10^{-9}$	灵敏并能提供结构信息，CE 与 MS 之间接口复杂

紫外-可见检测器是毛细管电泳仪常用的检测器，还有可变波长检测器和光电二极管阵列检测器两大类，凡是具有紫外或可见吸收的样品均可用该检测器进行检测。

激光诱导荧光检测器(laser induced fluorescence detector，LIF)是以激光为激发光源，通过测定荧光强度作定量分析的检测器。激光单色性好，光强度高，可提高荧光检测的灵敏度和准确度。但不是所有组分都能发生荧光，要求分子具有共轭双键体系或刚性平面结构等，这种模式还受激光波长限制。有的分子本身不能发射荧光，通过化学衍生化，共价结合上荧光发色团，达到发射荧光效果。

安培法采用三电极系统来测电化学活性物质在工作电极表面发生氧化还原反应时产生的电流。电流大小与溶质浓度成正比，可以检测到 nA 或 pA 级的电流。安培法常用于检测不能用紫外或荧光检测的物质，如儿茶酚胺、糖类。许多化合物不能发生氧化还原反应，需要加入衍生化试剂使其具有电活性，再做检测。

电导检测通过测量电极间由离子化合物电荷迁移引起的电导率与背景电解质电导率之间的差异来实现。电导检测分为接触式和非接触式，接触式电导检测中工作电极与毛细管缓冲介质相连接，分析物经毛细管被工作电极检测出；非接触式电导检测中工作电极环在毛细管外，高频信号传送至检测器电极上，可检测到较强的信号变化。

18.3.5　恒温系统

商品化仪器大多有温控系统，如风冷和液冷对毛细管降温，其中液冷效果好，但风冷控制系统结构简单。液冷控温是将毛细管置于恒温液体中，比风冷更精确。液冷体系，在 20 kV 以下操作，可以用水作为冷却介质；20 kV 以上需用煤油或氟代烷烃作为冷却介质。冷却介质由专门制冷系统冷却或恒温，经过一定流路循环。风冷控温包括制冷单元、风扇、温度显示等部分。制冷单元以制冷半导体为基础，实现制冷。风扇强制空气对流，加速毛细管内外热交换。风冷制作简单，不影响分离操作，但控温效果不够理想。

18.4　毛细管电泳测试技术

18.4.1　进样富集技术

场放大富集(field-amplified sample stacking，FASS)是常用的 CE 在线富集技术，基于样品基质和电解质缓冲液电导率的差异进行富集。先在进样端形成低电导区带，该区带电场高，样品离子会快速移动；当运动到缓冲液界面时，电场强度急剧减小，样品离子运动放缓，因而在缓冲液界面堆积，浓度陡增，达到富集效果；电导梯度消失后，被富集样品开始电泳分离。

等速电泳(isotachophoresis)多用于富集，首先进样，使样品位于前导离子和尾随离子之间，然后施加分离电压，样品离子在前导离子和尾随离子之间聚焦；聚焦后试样离子形成独立区带，以相同速度运动，可用于阴离子或阳离子的富集，也可用于高盐样品富集，但阴离子和阳离子不能同时富集。

pH 调制堆积(pH-mediated stacking)起初用于阳离子富集，为酸富集法。先进阳离子，再引入一段强酸溶液；然后加运行电压，强酸可以与样品溶液中和形成一段低电导区，从而形成高电场；样品离子在高电场条件下快速移动到样品液与缓冲液界面处，实现富集；堆积之后的样品再电泳。该法适用于高盐基质样品，对血样、尿样等生物样品有很好的富集效果。后又发展出碱富集法，对阴离子样品同样可以很好地富集。

动态 pH 连接(dynamic pH junction)主要用于弱酸组分及两性组分的富集。根据分析物的 pK_a 或官能团性质选择电解质缓冲液，分析物溶解在和电解质电导率相同的低 pH 溶液中，分析物在样品溶液中电泳速率很小或近乎为零。电泳缓冲液具有较高 pH，富含 OH^-。流体动力学进样并加电压，缓冲液 OH^- 由负极向正极运动，在 EOF 作用下，分析物由正极向负极运动，分析物在碱性条件下有捕获负电荷的能力，所以在与 OH^- 相遇时，分析物将中和一部分自身正电荷或带上负电荷，导致向负极运动减慢，后面的分析物仍然在 EOF 作用下以高于前面分析物的速度向负极运动，使分析物在 pH 连接处堆积富集。

扫集技术(sweeping)主要在胶束电动色谱中使用，缓冲液为含表面活性剂(SDS)的胶束溶液，样品溶液不含表面活性剂。进样后，采用负高压电源驱动，正电荷离子或中性化合物向进样端(负极)运动或静止不动，负电荷离子向反方向运动。负电性 SDS 胶团将进入毛细管，穿过样品区带，不同组分在胶束中进行分配富集，组分随 SDS 一起向正极移动，然后按胶束电动色谱分离。

固相萃取(solid phase extraction，SPE)是一种样品预处理技术，主要用于样品的分离、纯化和浓缩。当样品通过填充有吸附剂的萃取柱时，分析物和部分杂质被保留在柱上，选择合适的溶剂去除杂质，洗脱分析物。SPE 常采用离线萃取模式与 CE 联用，也可引入阀切换实现在线联用。

18.4.2　毛细管电泳测试注意事项

在毛细管电泳测试中，先预热仪器，在不施加外加电压情况下冲洗毛细管，然后在运行电压下平衡。取混合标样于样品管中，放在电泳仪进口托架上开始进样，设置进样压力和进样时间，完成进样后将进口托架的位置换回缓冲溶液，设置工作电压，修改相关工作参数，然后开始谱图采集，记录各组分的迁移时间，未知浓度混合样品用相同的测定方法和条件测试。测定完毕后冲洗毛细管，再用空气吹干。其与 HPLC 分离测试方法在谱带展开、使用样品、散热等方面有区别，应注意以下事项：

(1) CE 中无涡流扩散，一般传质阻抗可忽略，其峰展宽主要由纵向扩散引起。纵向扩散引起峰展宽由迁移时间和扩散系数决定，因为大分子扩散系数小，故 CE 更适合大分子分离。毛细管载样容量有限，进样量为纳升，进样量太大会引起峰展宽，降低分离效率。

(2) 电泳过程产生的焦耳热可通过管壁散热，但散热时毛细管中心温度高、管壁温度低，破坏塞型流，引起峰展宽。可减小内径或循环冷凝液控制散热，以减小焦耳热。

(3) 电荷较多的样品如蛋白质、多肽，与管壁间吸附严重，可加入两性离子代替强电解质，两性离子一端带正电，另一端带负电，带正电端可与管壁负电中心作用，当浓度为溶质 100～1000 倍时，能抑制管壁对蛋白质的吸附，且两性离子对溶液电导影响小，对 EOF 影响不大。

(4) CE 操作中尽量维持毛细管两端缓冲液液面高度相同，否则进口端和出口端存在压力差，出现抛物线层流，引起谱带展宽。尽量选择与试样淌度匹配的背景电解质溶液，否则溶质区带与缓冲溶液区带电导差异大，可能会造成谱带展宽。

18.4.3　联用技术

1. 与流动注射联用

流动注射(FIA)具有快速、密闭、自动化的特点，与 CE 联用可实现连续进样和分析，样品经泵驱动至样品环，溶液储池分流器，电动进入毛细管，剩余样品作为废液排出；FIA 载流即 CE 分离缓冲液；毛细管进样端和出口端为相同液面高度，防止毛细管内形成静压流；毛细管进样端的溶液储池中安装电泳电极，将毛细管高压与 FIA 进样单元隔离；FIA-CE 为非均匀溶液连续流动进样；连接管内径小，长度短，选择较高载流流速；进样和分离保持恒定电压；连续进样，分析速度快。

2. 与质谱联用

CE-MS 联用可在一次分析中同时得到迁移时间、相对分子质量、碎片特征等信息，被广泛用于分离分析蛋白质、肽、核苷酸、药物及其代谢物等。接口技术是实现 CE-MS 联用的关键。CE-MS 联用分为离线联用和在线联用。离线联用中接口仅对已分离样品进行了收集，在线联用中接口将已分离样品转移到质谱仪中，获得稳定的雾流，达到高度离子化。电喷雾电离(ESI)接口作为最早出现的在线联用接口技术，使被测物带上多电荷后用质谱仪检测相对分子质量达几万甚至几十万的生物大分子。CE-ESI-MS 技术日趋成熟，在 CE-MS 联用技术中占主导地位。目前，CE-ESI-MS 接口主要有鞘液接口和无鞘液接口两种。鞘液接口技术最早实现商品化，与质谱 ESI 离子源直接相连的是一个 3 层套管，电泳流出物从中心毛细管流出，鞘液从中间套管流出并在出口与电泳流出液混合，鞘气体从最外层套管喷出。混合后溶液进入喷雾头，在高电场作用下电喷雾形成带电液滴，液滴经溶剂蒸发后得到多电荷准分子离子，然后这些离子通过毛细管或小孔进入质量分析器的真空腔进行分析。无鞘液接口采用液体导通或非液体导通的方式形成电流回路，非液体导通接口通过在喷口及附近的导电涂层(金属和导电高分子)施加电压。液接型接口通过液接液体来改变 CE 运行缓冲液的组成，使其满足电喷雾离子源的要求。CE-

MS 在生命科学及食品、药品领域发挥着重要作用，如用于代谢组学研究、生物标志物筛选、食品残留有机污染物检测、药物及其代谢物分析等。

3. 与拉曼光谱联用

拉曼光谱作为检测器，在仪器上加一个光纤维系统和样品容器，就实现与 CE 的联用。样品容器为一圆柱体，通过毛细管截面，当激光束聚焦在毛细管上时，产生的散射光由纤维束收集。拉曼光谱的检测限与紫外-可见吸收光谱相当，线性范围约 2 个数量级。

4. 与电感耦合等离子体-原子发射光谱联用

CE 与电感耦合等离子体-原子发射光谱(ICP-AES)联用，利用了 ICP-AES 的高灵敏度和高选择性以及 CE 的高分离性能的优势，可以用于复杂基体(食品、生物样品、中草药、环境样品)中痕量元素形态分析。毛细管出口端，样品要导入 ICP，出口端不再插入缓冲液，很难在毛细管两端加高压，需要一些方法来确保电流导通。现有的接口包括不锈钢组件导电接口、同心包层液导电接口、铂丝导电接口、银箔导电接口等。同时需要改善雾化器和雾化室，提高传输效率，降低检出限。

18.5　毛细管电泳的应用

18.5.1　毛细管电泳应用范围

毛细管电泳因其高效性的特点，目前已在生物、化工、药物、环境、食品等领域得到了广泛应用，既能用于一些无机离子、生物碱、抗生素、麻醉药、有机酸等小分子物质的分离分析，也能用于氨基酸、肽类、核酸、蛋白质等生物大分子物质的分离分析。毛细管电泳已经被美国、中国等各国的药典广泛采用，在中药分析、手性化合物分离、生物体液(如尿液、血液)中临床药物分析中也发挥着重要的作用。例如，在中药分析中利用毛细管区带电泳技术，结合指纹图谱，建立了对新疆紫草的质量控制方法。在食品领域，毛细管电泳在食品中营养成分、食品添加剂、饲料中违禁药物等的检测中也有着重要的应用。例如，毛细管区带电泳应用于牛乳蛋白的掺假检测和 HPCE 法同时检测果蔬及肉制品中硝酸盐和亚硝酸盐的含量。围绕毛细管电泳在各领域的应用，目前也制定了相关的国家标准、地方标准和行业标准。例如，相关标准分析方法有《水产源致敏性蛋白快速检测　毛细管电泳法》(GB/T 38578—2020)、《饲料中氨基酸的测定　毛细管电泳法》(NY/T 3001—2016)和《饲料中苯巴比妥、艾司唑仑、地西泮以及盐酸氯丙嗪的检测　毛细管电泳法》(DB 13/T 1781—2013)等。

18.5.2　应用示例

氨基酸是饲料中重要的营养成分或外源性添加成分。我国农业行业标准(NY/T 3001—2016)制定了用毛细管电泳法测定饲料中氨基酸的方法，该方法适用于配合饲料、浓缩饲料、添加剂预混合饲料和饲料原料中氨基酸含量的测定。具体过程如下：

1. 样品制备

酶水解法：取 0.1 g(精确到 0.0001 g)试样于水解管中，按 GB/T 18246—2000 中常规酸水解法水解。水解后，取出水解管，冷却至室温，用滤纸过滤，弃去初始滤液，收集剩下的滤液于带盖的容器中，待衍生、测定。

氧化水解法：取 0.1000 g(精确到 0.0001 g)试样，按 GB/T 15399—1994 中的规定执行。水解后，取出水解管，冷却至室温，用滤纸过滤，弃去初始滤液，收集剩下的滤液于带盖的容器中，待衍生、测定。

异硫氰酸苯酯溶液(PITC)衍生：取 50 μL 上述两种水解物于水解瓶中，并用热空气风扇或氮吹仪吹干。依次加入 150 μL 碳酸钠溶液和 300 μL PITC 溶液并振荡直到沉淀溶解。盖上瓶盖放在室温下反应 35 min，再用热空气风扇或氮吹仪吹干。用 500 μL 水溶解残留物，5000 r·min⁻¹ 离心 5 min，上清液过 0.22 μm 滤膜后用于分析。

2. 分析步骤

电泳分析条件(赖氨酸、酪氨酸等 13 种氨基酸)：石英毛细管(总长 75 cm，内径 50 μm)，紫外检测器(检测波长 254 nm)，温度 30℃，高压 25 kV，进样压力(30 mb)和时间(5 s)，分析压力(0 mb)和时间(13~15 min)。

标准曲线的绘制：吸取 13 种混合氨基酸标准溶液 0.1 mL、0.2 mL 和 0.3 mL，分别置于 3 个 1.5 mL 的聚丙烯离心管中。依次加入 150 μL 碳酸钠溶液和 300 μL PITC 溶液，涡旋或振荡，然后盖上瓶盖放在室温下反应 35 min，再用热空气风扇或氮吹仪吹干。用 500 μL 水溶解残留物，5000 r·min⁻¹ 离心 5 min，上清液过 0.22 μm 滤膜后用于分析。该氨基酸标准曲线各点的浓度分别为 20 mg·L⁻¹、40 mg·L⁻¹、60 mg·L⁻¹。

测定过程：按浓度由低到高的顺序，分别将混合氨基酸的标准溶液加载到毛细管电泳仪上测定(所得电泳谱图见图 18.6)，然后测定相应的衍生化试样。以迁移出峰时间定性(识别窗口宽度 5%)，外标法(以氨基酸浓度为纵坐标，峰面积为横坐标，绘制标准曲线)定量。

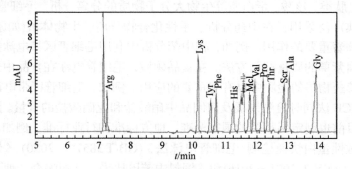

图 18.6　氨基酸混合标准溶液的电泳图

3. 结果计算

试验中氨基酸(胱氨酸除外)含量 w 以质量分数(%)计，按下式计算：

$$w = \frac{V_h \times c_{end}}{m \times V_a \times 1000} \times D \times 100\% \tag{18.9}$$

式中，V_h 为试样水解液体积，mL；c_{end} 为每毫升测试溶液中氨基酸的质量，μg·mL⁻¹；m 为称取的试样质量，mg；V_a 为用于衍生的水解物的体积，mL；D 为稀释倍数；1000 为转换系数。

【拓展阅读】

毛细管电泳发展历史

1809 年俄国物理学家帕依斯(Pehce)首先发现电泳现象，1886 年洛奇(Lodge)利用酚酞指示剂观察到质子在两端施加电压管体中的迁移现象。之后哈迪(Hardy)对通电 U 形管中的球蛋白电迁移做了大量研究。早期在 U 形管体中施加数百伏电压进行自由溶液电泳的实验显示了离子、毒素与蛋白之间分离的可行性，但由于自由溶液介质稳定性差，各种介质如纤维素、琼脂、玻璃丝、滤纸均被试用作电泳介质载体。1937 年，瑞典科学家蒂塞利乌斯(Tiselius)将人的血清进行电泳分析，首次分离出白蛋白、α-球蛋白、β-球蛋白和 γ-球蛋白。蒂塞利乌斯发现样品的迁移方向和速度取决于它所带的电荷和淌度，以此为理论基础研制出第一台电泳仪，使电泳作为分离技术取得了突破性进展，因此获得 1948 年诺贝尔化学奖。

传统电泳的缺陷在于高电压引起难以克服的热对流，导致分离效率低，分辨率受限。1967 年，瑞典科学家赫尔腾(Hjerten)最先提出在直径为 3 mm 的毛细管中进行自由溶液区带电泳，这一实验被认为是毛细管电泳的最早雏形。1974 年，维特宁(Virtenen)提出使用小口径毛细管进行电泳的优势。早期研究并未完全克服传统电泳的弊端。现代毛细管电泳技术是 1981 年由乔根森(Jorgenson)和卢卡奇(Lukacs)提出的，他们使用 75 μm 毛细管柱结合荧光检测器对多个组分实现了分离分析，并提出毛细管区带电泳的基本理论。由于乔根森所采用的窄径毛细管使分离管道散热效率大幅度提高，高压电场驱动的高分离才得以实现。同年，乔根森等又采用了 10 μm ODS 填充柱分离 9-甲基蒽等化合物，开创了毛细管电色谱。1983 年，维特宁将 SDS-PAGE 与毛细管电泳结合分离核酸、蛋白质和病毒，提出了毛细管凝胶电泳技术。1984 年，日本分析化学家寺部茂(Terabe)将表面活性剂加入电泳缓冲液中形成胶束，从而实现了对中性物质的分离，建立了胶束电动毛细管色谱。1987 年，维特宁等将传统的等电聚焦过程转移到毛细管内进行，发展了毛细管等电聚焦电泳。同年，科恩(Cohen)等提出基于相对分子质量大小筛分机理的毛细管凝胶电泳。1988~1989 年出现了第一批 CE 商品仪器，以及 1989 年第一届国际毛细管电泳会议的召开，标志着一门新的分支学科的诞生。

20 世纪 90 年代，曼兹(Manz)和威德默(Widmer)等基于毛细管电泳模式的微型化研究，提出"微全分析系统"(miniaturized total analysis systems 或 micro-total analysis system，m-TAS)概念，通过对进样、混合、衍生、反应、检测的全分析过程的微型化和集成化，借助微机电系统(microelectromechanical systems，MEMS)技术，在方寸大小的微芯片上的微通道网络对微流体实现操纵和控制，最大限度地把分析实验室的功能转移到芯片上，成为"芯片实验室"(lab on a chip)，进而实现整个化学和生物实验室的功能。

20 世纪 90 年代后，CE 技术不断发展成熟，毛细管阵列电泳以其高通量解决了人类基因组测序的瓶颈问题。自 1996 年起，毛细管电泳已经在美国、中国等的药典中出现，逐渐成为手性化合物拆分、电镀液离子分析、阴离子毒物检测等的常规分析方法。目前，CE 的多个研究方向仍是分析科学的前沿课题，如 CE 的在线富集技术、微型化 HPCE、CE 与质谱检测器联用、芯片实验室、多维 CE 及 CE-LC 串联技术等。

【参考文献】

陈义. 2017. 毛细管电泳技术及应用[M]. 3 版. 北京: 化学工业出版社.

丁晓静, 郭磊. 2015. 毛细管电泳实验技术[M]. 北京: 科学出版社.

方冰, 张昊, 郭慧媛, 等. 2019. 毛细管区带电泳在牛乳蛋白掺假检测中的应用及方法优化[J]. 中国食品学报, 19(3): 289-298.

李秀明, 马俪珍. 2018. HPCE 法同时检测果蔬及肉制品中硝酸盐和亚硝酸盐含量[J]. 食品科学, 39(12): 301-307.

苏立强, 郑永杰. 2017. 色谱分析法[M]. 2 版. 北京: 清华大学出版社.

武汉大学. 2018. 分析化学(下册)[M]. 6 版. 北京: 高等教育出版社.

张蕾, 张爱芹, 王嫚, 等. 2017. 新疆紫草的毛细管电泳指纹图谱研究[J]. 分析化学, 45(11): 1727-1733.

【思考题和习题】

1. 电渗流如何影响荷电离子及中性粒子的电泳迁移率？

2. 在毛细管电泳分离中，各种离子的先后流出顺序与哪些因素相关？

3. 改变缓冲溶液 pH 会对毛细管电泳的电渗流产生什么影响？为什么？

第四篇　其他仪器分析法

第 19 章　核磁共振波谱法

【内容提要与学习要求】

　　本章在详细阐述核磁共振基本原理、基本概念和常用术语的基础上，对核磁共振仪组成进行了介绍，然后分别介绍了核磁共振氢谱和核磁共振碳谱的相关内容，同时也对二维核磁共振进行了说明。通过本章的学习，要求学生理解核磁共振波谱的基本原理、基本概念和常用术语；掌握化学位移、耦合常数、峰裂分规律、氢积分的定义和意义；熟悉不同化学环境的氢的化学位移；熟悉不同化学环境碳的化学位移；了解核磁共振仪的基本结构；掌握核磁共振谱与有机化合物分子结构之间的关系；熟悉核磁共振谱 ^1H 谱和 ^{13}C 谱用于解析分子结构的方法。

　　核磁共振波谱法(nuclear magnetic resonance spectroscopy，NMR)是研究具有磁性质的原子核在外加磁场下对射频辐射吸收的方法。核磁共振波谱法是在外加磁场的作用下发生的能量的吸收和两能级间的跃迁，与原子核的自旋与激发有关。NMR 发生是具有磁性质的原子核激发跃迁而不是电子跃迁。简言之，核磁共振波谱就是研究具有磁性质的原子核对射频能的吸收。

　　通过核磁共振波谱可以得到有机化合物的结构信息，通过化学位移可以得到各组磁性核的类型，氢谱可以判断烷基氢、烯氢、芳氢、氨基氢、醛氢等，碳谱可以判断饱和碳、烯碳、羰基碳等，通过耦合常数和峰形可判断各磁性核的化学环境，以推断各氢和碳的归属。

　　核磁共振波谱仪频率已从 30 MHz 发展到 1.2 GHz。仪器工作方式从连续波谱仪发展到脉冲-傅里叶变换波谱仪。与其他分析方法联用，在发现新的化合物、确认未知化合物的结构、诊断疾病、表征材料的结构等方面应用十分广泛。总之，核磁共振波谱法的应用范围宽，已从化学、物理扩展到生物、医学等多个学科。尤其在化合物结构确认方面，提供的信息十分全面，是必不可少的鉴别化合物的有力工具。

19.1　核磁共振基本原理

　　原子核在外磁场中存在不同的自旋能级，与外加磁场强度有关。当辐照能量等于相邻两自旋能级的能量差时，发生共振，吸收辐照能量，产生自旋能级跃迁。不同的核或同类核处于不同的化学环境，产生磁共振的条件有差异。

19.1.1　原子核的自旋运动

　　原子核具有质量并带正电荷，大多数核都有自旋现象，产生磁矩。各种不同的原子核，自旋的表现有差异，不同原子核自旋运动的特征常用自旋量子数(spin quantum number)I 来描述，I 通常为整数或半整数。

1. 原子核的自旋量子数

根据核的自旋量子数 I 的数值，可将原子核分为三类：①质量数、质子数和中子数均为偶数，原子核的自旋量子数为 0，这类核不能用 NMR 研究；②质量数为奇数，即质子数或中子数中的一个为奇数，其自旋量子数为半整数如 $I=1/2, 3/2, 5/2$ 等，可以用 NMR 进行研究；③质量数为偶数，但质子数和中子数均为奇数，其自旋量子数为正整数如 $I=1$，可以用 NMR 进行研究(表 19.1)。

表 19.1　核的分类和自旋量子数

电荷数	质量数	I	^AX(X 为原子，A 为质量数)
偶数	偶数	0	^{12}C、^{16}O、^{32}S
奇数或偶数	奇数	1/2	^1H、^{13}C、^{15}N、^{19}F、^{31}P、^{77}Se、^{113}Cd ^{119}Sn、^{195}Pt、^{199}Hg 等
		3/2	^7Li、^9Be、^{11}B、^{23}Na、^{33}S、^{35}Cl、^{37}Cl ^{39}K、^{63}Cu、^{65}Cu、^{79}Br、^{81}Br 等
		5/2	^{17}O、^{25}Mg、^{27}Al、^{55}Mn、^{67}Zn 等
奇数	偶数	1,2,3…	^2H、^6Li、^{14}N、^{58}Co、^{10}B

自旋量子数 $I \neq 0$ 的原子核都有自旋磁矩存在，都有核磁共振现象。$I > 1/2$ 的核，电荷分布不均匀，有电四极矩(两个大小相等、方向相反的电偶极矩相隔一个很小的距离排列着，构成电四极矩)存在，核磁共振信号非常复杂且谱线宽，不利于检测；$I=1/2$ 的原子核，电荷均匀地分布在原子核表面，核磁共振的谱线窄，是核磁共振研究最适宜的对象。

自旋量子数 $I=1/2$ 的原子核 ^1H、^{13}C、^{15}N、^{19}F、^{31}P 等，这些原子核特别适合用核磁共振进行研究。^1H、^{19}F、^{31}P 这三种元素在自然界的丰度接近 100%，易于用核磁共振进行测定。^1H 是构成有机化合物的重要元素之一，因此核磁共振氢谱的测定在有机化合物的分析中十分重要。^{13}C 在自然界的丰度虽不如 ^1H 的丰度高，但 C 元素是构成有机化合物的基础元素，核磁共振碳谱的测定对于确定有机化合物的结构骨架十分重要。本章重点介绍 ^1H NMR 谱和 ^{13}C NMR 谱。

2. 原子核的自旋角动量与原子核的磁矩

原子核做自旋运动时，具有自旋角动量(spin angular momentum)P，与磁矩相关。根据量子力学理论，P 与 I 及普朗克常量 h 的关系如下：

$$P = \frac{h}{2\pi}\sqrt{I(I+1)} \tag{19.1}$$

原子核是带正电的粒子，其自旋运动将产生磁矩(μ)。自旋角动量和磁矩 μ 均为矢量，其方向服从右手螺旋法则。

原子核的自旋角动量和磁矩方向平行，并呈正比关系，如式(19.2)所示：

$$\mu = \gamma P \tag{19.2}$$

式中，γ 为磁旋比，代表磁核的性质，是核的特征常数。γ 值越大，核的磁性越强，检测灵敏度越高，共振信号更易被观察。另由式(19.1)可知，$I=0$ 的核没有自旋运动，不产生 NMR 信号。

3. 自旋核的取向

无外加磁场时，由于原子核自旋运动的随机性，核磁矩的取向是任意的。若将原子核置于磁场中，核磁矩将有序排列，共有 $2I+1$ 个取向。以磁量子数 m 来表示每一种取向，则 $m = I$，$I-1, I-2, \cdots$。每个自旋取向分别代表原子核的某个特定的能级状态。对于氢核，$I = 1/2$，因此在外加磁场下，核磁矩有两种取向：一种与外加磁场方向平行，$m = +1/2$，氢核能量较低；另一种与外加磁场方向相反，$m = -1/2$，氢核能量较高。

4. 自旋核的能级

当没有外加磁场时，$I=1/2$ 的原子核对两种可能的磁量子数并不优先选择任何一个，两个能级发生简并。在外磁场中自旋量子数为 I 的核存在 $(2I+1)$ 个不同的自旋状态，各自旋状态的能量不同，如式(19.3)所示。

$$E = -\mu \cdot B_0 = -\gamma m B_0 \frac{h}{2\pi} \tag{19.3}$$

式中，B_0 为外加磁场强度，该能量 E 也称塞曼相互作用能。量子力学的选择定则只允许 $\Delta m = \pm 1$ 的跃迁。相邻能级之间发生的跃迁，相应的能量差为

$$\Delta E = \frac{h}{2\pi} \gamma B_0 \tag{19.4}$$

由式(19.4)可知，两个能级的能量差与磁旋比(磁旋比大小由核的性质决定)有关，与外加磁场的强度有关。自旋量子数 $I = 1/2$ 的核在外磁场中存在两种不同的自旋状态，如氢核有两个能级，两能级的能量差与外磁场强度成正比，如图 19.1 所示。

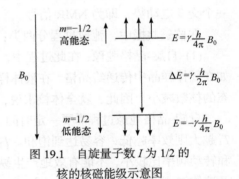

图 19.1 自旋量子数 I 为 1/2 的核的核磁能级示意图

19.1.2 原子核的共振吸收和自旋弛豫

自旋核在外加磁场的作用下，与在地面旋转的陀螺类似，除绕自旋轴自旋外，还绕顺磁场方向的一个假想轴进动，称为拉莫尔进动(Larmor procession)。

原子核进动频率(ν)与外加磁场强度(B_0)的关系可用拉莫尔方程式(19.5)表示。

$$\nu = \frac{\gamma}{2\pi} B_0 \tag{19.5}$$

式中，γ 为磁旋比或称旋磁比，各种不同的核有其特征的磁旋比。式(19.5)说明，对于某一特定核，进动频率与外加磁场强度成正比；不同核在同一外加磁场中的进动频率不同。

在外磁场中，放置与外加磁场方向垂直的一个射频振荡线圈，产生射电频率的电磁波照射原子核，当磁感应强度达到某一数值，核自旋进动频率 ν 与振荡器产生的射频场的磁场频率相等，处于低能态的自旋核吸收这一能量，从低能态跃迁到高能态，产生 NMR 吸收。射频场的能量 E 的表达式为

$$E = h\nu_0 = h\nu = \Delta E = \frac{\gamma}{2\pi} h B_0 \tag{19.6}$$

式(19.6)是发生核磁共振的条件，即辐照频率 ν_0 等于核自旋进动频率 ν 时，NMR 产生。

对磁旋比为 γ 的原子核外加一静磁场 B_0 时，原子核的能级会发生分裂。处于低能级的粒子数 n_1 将多于高能级的粒子数 n_2，这个比值可用式(19.7)所示的玻耳兹曼定律计算。由于能级差很小，n_1 和 n_2 很接近。设温度为 300 K，磁感强度为 1.4092 T(14092 G，相应于 60 MHz 射频仪器的磁感强度)。

$$\frac{n_1}{n_2} = e^{\Delta E/kT} = e^{rhB_0/kT} = 1.0000099 \tag{19.7}$$

式中，k 为玻耳兹曼常量。在电磁波的作用下，n_1 减小，n_2 增大，因二者相差不多，当 $n_1=n_2$ 时不能再测出核磁共振信号，称为饱和。由此看出，为能连续存在核磁共振信号，必须有核从高能级返回低能级，自动向平衡态恢复，这个过程即称为弛豫。恢复所用时间称为弛豫时间。一般在室温条件下处于低能态的核比高能态的核只多百万分之七。而核磁共振就是依靠这部分稍微过量的低能态的核吸收射频能量产生共振信号，因此核磁共振的灵敏度比较低，比紫外、红外和质谱仪所用的样品量要多很多。弛豫过程中，磁场衰减的同时反扫接收线圈，线圈感应出一个交变电动势，即为 NMR 信号。

在核磁共振中，弛豫过程分两类：一类是自旋-晶格弛豫；另一类是自旋-自旋弛豫。

(1) 自旋-晶格弛豫：在此过程中，一些核由高能态回到低能态，其能量转移到周围粒子中，如在固体样品中传递给晶格，在液体样品中传递给周围分子或溶剂分子等。弛豫的结果使高能态的核数减小。因此，就全体核来说，总能量下降。自旋-晶格弛豫也称为纵向弛豫。

自旋-晶格弛豫过程需要一定时间，通常用半衰期 T_1 表示。T_1 越小表示弛豫过程效率越高，T_1 越大则效率越低，容易达到饱和。T_1 的数值与核的种类、样品状态和温度有关。固体的振动和转动频率比较小，不能有效地产生纵向弛豫，所以 T_1 值很大，有时可达几小时或更长，气体及液体 T_1 值则很小，一般为 $10^{-2} \sim 100$ s。

(2) 自旋-自旋弛豫：自旋-自旋弛豫也称为横向弛豫，是一个核的能量被转移至另一个核，而各种取向核的总数未改变的过程。当同一类的两个相邻的核，具有相同进动频率而处于不同的自旋状态时，每个核的磁场就能相互作用而引起能态的相互变换。

横向弛豫过程用半衰期 T_2 表示。固体和黏稠液体因为核的相互位置比较固定，有利于核间能量转移，所以 T_2 一般很小，气体及液体 T_2 为 1 s 左右。

弛豫时间虽有 T_1 和 T_2 之分，但对每个核来说，它在某一较高能级所停留的平均时间取决于 T_1 和 T_2 中的最小者。

19.2 化学位移和耦合常数

自旋量子数不为 0 的核，受到射频辐照，辐照频率等于核的自旋进动频率时，会吸收辐射场能量，产生核磁共振。不同的核自旋进动频率不同，因此吸收辐照能量的频率不同。或者固定辐照频率，对不同的核在不同的磁场强度下产生核磁共振，吸收辐照能量。不同类的核或同类核在不同的环境下产生核磁共振性质的参数常以化学位移(chemical shift)表示。

19.2.1 化学位移

1. 屏蔽效应、屏蔽常数和化学位移

带正电荷的核及核外的电子，在外磁场的作用下，核外电子的运动产生一个与外磁场方向相反的感应磁场 $B_{感应}$，大小正比于 B_0，称为次级磁场(图 19.2)，$B_{感应} = -\sigma B_0$。因此，原子核实际感应到的磁场强度比外磁场强度(B_0)要小，$B = B_0(1-\sigma)$。σ 与外加磁场无关，称为屏蔽常数，只与原子核所处的化学环境有关。核外的电子云密度越大，共振时所需的外加磁场的磁感应强度越强。共振时由屏蔽作用所引起磁感应强度移动现象称为化学位移。

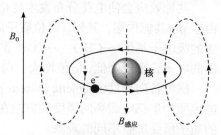

图 19.2 磁场作用下核外电子运动产生的环形电流

质子的化学位移的变化只有百万分之十左右，很难精确地测定出其绝对值。所以，采取其相对数值表示，即以某标准化合物的共振峰为原点，测定样品各共振峰与原点的相对距离：$\Delta\nu_{样品} = \nu_{样品} - \nu_{标准}$。标准化合物($\delta=0$)：四甲基硅烷[(Si(CH$_3$)$_4$, TMS]或(CH$_3$)$_3$SiCH$_2CH_2CH_2$ SO$_3$Na(DSS)。通常在报道核磁数据时还要注明所使用的标样及方法(内标或外标)。$\Delta\nu_{样品}$ 与仪器采用的频率或磁场强度有关。因同一磁核在不同磁场强度的核磁共振仪上所测得的 $\Delta\nu$ 值不同，这就给各磁核间共振信号的比较带来很多麻烦。为了克服这一缺点，便于比较，化学位移 δ 值是与仪器采用的频率或磁场强度无关的相对值，由于该值很小，故乘以 10^6，用 ppm 作单位。

$$\delta = \frac{B_{TMS} - B_{试样}}{B_{TMS}} \times 10^6 \approx \frac{\nu_{TMS} - \nu_{试样}}{\nu_{TMS}} \times 10^6 \tag{19.8}$$

式(19.8)中，ν_{TMS} 很接近仪器的振荡器频率 ν_0。式(19.8)变为式(19.9)：

$$\delta \approx \frac{\nu_{TMS} - \nu_{试样}}{\nu_0} \times 10^6 \tag{19.9}$$

样品中某一质子的化学位移 δ 值与其共振频率(扫频)或共振磁场强度(扫场)的关系必须明确，化学位移 δ 值大，其共振频率大，共振的磁场强度小(^{1}H 核受到的屏蔽作用小)；反之，化学位移 δ 值小，其共振频率小，共振的磁场强度大(^{1}H 核受到的屏蔽作用大)。在核磁共振波谱图上，横坐标为化学位移 δ 值，左大右小，左边高频低场，右边低频高场。

2. 影响化学位移的因素

影响质子化学位移值的因素主要分为两类：一是内部因素，包括电荷分布(电性效应)、磁各向异性效应、杂化效应、立体效应、分子内氢键、范德华效应等；二是外部因素，包括分子间氢键及溶剂效应等。

诱导效应又称电负性原子的负屏蔽效应(电负性基团的诱导效应)，当质子附近有电负性较大的原子或基团时，其周围的电子云密度降低，所受屏蔽效应减弱，化学位移 δ 值增大。此外，取代基的诱导效应是通过成键电子传递的，化学位移 δ 值随着与电负性取代基距离的增加而降低，如氯代丙烷的质子的化学位移：

$$CH_3—CH_2—CH_2—Cl$$

δ值：　1.06　　1.81　　3.47

　　取代基的吸电子诱导效应还具有叠加性。随电负性基团引进的增多，取代基的吸电子效应增强，δ值增大。

　　共轭效应会使电荷分布发生变化。例如，与苯环相连的供电子基团（—OCOR、—OR 等），由于 p-π 共轭作用，其邻、对位质子周围电子云密度增大，δ值减小，向高场位移；而与苯环相连的吸电子基团（—CHO、—COR 等），由于 π-π 共轭作用，苯环中吸电子基团邻、对位质子周围的电子云密度降低，δ值增大，向低场位移。

　　磁的各向异性（magnetic anisotropy）是一种空间屏蔽效应，是指化学键在外磁场作用下，环电流所产生感应磁场的强度和方向在化学键的周围具有各向异性，使分子中所处空间位置不同的质子所受屏蔽不同的现象。

　　烯烃、醛、芳环中π电子在外加磁场作用下产生环电流，使氢原子周围产生感应磁场，如果感应磁场的方向与外加磁场相同，即增加了外加磁场，所以在外加磁场还没有达到 H_a 时，就发生能级的跃迁，称为去屏蔽效应，该区域称为去屏蔽区，用"–"号表示；而当感应磁场的方向与外加磁场方向相反时，即减小了外加磁场，称屏蔽效应，该区域称为屏蔽区，用"+"号表示。芳环和三键的磁场的各向异性如图 19.3 所示。

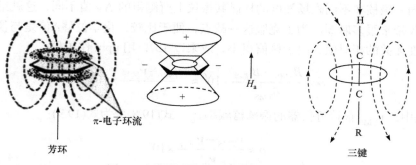

图 19.3　芳环和三键的磁场的各向异性

　　烯烃、醛、芳环中氢原子处于去屏蔽区，因而它们的δ值很大（$\delta = 4.5 \sim 12$），乙炔也有 π 电子环流，但炔氢的位置不同，处在屏蔽区（处在感应磁场与外加磁场对抗区），所以炔氢的δ值较小。

　　当分子形成氢键后，由于静电场的作用，使氢外围电子云密度降低而去屏蔽，δ值增加。由于氢键的强度与分子所处环境有关，因此氢键中氢随溶剂极性、溶液浓度和测定温度的不同，其δ值也有所改变。例如，羧基的氢化学位移通常在 10～14。在核磁共振波谱的测定中，由于采用不同溶剂，某些质子的化学位移发生变化，这种现象称为溶剂效应。溶剂效应的产生往往是由溶剂的磁各向异性效应或溶剂与被测试样分子间的氢键效应引起的。由于氢原子核的化学位移范围比较小，而核磁共振的测定通常必须将样品配制为溶液状态进行，因而溶剂效应是一个不可忽略的因素。如表 19.2 所示，化合物在不同溶剂中表现出不同的化学位移值。

表 19.2　化合物在不同溶剂中的 ^1H 化学位移值

化合物/溶剂		$CDCl_3$	C_6D_6	CD_3COCD_3	CD_3SOCD_3	$CD_3C≡N$	D_2O
$(CH_3)_3C—O—CH_3$	C—CH$_3$	1.19	1.07	1.13	1.11	1.14	1.21
	O—CH$_3$	3.22	3.04	3.13	3.03	3.13	3.22

续表

化合物/溶剂		CDCl₃	C₆D₆	CD₃COCD₃	CD₃SOCD₃	CD₃C≡N	D₂O
(CH₃)₃C—O—H	C—CH₃	1.26	1.05	1.18	1.11	1.16	—
	O—H	1.65	1.55	3.10	4.19	2.18	—
C₆H₅CH₃	CH₃	2.36	2.11	2.32	2.30	2.33	—
	C₆H₅	7.15~7.20	7.00~7.10	7.10~7.20	7.10~7.15	7.15~7.30	—
(CH₃)₂C=O	C—CH₃	2.17	1.55	2.09	2.09	2.08	2.22

当两个原子的距离变小时，受范德华力作用，电子云排斥增强，会引起核周围电子云密度降低，屏蔽减小，因而谱线向低场移动，这种效应称为范德华效应。这种效应与两个原子之间的距离密切相关，当两个原子相隔距离大于 0.25 nm 时，范德华效应可以忽略不计；距离 0.20 nm 时，对化学位移 δ 的影响约增加 0.2；当原子间距离为 0.17 nm(即两个原子范德华半径之和)时，该作用对化学位移的影响约增加 0.5。

19.2.2 自旋-自旋耦合与自旋裂分

1. 自旋裂分的产生

研究表明，峰的裂分是由邻近质子自旋磁矩间的相互作用引起的，这种相互作用称为自旋-自旋耦合(spin-spin coupling)，简称自旋耦合。由自旋耦合引起的吸收峰裂分现象称为自旋-自旋裂分，简称自旋裂分。

原子间的自旋耦合是通过组成核间的成键电子传递的，这种作用强度用耦合常数 J 表示，单位为 Hz。在饱和烷烃中，一般只考虑相隔 2~3 个键的核间耦合，相隔 4 个及以上单键的氢核间耦合常数约为 0，若 J 不为 0，则称远程自旋耦合，简称远程耦合。

2. 自旋裂分的规律

对于常见的氢原子，$I=1/2$，分裂数符合 $n+1$ 规律，是 $2n+1$ 规律的特殊形式($I=1/2$，如 ¹H)。例如，某基团中的 H 与 n 个相邻 H 耦合时，将会分裂成 $n+1$ 重峰。例如，甲基显示三重峰则表明它有 2 个相邻的 H。当氢核还有其他邻近氢，则呈现($n+1$)($n'+1$)重峰。

$n+1$ 规律所得到的各分裂峰强度比为展开二项式$(a+b)^n$的系数。如图 19.4 所示，对于双峰，强度比为 1∶1；对于分裂后的三重峰，其强度比为 1∶2∶1；对于四重峰，其各子峰的强度比为 1∶3∶3∶1，依次类推。

对于 $I\neq1/2$ 的核，峰裂分数服从 $2nI+1$ 规律。如氘核($I=1$)，在 HD₂Cl 中，H 受 2 个氘核的影响，服从 $2nI+1$ 规律，生成 $2\times2\times1+1=5$ 重峰。氘核受 1 个 H 的影响，服从 $n+1$ 规律，裂分为 $1+1=2$ 重峰。但并非所有原子核对相邻氢核都有自旋耦合作用，某些原子核如 ³⁵Cl 等观察不到耦合裂分现象。某基团与 n、n_1、n_2、…个氢核相邻，有以下两种情况。

图 19.4 $n+1$ 规律裂分的各峰强度比

与多个非等价相邻氢耦合，耦合常数相等，符合 $n+1$ 规律，裂分成 $(n+n_1+n_2+\cdots)+1$ 个子峰。耦合常数不等，不符合 $n+1$，呈现 $(n+1)(n_1+1)\cdots$ 个子峰。

空间上相近的质子间发生耦合，峰发生分裂。在描述核磁数据时，常需标明峰形，以判断相互耦合的邻近质子。通常峰形的表达如下：s(singlet)——单峰；d(doublet)——双峰(二重峰)；t(triplet)——三重峰；q(quartet)——四重峰；quintet——五重峰；sextet——六重峰；heptet——七重峰；m(multiplet)——多重峰。综上所述，对于一级图谱，根据峰的裂分数及强度，可以推论相邻碳上氢的数量。

3. 耦合常数及影响因素

自旋耦合的度量即两个裂分峰间的距离称为耦合常数，反映质子自旋磁矩间相互作用的强弱，用 $^nJ_{A-B}$ 表示，单位为 Hz，其中 n 表示耦合核间相隔的键数，A-B 表示相互耦合的核。耦合常数 J 值与仪器的工作频率无关，其影响因素主要从三个方面考虑：耦合核间的距离、键角和键长、电负性。

耦合核间的距离：通常耦合核间距离越远，耦合常数的绝对值越小。根据耦合核间间隔的键数，可将耦合分为偕(同) 耦、邻耦、远程耦合。偕耦：相同碳原子上两个氢的耦合，也称同碳耦合，用 ^2J 或 J_{gem} 表示，一般为负值，其大小与结构密切相关。邻耦：相邻碳上氢核间的耦合，用 ^3J 或 J_{vic} 表示。远程耦合：相隔 4 个及以上键的氢核间的耦合，除了具有大 π 键或 π 键外，远程耦合常数一般都较小。

键角和键长：键角的变化对耦合常数影响很大。以饱和烃的邻耦为例，耦合常数 J 与双面夹角 α 有关。J 值随夹角的增大先减小至夹角为 90°时的 J 值(最小值)，当夹角大于 90°时，J 值随夹角的增大而增大。一般地，键长越长，耦合越弱。

电负性：耦合作用一般靠价电子传递，核周围的电子密度增加，传递的耦合能力增强。原子序数高，核周围的电子密度增加，耦合常数增加。在 H—C—CH—X 中，取代基的电负性越强，相邻碳上氢核间的耦合常数 ^3J 越小。多重键传递耦合的能力比单键强，因而耦合常数大。例如，C=C 上的氢比 C—C 上的氢耦合能力强。

需要注意的是，相互耦合的氢之间具有相同的耦合常数。例如，乙基—CH_2CH_3 中，—CH_2 裂分为四重峰，其耦合常数 J 与甲基—CH_3 分裂为三重峰的耦合常数 J 相等。可以利用这一特性验证两组氢是否相互耦合。

4. 核的等价性质

核磁共振中，核的等价性质包括化学等价和磁等价。

化学等价又称为化学位移等价。当分子中两个相同的原子或基团处于相同的化学环境时，称它们是化学等价的，如苯的 6 个质子、乙醇分子中甲基的 3 个质子。

磁等价是指分子中化学等价的一组核，若组内每个核对组外任何磁核的耦合常数彼此相同，则称这组核为磁等价核，也称磁全同核。例如，CH_2F_2 中 2 个 H 和 2 个 F 任何一个耦合都是相同的，所以两个 H 磁等价，两个 F 也是磁等价。磁等价的特征：①组内核化学位移相同；②与组外核的耦合常数相同；③在无组外核干扰的情况下，组内耦合但不裂分。值得一提的是，化学等价的核不一定磁等价，而磁等价的核一定化学等价。

19.3 核磁共振波谱仪

19.3.1 核磁共振波谱仪的类型

核磁共振波谱仪按射频源和扫描方式不同可分为两大类:连续波核磁共振波谱仪(CW-NMR)和脉冲傅里叶变换核磁共振波谱仪(pulse Fourier transform NMR,PFT-NMR)。

1. 连续波核磁共振波谱仪

固定外磁场强度 B_0 不变,改变电磁波频率 ν,称为扫频。固定电磁波频率 ν 不变,改变磁场强度 B_0,称为扫场。两种方式得到的谱图相同,实验室大多采用扫场,如 60 MHz、100 MHz、400 MHz 就是指电磁波频率。根据磁场源,磁铁的类型分为:永久磁铁,磁场强度 14000 G,频率 60 MHz;电磁铁,磁场强度 23500 G,频率 100 MHz;低温超导磁铁,频率可达 200 MHz 以上。一般频率越高,核磁共振波谱仪的分辨率越高。

2. 脉冲傅里叶变换核磁共振波谱仪

该仪器不通过扫场或扫频产生共振,采用射频脉冲激发在一定范围内所有欲观测的核,通过傅里叶变换得到 NMR 谱图。

恒定磁场,施加全频脉冲,产生共振,采集产生的感应电流信号,经过傅里叶变换获得一般 NMR 谱图。

19.3.2 仪器的基本结构

连续波核磁共振波谱仪示意图如图 19.5 所示,主要由磁铁、射频发射器、检测器和放大器、记录仪等组成。磁铁用来产生磁场,频率大的仪器分辨率高,灵敏度高,图谱简单易于分析。磁铁上有扫描线圈,用它来保证磁铁产生的磁场均匀,并能在一个较窄的范围内连续精确变化。射频发射器用来产生固定频率的电磁辐射波。检测器和放大器用来检测和放大共振信号。记录仪将共振信号绘制成共振图谱。

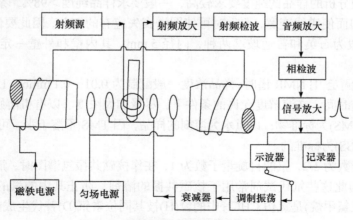

图 19.5 连续波核磁共振波谱仪示意图

被测样品溶解在 CCl_4、$CDCl_3$、D_2O 等不含质子的溶剂中,置于磁铁之间并不停旋转,使样品均匀地受到磁场的作用。固定辐射频率,调节磁场强度,当满足核磁共振条件 $\nu = \dfrac{\gamma}{2\pi} H_0$ 时,核磁矩的方向发生改变,产生共振信号。

脉冲傅里叶变换核磁共振波谱仪又称傅里叶变换核磁共振波谱仪,是 20 世纪 70 年代发展起来的,采样时间短,可以使用各种脉冲序列进行测试,得到不同的多维图谱,给出大量的结构信息,现在的核磁共振波谱仪多数为脉冲傅里叶变换核磁共振波谱仪。

脉冲傅里叶变换核磁共振波谱仪在工作时,照射到样品上的不是连续变化的正弦波而是脉冲方波。这个脉冲方波只持续几微秒到几十微秒。根据傅里叶级数的数学原理,一个脉冲可以认为是矩形周期函数的一个周期,它可以分解为各种频率的正弦波的叠加,高能态的核经一段时间后又重新返回到低能态,通过收集这个过程产生的感应电流,即可获得时域上的波谱图。一种化合物具有多种吸收频率时,所得的图像将十分复杂,称为自由感应衰减(free-induction decay, FID),其信号产生于激发态的弛豫过程。FID 信号经傅里叶变换后即可获得频域上的波谱图,即常见的 NMR 图。含碳化合物的 NMR 信号很弱,需要借助 PFT-NMR,但 PFT-NMR 扭曲了信号强度,不能用积分高度来计算碳的数目。脉冲傅里叶变换核磁共振波谱仪工作过程如图 19.6 所示。

$$\text{脉冲} \xrightarrow{\text{照射}} \text{自旋核} \xrightarrow{\text{共振}} \text{FID} \xrightarrow{\text{傅里叶变换}} \text{谱图}$$

图 19.6 脉冲傅里叶变换核磁共振波谱仪工作过程

波谱仪的照射脉冲由射频振荡器产生,工作时射频脉冲由脉冲程序器控制。当发射门打开时,射频脉冲辐照到探头中的样品上,原子核产生共振,接收线圈接收到信号,经放大送到计算机,转换成数字量进行傅里叶变换后,再转换成模拟量也就是所需要的图谱了。图谱可以在示波器上显示,也可以由打印机打印。

在核磁共振波谱仪的维护、操作过程中一定要注意安全,遵守说明书中提及的须知,以免引起安全事故和麻烦。

19.3.3 样品制备及注意事项

进行核磁共振分析的样品的纯度要求较高,一般要求样品纯度>98%,杂质的存在将导致局部磁场的不均匀而使谱线变宽,严重时可使图谱丧失应有的细节,因此要制备合格的试样。样品管的材料一般为石英和普通玻璃两种,内径 5 mm。其内壁和外壁一定要保持干净且无磨损。

用 PFT-NMR 测定 ^1H NMR 谱时,样品浓度一般配制为 $0.01 \sim 0.1$ mmol·L^{-1};测定 ^{13}C NMR 谱时,为缩短测定时间,在溶解度允许的条件下,尽量加大浓度。以有机溶媒为溶剂的样品,常用四甲基硅烷(TMS)为标准物;以重水为溶剂的样品,因 TMS 不溶于水,可采用 4,4-二甲基-4-硅代戊磺酸钠(DSS)为标准的。

H 的自旋量子数为 1/2,氘的自旋量子数为 1,在作核磁共振氢谱图时,氘不会发生核磁共振而产生吸收,因此这些氘代试剂常用于核磁共振的溶剂,防止其中的氢的干扰。氘代氯仿 $CDCl_3$(也称氘代三氯甲烷)是氯仿 $CHCl_3$ 中的氢(H)被其同位素氘(D)替代生成的。

19.4 核磁共振氢谱

19.4.1 核磁共振氢谱类型

根据复杂程度，核磁谱图可分为一级谱图和高级谱图。一级谱图产生的条件：①相同核组的核必须是磁等价的；②$\Delta\nu/J \geqslant 10$，即相互耦合的两个核组的化学位移之差至少是耦合常数的 10 倍。一级谱图的特点：①峰的数目服从 $n+1$ 规律；②相互作用的一对质子，耦合常数一般相等；③峰组内的各峰的相对强度比为二项式展开式的各项系数比；④化学位移为多重峰的中间位置；⑤相邻两峰间的距离为耦合常数；⑥磁等价核彼此耦合但不产生峰裂分；⑦耦合作用弱，$\Delta\nu/J > 10$，耦合作用随距离的增加而降低；⑧两组相互耦合的信号彼此倾向。高级谱图必须满足的条件：$\Delta\nu < 6J$，即两个质子群的化学位移之差小于耦合常数的 6 倍。高级谱图的特点：①峰的数目不服从 $n+1$ 规律；②峰组内的各峰强度不符合二项式展开式的各项系数比；③耦合常数与峰裂距不相等；④化学位移值与 J 值不能直接从谱图读出，需计算得到。高级谱图比较复杂，直接应用于解析化合物的结构有一些麻烦，但是在实际工作中，多数化合物可以得到一级谱图，便于我们合理推论化合物结构。

核磁共振谱图可以采用新技术使谱图简化。例如，采用高磁场核磁共振仪测定化合物结构时，可以改善信号与信号之间的分离度，使信号间的高级耦合转变为一级耦合，简化谱图。另外，可以利用溶剂位移效应，即改变测定用溶剂使谱图简化。核欧沃豪斯效应(nuclear Overhauser effect，NOE)是指分子内有空间接近的两个质子，用双照射法照射其中一个核使其饱和，另一个核的信号就会增强的现象。自旋去耦是一种应用核磁双共振方法消除核间自旋耦合的相互作用的手段，其也可以简化谱图，或发现隐藏的信号，或得到有关耦合的信息。在实际工作中，核双照射效应常被用来确定某些基团的位置、相对构型和优势构象。

19.4.2 核磁共振氢谱图的特点

NMR 仪都配备有自动积分仪，对每组峰的峰面积进行自动积分，在谱图中以积分高度显示。各组峰的积分高度之简比代表了相应的氢核数目之简比。从一个核磁共振氢谱图能够得到以下信息，分别与相应的结构有关。从信号的位置即化学位移(δ/ppm)判断质子的化学环境；从信号的数目判断化学等价质子的组数；从信号的强度判断引起该信号的氢原子数目；从积分面积、峰的裂分和耦合常数(J/Hz)判断邻近质子的关系和数目。因此一般地，一个化合物的核磁共振氢谱的表达需要给出化学位移值、多重峰峰形(裂分情况)、耦合常数、谱线强度(氢积分数)，这四个参数是氢谱为化合物定性、定量解析提供的重要依据。

例如，乙酸乙酯($CH_3COOCH_2CH_3$)的核磁共振氢谱也可以这样描述：

^{1}H NMR(300 MHz, CDCl$_3$)，δ(ppm)：1.867(t, J = 7.2 Hz, 3H)，2.626(s, 3H)，4.716(q, J = 7.2 Hz, 2H)。其中，δ(ppm) =1.867 的峰分裂为三重峰，表明相邻碳上氢的数量为 2 个，该峰的氢积分数为 3。峰 δ (ppm) = 2.626 为单峰，表明相邻碳上没有质子或者没有相邻碳，为端基氢，该峰的氢积分数为 3。峰 δ (ppm) = 4.716 为四重峰，表明邻近碳上有 3 个氢，并且该峰对应氢的积分数为 2。据此可以确定，化学位移为 1.867、2.626 和 4.716 的峰分别归属于乙酸乙酯分子结构中的—CH_2CH_3 中的甲基氢、CH_3CO—的甲基氢和—CH_2CH_3 中的亚甲基氢。乙基中相邻的亚甲基和甲基相互耦合后的耦合常数为 7.2 Hz。

核磁共振氢谱的解析中首先根据化学位移值δ确定质子类别，需要了解不同环境下的质子的化学位移值范围，如图 19.7 所示。

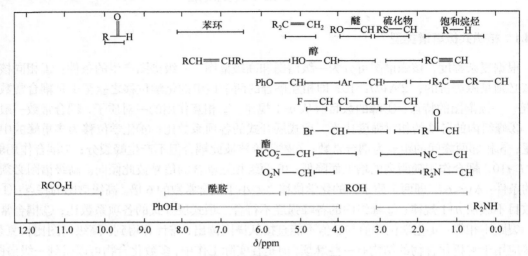

图 19.7　各类质子的化学位移范围

各类不同化学环境的质子的化学位移值粗略概况如下。

(1) 饱和碳上的氢：饱和碳上的氢(无杂原子)的化学位移一般处于高场区域，δ值较小。例如，R—CH_3中的甲基δ值约为 0.9 ppm；亚甲基 R_1—CH_2—R_2 δ值约为 1.3 ppm；次甲基$(R)_3$—CH δ值约为 1.5 ppm。

(2) 不饱和碳上的氢：与 sp^2 杂化碳相连的氢(烯烃上的氢)化学位移值为 4.5～7.5 ppm；与 sp 杂化碳相连的氢(炔烃上的氢)化学位移值为 1.6～3.4 ppm。苯环或者杂环上氢的化学位移值为 6.0～9.5 ppm，但是依据芳环的类别、芳环上不同取代基的位置和电性而变化，范围一般在 6.5～9.0 ppm。各类烷烃的化学位移见表 19.3。

表 19.3　不同取代基的烷基化合物的质子化学位移

Y	CH_3Y	CH_3CH_2Y		$CH_3CH_2CH_2Y$			$(CH_3)_2CH$	
	CH_3Y	CH_3	CH_2	α-CH_2	β-CH_2	CH_3	CH	CH_3
H	0.23	0.86	0.86	0.91	1.33	0.91	1.33	0.91
—CH=CH—	1.71	2.00	1.00				1.73	
—C≡CH	1.80	2.16	1.15	2.10	1.50	0.97	2.59	1.15
—C_6H_5	2.35	2.63	1.21	2.59	1.65	0.95	2.89	1.25
—F	4.27	4.36	1.24					
—Cl	3.06	3.47	1.33	3.47	1.81	1.05	4.14	1.55
—Br	2.69	3.37	1.66	3.47	1.89	1.06	4.21	1.73
—I	2.16	3.16	1.88	3.16	1.88	1.03	4.24	1.89
—OH	3.39	3.59	1.18	3.49	1.53	0.93	3.94	1.16
—O—	3.24	3.37	1.15	3.27	1.55	0.93	3.55	1.08
—OC_6H_5	3.73	3.98	1.38	3.86	1.70	1.05	4.51	1.31
—$OCOCH_3$	3.67	4.05	1.21	3.98	1.56	0.97	4.94	1.22

续表

Y	CH₃Y	CH₃CH₂Y		CH₃CH₂CH₂Y			(CH₃)₂CH	
	CH₃Y	CH₃	CH₂	α-CH₂	β-CH₂	CH₃	CH	CH₃
—OCOC₆H₅	3.88	4.37	1.38	4.25	1.76	1.07	5.22	1.37
—OSO₂C₆H₄CH₃	3.70	3.87	1.13	3.94	1.60	0.95	4.70	1.25
—CHO	2.18	2.46	1.13	2.35	1.65	0.98	2.39	1.13
—COC₆H₅	2.55	2.92	1.18	2.86	1.72	1.02	3.58	1.23
—COOH	2.08	2.36	1.16	2.31	1.68	1.00	2.56	1.21
—CO₂CH₃	2.01	2.28	1.12	2.22	1.65	0.98	2.48	1.15
—NH₂	2.47	2.74	1.19	2.61	1.43	0.91	3.07	1.03
—NHCOCH₃	2.71	3.21	1.12	3.18	1.55	0.96	4.01	1.13
—SH	2.00	2.44	1.31	2.46	1.57	1.02	3.16	1.34
—S—	2.09	2.49	1.25	2.43	1.59	0.98	2.93	1.25
—S—S—	2.30	2.67	1.35	2.63	1.71	1.03		
—CN	1.98	2.35	1.31	2.29	1.71	1.11	2.67	1.35
—NC	2.85			3.30			4.83	1.48
—NO₂	4.29	4.37	1.58	4.28	2.01	1.03	4.44	1.51

(3) α-取代脂肪族 C—H(C 上有取代的 O、X、N 或与烯键、炔键相连)的化学位移值一般为 1.5～5.0 ppm。

(4) 醛基官能团上的氢 δ 值为 9～10.5 ppm。

(5) 活泼氢。常见活泼氢如—OH、—NH₂、—SH，由于它们在溶剂中质子交换速度较快，并受形成氢键等因素的影响，与温度、溶剂、浓度等有很大关系，它们的 δ 值很不固定，变化范围较大，表 19.4 中列出各种活泼氢的 δ 值大致范围。一般来说，酰胺类、羧酸类缔合峰均为宽峰，有时隐藏在基线里，可从积分高度判断其存在。醇、酚峰形较钝，氨基、巯基峰形较尖。活泼氢的 δ 值虽然很不固定，但不难确定，加一滴 D₂O 后活泼氢的信号因与 D₂O(氧化氘/重水)中的 D 交换而消失。

表 19.4　常见活泼氢的化学位移

活泼氢类型		δ 值/ppm	活泼氢类型		δ 值/ppm
醇		0.5～5.5	S—H	硫醇	0.9～2.5
酚		4～8		硫酚	3～4
O—H 酚(分子内缔合)		10.5～16	N—H	脂肪胺	0.4～3.5
烯醇(分子内缔合)		15～19		芳香胺	2.9～4.8
羧酸		10～13			

19.4.3　核磁共振氢谱图的解析

首先尽可能了解清楚样品的一些自然情况，以便对样品有大概的认识；通过元素分析获得化合物的化学式，计算不饱和度 Ω。核磁共振氢谱图解析一般经历以下步骤：

(1) 检查整个氢谱谱图的外形、信号对称性、分辨率、噪声、被测样品的信号等。

(2) 确定 TMS 的位置，若有偏移应对全部信号进行校正。

(3) 应鉴别出溶剂峰、旋转边带、杂质峰等。

(4) 根据分子式计算不饱和度。当不饱和度大于或等于 4 时，首先考虑化合物是否含有芳环(苯环或杂环)。

(5) 从积分曲线计算各组质子的个数比值。

(6) 确定有无芳香族化合物。如果在 6.5～8.5 内有信号，则表示有芳香族质子存在。

(7) 从各组峰的化学位移、积分值、峰形和耦合常数判断各组质子与可能的化合物结构关系，推断可能的结构单元。可以先确定单峰、常见的基团特征峰如—CH_2—CH_3，再辨认不确定的多重峰等。一般以孤立的可靠的单峰如—CH_3、—CH_2—、—OCH_3 的峰为基准，计算各组峰对应的质子数。根据化学位移值确认可能的基团，一般先辨认孤立的、未耦合裂分的基团，即单峰，也就是不同基团的 ^1H 之间距离大于三个单键的基团及一些活泼氢基团，如甲基醚(CH_3—O—R)、甲基酮(CH_3—$\overset{\text{O}}{\underset{\|}{C}}$—R)、甲基叔胺($H_3C$—$\overset{\text{R}}{\underset{\|}{N}}$—R)、甲基取代的苯等的甲基质子及苯环上的质子，活泼氢为—O—H、H—$\overset{\|}{N}$—、—SH 等；然后再确认耦合的基团。从有关图或表中的 δ 可以确认可能存在的基团，这时应注意考虑影响 δ 的各种因素如电负性原子或基团的诱导效应、共轭效应、磁的各向异性效应及氢键等。

(8) 解析多重峰。按照一级谱的规律，根据各峰之间的相互关系，确定有何种基团。如果峰的强度太小，可把局部峰进行放大测试，增大各峰的强度。

(9) 用重水交换确定有无活泼氢—OH、—NH_2、—COOH 等。

(10) 连接各基团单元，推出可能的结构式。然后反过来，从可能的结构式按照一般规律预测可能产生的 NMR 谱图，根据积分高度确定出各基团中质子数比，印证耦合裂分多重峰所判断的基团连接关系；再进一步与实际谱图对照，看其是否合理，从而可以推断出某种最可能的结构式。如果有推断结构的标准谱图，可以进行对照确认。

【例 19.1】 图 19.8 是丹皮酚的核磁共振氢谱和丹皮酚的结构，请给出 $^1H\,NMR$ 中的各峰归属并说明原因。

解 该化合物的质子处于不同的化学环境，分为以下三类。

第一类：化学位移为 2.57 ppm 和 3.88 ppm 的质子为饱和碳上的质子。这两组质子均为单峰，提示有孤立的 CH_3 基团。从丹皮酚的结构看，应为—CH_3 基团和—OCH_3 基团；其中—OCH_3 基团因为相邻 O 的电负性强，质子去屏蔽作用强，因此化学位移大，为 3.88 ppm；另一化学位移为 2.57 ppm 的峰归为—$COCH_3$ 基团的质子。

第二类：H 为—OH 上的活泼 H，处于 12.7 ppm。

第三类：H 为芳香环上的 H。其中 6.35 ppm 的峰为单峰，归属为芳环 C2 上的氢；6.40 ppm 的峰为双二重峰(dd)，积分为 1，为 C6 上的氢，与邻位 C5 上的氢发生耦合，分裂为二重峰，耦合常数经计算为 8.0 Hz，该氢与 C2 位上的氢发生远程弱耦合(4 个化学键)，耦合常数为 1 Hz。7.51 ppm 的峰积分为 1，为 C5 上的氢，与邻位 C6 上的氢发生耦合，分裂为二重峰。进一步对氢的积分和分子结构中的各类氢的比例、耦合、化学位移等进行核对，符合预期。

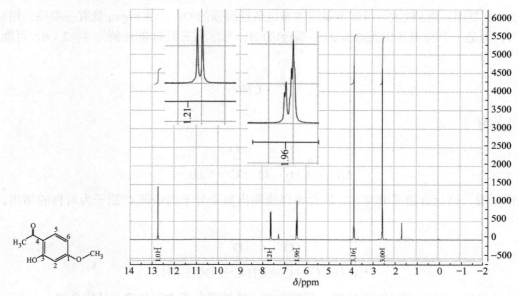

图 19.8　丹皮酚的结构式及其核磁共振氢谱图

【例 19.2】　已知一个化合物的分子式为 C_9H_{12}。从左到右出现单峰、七重峰和双重峰，其积分比为 5：1：6；其化学位移值分别为 7.2 ppm、2.9 ppm 和 1.25 ppm。试推导该化合物的结构式。

解　第一步：计算该化合物的不饱和度为 4，并结合化学位移 7.2 ppm 推测该化合物含有芳环。

第二步：从芳环上氢的积分数为 5 可以推测很可能芳环为苯环，且为单取代。

第三步：从积分数为 1 的七重峰位于 2.9 ppm，可以推测其为次甲基—CH，且有取代的两个甲基，即邻位碳上共 6 个氢，才能分裂为七重峰。因此，该化合物为异丙苯 C_6H_5—$CH(CH_3)_2$。

【例 19.3】　某化合物的化学式为 $C_7H_{12}O_4$，IR 谱图表明约 1750 cm^{-1} 处有一个很强的吸收峰，NMR 谱图如图 19.9 所示，试确定其结构。

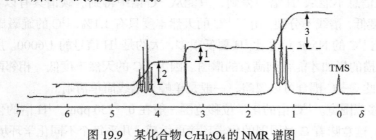

图 19.9　某化合物 $C_7H_{12}O_4$ 的 NMR 谱图

解　计算不饱和度：

$$\Omega = 1 + 7 - \frac{12}{2} = 2$$

有三组峰，相对面积为 2：1：3，若分别为 2、1、3 个 H 核，则总数为 6，为分子式 12 个 H 的一半，因此分子有对称性，对应的 H 的数目分别是 4、2、6；IR 显示约 1750 cm^{-1} 处有一强峰，应有羰基存在，且分子中有 4 个 O，则可能有 2 个羰基；$\delta=1.2$ ppm 处有一组三重峰，可能为—CH_3，而 $\delta=4.2$ ppm 处有一组四重峰，三重峰与四重峰同时出现提示是典型的

—CH$_2$CH$_3$ 基团；而 δ 较大，可能该基团连有电负性较强的 O；δ=3.3 ppm 处有一单峰，相对面积为 1，则是一个与羰基相连的孤立(不耦合)的 H，考虑到三组 H 的比例为 4 : 2 : 6，可能为

$$
\begin{array}{c}
\quad\;\; O \\
\quad\;\; \| \\
-C-CH_2-
\end{array}
$$

所以可能有

$$
\begin{array}{c}
\qquad\qquad\qquad O \\
\qquad\qquad\qquad \| \\
CH_3-CH_2-O-C-CH_2-
\end{array}
$$

从图谱上看，该化合物高度对称，因此可以推测出整个分子的中间 C 原子为对称的结构，可能为

$$
\begin{array}{c}
\quad\; O \qquad\qquad O \\
\quad\; \| \qquad\qquad \| \\
H_3CH_2CO-C-CH_2C-OCH_2CH_3
\end{array}
$$

最后一步验证：以上结构在 IR 吸收、化学位移、H 的积分等方面相符，结构合理。

19.5　核磁共振碳谱

^{13}C 核磁共振波谱(^{13}C NMR)简称碳谱，它的信号是 1957 年由 Lauterbur 首先观察到的。碳是组成分子骨架的元素。由于 ^{13}C 的信号很弱，加之 ^{1}H 核的耦合干扰，使 ^{13}C NMR 信号变得复杂，难以测得有实用价值的谱图。20 世纪 70 年代后期，质子去耦和傅里叶变换技术的发展和应用，才使 ^{13}C NMR 的测定变得简单易得。目前，^{13}C NMR 已经广泛应用于有机化合物的分子结构测定、反应机理研究、异构体判别、生物大分子研究等方向，成为化学、生物化学、药物化学及其他相关领域的科学研究和生产部门不可或缺的分析测试手段，对有关学科的发展起了极大的促进作用。在有机物中，有些官能团不含氢，如—C=O、—C=C=C—、—N=C=O 等官能团的有关信息不能从 ^{1}H 谱中得到，只能从 ^{13}C 谱中得到。碳谱具有以下特点：

(1) 信号强度低，谱线不分裂。由于 ^{13}C 的天然丰度只有 1.1%，^{13}C 的旋磁比(γ_C)约为 ^{1}H 旋磁比的 1/4，因此 ^{13}C 的 NMR 信号比 ^{1}H 要低很多，大约是 ^{1}H 信号的 1/6000。所以，测定中常常要经过多次扫描的累加才能得到满意的谱图。因为 ^{13}C 的天然丰度低，相邻两个 C 均为 ^{13}C 的概率更低，因此 C—C 耦合可以忽略，一般是单峰，谱线简单清晰。

(2) 化学位移范围宽。^{13}C 谱的化学位移范围一般在 0～250 ppm，^{1}H 谱的化学位移范围一般在 0～14 ppm。这意味着 C 对周围的化学环境更敏感，几乎每个不同化学环境的 C 都会给出独立的谱线，不会与其他 C 的谱线重叠，容易辨识。

(3) 弛豫时间长。^{13}C 的自旋晶格弛豫(T_1)和自旋-自旋弛豫(T_2)比 ^{1}H 慢。弛豫时间长，谱线强度相对较弱。不同种类的 C 的自旋晶格弛豫时间有较大差异，因此通过弛豫时间可以了解分子的大小、形状、分子运动的各向异性、空间位阻、溶剂化等。自旋-自旋弛豫对 C 的化学位移影响不大。

(4) 能直接反映有机物碳的结构信息。碳谱不仅能反映化合物的骨架信息，还可以直接给

出 C═O、—N═C═O 等官能团的信息。

19.5.1　碳谱的化学位移及影响因素

　　^{13}C 谱的化学位移与 ^{1}H 谱的化学位移有许多一致之处。从低场到高场，不同化学环境的 C 的化学位移顺序为：羰基碳原子＞烯碳原子＞炔碳原子＞饱和碳原子。sp^3 杂化碳的 δ 值为 0～60 ppm，sp^2 杂化碳的 δ 值为 100～150 ppm，sp 杂化碳的 δ 值为 60～95 ppm。图 19.10 是苯乙酸乙酯的各碳原子的化学位移，该化合物的 C 的化学位移有代表性。其中化学位移处于 127～143 ppm 的为苯环(芳香环)上的 C；羰基碳化学位移位于低场，化学位移 171 ppm 归属于羰基碳；脂肪族的 C 通常处于较高场。碳谱中碳类型与化学位移值的范围见表 19.5，常见官能团的化学位移值范围见表 19.6。

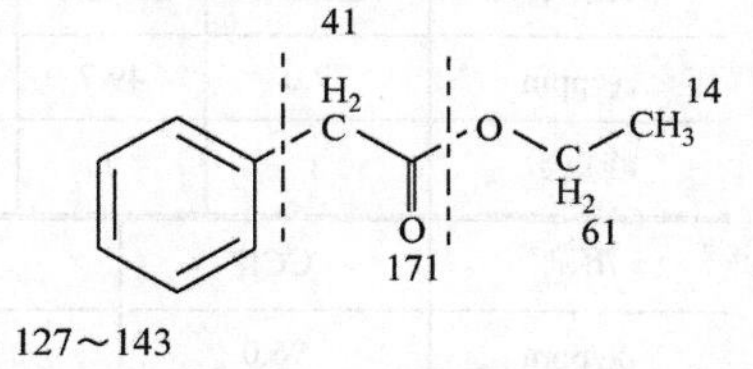

图 19.10　苯乙酸乙酯结构中不同化学环境碳的化学位移值

表 19.5　碳谱中碳类型与化学位移值范围

碳类型	^{13}C 化学位移范围/ppm
烷基中的甲基、亚甲基、次甲基、季碳等	0～60
甲氧基或氨甲基	40～60
连氧脂肪酸(—OCH、—OCH$_2$)	60～85
未取代的芳碳或烯碳	100～135
取代的芳碳或烯碳	123～167
羰基碳	160～220

表 19.6　常见官能团 ^{13}C 化学位移值范围

官能团	化学位移/ppm	官能团	化学位移/ppm
—CH$_3$	0～30	Ar(未取代芳碳)	110～135
＼CH	31～60	Ar—R(取代芳碳)	123～167
＞C＜	36～70	—COOR	155～175
CH$_3$O—	40～60	CONHR	158～180
—CH$_2$—O—	40～70	—COOH	158～185
＼CH—O—	60～76	—CHO	175～205
—C≡C—	70～100	α,β-不饱和醛	175～196
＞C═C＜	110～150	α,β-不饱和酮	180～213

　　与氢谱类似，C 与电负性强的基团相连时，化学位移移向低场。另外，溶剂和氢键等对化

学位移有影响。与氢谱一样，常见溶剂的 C 的化学位移见表 19.7，解析一个化合物碳谱前，需要扣除溶剂 C 的化学位移。

表 19.7　常用溶剂的 ¹³C 核的化学位移和峰分裂数

溶剂	CDCl₃	CD₃OD	CD₃COCD₃		C₆D₆	C₅D₅N		
δ_C/ppm	77.0	49.7	30.2	206.8	128.7	123.5	135.5	149.5
峰重数	3	7	7	s	3	3	3	3

溶剂	CCl₄	CD₃CN		(CD₃)₂S＝O	CD₃CO₂D	
δ_C/ppm	96.0	1.3	117.7	39.5	20.0	178.4
峰重数	s	7	s	7	7	s

19.5.2　碳谱中的耦合现象

碳谱中的耦合主要有 3 种方式，分别是 ¹³C-¹H、¹³C-¹³C、¹³C-X(X 为其他 I=1/2 的自旋核)，其中 ¹³C 的天然丰度只有 1.1%，所以 ¹³C-¹³C 耦合一般在碳谱中观测不到，所以一般只考虑 ¹³C-¹H 耦合。¹³C-¹H 耦合的作用强，¹³C 的谱线分裂为多重峰，耦合常数为 100~250 Hz。不去耦合的 ¹³C 谱，分裂后跨越范围宽，裂分将使 ¹³C 变得非常复杂，谱线相互交叉重叠，强度变低，难以辨识。为了消除这种耦合，往往采用一些去耦技术，使 ¹H 核对 ¹³C 核的耦合部分全部消失，以简化谱图。

19.5.3　碳谱的类型

如上所述，碳谱中主要考虑 ¹³C-¹H 之间的耦合。由于氢的 I=1/2，谱线裂分仍符合 n+1 规律。这些裂分将使 ¹³C 变得非常复杂，强度变低。常用氢核去耦技术包括质子宽带去耦(proton broad band decoupling)、偏共振去耦(off-resonance decoupling，OFR)、选择性质子去耦(selective proton decoupling)及无畸变极化转移增强(distortionless enhancement by polarization transfer，DEPT)等。

质子宽带去耦又称全氢去耦(proton complete decoupling，COM)谱。其方法是对 ¹³C 核进行扫描时，同时采用一个强的去耦射频(频率可使全部质子共振)进行照射，使全部质子达到"饱和"后测定 ¹³C NMR。此时，¹H 对 ¹³C 的耦合完全消失，每种碳核均出现 1 个单峰，故无法区别伯、仲、叔、季不同类型的碳。此外，因照射 ¹H 后产生的 NOE 效应，连有 ¹H 的 ¹³C 信号强度将会明显增强，但季碳信号强度基本不变。

偏共振去耦谱：在对 ¹³C 核进行扫描时，采用一个略高于待测样品所有 ¹H 核的共振频率(该照射频率不在 ¹H 的共振区中间，比 TMS 的 ¹H 共振频率高 100~500 Hz)对 ¹H 核进行照射得到谱图。在此过程中，消除了 ²J 的弱耦合，而保留直接相连的 ¹H 核的耦合，¹J_{C-H} 减小。偏共振去耦谱中，季碳、次甲基碳、亚甲基碳及甲基碳分别呈现单峰、二重峰、三重峰和四重峰，但裂距变小。采用偏共振去耦，既避免或降低了谱线间的重叠，具有较高的信噪比，又保留了与碳核直接相连的质子耦合信号。

选择性质子去耦谱：用与某个或某几个质子共振频率相等的射频对它们进行选择性照射，以消除其对碳的耦合影响。此时，只有与被照射质子有耦合的碳，其信号在碳谱上峰形发生改变，强度增大。在质子信号归属明确的情况下，可作为相应碳归属的依据，它是偏共振的特例。图 19.11 为糠醛的选择去耦谱，图 19.11(a)中消除了 C3 位质子对相连碳的耦合影响，化学位移为 123 ppm 的峰强度增大；图 19.11(b)中消除了 C4 位质子对相连碳的耦合影响，化学位移为 112 ppm 的峰强度增大。

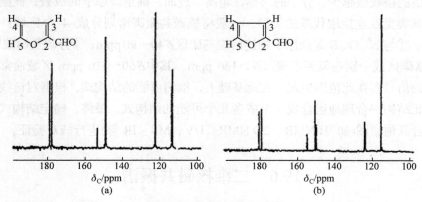

图 19.11　糠醛的选择去耦谱

无畸变极化转移增强谱：通过改变照射 ^1H 核的脉冲宽度(θ)，使不同类型的 ^{13}C 信号在谱图上以单峰的形式分别向上或者向下伸出。一般在 DEPT 谱中，θ 可以设置成 45°、90°、135°。在 DEPT 45°谱中 CH、CH_2、CH_3 均为正峰，DEPT 90°谱中只有 CH 出现为正峰，DEPT 135°谱中 CH、CH_3 显正峰，CH_2 显负峰。如图 19.12 所示，2-(4-异丁基苯基)-4-氧丁酸的 DEPT 90°、DEPT 135°和 ^{13}C 谱图。以上三种 DEPT 谱中季碳均不出峰，因此只要和全碳谱比较，就能区分季碳。DEPT 135°谱可以辨认 CH_2；DEPT 90°谱中只有次甲基出峰，因此可以辨识次甲基 CH，DEPT 90°谱结合 DEPT 135°谱可以区分甲基 CH_3。DEPT 45°谱的区分能力弱，应用较少。DEPT 谱碳数更少，图谱更清晰。可以解决偏共振试验中共振谱线发生重叠的问题，并且能帮助确认复杂分子的碳归属谱，测量时间比偏共振谱短。

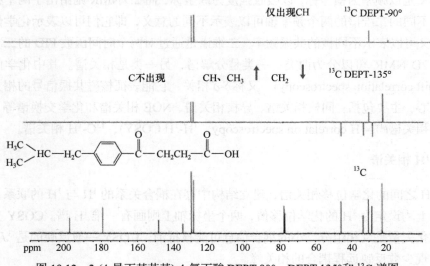

图 19.12　2-(4-异丁基苯基)-4-氧丁酸 DEPT 90°、DEPT 135°和 ^{13}C 谱图

19.5.4 碳谱的解析步骤

一般采用碳谱进行分析的过程中，首先区分出杂质峰和溶剂峰，再计算不饱和度，判断分子的对称性，如果宽带去耦谱的谱线数少于分子式中碳原子的数量，说明分子有一定的对称性，且宽带去耦谱的谱线数越少，分子的对称性越高。进而，确定碳原子的级数，根据碳原子的化学位移判断其类型及连接取代基的类型，一般将核磁共振碳谱划分成 4 个区域：①饱和碳区 $\delta 0 \sim 40$ ppm；②与 N、O、S 等杂原子相连的烷基碳区 $\delta 40 \sim 90$ ppm；③芳碳及烯碳区 $\delta 90 \sim 160$ ppm；④羰基碳区或个别连氧芳香碳区 $\delta > 160$ ppm。其中 $\delta 60 \sim 110$ ppm 区域通常称为糖区，糖上的各碳的信号多在此范围出现。在此基础上，推测可能的结构式，根据对谱线的归属，列出推测的单元结构并合理地组合成一个或者几个可能的结构式。最终，确定结构式，与标准谱图比对或结合其他谱图(如 ^{1}H NMR、2D NMR、UV、MS、IR 等)进行核对验证。

19.6 二维核磁共振谱

核磁共振技术是化合物结构及成分测定的有效手段，在化合物的结构鉴定中应用最为广泛，对于结构稍微复杂的化合物，仅从 ^{1}H NMR 谱或 ^{13}C NMR 谱上很难准确推断化合物的结构，二维核磁共振谱(two-dimensional NMR spectrum，2D NMR)简称二维谱，引入一个新的维数后必然会大大增加新的信息量，在解析分子结构方面比一维谱提供更多信息，在复杂的天然产物和生物大分子的结构鉴定中具有独特优势，解决问题客观、可靠，而且提高了所能解决的难度，增加了解决问题的途径。1971 年，比利时布鲁塞尔自由大学教授 Jeener 提出首个二维谱实验方法，然后实验操作是由 Aue、Bartholdi 及 Ernst 完成的，并于 1976 年发表此方法。1991 年，Ernst 教授因对脉冲傅里叶变换核磁共振技术和二维核磁共振技术发展做出的贡献获得诺贝尔化学奖。

1D NMR 是以频率为横坐标，以吸收强度为纵坐标，而 2D NMR 则给出了两个频率轴上的吸收强度。不同的二维谱的两个频率轴可以表示不同的意义，即它们可以表示化学位移或耦合常数，有时又可以表示不同核的共振频率。二维谱是通过对两个时间函数 FID 的二次傅里叶变换完成的。2D NMR 可以分为两类：一类是分解谱，另一类是相关谱。其中化学位移相关谱(chemical shift correlation spectroscopy)，又称 $\delta\text{-}\delta$ 相关，它能表征核磁共振信号的相关特性，是二维谱的核心，主要包括：同核相关谱、异核相关谱、NOE 相关谱和化学交换谱等。应用最多的是 ^{1}H-^{1}H 相关谱(^{1}H-^{1}H correlation spectroscopy，^{1}H-^{1}H COSY)、^{13}C-^{1}H 相关谱。

19.6.1 ^{1}H-^{1}H 相关谱

^{1}H 与 ^{1}H 之间的化学位移相关谱，建立结构中存在耦合关系的 ^{1}H 与 ^{1}H 的联系。在通常的横轴和纵轴上均设定为 ^{1}H 的化学位移值，两个坐标轴上则画有一维 ^{1}H 谱。COSY 交叉峰中主动耦合的磁化矢量是反相组分，小的耦合信息可能被抵消。COSY 一般反映的是 ^3J 耦合关系，有时也会出现少数反映远程耦合的相关峰。

图 19.13 为乙酸乙酯的 ^{1}H-^{1}H 相关谱，在该相关谱中出现了两种峰，分别是对角峰(diagonal

peak)及相关峰(cross peak 或 correlation peak)，相关峰也称交叉峰。同一质子信号位于对角线上相交的峰，称为对角峰，如图 19.13 中所标示信号[1]、[2]、[3]；由相邻两碳原子上氢间或有远程耦合关系的原子间的耦合而引起的出现在对角线两侧对称的位置上的峰，称为相关峰，如图 19.13 中所示信号 a 和 a'。

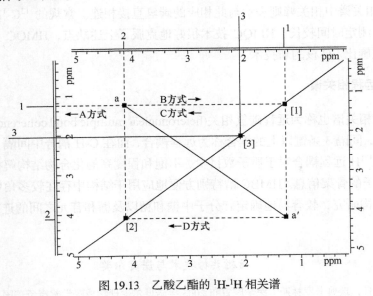

图 19.13　乙酸乙酯的 ^1H-^1H 相关谱

耦合关系的确定共有以下几种方式：

A 方式：从信号 2 向下引一条垂线和相关峰 a 相遇，再从 a 向左画一条水平线和信号 1 相遇，则可确定信号 1 和 2 之间存在耦合关系。

B 方式：先从信号 2 向下画一垂线和 a 相遇，再从 a 向右画一水平线至对角峰[1]，再由[1]向上引一垂线至信号 1，即可确定耦合关系。

C 方式：按照与 B 方式相反的方向进行。

D 方式：从 ^1H-^1H 相关谱的高磁场侧解析时，除 C 方式外，也常采用 D 方式。从 1 向下引一条垂线，通过对角峰[1]至 a'，再从 a'向左引一条水平线，即和 1 的耦合对象 2 的对角峰[2]相遇，从[2]向上画一垂线至信号 2 即可确定。

^1H-^1H 相关谱中，若存在自旋耦合，会在对角线两侧产生对称分布的相关峰。由相关峰沿水平和垂直方向画线交于对角线，相关峰和对角峰构成正方形的四个角，从任一相关峰即可找到相互耦合的自旋核。如图 19.13 乙酸乙酯的相关谱中，从相关峰 a 和 a'对应的横坐标和纵坐标，可以知道这两个峰对应的一维图中的 H1 和 H2，表明该相关峰是由这两个氢相互耦合产生的。根据 ^1H-^1H 相关谱可以推断结构复杂的有机化合物的哪些氢之间有耦合关系，在空间上邻近。

19.6.2　^{13}C-^1H 相关谱

^{13}C-^1H 相关谱主要包括异核多量子相关谱(heteronuclear multiple quantum coherence，HMQC)或异核单量子相关谱(heteronuclear single quantum coherence，HSQC)。与 ^1H-^1H 相关谱

不同，横轴和纵轴上分别设定为 ^1H 和 ^{13}C 的化学位移值，这两个频率轴所表示的信息不同，所以异核的谱图是不对称的，只显示相关峰。每一相关峰将出现在 ^{13}C 核和与其相耦合的 ^1H 核的化学位移的交点处。^{13}C-^1H 直接相关谱是异核相关谱中最主要的一种，异核相关谱中确定耦合关系只要顺着碳、氢信号分别向下和水平方向引直线，其交点处出现的信号峰即为相关峰，在 ^{13}C-^1H 直接相关谱中相关峰则表示与此相应的碳氢直接相连。常规的 ^{13}C-^1H 直接相关谱样品的用量较大，测定时间较长。HMQC 技术很好地克服了上述缺点，HMQC 是通过多量子相关间接检测低磁旋比 ^{13}C 核的新技术。

19.6.3 ^{13}C-^1H 远程相关谱

^{13}C-^1H 远程相关谱也称为远程碳氢相关(heteronuclear multiple bond coherence，HMBC)。在 ^1H 与 ^1H 耦合中，间隔 3 条键以上的耦合称为远程耦合，而在 C-H 耦合中间隔 2 条键以上即称为远程耦合。^{13}C-^1H 远程耦合对于质子数目少、不饱和程度高的化合物结构解析来说将提供重要的信息，如分子的骨架信息。HMBC 谱特别方便地应用于结构中存在较多角甲基的三萜和甾体等化合物的结构研究，较容易地确定苷分子中糖和糖以及糖和苷元之间的连接位置。

【拓展阅读】

核磁共振技术与诺贝尔奖

2003 年 1 月 6 日，瑞典卡罗林斯卡医学院宣布 2003 年诺贝尔生理学或医学奖授予美国化学家劳特布尔和英国物理学家曼斯菲尔德，表彰他们在核磁共振成像技术领域的突破性成就。迄今，已有 12 位科学家因在核磁共振技术领域的卓越贡献而荣获诺贝尔奖。美国物理学家斯特恩，因发展分子束的方法和发现质子磁矩而荣获 1943 年诺贝尔物理学奖；美国物理学家拉比，因应用共振方法测定了原子核的磁矩和光谱的超精细结构而荣获 1944 年诺贝尔物理学奖；美国物理学家布洛赫和栢赛尔，因发现和发展核磁精密测量新方法共获 1952 年诺贝尔物理学奖；瑞士化学家恩斯特，因发明傅里叶变换核磁共振分光法和二维及多维核磁共振技术而荣获 1991 年诺贝尔化学奖；瑞士核磁共振谱学家维特里希、日本科学家田中耕一和美国科学家芬恩，因发明利用核磁共振技术测定溶液中生物大分子三维结构的方法而荣获 2002 年诺贝尔化学奖。

【参考文献】

白银娟. 2010. 波谱原理及解析学习指导[M]. 北京: 科学出版社.

常建华, 董绮功. 2012. 波谱原理及解析[M]. 3 版. 北京: 科学出版社.

梁向晖, 钟伟强, 毛秋平. 2018. 核磁共振技术解析阿伐他汀钙的分子结构[J]. 实验技术与管理, 35(8): 46-50.

宁永成. 2010. 有机波谱学图谱解析[M]. 北京: 科学出版社.

汪瑗, 艾拜都拉. 2009. 波谱综合解析指导[M]. 北京: 化学工业出版社.

吴立军. 2011. 有机化合物波谱解析[M]. 3 版. 北京: 中国医药科技出版社.

张鹏, 陈媛, 罗维. 2020. 核磁共振扩散序谱的研究及应用进展[J]. 分析测试学报, 39(8): 1050-1057.

朱淮武. 2010. 有机分子结构波谱解析[M]. 北京: 化学工业出版社.

【思考题和习题】

1. 解释下列名词。

   (1) 核磁共振波谱法；(2) 弛豫过程；(3) $n+1$ 规律；(4) 耦合常数 J。

2. 什么是核磁共振的化学位移？为什么会产生化学位移？化学位移如何表示？常用什么化合物作内标，为什么？

3. 预测下列各化合物的 ^1H NMR 谱外观(要求指出各峰组的 δ、峰的多重性以及从低场到高场各峰组间的峰面积之比)。

　　(1) 乙酸；(2) 二乙醚；(3) 乙苯。

4. 哪些类型的原子核能够产生核磁共振信号？为什么？

5. ^1H NMR 及 ^{13}C NMR 谱能提供哪些信息？

6. 为什么核的共振频率与仪器的磁场强度有关，而耦合常数及化学位移值与其无关？

7. 某化合物的分子式为 $C_4H_8Br_2$。其 ^1H NMR 谱中显示有 2 组质子 a 和 b，均为单峰；a 和 b 的化学位移分别为 3.56 ppm 和 1.28 ppm，这两组质子的峰面积积分比为 1∶3，试推断上述化合物的结构。

第 20 章 质 谱 法

【内容提要与学习要求】

本章在简述质谱法的发展及分类、基本原理和分子质谱表示法的基础上，对质谱仪的基本结构特别是几种主流的离子源和质量分析器进行了重点介绍，并对分子质谱的四种主要离子类型进行了说明。此外，介绍了两种色谱与质谱联用法包括气相色谱-质谱联用和液相色谱-质谱联用的分析方法及应用。通过本章的学习，重点掌握质谱法的基本原理、离子源和质量分析器的工作原理、分子质谱的离子类型以及色谱与质谱联用的分析方法。

质谱法(mass spectrometry，MS)是一种采用质谱仪(mass spectrometer)测定试样离子质荷比(m/z)的分析方法，即将样品转化为运动的离子并按 m/z 大小不同进行分离和记录的分析方法。在质谱仪中，首先将被测试样离子化，然后利用不同离子(带电荷的原子、分子或分子碎片)在磁场或电场中的运动行为的差异，按它们的 m/z 分离后进行检测而得到质谱，根据试样的质谱及相关信息，可用于试样的定性和定量分析。

20 世纪初，英国物理学家汤姆森(Thomson)研制出第一台质谱仪，至今已有一百多年的发展历史。最初，质谱仪主要用于测量原子质量，它对科学的第一个主要贡献就是证明了同位素的存在。到了 20 世纪 40 年代，在石油工业，化学家们使用质谱仪来测量工艺流程中小分子碳氢化合物的丰度。直到 20 世纪 60 年代，天然产物的研究人员和其他领域的化学家才真正开始了解质谱仪内复杂分子是如何分裂的，并了解其可能的应用范围。在此期间(1957 年)，出现了气相色谱-质谱联用仪(gas chromatography-mass spectrometer，GC-MS)，并迅速成为有机小分子化合物分析的重要仪器。1988 年，几乎同时出现的电喷雾离子源(electron spray ionization，ESI)和基质辅助激光解吸电离源(matrix-assisted laser desorption ionization，MALDI)实现了大分子化合物如蛋白质的离子化，使质谱仪在生命科学领域得到了更为广泛的应用。目前，随着多种类型质谱仪器的商品化，质谱法已广泛地应用于化工、化学、生命科学、环境、药物、刑侦、能源等多个领域，是分析科学必备的手段之一。

20.1 质谱法概述

20.1.1 质谱法分类

从分析对象来看，质谱法可分为针对无机物分析的原子质谱法(atomic mass spectrometry，AMS)或称无机质谱法，以及针对有机物分析的分子质谱法(molecular mass spectrometry)或称有机质谱法。二者在仪器构造上基本相似，均包括离子源、质量分析器和检测器，只是离子源不同。本章仅讨论分子质谱法。

质谱法也可依据质谱仪的核心部件离子源(ion source)和质量分析器(mass analyzer)进行分类。按离子源分类，包括电子轰击(electron-impact，EI)源、化学电离(chemical ionization，CI)源、场电离(field ionization，FI)源、场解析电离(field desorption ionization，FDI)源、快原子轰

击(fast atomic bombardment，FAB)源、大气压化学电离(atmospheric pressure chemical ionization，APCI)源、电喷雾离子(ESI)源及基质辅助激光解吸电离(MALDI)源等。按质量分析器分类，包括单聚焦质量分析器(single-focusing mass analyzer，SF)、双聚焦质量分析器(double- focusing mass analyzer，DF)、离子阱质量分析器(ion trap mass analyzer，IT)、四极杆质量分析器(quadrupole mass analyzer，QMA)、飞行时间质量分析器(time of flight mass analyzer，TOF)及傅里叶变换离子回旋共振质量分析器(Fourier transform ion cyclotron resonance mass analyzer，FTICR)等。

20.1.2 分子质谱法的基本原理

质谱分析的基本原理是使所研究的试样分子在高能粒子束如电子、离子、分子等的作用下电离生成各种类型的带电粒子或离子，然后在电场、磁场的作用下使形成的离子按质荷比 m/z 进行分离(图 20.1)。

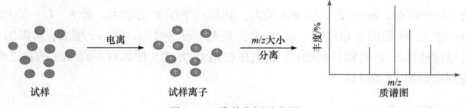

图 20.1　质谱分析示意图

分子自离子源发生电离后，形成的离子经加速电极电场的作用，获得直线方向运动速率 v，其动能为

$$zeU = \frac{1}{2}mv^2 \tag{20.1}$$

式中，z 为电荷数；e 为元电荷(1.60×10^{-19} C)；U 为加速电压；m 为离子的质量；v 为离子被加速后的运动速率。带正电离子进入质量分析器的电磁场中，根据所选择的质量分析器的分离方式，最终实现各种离子按照 m/z 进行分离。

当该正离子进入垂直于离子速度方向的均匀磁场(如单聚焦质量分析器)(图 20.2)，在磁场力的作用下，将改变运动方向做圆周运动。设离子做圆周运动的轨道半径(磁场曲率半径)为 R，则运动离心力 $\left(\dfrac{mv^2}{R}\right)$ 与磁场力(Bzv)相等，即

$$\frac{mv^2}{R} = Bzv \tag{20.2}$$

式中，B 为磁感应强度，式(20.1)与式(20.2)合并，可得

$$\frac{m}{z} = \frac{B^2R^2}{2U} \tag{20.3}$$

由式(20.3)可见，离子在磁场内的运动半径 R 与质荷比(m/z)、B 及 U 相关。只有在一定的 U 及 B 的条件下，特定 m/z 的离子(图 20.2 中的 b 离子束)才能以运动半径为 R 的轨道飞行到达检测器。因此，式(20.3)为磁分析器质谱方程，是设计质谱仪的主要依据。

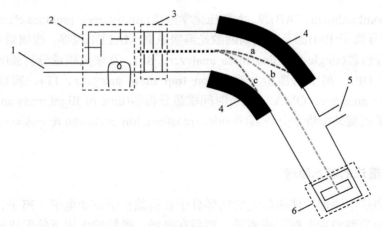

图 20.2　单聚焦质谱仪示意图
1. 蒸气样品入口；2. 离子源；3. 加速器；4. 磁场；5. 抽真空；6. 检测器

当 B、U 一定时，$m/z \propto R^2$，即 m/z 增大，其运动半径 R 也增大。若 R、U 一定时，$m/z \propto B^2$，即 m/z 增大，所需的 B 也增大；若 R、B 一定时，$m/z \propto 1/U$，即 m/z 增大，所需的 U 减小；因此，可通过连续改变 B(磁场扫描)或 U(电压扫描)的方式，使具有不同 m/z 的离子顺序到达检测器得到质谱图(图 20.1)。

20.1.3　分子质谱的表示法

质谱结果的表示常有两种方式：质谱图和数据表。质谱图是以 m/z 为横坐标，相对强度为纵坐标绘制而成。一般将质谱图上最强(丰度最高)的离子峰作为基峰，并定其强度为 100%，其他离子峰强度以对基峰强度的相对百分数表示。质谱表是用表格形式表示质谱数据，包括 m/z 和相对强度。质谱图可以直观地观察整个分子及碎片离子的质谱全貌，而质谱表可以给出精确的 m/z 和相对强度值。在实际分析结果表述中，特别是样品较多的情况下，通常仅给出重要的 m/z 和相对强度值。图 20.3 是 β-桉叶醇的 EI 质谱图，其主要离子峰的质谱数据见表 20.1。

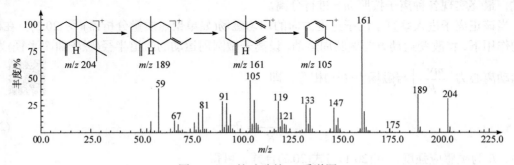

图 20.3　β-桉叶醇的 EI 质谱图

表 20.1　β-桉叶醇质谱数据表

m/z	59	67	81	91	105	119	121	133	147	161	175	189	204
相对强度	41	11	21	29	48	29	11	26	23	100	4	36	32

20.2 质谱仪的基本结构及工作原理

分子质谱仪的基本构造包括进样系统、离子源、质量分析器、检测器、真空系统、计算机控制及数据处理系统等(图 20.4)。

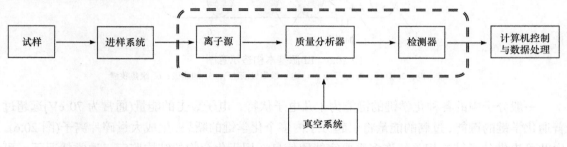

图 20.4 分子质谱仪的基本构造示意图

20.2.1 进样系统

进样系统的目的是在不破坏真空环境、具有可靠重复性的条件下,将试样引入离子源。典型的进样系统包括加热进样、直接进样、色谱进样、标准进样等。对于有机化合物的分析,目前多采用色谱-质谱联用仪器分析,此时试样经色谱柱分离后,通过适当的接口引入质谱仪的离子源。

20.2.2 离子源

被分析试样首先进入仪器的离子源,转化为离子,离子被加速并聚集形成粒子束通过狭缝进入质量分析器。离子源主要可分为气相离子源和解析离子源。在气相离子源中,气体或蒸发成气态的试样受激离子化,此类离子源包括 EI 源、CI 源、FI 源等。而在解析离子源中,固态或液体试样不经过挥发过程而直接被电离,此类离子源包括 FAB 源、ESI 源、APCI 源、MALDI 源等。按离子源电离的强弱又可分为硬电离源和软电离源。硬电离源如 EI 源的离子化能量高,能够产生较多的碎片离子,分子离子峰的丰度通常较弱。软电离源如 ESI 源的离子化能量低,试样主要以分子离子形式存在,产生的碎片离子较少。

本节主要介绍几种较为常用的离子源包括 EI 源、CI 源、ESI 源及 MALDI 源等。

1. EI 源

电子轰击(EI)源是一种出现较早、应用最为广泛的离子源。图 20.5 是 EI 源的基本构造示意图,蒸气试样进入离子源,由直热式阴极即灯丝(铼丝或钨丝)发射,在电离室和灯丝之间加一定的电压(通常为 70 eV)即电离电压,使电子形成高能电子进入电离室。高能电子与蒸气试样在离子源的中心发生碰撞和解离。试样分子首先失去电子成为正离子(分子离子),分子离子继续受到电子的轰击,使一些化学键发生断裂形成碎片离子,或重排形成重排离子等。在电离室(正极)和加速电极(负极)之间施加一个加速电压,使电离室中的正离子得到加速而进入质量分析器中。

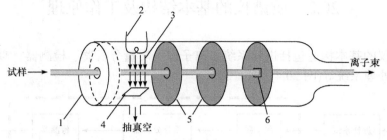

图 20.5 EI 源基本构造示意图

1. 推斥极；2. 灯丝；3. 电子束；4. 电子微集极(阳极)；5. 加速极；6. 聚焦狭缝

一般分子中的各种化学键的键能为十几电子伏特，电子轰击的能量(通常为 70 eV)远超过普通化学键的键能，过剩的能量将引起分子内多个化学键的断裂，生成大量碎片离子(图 20.6)，由此可提供分子结构相关的许多重要官能团信息，用于化合物的结构鉴定。通常情况下，可在 70 eV 下获得标准质谱图，建立数据库(如 NIST 质谱数据库)用于检索，通过与标准质谱图的匹配，鉴定化合物的结构。

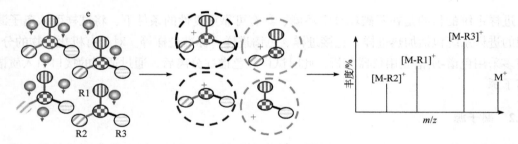

图 20.6 EI 源离子化示意图

EI 源的电离效率高、能量分散小、结构简单、操作方便、工作稳定可靠、灵敏度高，特别适用于分析相对分子质量小且易挥发的有机试样，是气相色谱-质谱联用仪普遍使用的离子源。但 EI 源存在两个主要的局限性：被测试样需要汽化，并且可能无法获得分子离子峰。针对相对分子质量大、极性大、难汽化的试样，如大分子蛋白质，可以采用 ESI 源或 MALDI 源进行分析。而对于热稳定性较差，在加热和电子轰击下分子易破碎的试样，可以采用一些软电离技术如 CI 源进行分析。

2. CI 源

CI 源与 EI 源在结构上比较相似，其主要部件是通用的。主要差别在于 CI 源工作过程中在离子源内充满一定压力的反应气体，如甲烷、丙烷、异丁烷、氨气等，用高能量的电子(100 eV)轰击反应气体使之电离，电离后的反应气离子与试样分子进行离子-分子反应，实现试样电离，形成准分子离子和少数碎片离子(图 20.7)。

现以甲烷(CH_4)作为反应气体为例，说明化学电离的过程。在高能电子轰击下，甲烷被电离：

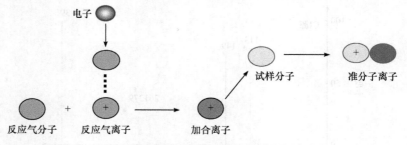

图 20.7 CI 源离子化示意图

$$CH_4 + e^- \longrightarrow CH_4^+ + CH_3^+ + CH_2^+ + CH^+ + C^+ + H^+$$

甲烷电离后生成的等离子再迅速与剩余的甲烷分子发生反应，生成加合离子。

$$CH_4^+ + CH_4 \longrightarrow CH_5^+ + CH_3$$

$$CH_3^+ + CH_4 \longrightarrow C_2H_5^+ + H_2$$

加合离子再与试样分子 M 发生反应，实现质子的转移或复合反应。

$$CH_5^+ + M \longrightarrow [M+H]^+ + CH_4$$

$$C_2H_5^+ + M \longrightarrow [M-H]^+ + C_2H_6$$

$$CH_5^+ + M \longrightarrow [M+CH_5]^+$$

$$C_2H_5^+ + M \longrightarrow [M+C_2H_5]^+$$

这样就形成了一系列准分子离子$[M+1]^+$、$[M-1]^+$、$[M+17]^+$、$[M+29]^+$等质谱峰。与 EI 源相比，在 CI 源质谱图中准分子离子往往是最强峰，便于推断相对分子质量，且碎片峰较少，谱图较简单。但由于 CI 源得到的质谱不是标准质谱，难以进行数据库检索。通常情况下，可以将 EI 源分析结果与 CI 源分析结果相结合。图 20.8 为邻苯二甲酸二正辛酯的 EI 源和 CI 源质谱图，可见在 EI 源中产生的碎片离子较多但分子离子峰不易观测，而在 CI 源中产生的碎片较少但分子离子峰相对丰度较高。

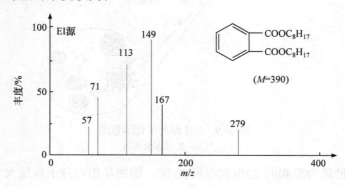

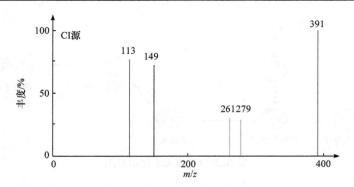

图 20.8　邻苯二甲酸二正辛酯的 EI 源和 CI 源质谱图

3. ESI 源和 APCI 源

电喷雾电离源和 MALDI 源几乎同时出现于 1988 年，且都可实现生物大分子如蛋白质的电离。ESI 源和 APCI 源同属于大气压电离(atmospheric pressure ionization，API)技术，API 利用待测试样与溶剂电离能力的不同，将分析物首先在大气压或略低于大气压的条件下电离，然后带电荷试样在电场的作用下选择性进入质谱高真空系统进行分析。API 的出现使液相色谱-质谱联用(liquid chromatography-mass spectrometry，LC-MS)技术有了突破性发展。ESI 源或 APCI 源既作为 LC 和 MS 之间的接口装置，同时又是电离装置。

如图 20.9 所示，ESI 源的主要部件是一个多层套管组成的电喷雾喷嘴。试样溶液从中心 0.1 mm 内径的不锈钢毛细管中喷出，外层喷射气(N_2 气)使喷出溶液分散成雾状液滴，在毛细管和对电极极板之间施加 3～8 kV 电压，使流出液形成高度分散的带电扇状喷雾。该大气压条件下形成的带电液滴在 N_2 气帘的作用下溶剂快速蒸发。液滴随着溶剂不断挥发而缩小，导致表面电荷密度不断增大。当电荷之间的排斥力大于液滴的表面张力时，液滴发生裂分，挥发和裂分反复进行，最后得到单电荷或多电荷的试样离子。最后在电位差和压力差的作用下通过 N_2 气帘进入质量分析器。

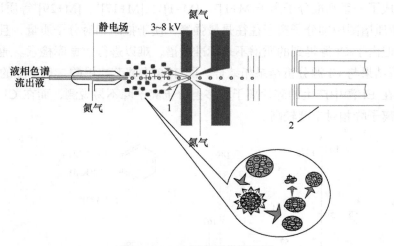

图 20.9　ESI 源离子化示意图
1. 气帘；2. 质量分析器

ESI 技术是一种最为温和的电离(软电离)方法，即便是相对分子质量大、稳定性差的化合物在电离过程中也一般不会发生分解，质谱图主要给出与准分子离子有关的信息。另外，ESI源容易形成多电荷的离子，有利于对高相对分子质量试样的测定。因为质谱的质量测定范围与 m/z 有关，原理上带电荷越多，可测定的质量范围就越大。例如，如果一个相对分子质量为20000 的分子带有 20 个电荷，则其 m/z 为 1000，即在质谱仪的测量范围内。

APCI 源的结构与 ESI 源大致相同，仅在 APCI 源中喷嘴下方放置一个针状放电电极，通过电极的高压放电，使空气中某些中性分子电离，产生丰富的 N_2^+、O_2^+ 和 O^+ 等离子，同时溶剂分子也会被电离，这些离子与试样分子发生离子-分子反应，从而实现化学电离，形成质子转移、加成物等准分子离子(图 20.10)。APCI 源主要用于中等极性或非极性化合物的分析。有些试样用 ESI 电离方式无法产生足够强的离子信号时，可以采用 APCI 增加离子产率，因此认为 APCI 是 ESI 的一种补充。与 ESI 相似，该电离源得到的质谱主要是准分子离子，很少有碎片离子。但需注意的是，APCI 主要产生的是单电荷离子，所以它所分析的化合物的相对分子质量通常小于 1000。

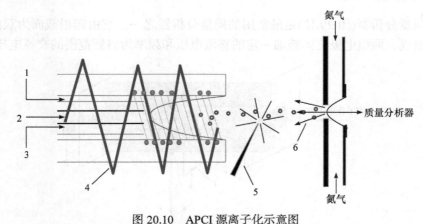

图 20.10　APCI 源离子化示意图
1. 雾化器气；2. 试样入口；3. 喷雾气；4. 加热器；5. 针状放电电极；6. 气帘

4. MALDI 源

MALDI 源属于软电离技术，特别适配于飞行时间质量分析器构成 MALDI-TOF 质谱仪。如图 20.11 所示，MALDI 利用一定波长的脉冲式激光照射试样使其发生电离，被分析的试样置于涂有基质的试样靶上，脉冲激光照射到试样靶上，基质与试样分子吸收激光能量而汽化，激光先将基质分子电离，然后在气相中基质将质子转移到试样分子上使试样分子电离。

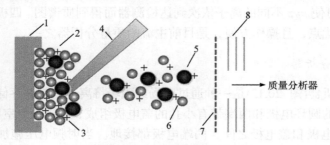

图 20.11　MALDI 源离子化示意图
1. 样品盘；2. 分析物/基质；3. 阳离子；4. 激光；
5. 分析离子；6. 基质离子；7. 提取网栅；8. 聚焦透镜

MALDI 中需要有合适的基质才能得到较好的离子产率，基质必须能强烈吸收激光的照射并能较好地溶解试样或能与试样实现均匀混合。常用的基质有 2,5-二羟基苯甲酸、芥子酸、烟酸、α-氰基-4-羟基肉桂酸等。

由于激光与试样分子作用时间短、区域小、温度低，采用 MALDI 得到的质谱图主要是分子离子、准分子离子、少量碎片离子和多电荷离子。MALDI 比较适用于分析生物大分子如蛋白质、核酸等，也可用于获得一些相对分子质量处于几千到几万的极性生物聚合物的精确相对分子质量信息。

20.2.3　质量分析器

离子源产生的试样离子按照 m/z 大小顺序在质量分析器得到分离。本小节主要介绍四极杆质量分析器、离子阱质量分析器、飞行时间质量分析器等。

1. 四极杆质量分析器

四极杆质量分析器(图 20.12)是最常用的质量分析器之一，它由四根截面为双曲面或圆形的棒状电极组成，两组电极之间施加一定的直流电压和频率为射频范围的交流电压。

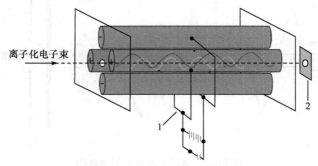

图 20.12　四极杆质量分析器工作示意图
1. 直流和交流电压；2. 离子收集器

四极杆质量分析器是一种射频动态质量分析器，当离子束进入筒形电极所包围的空间后，离子做横向摆动，在一定的直流电压、交流电压和频率，以及一定的尺寸等条件下，只有特定范围 m/z 的离子能够到达接收器(共振离子)。其他离子(非共振离子)在运动过程中撞击在筒形电极上而被"过滤"掉，最后被真空泵抽走。如果使交流电压的频率不变而连续改变直流和交流电压的大小(但要保持比例不变)即电压扫描，或保持电压不变而连续改变交流电压的频率即频率扫描，就可使 m/z 不同的离子依次到达检测器而得到质谱图。四极杆质量分析器具有体积小、重量轻等优点，且操作方便，是目前主流的质量分析器之一。

2. 离子阱质量分析器

离子阱质量分析器(图 20.13)是一种通过电场或磁场将离子控制并存储一段时间的装置。它是由一个双曲面的圆环电极和两端带有小孔的盖电极组成，形成一个室腔(阱)。直流电压和高频电压加在环形电极和盖电极之间，两端电极都接地。当射频电压施加在圆环电极时，离子阱内部空腔形成射频电场，具有合适 m/z 的离子在电场内以一定的频率稳定地旋转；轨道振幅保持一定大小，适合的离子可以长时间留在离子阱内。若增加射频电压，则较重离子转至特定稳定轨道，而较轻离子则偏离轨道，撞击到电极而消失，质量扫描方式和四极杆质量分析器相似，即在恒定的直流交流比下扫描高频电压以得到质谱图。当一组由离子源产生的离子由上端小孔进入离子阱后，射频电压开始扫描，陷入阱中的离子的轨道则会依次发生变化而从底端离开环电极腔，进入检测器被检测。

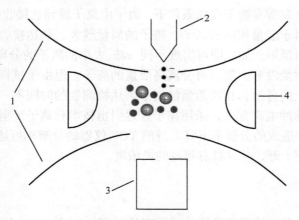

图 20.13 离子阱质量分析器工作示意图
1. 端罩；2. 灯丝；3. 电子倍增器；4. 环电极

离子阱质量分析器具有结构简单、易于操作、灵敏度高等特点，并且容易实现多级质谱功能，是一种常用的质量分析器。

3. 飞行时间质量分析器

飞行时间质量分析器的工作原理较为简单，其主要部件是一个离子漂移管，工作示意图如图 20.14 所示。

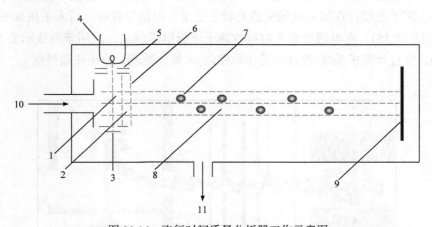

图 20.14 飞行时间质量分析器工作示意图
1. 离子化区；2. 加速区；3. 阳极；4. 灯丝；5. 电子控制栅；
6. 离子能量栅；7. 离子；8. 无场分离区；9. 接收器；10. 试样入口；11. 抽真空

离子在加速电压 U 的作用下得到动能，则有

$$\frac{1}{2}mv^2 = zeU \text{ 或 } v = \sqrt{2zeU/m} \tag{20.4}$$

离子以速度 v 进入漂移管自由空间，假定离子在漂移管飞行的时间为 t，漂移管长度为 L，则

$$t = L\sqrt{\frac{m/z}{2U}} \tag{20.5}$$

由此可见，在 L 和 U 等参数不变的条件下，离子由离子源到达接收器的飞行时间 t 与 m/z 的平方根成正比。即对于能量相同的离子，离子的质量越大，到达接收器所用的时间越长；质量越小，所用的时间越短。如此即可实现不同 m/z 大小的离子的分离。从原理上说，TOF 分离离子的相对分子质量没有上限，可分离高质量的离子。但由于试样离子进入漂移管前存在空间、能量及时间上的分散，相同质量的离子到达检测器的时间不一致，因而降低了分辨率。目前，应用激光脉冲电离方式，采用离子延迟引出技术和离子反射技术，已在很大程度上克服了由于上述原因造成的分辨率下降。目前 TOF 仪器的分辨率可达两万以上，最高可检测相对分子质量超过三十万，并且具有很高的灵敏度。

20.2.4　真空系统

质谱仪的质量分析器和检测器必须处于真空状态(约 10^{-6} Pa)，一些离子源如 EI 源的真空度也需达 10^{-3} Pa。保持真空的主要目的是保护离子源的灯丝，减小本底与记忆效应，减少不必要的离子碰撞、复合反应和离子-分子反应等的干扰。一般真空系统由机械真空泵和扩散泵或涡轮分子泵(常用)组成。涡轮分子泵直接与离子源或分析器相连，抽出的气体再由机械真空泵排到系统外。

20.2.5　检测、记录及分析系统

从质量分析器出来的离子进入检测器，产生电信号，记录不同离子的信号即得质谱。早期质谱仪中，离子直接打在插入磁场的感光板上记录，但信号较弱。后来采用如 Faraday 杯、电子倍增器(图 20.15)、光电倍增管等对接收离子进行电学放大，采用紫外线示波感光记录器记录质谱峰，经过计算机系统(通常由工作站控制)采集、处理、分析质谱数据。

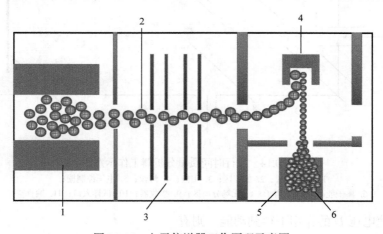

图 20.15　电子倍增器工作原理示意图
1. 四极杆；2. 正离子；3. 离子聚焦电极；4. 高能打拿极；5. 电子倍增器；6. 电子

20.2.6　质谱仪主要性能指标

质量测定范围和分辨率是评价质谱仪性能的两个主要指标。质量测定范围表示质谱仪能够分析试样的相对分子质量(相对原子质量)范围。对于单电荷离子质量范围即相对分子质量范围，而多电荷离子如大分子蛋白质，相对分子质量测定范围比质量范围大。

质谱仪的分辨率一般定义为对两个相等强度的相邻峰，当两个峰之间的峰谷小于其峰高10%时，则认为两个峰已实现分离(图 20.16)，分辨率为

$$R = \frac{m_1}{m_2 - m_1} = \frac{m_1}{\Delta m} \qquad (20.6)$$

式中，m_1、m_2 为质量数，且 $m_2 > m_1$。因此，质量数越小时，要求仪器分辨率越大。在实际工作中，可任选一单峰，测其峰高 5% 位置的峰宽 $W_{0.05}$ 当作式中的 Δm。分辨率在 500 左右的质谱仪仅能满足一般有机分析的要求。若要准确测定同位素及有机分子的质量，则需要使用分辨率大于 10000 的高分辨质谱仪。

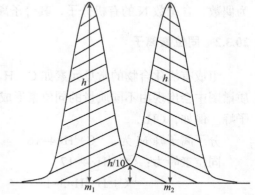

图 20.16　质谱 10%峰谷分辨率

例如，$^{12}C = 12.0000000$，$^{16}O = 15.9949141$，$^{14}N = 14.0030733$。在低分辨质谱仪中 $CO = 28$，$N_2 = 28$；在高分辨质谱仪中 $CO = 27.9949141$，$N_2 = 28.0061466$。

20.3　分子质谱的离子类型

试样分子在质谱分析过程中通过离子化、裂解、重排-裂解、离子-分子等反应，形成分子离子、准分子离子、同位素离子、碎片离子、重排离子、亚稳离子等各种类型的离子。

20.3.1　分子离子

试样分子失去电子而得到的离子称为分子离子。例如，在 EI 源中，多数分子易失去一个电子而带正电，所以分子离子的 m/z 就是它的相对分子质量。如图 20.3 所示，m/z 204 即为其分子离子峰。使用 CI 源时，可能出现$[M+H]^+$、$[M-H]^+$、$[M+C_2H_5]^+$、$[M+C_3H_5]^+$等准分子离子峰。如图 20.8 所示，m/z 391 即为准分子离子峰。使用 ESI 源时，可出现$[M+H]^+$、$[M-H]^+$、$[M+Na]^+$、$[M+K]^+$等准分子离子峰。

一般有机物失去电子的难易程度是 n 电子＞π电子＞σ电子，所以对于含有杂原子 N、O、S 等的分子，首先是杂原子失去一个电子形成分子离子。通常把带有未成对电子的离子称为奇电子离子，标以"·+"，把外层电子完全成对的离子称为偶电子离子，标以"+"。正电荷的位置标示在失去电子的原子上，如果电荷位置不确定，或不需要确定电荷的位置，可在分子式的右上角标示"⌐+"。例如，

$$R—CH_2—OH \xrightarrow{-e^-} R—CH_2—\overset{\bullet +}{O}H$$

$$R1—C \equiv C—R2 \xrightarrow{-e^-} R1—\overset{\bullet}{C}=\overset{+}{O}—R2$$

$$CH_3 — CH_2 — CH_2 — CH_3 \xrightarrow{-e^-} CH_3 — CH_2 — CH_2 — CH_3\rceil^+$$

质谱中分子离子峰的识别及分子式的确定是至关重要的。分子离子峰的识别步骤一般包括：①假定分子离子峰，高质荷比区，即 m/z 较大的峰，但需注意同位素峰。②判断其与相邻碎片离子(m/z 较小者)之间关系是否合理，通常认为 Δm 等于 4～14、21～24、37～38 等是不合理的丢失。③判断其是否符合 N 律，即不含 N 或含偶数 N 的有机分子，其分子离子峰的 m/z 为偶数；含奇数 N 的有机分子，其分子离子峰的 m/z 为奇数。

20.3.2　同位素离子

组成有机化合物的常见元素如 C、H、O、N、S、Cl、Br 等都有同位素(表 20.2)，因而在质谱图中会出现由不同质量的同位素形成的峰(其强度与同位素的丰度比相当)，称为同位素离子峰。例如，CH_4，

分子离子峰 M 为：$^{12}C+^1H\times4=16$

同位素峰为：$^{13}C+^1H\times4=17$ 　　　　　　　　　M+1

　　　　　　$^{12}C+^2H+^1H\times3=17$ 　　　　　　M+1

　　　　　　$^{13}C+^2H+^1H\times3=18$ 　　　　　　M+2

表 20.2　几种常见元素的天然丰度表

元素	同位素	天然丰度/%	元素	同位素	天然丰度/%
C	^{12}C	98.89	S	^{32}S	95.02
	^{13}C	1.11		^{33}S	0.78
H	^1H	99.98		^{34}S	4.21
	^2H	0.015		^{35}S	0.02
O	^{16}O	99.76	F	^{19}F	100.00
	^{17}O	0.037	Cl	^{35}Cl	75.77
	^{18}O	0.20		^{37}Cl	24.23
N	^{14}N	99.63	Br	^{79}Br	50.54
	^{15}N	0.37		^{81}Br	49.46
P	^{31}P	100.00	I	^{127}I	100.00

根据质谱图上同位素离子峰与分子离子峰的相对强度，可以推测化合物的分子式。组成有机分子的各元素具有一定的同位素天然丰度，因此不同的分子式，其 M+1、M+2 相对于 M 的百分比将不同。用 I 表示质谱峰的相对强度，同位素离子峰相对强度与其天然丰度及原子个数成正比。对于分子 $C_wH_xN_yO_z$，M+1、M+2 与 M 的强度比近似值可由下式计算：

$$\frac{I_{M+1}}{I_M} = (1.08w + 0.02x + 0.37y + 0.04z)\% \tag{20.7}$$

$$\frac{I_{M+2}}{I_M} = \left[\frac{(1.08w + 0.02x)^2}{200} + 0.2z\right]\% \tag{20.8}$$

根据式(20.7)和式(20.8)计算出含 C、H、O、N 各种不同相对分子质量组合的质量和 M+1、M+2 与 M 的强度比值，编制成表，即 Beynon 表。因此，可以通过质谱图中的同位素峰强度，按照式(20.7)和式(20.8)计算数据，即可从 Beynon 表中确定分子式。如果将高分辨质谱仪测定的精确相对分子质量与 Beynon 表的数据对照，确定的分子式将更加合理准确。

例如，由图 20.17 所示，以及式(20.7)和式(20.8)，计算可得：$\dfrac{I_{M+1}}{I_M} \times 100\% = 1.16\%$，$\dfrac{I_{M+2}}{I_M} \times 100\% = 0.0067\%$，查 Beynon 表可得分子式为 CH_4。

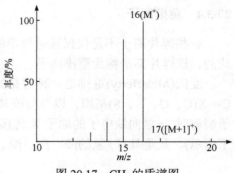

图 20.17　CH_4 的质谱图

卤族元素中，F 和 I 是单一同位素，^{35}Cl 与 ^{37}Cl 的天然丰度比约为 3:1，^{79}Br 与 ^{81}Br 的天然丰度比约为 1:1。可通过 $(a+b)^n$ 展开式计算分子离子峰与同位素离子峰的强度比，其中 a 是轻质同位素（^{35}Cl 或 ^{79}Br）丰度，b 是重质同位素（^{37}Cl 或 ^{81}Br）丰度，n 是分子中卤素元素的个数。例如，分子中有三个氯元素，$n=3$、$a=3$、$b=1$，则 $(a+b)^n = 27 + 27 + 9 + 1$，即 M:(M+2):(M+4):(M+6)= 27:27:9:1。由此，一方面可以帮助识别分子离子峰，另一方面也可知道分子中含 Cl 或 Br 元素的个数。

20.3.3　碎片离子

分子离子通过进一步裂解或重排-裂解后产生的离子称为碎片离子。碎片离子形成于化学键的断裂，研究碎片离子可以协助阐明分子的结构。

通常化学键的断裂可分为 α 断裂、β 断裂和 σ 断裂。α 断裂是带有电荷的官能团与相连的 α 碳原子之间的断裂，如

α 碳原子和 β 碳原子之间的键断裂称为 β 断裂，如

σ 断裂是 σ 键上的断裂，如

20.3.4　重排离子

有些碎片离子不是仅仅通过简单的键断裂，而是通过分子内基团或原子的重排后裂分形成的，该碎片离子称为重排离子。

麦氏(Mclafferty)重排是一种常见的重排反应，其产生需要以下两个条件：化合物中含有 C=X(C、O、N、S)基团，以及与该基团相连的链上的 γ 碳上有 H，即 γ 氢。此类化合物在分子裂解时，γ 氢向缺电子的原子 X 转移，然后引起一系列的电子转移，并脱离一个中性分子(如下所示)。凡是具有 γ 氢的醛、酮、酯、酸、烷基苯及长链烯烃等都可以发生麦氏重排。

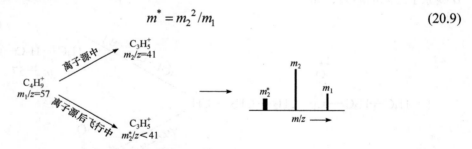

20.3.5　亚稳离子

在电离、裂解或重排过程中所产生的离子有一部分处于亚稳态，这些亚稳态离子同样被引出离子室。若质量为 m_1 的离子在离开离子源后，在进入质量分析器之前由于碰撞等原因进一步分裂失去一个中性碎片而形成质量为 m_2^* 的离子(图 20.18)。由于一部分能量被中性碎片带走，此 m_2^* 离子比在离子源中形成的 m_2 离子能量小，故在质量分析器中观察到的 m^*/z 较小。这种碎片峰称为亚稳离子峰 m^*，它与 m_1、m_2 的关系为

$$m^* = m_2{}^2/m_1 \tag{20.9}$$

图 20.18　亚稳离子峰形成示意图

亚稳离子峰具有离子峰宽大(一般跨 2~5 个质量单位)、m/z 不是整数、相对强度低等特点，故在质谱图中很容易被观察到。通过对亚稳离子峰的测量，可找到相关母离子 m_1 和子离子的质量 m_2，从而证明 $m_1 \rightarrow m_2$ 的裂解过程。

20.4　分子质谱法的应用

质谱图可提供许多有关分子结构的信息，因而可用于化合物的定性分析和结构测定。

质谱法对有机化合物的定性分析通常采用以下两种方式：①与在相同质谱条件下分析获得的已知纯化合物的质谱图进行比对；②质谱数据库检索(通常为 70 eV 条件下的 EI 源质谱

图),广泛应用的主要有 NIST 和 Willey 质谱数据库。此外,通过互联网利用其他实验室、仪器制造商提供或者文献报道的质谱图也可对化合物进行定性分析。

对于未知化合物的结构测定,一般步骤为相对分子质量的测定、分子式的确定、结构的鉴定。关于相对分子质量的测定和分子式的确定参照前述分子离子峰和同位素离子峰部分内容。在确定化合物的相对分子质量和分子式后,一般可采用以下步骤进行结构的推断:①根据式(20.10)计算不饱和度,判断分子中不饱和基团的情况;②研究高质量端离子峰,确定化合物中的取代基;③研究低质量端离子峰,寻找化合物的特征离子或特征离子系列,推测化合物类型;④由以上研究结果,提出化合物的结构单元或可能的结构;⑤研究质谱断裂规律,验证所得结果。

$$\Omega = 1 + n_4 + \frac{n_3 - n_1}{2} \tag{20.10}$$

式中,Ω、n_1、n_3、n_4 分别为不饱和度、一价、三价、四价原子的个数。

例如,推测化合物 $C_8H_8O_2$ 的结构,其质谱图如图 20.19 所示。

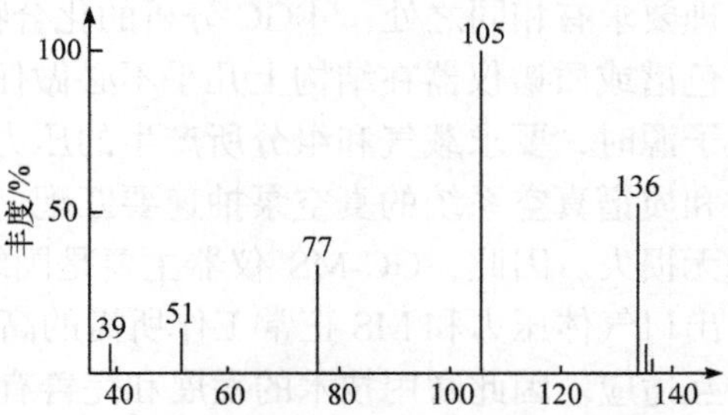

(1) 计算不饱和度 $\Omega = 1 + 8 + 1/2 \times (-8) = 5$,分子中可能有苯环和一个双键。

(2) 质谱中无 m/z 为 91 的峰,说明不是烷基取代苯。

图 20.19 化合物 $C_8H_8O_2$ 的 EI 源质谱图

(3) 可能的结构为

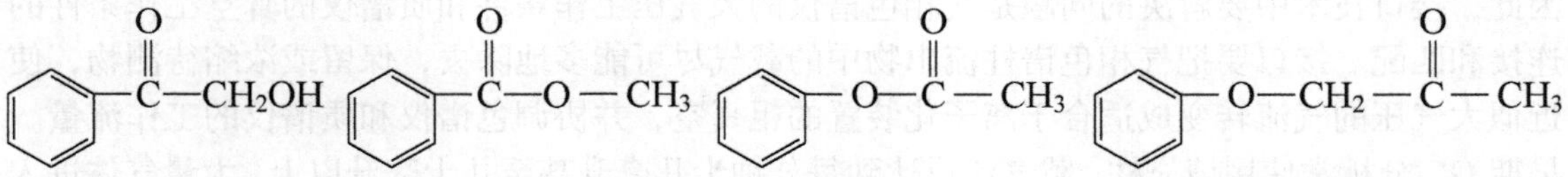

(4) 质谱验证:C 和 D 得不到 m/z 为 105 的碎片离子,可排除。A 和 B 可能的裂解方式如下:

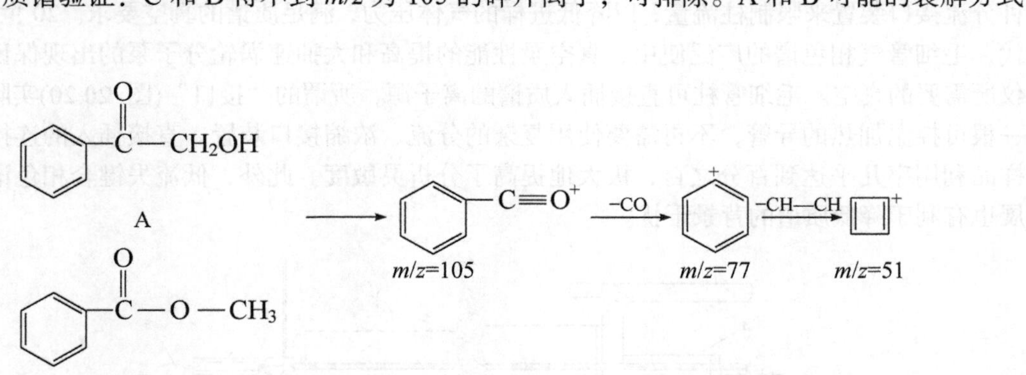

(5) 该化合物的结构可能是上述的 A 或者 B 化合物。

由上述例子可知,仅仅通过质谱分析鉴定未知化合物的结构存在较大的局限性。因此,需要结合其他分析方法,包括紫外光谱(UV)、红外光谱(IR)、核磁共振氢谱或者碳谱(^{1}H NMR 或 ^{13}C NMR)。关于化合物的结构鉴定可参考有机化合物波谱综合解析。

20.5　GC-MS 分析方法及应用

GC-MS 联用仪是开发最早的色谱与质谱联用仪器。从气相色谱柱分离后的样品呈气态，流动相也是气体，与质谱的进样要求很匹配，最容易实现两种仪器联用。自 1957 年霍姆斯 (Holmes)和莫雷尔(Morrell)首次实现气相色谱和质谱联用之后，这一技术得到了长足的发展。在所有联用技术中，GC-MS 发展最为完善、应用最为广泛。GC-MS 联用能够使二者的优缺点得到互补，充分发挥 GC 的高分离效率和 MS 的强定性能力，因此只要待测成分适于用 GC 分离，GC-MS 就成为联用技术中首选的分析方法。

GC 与 MS 的许多相似之处是两种技术联用的有利条件：①二者的分析过程均在气态下进行；②二者的检测灵敏度相当，气相色谱分离的组分足够 MS 检测；③对样品的制备和预处理要求有相同之处；④GC 分析的化合物沸点范围适于 MS 分析。这些共同点使二者联用时，色谱或质谱仪器在结构上几乎不必做任何改动。但是当色谱柱流出的组分不断进入质谱的离子源时，要求载气和组分所产生的压力不破坏质谱正常运行所需的真空度，即色谱柱的流量和质谱真空系统的真空泵抽速要匹配。另外，进入离子源的样品组分性质不能发生变化，且无损失。因此，GC-MS 仪器主要是围绕以下两个问题的解决而不断取得进展：①GC 色谱柱出口气体压力和 MS 正常工作所需的高真空的适配；②MS 的扫描速度和色谱峰流出时间的相互适应。因此联用技术的发展和完善有赖于气相色谱和质谱仪器性能的提高。

在 GC 分离过程中，通常色谱柱的出口端为大气压力。然而，质谱仪中样品气态分子在具有一定真空度的离子源中转化为样品气态离子，这些离子在高真空的条件下进入质量分析器。因此，接口技术中要解决的问题是气相色谱仪的大气压工作条件和质谱仪的真空工作条件的连接和匹配。接口要把气相色谱柱流出物中的载气尽可能多地除去，保留或浓缩待测物，使近似大气压的气流转变成适合于离子化装置的粗真空，并协调色谱仪和质谱仪的工作流量。早期 GC 分析常使用填充柱，载气流量达到每分钟十几毫升甚至几十毫升以上，大量气体进入质谱的离子源，而质谱真空系统的抽速有限，因此工作气压适配是最突出的问题。曾采用各种分流接口装置来限制柱流量，以降低进样的气体压力，满足质谱的真空要求。20 世纪 80 年代，毛细管气相色谱的广泛使用、真空泵性能的提高和大抽速涡轮分子泵的出现保证了质谱仪所需要的真空。毛细管柱可直接插入质谱的离子源，所谓的"接口"(图 20.20)实际上只是一根可控温加热的导管，不再需要使用复杂的分流、浓缩接口装置。直接插入的连接方式使样品利用率几乎达到百分之百，极大地提高了分析灵敏度。此外，低流失键合相色谱柱的发展也有利于降低质谱的背景干扰。

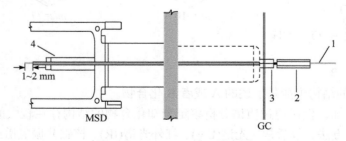

图 20.20　GC-MS 接口示意图
1. 毛细管柱；2. 接口螺母；3. 接口(GC 端)；4. 接口(MS 端)

另外，由于气相色谱峰很窄，有的仅几秒时间，并且一个完整的色谱峰通常需要至少 6 个以上数据点，因此要求与气相色谱仪连接的质谱仪有较高的扫描速度，才能在很短的时间内完成多次全质量范围的质量扫描，并且要求质谱仪能很快地在不同的质量数之间来回切换，以满足选择离子检测(selected ion monitoring，SIM)的需要。

在 GC-MS 分析中，色谱分离和质谱数据的采集是同时进行的。有机混合物从色谱柱分离后经过接口(图 20.20)进入离子源被电离成离子，离子在进入质谱的质量分析器之前，即在离子源和质量分析器之间有一个总离子流检测器，当有试样经过离子源时，就采集到具有一定离子强度的质谱信号。总离子流强度的变化正是流入离子源的色谱组分变化的反映，将单位时间内所获得质谱的离子强度相加，即可获得总离子流强度随时间变化的总离子流色谱图(total ion chromatography，TIC)。由 GC-MS 分析得到的 TIC 图与 GC 采用其他检测器获得的色谱图相似，都是信号对时间的作图，因此其峰高或峰面积可用于化合物的定量分析。离子流进入质量分析器，在特定的分析器扫描质量范围和扫描时间，可采集到每个组分流出过程中连续的质谱信号，即由 TIC 图可以获得任何组分的质谱图。图 20.21(a)是一张典型的 TIC 图，其中标星号的峰所对应的成分为 β-桉叶醇，其质谱图如图 20.3 所示。此外，TIC 图是将单位时间内所有离子加合而得，也可以通过选择特定质量的离子做 SIM 或者从 TIC 图中获得提取离子色谱图(extracted ion chromatography，EIC)[图 20.21(b)为 m/z 161 的 EIC 图]，使色谱中分不开的两个峰实现分离，以便进行定量分析。采用 SIM 可以大大提高 GC-MS 分析方法的选择性，提高定量结果的准确性。

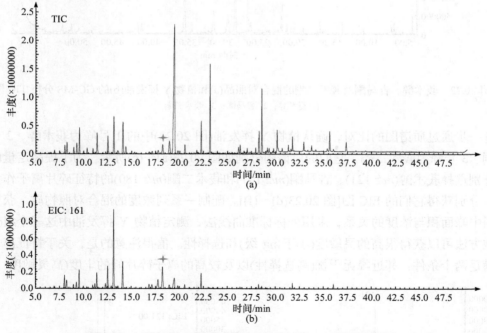

图 20.21 某植物 X 挥发油 GC-MS 分析的 TIC 图及 EIC 图

GC-MS 的应用举例：采用 GC-MS 分析测定某植物 Y 挥发油中的三个成分包括莪术醇、吉马酮和莪术二酮的含量。在相同的 GC-MS 分析条件下，分别对混合对照物质(纯的单体化合物)和植物 Y 挥发油进行分析，获得 TIC 图，如图 20.22 所示。通过保留时间可以对挥发油的 TIC 图中的色谱峰进行初步的定性。

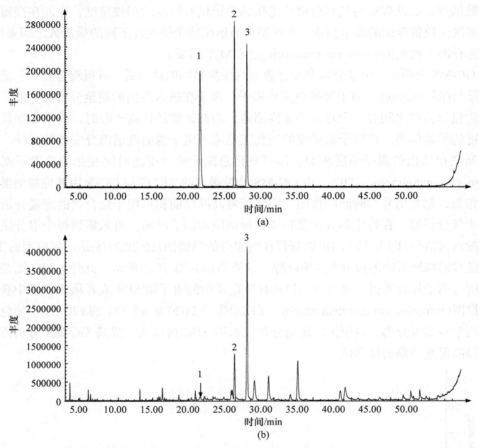

图 20.22　莪术醇、吉马酮及莪术二酮的混合对照品(a)和植物 Y 挥发油(b)的 GC-MS 分析 TIC 图
1. 莪术醇；2. 吉马酮；3. 莪术二酮

　　进一步通过质谱图的比对，确认植物 Y 挥发油(图 20.22)中的 1 号峰为莪术醇、2 号峰为吉马酮、3 号峰为莪术二酮，它们的质谱图分别如图 20.23(a)～(c)所示。为了提高定量的选择性，分别选择莪术醇(m/z 121)、吉马酮(m/z 107)和莪术二酮(m/z 180)的特征碎片离子作为提取离子，分别获得它们的 EIC 图[图 20.23(d)～(f)]。配制一系列浓度的混合对照物质，获得它们 EIC 图中峰面积与浓度的关系，采用外标标准曲线法，测定植物 Y 挥发油中这三个组分的含量。该方法可以获得很高的灵敏度(小于 ng 级)和选择性。值得注意的是，关于特征离子的选择需满足两个条件：邻近峰无干扰(高选择性)以及较高的离子碎片峰的丰度(高灵敏度)。

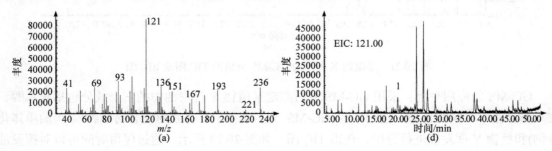

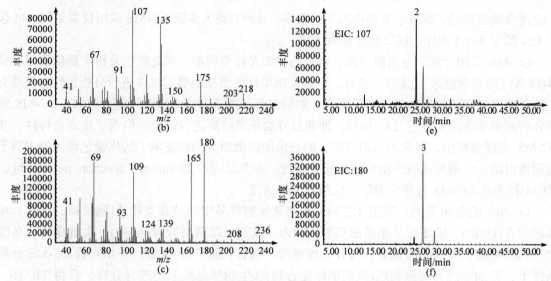

图 20.23 莪术醇(a)、吉马酮(b)和莪术二酮(c)的质谱图以及
它们相应的特征离子的 EIC 图[(d)~(f)]

20.6 LC-MS 分析方法及应用

液相色谱-质谱(LC-MS)联用技术的研究开始于 20 世纪 70 年代,与 GC-MS 联用技术不同的是液相色谱-质谱联用技术经历了一个更长的实践、研究过程,直到 20 世纪 90 年代才出现了被广泛接受的商品接口及成套仪器。对于极性大、难挥发、热不稳定、相对分子质量大的有机化合物,采用 GC-MS 分析有困难,而 LC 分析不受沸点的限制,并能对热不稳定的试样进行分析。因此,LC-MS 与 GC-MS 互为补充,是最有力的分析手段之一。

按照联用的要求,LC-MS 的在线使用首先要解决的问题是真空的匹配。质谱的工作真空一般要求为 10^{-5} Pa,要与一般在常压下工作的液质接口相匹配并维持足够的真空,其方法只能是增大真空泵的抽速,维持一个必要的动态高真空。所以现有商品仪器的 LC-MS 设计均增加了真空泵的抽速并采用了分段、多级抽真空的方法,形成真空梯度来满足接口和质谱正常工作的要求。

除真空匹配之外,LC-MS 技术的发展可以说就是接口技术的发展。接口装置是 LC-MS 联用的关键技术之一,其主要作用是去除溶剂并使试样离子化。扩大 LC-MS 应用范围以使热不稳定和强极性化合物在不加衍生化的情况下得以直接分析,并将质谱分析用于生物大分子是液质接口技术的发展方向。LC-MS 各种“软”离子化接口的开发正是迎合了这个方向。某些特定的接口(电喷雾接口)可使蛋白质及其他生物大分子产生多电荷离子。多电荷离子的产生使质谱的相对分子质量测定范围大大拓宽,单电荷质量数范围为 20000 u 的质谱可以比较准确地测定几十万甚至上百万 u 的相对分子质量,这样就真正地将质谱分析引入了蛋白质和生物高聚物的研究领域。LC-MS 在发展过程中曾提出多种接口,这些接口都有自己的开发、完善过程,都有各自的优缺点,有的最终形成了被广泛接受的商品化接口,有的则仅在某些领域、在有限的范围内被使用。另一方面,在接口技术的发展中,新的接口往往是在老接口的基础上改进发展起来的，在技术上存在内在的联系。目前，绝大多数 LC-MS 联用仪器采用 API 包括 ESI 源和 APCI 源作为接口装置和离子源。

　　LC-MS 采用"软"电离的方式，得到的质谱多较为简单，因此定性分析主要依靠标准试样(保留时间和质谱数据)定性。此外，也可采用串联质谱检测器对试样进行分析定性，将准分子离子通过碰撞活化得到其子离子图谱，然后解释子离子图谱来推断可能的结构。LC-MS 定量分析的基本方法与普通 LC 相同，即通过峰面积或峰高进行定量。但为了提高选择性，在 LC-MS 定量分析中，通常不采用 TIC，而是采用待测组分的特征离子的质量色谱图或多离子检测色谱图，以避免或减少组分间的相互干扰。多级反应检测(multiple reaction monitoring，MRM)技术是 LC-MS 分析中消除干扰最好的方法之一。

　　LC-MS 的应用实例。采用 LC-MS 测定某生物样品中的核苷类物质[胞嘧啶、胞苷、单磷酸尿苷(UMP)、尿嘧啶、单磷酸鸟苷(GMP)、尿苷、单磷酸腺苷(AMP)、次黄嘌呤、鸟嘌呤、胸腺嘧啶、次黄嘌呤核苷、鸟苷、腺嘌呤、胸苷、腺苷]的含量。在相同的 LC-MS 分析条件下，分别对混合对照物质(纯的单体化合物)和生物样品提取物进行分析，获得 TIC 图，如图 20.24(a)和(b)所示。通过保留时间和质谱图可以对生物样品提取物[图 20.24(b)]中的色谱峰进行定性。例如，峰 2+3 的质谱图如图 20.24(c)所示，由 m/z 687[2UMP+2F+H]$^+$、m/z 649 [2UMP+H]$^+$、m/z 363[UMP+2F+H]$^+$、m/z 325[UMP+H]$^+$、m/z 213[UMP−Ur]$^+$、m/z 97[H$_2$O$_4$P]$^+$ 这一组质谱峰可以确认化合物 UMP 的存在，以及 m/z 487[2C+H]$^+$、m/z 244[C+H]$^+$ 和 m/z 112 [Cy+H]$^+$(C 为胞苷、Cy 为胞嘧啶)这一组质谱峰可以确认化合物胞苷的存在。而峰 8+9+10 的质谱图如图 20.24(d)所示，m/z 127、137 和 152 分别是胸腺嘧啶、次黄嘌呤和鸟嘌呤(加氢)的准分子离子峰。进一步可以采用 SIM 或 MRM 模式定性定量分析。

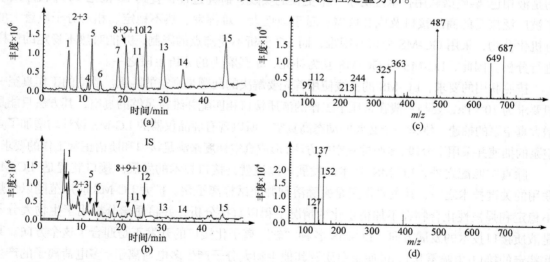

图 20.24　混合对照品(a)和生物样品提取物(b)的 TIC 图，峰 2+3(c)和峰 8+9+10(d)的一级质谱图
1. 胞嘧啶；2. 胞苷；3. UMP；4. 尿嘧啶；5. GMP；6. 尿苷；7. AMP；8. 次黄嘌呤；9. 鸟嘌呤；
10. 胸腺嘧啶；11. 次黄嘌呤核苷；12. 鸟苷；13. 腺嘌呤；14. 胸苷；15. 腺苷

【拓展阅读】

多 级 质 谱

　　多级质谱也称为质谱-质谱(mass spectrometry-mass spectrometry，MS-MS)联用法或者串联质谱(tandem mass spectrometry)法，是另一类型的联用技术。前述的 GC-MS 和 LC-MS 是色谱(分离)与质谱(检测)的联用，而多级质谱则是由两个或两个以上可独立操作的质量分析器通过活化碰撞室连接起来。最简单的 MS-MS 是一个质谱装置(第一级质谱 MS[1])用于质量分离，选择特定的目标离子[称为母离子(parent ion)]进行活化碰撞获得碎片离子，进入另一个质谱装置(第二级质谱 MS[2])进行分析，获得二级质谱图。MS-MS 早期仪器的配置主要有磁式质谱-质谱仪、四极杆质谱-谱仪器(如三重四极杆串联质谱)等。随着接口技术的发展，基于不同原理的质量分析器也实现了串联，如四极杆-磁式串联质谱、四极杆-飞行时间(Q-TOF)串联质谱、飞行时间-飞行时间(TOF-TOF)串联质谱等。

三重四极杆(QQQ)是最经典、应用最广的串联质谱之一。第一级四极杆(Q1)MS[1]用于质量分离，筛选出目标母离子，第二级四极杆(Q2)仅加射频电压起碰撞解离室的作用，第三级四极杆(Q3)MS[2]和检测器用于(母离子产生的碎片离子)质谱检测(图 20.25)。QQQ 可以采用以下五种模式进行操作：

(1) 子离子扫描：Q1 选择某一特定 m/z 的母离子，Q2 碰撞池产生碎片离子，然后在 Q3 中分析，产生典型的 MS-MS 谱图。

(2) 母离子扫描：Q1 测定母离子，Q3 测定某个特定的碎片离子，产生母离子谱，可在非常复杂的混合物中监测某种特定的分子。

(3) 中性丢失扫描：Q1 和 Q3 同时扫描，并且二者始终保持固定的质量差(即中性丢失)，满足相差固定质量的离子才能被检测到。

(4) 单个反应监测：Q1 选择某一特定 m/z 的母离子，Q2 碰撞单元产生碎片离子，Q3 只分析一个碎片离子，产生一个简单的单个碎片离子谱图。

(5) 多级反应监测：Q1 选择某一个或几个特定 m/z 的母离子，Q2 碰撞单元产生碎片离子，Q3 用于搜寻多个选择反应监测，即多级反应监测 MRM。只有同时满足 Q1 和 Q3 选定的一对离子时才产生信号，因此可以大大提高定量的选择性。

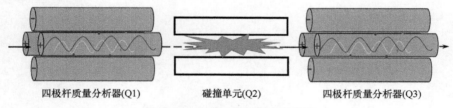

四极杆质量分析器(Q1)　　　碰撞单元(Q2)　　　四极杆质量分析器(Q3)

图 20.25　三重四极杆组成示意图

【参考文献】

武汉大学. 2018. 分析化学(下册)[M]. 6 版. 北京: 高等教育出版社.

夏之宁, 季金苟, 杨丰庆. 2012. 色谱分析法[M]. 重庆: 重庆大学出版社.

朱明华, 胡坪. 2008. 仪器分析[M]. 北京: 高等教育出版社.

Griffiths J. 2008. A brief history of mass spectrometry[J]. Analytical Chemistry, 80: 5678-5683.

Yang F Q, Li D Q, Feng K, et al. 2010. Determination of nucleotides, nucleosides and their transformation products in Cordyceps by ion-pairing reversed-phase liquid chromatography-mass spectrometry [J]. Journal of Chromatography A, 1217(34): 5501-5510.

Yang F Q, Li S P, Chen Y, et al. 2005. Identification and quantitation of eleven sesquiterpenes in three species of Curcuma rhizomes by pressurized liquid extraction and gas chromatography-mass spectrometry [J]. Journal of Pharmaceutical and Biomedical Analysis, 39(3-4): 552-558.

【思考题和习题】

1. 质谱分析法的基本原理是什么?

2. 什么是分子质谱法? 分子质谱仪的主要组成部分包括哪些?

3. 离子源和质量分析器的作用是什么?

4. 分子质谱中的离子包括哪些类型？试述其形成原因。

5. 试简述分子离子峰如何判定。

6. 试简述如何用质谱法确定有机化合物分子式。

7. 试简述 EI 源和 CI 源获得质谱的差异。

8. 大气压电离技术主要包括哪几种电离源，其原理是什么？

9. 四极杆质量分析器的基本工作原理是什么？

10. 气相色谱与质谱联用的有利因素有哪些？

11. 试简述飞行时间质量分析器的工作原理。

第 21 章 X 射线荧光光谱法

【内容提要与学习要求】

本章在对 X 射线荧光光谱法概述的基础上，对 X 射线荧光光谱仪及分析测试方法进行了重点介绍，同时也对 X 射线荧光光谱法的应用及发展趋势进行了说明。通过对本章的学习，要求学生理解 X 射线荧光产生的机理，掌握不同元素特征谱线差异的原理；了解 X 射线荧光光谱仪的种类、各组成部分的作用及波长色散和能量色散光谱仪的特点；掌握 X 射线荧光光谱分析的制样方法及测试结果的定性分析和定量分析方法，能将该方法用于物质成分分析并进行相关计算；掌握 X 射线荧光光谱分析的优缺点和应用领域；了解该方法的最新发展方向。

X 射线也称伦琴射线，是一种波长极短、能量很强的电磁波，光子能量为可见光的几万至几十万倍。X 射线的高能量可引起原子的内层电子发生跃迁，吸收部分波长的 X 射线并产生 X 射线荧光，因此可以基于该原理进行材料的化学成分分析，称为 X 射线吸收光谱法(X-ray absorption spectrometry，XAS)和 X 射线荧光光谱法(X-ray fluorescence spectrometry，XFS)。由于 XAS 比 XFS 烦琐并耗时较长，在实际应用中并不多见，并逐渐被 XFS 所取代，因此本章讨论的是用于材料成分分析的 X 射线荧光光谱法。

X 射线荧光光谱法是在 20 世纪 70~90 年代发展起来的一种分析测试手段，它的工作原理是基于原子在高能 X 射线的激发下会发射特征光子，而特征光子的能量与原子序数关系紧密。该方法可用于各种样品中的常量、微量及痕量元素的定性和定量分析，检测限约在$\mu g \cdot g^{-1}$量级。它通过分析样品中不同元素产生的荧光 X 射线波长/能量，以及各波长的辐射强度，可以获得样品的元素组成与含量信息。发射光子的能量/波长可用于定性分析，而特征光子的数量/强度可用于定量分析。X 射线荧光光谱法具有非破坏性、准确、快速和检测范围宽的优点。X 射线荧光光谱法广泛应用于地质、材料、环境、冶金样品的元素分析，也可直接应用于现场、原位及活体分析。

21.1 X 射线荧光光谱法概述

21.1.1 X 射线的性质

X 射线与可见光一样，也是一种电磁波，其波长为 0.01~10 nm，介于紫外线和 γ 射线之间，它的能量可由普朗克常量(6.626×10⁻³⁴ J·s)和频率的乘积计算得到，为 0.124~124 keV，可使原子的外层电子和内层电子脱离原子核的束缚而使原子电离。X 射线的基本性质包括：不可见；照射在底片上具有感光作用；照射到荧光物质上产生荧光作用；能量较高，能使固体、液体、气体发生电离作用；波长短，对物质有极强的穿透能力；能直接杀死或杀伤生物细胞，在使用中要注意防护；其波长与晶体中原子间间距相近，照射晶体时有衍射作用。

原子受到高能 X 射线光子的照射时，内层电子吸收能量可产生弹射电子被击出，这一相互作用过程被称为光电效应，被击出的电子称为光电子。该现象会产生电子轨道的空位或空穴，这时的原子处于非稳态，外层电子将自发跃迁来填补该空位，在这一过程中由于能量减小会辐射出电磁波，原子恢复到稳态。辐射电磁波的波长处于 X 射线的范围，此辐射的电磁波即为 X 射线荧光。由于不同元素的能级差异，辐射出的 X 射线波长或能量不同，称为元素的特征 X 射线。如果空穴在 K、L、M 壳层产生，就会相应产生 K、L、M 系 X 射线[图 21.1(a)]。光电子出射时有可能再次激发出原子中的其他电子，产生新的光电子，再次产生的光电子被称为俄歇电子，这一过程被称为俄歇效应[图 21.1(b)]。

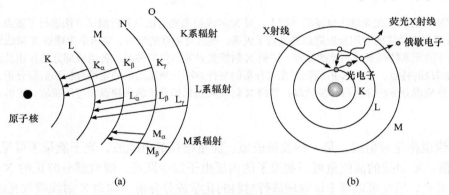

图 21.1　(a)特征 X 射线的产生；(b)俄歇电子的产生

　　根据量子力学原理，原子核外电子的运动、状态和角动量都不是连续变化的，而是量子化的。原子的能量态也由量子数决定，包括：主量子数 $n(1, 2, 3, \cdots)$、角量子数 $l(0, 1, 2, \cdots, n-1)$、磁量子数 $m(-1, 0, 1)$ 和自旋量子数 $s(\pm1/2)$。此外，角动量 $J=l\pm m(J\geq0)$ 也是表征能量态的重要参数。X 射线辐射产生的特征谱线遵循跃迁选择定则：①主量子数必须改变，$\Delta n\geq1$；②角量子数只能改变 1，$\Delta l=\pm1$；③角动量改变 1 或 0，$\Delta J=\pm1$ 或 0。由此，得到特征谱线系与内层电子跃迁的关系如图 21.2 所示。

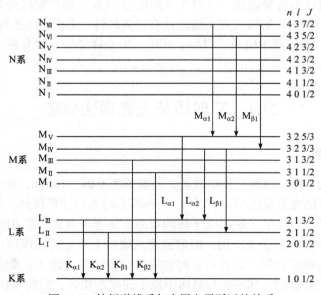

图 21.2　特征谱线系与内层电子跃迁的关系

21.1.2　X射线荧光光谱法原理

1913 年，莫塞莱发现元素受激辐射出的荧光 X 射线的波长或能量与原子序数紧密相关，当元素的原子序数增加时，荧光 X 射线的波长会变短，与原子序数的二次幂成反比，此即莫塞莱定律(Moseley's law)，数学表达式如式(21.1)所示。莫塞莱定律是 X 射线荧光光谱法定性分析的基础。不同元素都有一系列波长或能量确定的谱线，并且同一谱线(如 K_α)随着原子序数的增加能量逐渐增大(表 21.1)。在定性分析中，将测定的特征 X 谱线与标准元素谱线值对比，即可分析出样品中元素的组成。

$$\lambda = k(Z-S)^{-2} \tag{21.1}$$

式中，λ 为 X 射线的波长；k 和 S 为与线系相关的常数；Z 为原子序数。

表 21.1　几种常见元素的特征 X 射线能量

原子序数	元素符号	元素名称	K_α/keV	K_β/keV
6	C	碳	0.277	
11	Na	钠	1.041	1.067
20	Ca	钙	3.692	4.013
26	Fe	铁	6.405	7.059
29	Cu	铜	8.046	8.904

元素的含量 c 与谱线的强度 I 是正比关系[式(21.2)]，元素含量越高，谱线强度越强，这是 X 射线荧光光谱法定量分析的基础。

$$I = kc \tag{21.2}$$

式中，k 为某一元素的荧光 X 射线的强度与含量的比值。在谱线选择方面，波长色散型光谱仪一般选择 K_α、K_β、L_α、L_β 等几条主要特征谱线，原子序数小于 55 的元素通常选择 K 系谱线作为分析线，大于 55 的元素一般选择 L 系谱线作为分析线。能量色散型光谱仪有 K_α、K_β、L_α、L_β 及 M_α 可选择，一般原子序数小于 42 的选用 K 系，大于 42 的选择 L 系或者 M 系谱线。

应用中采用标准曲线法进行定量分析，其依赖于标准样品的谱线及强度，需要使待测的标准样和未知样具有同一形貌和重现性，并在一定的浓度范围内样品具有相似的物理性质，否则试样的共存元素会影响谱线的强度，给测定结果造成很大的偏差。但是，制备相似组成的标样是一个非常烦琐的步骤，为克服这个问题，采用 X 射线荧光光谱定量时，在考虑各元素之间的吸收和增强效应的基础上，常用标样或纯物质计算出元素荧光 X 射线理论强度，测其荧光 X 射线的强度，将实测强度与理论强度进行比较，求出该元素的灵敏度系数。测未知样品时，先测定试样的荧光 X 射线强度，根据实测强度和灵敏度系数设定初始含量值，再由该值计算理论强度。将测定强度与理论强度进行比较，考虑两者是否达到预定精度，否则要再次修正。该方法要测定和计算试样中所有的元素，并且要考虑这些元素的相互干扰效应，计算十分复杂，必须依靠计算机进行。该方法可以实现无标样定量分析。

21.2 X 射线荧光光谱仪

X 射线荧光光谱法需要使用光谱仪进行测量，根据分光原理不同，可将其分为两类：波长色散型 X 射线荧光光谱仪(wavelength dispersive X-ray fluorescence spectrometer，WDXRF) 和能量色散型 X 射线荧光光谱仪(energy dispersive X-ray fluorescence spectrometer, EDXRF)。图 21.3 为两种光谱仪的结构示意图，波长色散型的组成部分包括激发光源、分光晶体和准直器、探测器等，而能量色散型相对简单，仅需要激发光源和探测器。由于波长色散型和能量色散型的原理不同，它们各自的适用范围也有差异。

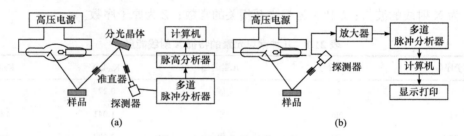

图 21.3　光谱仪的结构示意图

(a)波长色散型 X 射线荧光光谱仪；(b)能量色散型 X 射线荧光光谱仪

21.2.1　X 射线管

利用 X 射线管产生 X 射线是最常用的方法。侧窗 X 射线管(图 21.4)主体为一个密封的高真空玻璃管或陶瓷管，其中用于发射电子的灯丝作为阴极，用于接受电子轰击的靶材(如铜) 作为阳极。X 射线的强度与电极之间施加的电压和阳极材料的原子序数相关。射线管还包括铍窗和聚焦栅极。当灯丝中有电流流过时发热产生热电子，一部分电子被阳极和阴极之间的电场加速撞击阳极靶，加速电子绝大部分的能量转变为热能，一小部分则产生连续 X 射线谱和靶元素的特征谱线，X 射线经铍窗出射照射样品。常用的 X 射线管功率在瓦特至千瓦特范围可调，高能量的 X 射线管一般使用旋转阳极。由原理可知，高功率的 X 射线管发热非常严重，必须配有冷却系统，常用水冷。

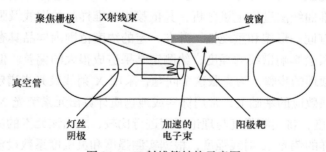

图 21.4　X 射线管结构示意图

X 射线管产生的 X 射线分为连续谱和特征谱。热电子在高电压的作用下与阳极靶原子中束缚力较弱的电子发生随机碰撞，电子发生减速，损失的动能将以光子的形式发射出来，从而产生连续的 X 射线谱，称为韧致辐射。连续谱由靶材料和电压决定，也与光管、铍窗厚度及仪器的配置等相关。由能量守恒定律可知，产生的光子能量不能高于入射的电子能量，因此连续谱有一短波极限，它的数值可由下式估算：

$$\lambda_{\min}(\mathrm{nm}) = \frac{1.2398}{U(\mathrm{kV})} \tag{21.3}$$

式中，$\lambda_{\min}$ 为短波极限；U 为施加于 X 射线管上的电压。特征 X 射线谱是分立的谱线，与靶材的元素相关。产生特征谱所需的最小能量为靶材原子相应壳层电子的结合能，也称为吸收边能量。与此对应的 X 射线管两级之间的最小电压称为临界激发电压，只有当施加的电压高于临界激发电压时，靶的特征谱线才会出现。特征谱线强度 I 与射线管电压 U、管电流 i 和临界激发电压 U_c 之间的关系为

$$I = Ki(U - U_c)^n \tag{21.4}$$

式中，n 为 1.5～2；U/U_c 的最佳值为 3～5；K 为激发系数。当电压过高时，电子穿透深度过大，靶材的自吸收将会十分显著，比较理想的情况是射线管电压为临界激发电压的 3～5 倍时，可得到最佳的特征谱线强度。

　　X 射线管产生的谱线是连续谱与特征谱的叠加，连续谱与特征谱的强度比值随着靶材元素原子序数的增加而增加，即原子序数越大，连续谱所占比例越高，而特征谱的比例越低。例如，镉靶的连续谱约占总强度的 25%，而钨靶的连续谱占总强度的比例增加到 60%左右。需要注意的是，在实际应用中通常会根据拟分析的对象选择不同的靶材，以获得最佳的效果，当分析对象原子序数低于 24 时，主要选用镉靶的特征线作为激发源。为满足更广泛的分析样品需要，新设计的靶材使用双阳极靶，低原子序数的薄膜材料覆盖于高原子序数靶材之上，在低电压下电子主要与上层原子序数低的靶材作用，以长波特征辐射为主，在高电压下电子能穿透上层薄膜，发射谱以高原子序数的特征线为主。因此，可以通过电压调节发射的 X 谱线。

　　为保证定量分析时强度的稳定，X 射线管的电压和电流均需要较高的稳定性，光管的长期稳定性至少需要使长期漂移保持在 0.2%～0.5%，短期漂移小于 0.2%。通常 X 射线荧光光谱仪的分析范围为 0.7～40 keV，激发电压为 1～50 kV，X 射线管可提供的管压一般为 30～100 kV，波长色散光谱仪的光管功率多为 2～4 kW，能量色散光谱仪一般在 0.5～1.0 kW。波长色散光谱仪的最佳激发电压约为临界激发电压的 6 倍，当测定多种元素时，为获得最佳的激发效果，多数情况下选择 50 kV 以上。对于能量色散光谱仪，由于受到能量探测器计数率的限制，通常采用待测元素吸收边能量的 2～6 倍。

21.2.2　分光晶体

　　分光晶体是波长色散型 X 射线荧光光谱仪中非常重要的结构，常用的晶体材料包括氟化锂(LiF)、磷酸二氢铵($NH_4H_2PO_4$)、锗(Ge)等。平晶光谱仪采用准直器，而弯晶光谱仪在聚焦点上使用狭缝。这两类光谱仪均利用了布拉格定律[式(21.5)]来达到分离谱线的目的。

$$n\lambda = 2d\sin\theta \quad (n = 1, 2, 3, \cdots) \tag{21.5}$$

式中，λ 为入射光波长；d 为晶面间距；θ 为入射光与晶面间夹角；n 为衍射级数。只有符合该方程的特定波长的 X 射线才会发生布拉格衍射，而其他波长的 X 射线在晶体转动的过程中逐一发生衍射而被探测器检测到，完成波长扫描，此为分光晶体的原理。

对平晶光谱仪，当分光晶体转动角度为θ时，探测器的转动角度为2θ。谱峰半高宽(FWHM)等于晶体、准直器的均方根之和。光谱仪的角色散能力与分光晶体的晶格常数成反比，即晶格常数越小，分辨率越高。由于光谱仪可以达到的最大有效衍射角度多在 75° 左右，同时不同晶体的反射效率也不同，故波长色散光谱仪通常配备具有不同晶格常数的多块晶体，以达到有效分析不同元素的目的。

分光晶体的分光模式主要有两种，分别是顺序型和同步型。顺序型又称扫描型，通过顺序改变角度来扫描样品发出的辐射，对于不同的波长区域，必须使用不同的晶体来满足布拉格方程。一般来说，它包含一组 6~8 个具有不同晶格间距的晶体，这些晶体也可自动更换。对应的波长色散型 X 射线荧光光谱仪称为顺序型光谱仪。同步型由晶体和对应的探测器组成，它以固定角度设置在样品周围。大多数情况下，这些通道在探测器处使用聚焦光学元件以增加信号强度，对应的光谱仪称为同步多元素光谱仪，可检测的元素数量取决于光谱仪的通道数。

21.2.3　X 射线探测器

X 射线探测器是一种将 X 射线能量转换为电信号的装置。它接收到射线照射，然后产生与辐射强度成正比的电信号，主要分为气体探测器、闪烁探测器和半导体探测器。由前面的介绍可知，X 射线荧光光谱仪分为波长色散型和能量色散型，波长色散型使用分光晶体，可使待测元素的谱线很好地分离，因此使用分辨率较低的 X 射线探测器即可满足要求，如流气式正比计数器和 NaI 闪烁计数器。

流气式正比计数器(图 21.5)，外形为一柱状体，中间有一根金属芯线，用作外部高压的接头。筒内充稀有气体和淬灭气体，通常为 90%氩气和 10%甲烷，并在芯线和接地外壳间施加 1400~1800 V 的高电压。当流气式正比计数器中的探测气体受到 X 射线照射时，会产生大量的由带负电的电子和带正电的氩离子组成的离子对。入射 X 射线光子产生的平均离子对数与入射光子的能量成正比，与离子对的有效电离能成反比。产生的电子在电压作用下会逐渐加速飞向阳极金属芯线，并引发进一步的氩原子电离，这一效应称为气体电离增益，流气式正比探测器的电离增益一般为 6×10^4。经放大后的电流由电容收集，产生的脉冲电压与入射光子的能量成正比。需要特别指出的是脉冲高度和强度的区别。脉冲高度是指由单个 X 射线光子产生的单个脉冲电压幅度，而 X 射线强度则是指每秒测得的脉冲数。

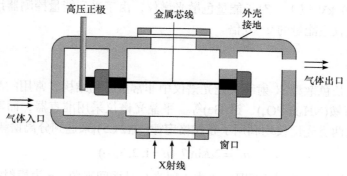

图 21.5　流气式正比计数器结构示意图

探测器的分辨率通常由峰高一半处所对应的谱峰宽度即谱峰半高宽表征。流气式正比计数器的理论分辨率 R 为

$$R = \frac{38.3}{\sqrt{E_X}} \times 100\% \tag{21.6}$$

式中，E_X 为入射 X 光子的能量。流气式正比计数器适用于 0.15～5 nm 波长的长波 X 射线探测，对 0.15 nm 以下的波长，探测灵敏度低。

闪烁计数器由荧光物质组成的闪烁体和光电倍增管组成，闪烁体晶体主要有涂有铊的碘化钠、钨酸镉、锗酸铋等，其结构和原理示意图如图 21.6 所示。X 射线照射后，闪烁体产生可见光，可见光在光电倍增管表面激发出电子，并在内电场的作用下线性放大，经前置放大器后记录。倍增管的放大系数约为 10^6，其产生的电子数与入射 X 光子的能量成正比。闪烁计数器的光电转换效率很低，要比流气式正比计算器低一个数量级左右，故闪烁计数器的理论分辨率更差，由式(21.7)决定。闪烁计数器适用于检测短波长的 X 射线，检测范围为 0.02～0.2 nm。

$$R = \frac{128}{\sqrt{E_X}} \times 100\% \tag{21.7}$$

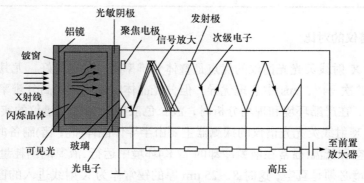

图 21.6　闪烁计数器的结构和原理示意图

半导体探测器是 X 射线光谱分析技术中发展最快的领域，它具有比流气式正比计数器和闪烁计数器更高的能量分辨率。目前，硅锂探测器已得到广泛应用，它通常表示为 Si(Li)。硅锂探测器是一种硅或锗单晶半导体探测器(图 21.7)，表层为正电性的 p 型硅，中间为锂补偿本征区，底层为负电性的 n 型硅，组成 PIN 型二极管。其中表层 p 型区是非活性探测区，本征区则是由锂漂移进 p 型硅中形成，以补偿其中的掺杂物并增加电阻，硅锂探测器在液氮制冷的条件下探测效果更好。

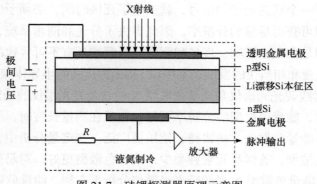

图 21.7　硅锂探测器原理示意图

　　当在探测器的两端施加一逆向偏压，产生的电场将耗尽补偿区的残留载流子即电子空穴对，该耗尽区就是探测器的辐射敏感区或活性区。当 X 射线进入半导体的锂漂移活性区时，其中的硅原子将由于光电效应产生光电子，在负偏压作用下，空穴流向 p 型区，电子流向 n 型区，电信号通过放大器放大并被记录。探测器直径越小，在低能范围的分辨率越高，厚度越厚，对高能光子的探测效率越高。

　　上述三种探测器的性能对比如表 21.2 所示，流气式正比计数器适用于较长波长的 X 射线探测，另外两种适用于短波长，而在分辨率方面硅锂探测器最优，流气式正比计数器次之，NaI 闪烁计数器最差。

表 21.2　　三种常见探测器的性能对比

探测器类型	适用波长范围 λ/nm	分辨率/keV
流气式正比计数器	0.15～5.0	1.2
NaI 闪烁计数器	0.02～0.2	3.0
硅锂探测器	0.05～0.8	0.16

21.2.4　两种光谱仪的对比

　　波长色散型 X 射线荧光光谱仪的优点是整体分辨率高，稳定性好，尤其在低能量区域和高计数率范围(10^6次 · s^{-1}，cps)中表现优异。但分光晶体的使用在提高分辨率的同时，也使体系结构变得复杂。在严酷环境和现场分析时，波长色散型 X 射线光谱仪的实用性不高。

　　能量色散型 X 射线荧光光谱仪的探测器主要由半导体晶体(硅，锗)制备的二极管组成，一般来说需要在真空和低温(通常在液氮冷却的 77 K)环境中运行，液氮的消耗量大约为每天 1 L。检测器的运行环境必须是真空，这时 8～25 μm 厚的铍常作为 X 射线进入的窗口材料，并且它对低能量光子的吸收可以满足要求。如果要测量低于 1 keV 能量的光子，需要小于 1 μm 超薄的铍窗口。一般来说，能量色散型探测器的能量分辨率比波长色散型要高得多，因此能量色散型更容易受到特征谱线重叠的影响。特别是在低能量区域，导致解析测量谱线存在困难。为了克服需要液氮冷却的问题，新的 Peltier 冷却探测器可替换半导体晶体管探测器，它可以提供更小的尺寸和更轻的质量，但分辨率变差。能量色散型 X 射线荧光光谱仪同时测量来自样品的所有光子。它的优点是很多元素可以在短时间内被检测到，同时导致了最大计数率被限制在 50～80 kcps 的缺点。来自每个光子的信号处理需要一定的时间，在该间隔期间系统尚未准备好处理来自下一个到达光子的信号，就产生了死区时间，必须予以纠正。能量探测器由于无须晶体分光即可获得足够的分辨率，因此省去了分光和测角系统，且能满足大部分实际应用的需要，特别是在太空探测、现场和原位分析领域具有不可替代的作用，因此能量探测器获得了足够的重视和相当快的发展，其中以 Si(Li) 为代表的半导体探测器已被广泛应用。

　　波长色散型 X 射线荧光光谱仪和能量色散型 X 射线荧光光谱仪的功能基本相同，但在测量短波或高能光子时，能量色散型的分辨率更好，相反在测量长波时，波长色散型的分辨率更好。在定性分析时能量色散法方便快捷，使用更广泛。在定量分析中，样品元素较多时能量色散型优于波长色散型，若样品元素种类少，波长色散型更好。对易受放射性损伤的样品如液体和有机物，用能量色散型 X 射线荧光光谱仪分析更有利。能量色散型 X 射线荧光光谱仪也更适用于动态系统的研究。总的来说，能量色散型 X 射线荧光光谱仪应用更广泛。

21.3　X 射线荧光光谱分析方法

21.3.1　样品制备和测试流程

进行 X 射线荧光光谱分析的样品物理形态主要包括块状、粉末和液体三大类，而样品制备的结果对测量误差影响都很大。制样的基本准则是不引入显著的系统误差，包括制备样品不能引入外来干扰物质，更不能改变样品的成分。制样的标准包括表面光滑平整、样品均匀、足够厚度。在实际制样中应注意，标准样品与未知样品必须采用相同的处理方法，样品厚度必须大于半衰减层两倍以上。半衰减层是指使入射 X 射线强度衰减一半所需的物质厚度。

标准样品直接影响分析的准确度，X 射线荧光光谱分析对标准样品的要求包括：①待测元素的含量准确可靠，最好使用标准参考物质；②标准样品的化学组成和物理性质与待测样品一致，物理化学性质稳定，便于长期保存和使用；③具有多个含量不同的标准样品系列，标准样品的元素含量范围应包括样品中待测元素含量的极大值和极小值。需要注意的是，在实际过程中由于生产工艺及原材料的组成不同，中间过程的物料也不同，因而没有统一的系列标准样品。为满足上述条件，可根据各自实际情况，采用实际样品进行配制，可以较好地消除基体效应的影响。

块状样品主要有金属块如钢、铝合金、电镀板和塑料等。以金属块为例，样品制备主要集中于样品的选取和表面处理。样品需要选择具有代表性的区域，表面尽量光洁，无气孔、偏析和非金属杂质。再进行样品表面处理，用车床或铣床对表面进行精细加工，也可用抛光机进行表面抛光，在处理过程中注意防止油污和其他污染，避免在中心部位留下尖头。

粉末样品主要包括岩石、矿物、金属粉末、耐火材料、土壤等，测试结果的系统误差主要来自元素间干扰、宏观异质性、颗粒度效应和矿物效应。常用的样品制备方法有压片法和熔融法。压片法操作简单、快速，但是由于物相和粒度很难和标样一致，所以干扰严重，测量精度和准确度较差；熔融法操作复杂，需要很强的技巧，但是熔融过程使物相统一，消除了粒度的影响，另外，通过熔剂稀释，基体效应下降，因此测量精度和准确度较好。压片法的主要步骤是干燥、焙烧、混合、研磨和压片。熔融法最早由 Claisse 和 Rose 等提出，优点是可克服矿物效应和颗粒度效应的影响，还可通过在纯的氧化物或已知标准样品中添加其他纯品的方法获得新的标准样品，这样可使标准样品所含元素的含量范围扩大。由于熔剂和试样比通常大于 5:1，因此可有效降低元素间吸收增强效应，熔融后的标准样品可长期保存。缺点是制样时间较长，消耗试剂较多，分析成本较高。熔融法的主要步骤有样品粉碎、熔剂加入、熔融、冷却、脱模和后处理。在粉末样品的 X 射线荧光光谱分析中，要获得准确的分析结果，制样技术依然是关键。采用压片法和熔融法两种制样方法各有其优缺点，应综合考虑制样速度、样品材料种类、元素测量范围、精密度、准确度等的要求进行选择。例如，当对速度要求很高时，选择粉末压片法；当对精密度和准确度要求较高时，选择熔融法。

液体样品包括水和油的溶液，是直读分析的理想样品。在绝大多数情况下样品中需要分析的元素浓度都太低，不能得到足够的信号强度，必须采用富集技术提高分析物的浓度。常用的液体样品制备方法有富集法、点滴法和固化法。到目前为止，应用最广泛的富集方法是离子交换技术，其优点是官能团被固定在固体基底上，从而可以从溶液中大量提取离子。点滴法是将一定量的液体样品滴在滤纸、离子交换膜或其他薄膜上，干燥后进行测定的方法。如果溶液中元素的浓度太低，得不到足够强度的 X 射线，可进行多次点滴操作，起到浓缩作用。使用过滤片时需要注意其中杂质的种类和浓度，一般用空白过滤片去除背景信号。在进行多次点滴时，为控制点滴造成的误差，点滴次数一般不超过十次。在用点滴法进行定量分析时，要用同一样品，点滴到多个过滤片上，对制样的重复性进行测试，并用平均值作为分析结果。在对油料样品分析时，可用固化剂将样品固化。固化后在真空中测定，对 Na、Mg 等轻元素的分析很有利。在分析润滑油中的磨损金属粉时，因测定过程中金属粉可能会沉淀出来，引起 X 射线强度变化，采用固化法可克服这一问题。这种方法适合于润滑油、机油、重油和轻油的分析，但因测定时可能会产生挥发问题，在分析前要事先选择合适的制样方法和测定条件。煤油、汽油及含水分高的油品不能采用固化法。

X 射线荧光光谱分析测试的主要步骤包括：

(1) 根据待测样品的元素种类和含量，选择合适的标准参考物质，制备化学性质稳定、易于长期保存的标准样品；

(2) 根据样品的类型和特征，选择上述样品制备方法制备测试样品；

(3) 用 X 射线荧光光谱仪测量标准样品和待测样品，得到样品中各化学成分对应元素的强度；

(4) 对测试结果进行定性或定量分析；

(5) 撰写测试报告。

21.3.2 定性分析

由莫塞莱定律[式(21.1)]可知，元素的特征谱线与原子序数紧密相关，通过特征谱线的识别可定性判断样品中所含的元素种类。如果是波长色散型光谱仪，对于一定晶面间距的晶体，由检测器转动的 2θ 角得到特征 X 射线的波长，从而确定元素成分。主要的过程包括：特征谱线的识别、峰的识别和干扰的识别。在分析未知谱线时，要同时考虑样品的来源、性质等因素。目前除轻元素外，绝大多数元素的特征荧光 X 射线均已准确测出，编制的标准谱线表供分析时使用。例如，以 LiF(200)作分光晶体时，在 2θ 为 4.59°处出现一强峰，从 2θ 谱线表上查出此谱线为 Ir 的 K_α 峰，由此可初步判断试样中有 Ir 存在。

定性分析的主要步骤包括：

(1) 元素的特征 X 射线的识别。根据元素的特征 X 射线的特点进行识别。每种元素的特征 X 射线，包括一系列波长确定的谱线，且其强度比是确定的。不同元素的同名谱线，其波长随原子序数的增大而减小。因为电子和原子之间的距离缩短，导致电子结合得更加牢固。以 K 谱线为例，Ca(Z=20)为 0.336 nm，Zn(Z=30)为 0.1436 nm，As(Z=22)为 0.1176 nm。

在实际测量中，通常需要根据几条谱线及相对强弱，参照谱线表，对有关峰进行鉴别，才能得到可靠的结果。

(2) 荧光谱峰的识别。首先把已知元素的所有峰都挑出来，这些峰包括已知元素的峰、靶线的散射线等。然后再鉴别剩下的峰，从最强线开始逐个识别。识别时应注意：由于仪器的误差，测得的角度与表中所列的数据可能相差 0.5°(2θ)；判断一个未知元素的存在最好用几条谱线，如查得的一个峰是 Fe K_α，则应寻找 Fe K_β 以肯定 Fe 的存在。

需要注意的是，从 20 世纪 70 年代末开始，已开发出定性分析的计算机软件和专家系统，可自动对扫描谱图进行搜索和匹配，从 X 射线荧光光谱线数据库中进行配对，以确定是何种元素的哪条谱线，因此自动化的识别方法已能大大提高识别的效率和准确度。

(3) 干扰谱线的识别。一般来说，次级峰的强度大致为主峰的 1/5，如果不符合该关系则可考虑可能有其他谱线重叠引起的干扰。

通过上述步骤的分析及综合各种干扰因素，即可得到可靠的定性分析结果，获取样品中元素的定性信息。

21.3.3　定量分析

一般而言，定量分析需要完成三个步骤：根据待测样品和元素及分析准确度要求，采用正确的制样方法，保证样品均匀和粒度合适；通过实验，选择合适的测量条件，对样品中的元素进行有效激发和实验测量；运用一定的方法，获得净谱峰强度，并在此基础上，借助一定的数学方法，定量计算元素含量。制样方法已经介绍过，这里主要讨论获取净强度的途径和定量分析方法。图 21.8 为使用波长色散型 X 射线荧光光谱仪测得的一种合金的谱线，谱峰已完成定性归属，以该结果为例介绍定量分析的方法。

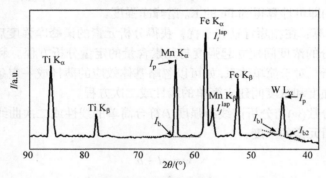

图 21.8　一种合金样品的波长色散型 X 射线荧光光谱

(1) 获取谱峰净强度：要获得待测元素的含量，首先要准确测量出待分析元素的谱峰净强度。谱峰净强度等于谱峰强度减去背景。尽管真实背景是指分析物为零时，在对应于分析元素能量或波长处测得的计数，但这样做并不实际，因为背景依赖于基体组分。因此，使用一种不含分析物的空白样测量背景并用于背景校正是不准确的。当谱峰与背景的强度比大于 10时，背景影响较小；反之当比例小于 10 时，背景影响较大，需要准确扣除。扣除背景的方法主要有单点法和两点法，对应的计算公式是式(21.8)和式(21.9)。当谱峰两边的背景相差不大时，采用简单的单点法即可扣除背景，如图 21.8 所示 Mn 的 K_α 谱峰净强度计算；而当峰两边的背景相差较大时，使用两点法扣除背景，方法是谱峰减去两边背景的平均值，如图 21.8 所示 W 的 L_α 谱峰净强度计算。

$$I = I_p - I_b \tag{21.8}$$

$$I = I_p - \frac{I_{b1} + I_{b2}}{2} \tag{21.9}$$

(2) 干扰校正：当样品中被测物存在谱线重叠时，如图 21.8 所示 Fe 的 K_α 谱峰和 Mn 的 K_β 谱峰重叠，可用比例法扣除干扰，对于元素种类较多的复杂体系常通过解谱或拟合来消除干扰。当采用比例法扣除干扰时，需要分别测定两处的重叠因子。设 α 和 β 分别为两个元素的谱线重叠比例系数，由纯 j 元素求得在其峰位处的强度 I_j 和其在 i 元素峰位处的强度 I_{ji}，其比值即等于 α，即

$$\alpha = \frac{I_{ji}}{I_j} \tag{21.10}$$

$$\beta = \frac{I_{ij}}{I_i} \tag{21.11}$$

又定义角标 net 和 lap 分别代表净强度和测定的重叠峰强度，则计算谱峰净强度的公式为

$$I_i^{lap} = I_i^{net} + \alpha I_j^{net} \tag{21.12}$$

$$I_j^{lap} = I_j^{net} + \beta I_i^{net} \tag{21.13}$$

$$I_i^{net} = I_i^{lap} - \alpha I_j^{net} = I_i^{lap} - \alpha I_j^{lap} \tag{21.14}$$

由于一般 α 和 β 较小，式中最后忽略了二次项的影响。干扰谱线 j 的谱峰离 i 元素的谱峰位置越远效果越好。假设上述 i 元素代表 Fe，j 元素代表 Mn，在通过标准样本计算出比值 α 的情况下，通过式(21.14)即可计算得到 Fe 的 K_α 谱峰净强度。

(3) 元素含量计算：在扣除背景和干扰，获得分析元素的谱峰净强度后，可在分析谱线强度与标样中分析组分的浓度间建立起强度与元素含量的定量分析方程。利用标准方程可进行未知样品的定量分析。对于简单体系，如可以忽略基体效应的薄样或一定条件下的微量元素分析，可以在谱峰净强度和浓度间建立简单的线性或二次方程。

当分析物质量分数(w)与分析谱线净强度(I)符合简单的线性或二次曲线关系时，可采用以下两个方程计算分析元素的浓度：

$$w = aI + b \tag{21.15}$$

$$w = aI^2 + bI + c \tag{21.16}$$

式中，a、b、c 为系数，可结合标样的数据，由拟合方法可计算得到。需要特别注意的是，所用标样类型应具有代表性，浓度范围也应足够宽，最低要求是覆盖拟测定的未知样浓度范围。

21.4　X 射线荧光光谱法应用

21.4.1　应用领域

X 射线荧光光谱分析作为一种较成熟的元素分析技术，具有简单快速、准确度高、精密度好、多元素同时测定等特点，可实现原位及现场快速分析。具体包括：分析的元素范围广，从 Be 到 U 均可测定；荧光 X 射线谱线简单，相互干扰少，样品不必分离，分析方法比较简便；分析浓度范围较宽，从常量到微量都可分析，重元素的检测限可达 ppm 量级，轻元素稍差；分析样品不被破坏，分析快速，准确，便于自动化。

经过 100 多年的不断发展进步，以及作为一种无损检测技术，X 射线荧光光谱分析法已广泛应用于科研、生产和生活的各个方面，促进了包括物理学、化学、地质学、生命科学、材料科学、环境科学、考古学、医药卫生、刑侦法检等学科和技术的飞跃发展。主要的应用场景包括：钢铁工业、铝工业、水泥工业等工业生产中原材料的质量检查、生产中成分的分析、半导体工业表面杂质的污染检测；大气、水体、土壤、沉积物等环境科学中的元素分析；

电气、电子设备中有害物质的快速测定；考古和文物保护中分析元素成分、珠宝和艺术品鉴定等；食品安全；安检、刑侦法检样品中元素分析；生物细胞和组织中微量元素与生命体健康、疾病的相关性研究，药品质量的监测等。X 射线荧光光谱法对测定饰品中有害元素起到了非常重要的作用，作为标准测定方法被列入了中华人民共和国国家标准(GB/T 28020—2011)。

在实际应用中需要注意：

(1) 由于激发光和发射光的能量有限，X 射线荧光光谱法是一种表面敏感的分析方法，不适用于样品内元素的分析，一般来说它的穿透深度在几微米到几百微米量级，并且穿透深度与待检测样品的状态相关，如块状固体、液体和粉末样品的穿透深度逐渐增加。

(2) X 射线荧光光谱分析技术的缺点是检出限不够低，不适于分析轻元素，依赖标样，分析液体样品的过程比较烦琐，因此可将该方法与其他测量手段结合起来使用。X 射线荧光光谱分析适合生产过程有害元素含量的监控，而有害元素含量的最终裁定则不应该仅仅依靠单一的测量手段。由于电感耦合等离子质谱仪具有极佳的痕量、超痕量分析能力，因此目前国内外分析实验室一种流行的趋势是同时配备 X 射线荧光光谱仪和电感耦合等离子质谱仪，利用 XRF 分析含量较高的元素，而用电感耦合等离子质谱仪分析低浓度的元素。

(3) X 射线荧光光谱仪是一种相对测量仪器，仪器的维护非常重要，在使用过程中需要定期对仪器进行标定和校准。

(4) X 射线荧光光谱分析的结果特别依赖于样品的制备和处理，一般来说，样品处理得越好，测量精度越高，测量结果也越可靠。在实际使用过程中，应该针对测量样品的特性进行必要的处理，制备得到较为理想的样品。

21.4.2　应用实例

铁矿石是我国的大宗进口商品，现对某一批进口的铁矿石原料进行元素含量测定，铁矿石产地提供的信息是该原料中可能含有的元素及质量分数，分别为：Fe(40%～60%)、O(25%～35%)、Ca(5%～10%)、Cu(5%～8%)、Ag(4%～8%)、Ti(4%～7%)、Cr(1%～3%)、Hg(<2%)、Pb(<2%)。下面以该铁矿石样品为例，介绍 X 射线荧光光谱分析方法。

(1) 制样：根据已知的元素类型和含量配制标准样品，标准样品覆盖所有元素的含量范围并设置合适的浓度梯度。标准样品和待测样品使用同样的制样方法，作为示例可依照如下步骤进行：将样品粉碎到 48 μm 以下，并在 105℃下烘烤 2 h 使样品干燥；称取 15 g $Li_2B_4O_7$ 和 $LiBO_2$ 组成的混合熔剂和 1 g 样品于铂金坩埚中，用玻璃棒混匀，加入 50 mg·mL^{-1} 脱模剂 NH_4I 溶液和 200 mg·mL^{-1} 氧化剂 $LiNO_3$ 溶液各 2 mL，在电炉上烘干后，放入 800℃的熔样炉中预氧化 20 min，之后于 1050℃下熔融，熔融过程中轻轻晃动摇匀熔体，赶走气泡。10 min 后倒入已预热的铂金模具中，取出风冷 5 min，最后将试料片从模具中倒出，置于干燥器中。

(2) 测试：将制备完成的样品放入样品托盘并盖上样品盖，在仪器的操作计算机上输入样品名称，选择合适的测试方法及测试参数，完成测试，得到如图 21.9 所示的 X 射线荧光光谱图，最后取出样品完成测试。

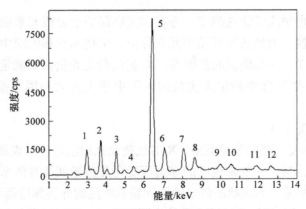

图 21.9 铁矿石样品的能量色散型 X 射线荧光光谱

(3) 定性分析:根据测试结果获取谱峰位置和强度信息,查找元素 X 射线标准荧光光谱表,找到最接近的标准谱线位置,从而找到对应元素的归属。表 21.3 为图 21.9 铁矿石样品荧光光谱的谱峰位置、强度及定性分析的结果,从初步的分析结果中找到了样本中所有金属元素对应的峰位,与标准谱峰位置的重合度较为理想,并且其中 Fe、Cu、Hg 和 Pb 均出现了两个峰。需要注意的是,每种元素都有多个特征谱峰,由于检测能量的范围有限,不能全部检测到,另外,对于背景影响较大的测试结果,需要结合多个谱峰位置和它们之间的强度比例确定元素类型。

表 21.3 X 射线荧光光谱的谱峰和定性分析结果

编号	能量/keV	谱峰强度/cps	谱峰净强度/cps	对应元素	标准谱峰位置/keV
1	2.9765	1524.1839	1424.1839	Ag	2.983($L_{\alpha1}$)
2	3.7024	2002.6706	2102.6706	Ca	3.692($K_{\alpha1}$)
3	4.5174	1435.1632	1335.1632	Ti	4.512($K_{\alpha1}$)
4	5.4114	656.2314	556.2314	Cr	5.415($K_{\alpha1}$)
5	6.3974	8278.6350	8178.6350	Fe	6.405($K_{\alpha1}$)
6	7.0446	1624.3323	1524.3323	Fe	7.059($K_{\beta1}$)
7	8.0417	1546.4391	1446.4391	Cu	8.046($K_{\alpha1}$)
8	8.8901	611.7210	511.7210	Cu	8.904($K_{\beta1}$)
9	9.9895	767.5074	667.5074	Hg	9.989($L_{\alpha1}$)
10	10.5560	756.3798	656.3798	Pb	10.551($L_{\alpha1}$)
11	11.8490	667.3590	567.3590	Hg	11.824($L_{\beta1}$)
12	12.6069	660.3590	560.3590	Pb	12.614($L_{\beta1}$)

(4) 定量分析:如图 21.9 所示,本次测试的背景影响较小,主要元素的峰背比大于 10∶1,是较为理想的结果,谱峰净强度的获取可通过简单的背景扣除完成,图 21.9 中的背景强度为 100 的一条直线,扣除背景后的谱峰净强度见表 21.3。接下来以铁矿石中铁的含量计算作为定量分析的示例。通过标准样品的测试和拟合的结果得到铁矿石含量与谱峰净强度的关系为

$$w(\text{Fe}) = 0.0068I + 0.2 \tag{21.17}$$

根据式(21.17)和铁的谱峰净强度 8178.6350 即可计算出该铁矿石样品中铁的含量为 55.81%，定量分析完成。

尽管 X 射线荧光光谱仪已有长足的进步，然而仍然有发展的空间，主要集中在：①仪器多功能化。为了满足多种不同测试的要求，新一代 X 射线荧光光谱仪正朝着一机多用方向发展。例如，普通型、偏振光型和微束型的集成，可以实现多种测试，而无须购置多台仪器，降低了成本。另外，为了将元素分布与相关的区域或结构对应，测试的对应，可集成电子显微镜的图像功能，同时实现样品的图像和元素分析。②仪器小型化与专用化。针对不同现场测试的要求，需要进一步地减小仪器的体积，同时对不同的测试对象进行适当调整，实现专业、快速的测试分析。③仪器智能化。在对测试结果进行定性分析和定量分析时，对测试人员有相关的专业要求，为降低对仪器熟悉程度的要求和减小分析结果的人为差异，智能化的发展是必然的趋势。将自诊断功能、软件包、数据库和图形化的操作界面结合实现智能化的操作和测试，得到标准的分析结果也是未来的发展方向。

21.4.3　发展趋势

随着科学的进步和仪器制造技术的发展，现代的 X 射线荧光光谱仪针对不同的应用需求，已在原仪器的基础上发展出各种特殊用途的 X 射线荧光光谱仪，主要包括：

(1) 便携式 X 射线荧光光谱仪。光谱仪的激发源为体积小、质量轻的 X 射线管，由可充电的锂电池供电。基于能量色散型 X 射线荧光光谱仪，可用于化学元素成分定量分析、定性检测，具有快速、准确、无损、方便的特点，无须烦琐的样品前处理。常用于合金、矿样、地质、贵金属、废旧金属回收的分析，土壤检测，电子消费品、玩具等的环保检测等领域。同时，智能化的集成软件很好地解决了对非专业化学分析领域中技术人员的知识要求，使用人员范围更普及，可同时测定 25 种以上元素。

(2) 全反射型 X 射线荧光光谱仪。普通荧光光谱仪通常是以入射角 45°左右照射待测样品，而全反射型荧光光谱仪以<0.1°的入射角激发样品的荧光。由于入射线从光滑待测样品的表面发生全反射，入射的厚度为 10 μm 左右，并且几乎不被吸收，由此可以大大降低对痕量分析不利的 X 射线背景。

(3) 偏振型 X 射线荧光光谱仪。由 X 射线管产生的射线照射在起偏器上，产生偏振光，之后再照射待测样品激发 X 射线荧光，随后通过探测器检测。由于 X 射线的入射光和其反射光之间呈 90°角，这样就可以大大降低基体的散射背景，降低了元素分析的检出限，能够准确测量 0.1~1 μg 量级的元素。

(4) 微束型 X 射线荧光光谱仪。为获得更高的空间分辨率，在 X 射线入射路径中加小孔光阑，即可实现微束型 X 射线荧光光谱仪，其已逐渐成为表面、微区、微试样分析的一种有力工具。由于微束的照射范围减小，通常需要通过增加入射光的强度以达到所需精度。微束型 X 射线荧光光谱仪具有原位、多维、动态和非破坏性特征，主要用于非均匀材料的局部分析。

【拓展阅读】

X 射线的发现及 X 射线衍射与荧光光谱法的发明

1895 年，德国物理学家伦琴(Röntgen)在研究电子流通过阴极射线管内的稀薄气体时，发现了一种肉眼看不见的未知射线，他使用了数学中 "X" 对未知事物的表达方式，将该射线称为 X 射线(伦琴射线)。为表彰伦

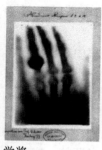

琴在发现 X 射线方面的杰出贡献，1901 年的首届诺贝尔物理学奖授予了伦琴。在发现 X 射线大约 2 周后，伦琴拍摄了第一张 X 射线的照片，照片内容是他妻子路德维希的手。1912 年，劳厄(von Laue)根据理论预测并用实验证实了 X 射线透过晶体时发生了衍射现象，证明 X 射线是一种电磁波，并估算出它的波长约为可见光的万分之一。劳厄的发现不仅解决了 X 射线本质的问题，同时大大促进了晶体学的发展，1914 年劳厄因发现晶体衍射 X 射线而获得诺贝尔物理学奖。1912~1914 年，布拉格父子(William Henry Bragg 和 William Lawrence Bragg)分析了大量晶体的结构，推导出了著名的布拉格衍射方程。因用 X 射线做晶体结构分析方面的突出贡献，布拉格父子获得了 1915 年的诺贝尔物理学奖。

1913 年，莫塞莱发现 X 射线光谱波长与原子序数之间存在一定的关系，并总结建立了莫塞莱定律，可用于测定未知样品中元素的种类，为此发展了 X 射线光谱学，为 X 射线光谱用于化学元素定性和定量分析奠定了基础。1948 年，弗利德曼(Friedman)和伯克斯(Birks)成功研制出第一台封闭型 X 射线荧光光谱仪，为样品中元素的分析提供了便捷的方法。

【参考文献】

胡波, 武晓梅, 余韬, 等. 2015. X 射线荧光光谱仪的发展及应用[J]. 核电子学与探测技术, 35(7): 695-706.

刘密新, 罗国安, 张新荣, 等. 2002. 仪器分析[M]. 2 版. 北京: 清华大学出版社.

罗立强, 詹秀春, 李国会. 2015. X 射线荧光光谱分析[M]. 2 版. 北京: 化学工业出版社.

齐文启, 汪志国. 2004. X 射线荧光分析法及其在环境监测中的应用[J]. 环境监测管理与技术, 16(4): 9-12.

尹知生, 李利仙, 李环. 2021. X 射线荧光光谱法分析锑铅合金中金银元素含量的研究[J]. 湖南有色金属, 35(1): 77-80.

章连香, 符斌. 2013. X 射线荧光光谱分析技术的发展[J]. 中国无机分析化学, 3(3): 1-7.

【思考题和习题】

1. X 射线荧光光谱分析法的特点和应用领域/场景有哪些?

2. 名词解释: 特征 X 射线、俄歇电子。

3. 简述 X 射线荧光 K 系和 L 系的区别以及同一谱线系(K 系)中不同谱线的区别。

4. 简述波长色散型 X 射线荧光光谱仪和能量色散型 X 射线荧光光谱仪的仪器结构、工作原理及各自优缺点。

5. 常用粉末样品的制备方法及各自优缺点是什么?

6. 制备标准样品的要求有哪些?

7. 简述 X 射线荧光光谱的定性分析方法和定量分析方法的主要步骤。

第 22 章　热分析与有机元素分析

【内容提要与学习要求】

　　本章分为热分析和有机元素分析两个部分；在简述热分析简史的基础上，对热分析方法及影响因素进行了重点介绍，同时也对热分析应用及最新发展趋势进行了说明；有机元素分析部分包括其基本原理、元素分析仪构成、测试条件及应用等内容。通过本章的学习，要求学生掌握热重分析、差热分析和差示扫描量热的基本原理，仪器的基本结构，能区分这三种方法的差异；熟悉热重分析、差热分析和差示扫描量热的应用，能根据图谱解析相关的结论；掌握元素分析的原理，能应用元素分析解析有机化合物的经验式；掌握元素分析仪的基本结构；了解元素分析方法在工业领域中的应用。

　　热分析(thermal analysis)指在程序控温下，测量物质的物理性质(热能量、质量、结构、尺寸等)随温度变化的关系。热分析在材料、药物等方面的用途十分广泛，可用于反应动力学研究、反应机理学研究、反应热和比热容的测定等；也可以测定材料或药物在物理变化过程中的热性质，测定热稳定性、氧化稳定性、玻璃化转变温度、结晶度、反应动力学、熔融热焓、结晶温度及时间、纯度、沸点、熔点和比热等。在材料的性质或药物的性质表征方面是常用的手段之一。

　　有机元素分析(organic elemental analysis，OEA)，有机元素通常是指在分析化合物或材料中的碳(C)、氢(H)、氧(O)、氮(N)、硫(S)等元素，这些元素在有机化合物中分布广泛。有机元素分析常简称为元素分析(EA)。该方法对药物、染料、化工中间体、土壤、石油、煤炭等各种未知物质的组成判断和结构解析，及新化合物的结构表征起着举足轻重的作用。

22.1　热分析技术和方法概述

22.1.1　热分析技术发展简史

　　热分析作为一种科学的实验方法，有记载的热分析技术创建于 19 世纪末 20 世纪初。1899年，英国的罗伯茨(Roberts)和奥斯汀(Austen)采用两个热电偶反向连接，采用差热分析的方法记录样品和参比物之间的温差随时间变化规律，这是差热分析及热导检测的雏形。日本的本多光太郎在 1915 年提出了"热天平"概念，设计了世界上第一台热天平。直到 20 世纪 40 年代末，出现了热分析的商品化仪器如差热分析仪、热天平。后来，1964 年沃森(Wattson)和奥尼尔(O'Neill)等提出了"差示扫描量热"的概念，进而发展成为示差扫描量热技术。以美国为首的发达国家药典中已有很多品种采用了热分析法进行相关的质控。例如，在《美国药典》中采用热分析法进行质控的样品包括阿奇霉素、盐酸阿米洛利、葡萄糖酸钙、亚胺培南、帕立骨化醇、利塞膦酸钠、硫酸长春碱、硫酸长春新碱等。

　　热分析的定义包括三方面内容：①物质要承受程序控温的作用，通常指以一定速率等速升(降)温。这里提到的物质包括原始试样和在测量过程中由化学变化生成的中间产物和最终产物。②要选择一种观测的物理量 P，可以是光学的、力学的、热学的、电学的、磁学的等。

③测量物理量 P 随温度 T 的变化，通常不能由测量直接给出它们的函数关系。随着新的学科和材料工业的不断发展，热分析已广泛应用于材料、医药、化学、化工、生物化学、食品、冶金、刑侦、海洋、物理学、空间技术等领域。热分析的研究和应用领域不断扩展，技术不断创新。样品微量化、测试自动化成为当代热分析仪器发展的方向之一。

22.1.2　热分析方法

根据测量物质的物理性质的不同，热分析有多种方法。在热分析技术中，应用最为广泛的是热重分析法(thermo-gravimetric analysis，TGA)、差热分析法(differential thermal analysis，DTA)与差示扫描量热法(differential scanning calorimetry，DSC)。

1. 热重分析法

物质加热过程中会从某一临界温度开始发生分解、脱水、氧化、还原和升华等变化而出现质量变化，其质量变化的温度和质量变化百分数随物质的结构及组成而异。也就是说，质量变化的大小及开始变化的温度与物质的化学组成和结构密切相关。因此，利用在加热和冷却过程中物质质量变化的特点，可以区别和鉴定不同的物质。热重分析法是指在程序控温下，测量物质的质量随温度变化的关系(m-T)。样品质量对温度求导数值随着温度的变化即是微商热重分析法[(dm/dT)-T]。热重分析法是研究化学反应动力学的重要手段之一，是监控分解反应过程的有效方法，是研究药物、材料等热稳定性的常用方法之一。该法所需试样用量少、分析速度快，并能在测量温度范围内研究物质受热发生反应的全过程等。热重分析法也常应用于药物质量控制中。1915 年，本多光太郎制作了热重分析法的装置——热天平，图 22.1 为上皿式零位型阻尼热天平基本结构示意图。零位法是相对于变位法而言的。零位法指将天平梁倾斜度换算为样品质量(倾斜度与质量成正比)，复位线圈对安装在天平中的永久磁铁产生作用，使倾斜的天平梁复位平衡。

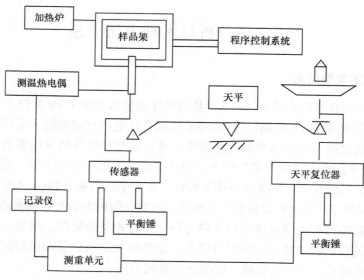

图 22.1　上皿式零位型阻尼热天平的基本结构示意图

这种天平在加热过程中试样无质量变化时仍能保持初始平衡状态，而有质量变化时，天平就失去平衡，天平横梁倾斜，并立即由传感器检测并输出天平失衡信号。该信号经测重系统放大用以自动改变平衡，复位器中的线圈电流与试样质量变化成正比。因此，记录电流的变化能得到加热过程中试样质量连续变化的信息。而试样温度同时由测量热电偶测定并记录。于是得到试样质量与温度(时间)的关系曲线。热天平中阻尼器的作用是维持天平的稳定。天平摆动时，就有阻尼信号产生，这个信号经测重系统中的阻尼放大器后再反馈到阻尼器中，使天平停止摆动。为了保证测试的准确性，热重分析仪需要经常参考使用 In、Zn、Pb 等标准物质进行温度校正，用一水草酸钙或天平砝码进行天平校正。

　　一台优质的热重分析仪称量时的质量精度应为百万分之一，准确度优于 0.11%，天平的灵敏度达到 10^{-4} mg，标准炉的温度可达 1000℃，高温炉的温度为 50～1500℃。标准炉的加热和冷却速率为 0.1～200℃·min^{-1}，标准炉和高温炉的温度精度分别可达到±2℃和±5℃。用强制性空气冷却，标准炉在 15 min 内温度可以从 1000℃降至 50℃，高温炉在 35 min 内温度可以从 1500℃降至 10℃。

2. 差热分析

　　差热分析(DTA)指在程序控温下，测量物质与参比物的温度差随温度变化的技术。由于试样与参比物之间的温度差主要取决于试样的温度变化，因此差热分析本质上与焓变有关。

　　差热分析仪器主要部件由四部分组成：加热炉、温度程序控制器、测量系统和记录仪。处在加热炉中的试样和均热块中的参比物在相同条件下加热和冷却，其温度差用对接的两支热电偶进行测定。热电偶的两个接点分别与盛装试样和参比物的坩埚底部接触进行测量。测得的温差电动势经放大后由记录仪直接把试样和参比物之间的温差 ΔT 记录下来，以它为纵坐标，再将记录仪同时记录下的试样的温度 $T(\tau)$ 作为横坐标，就获得了 $\Delta T=f(\tau)$ 差热分析曲线。DTA 的优点是可以进行高温测定，测量温度可达 1500℃甚至 2400℃，但缺点是灵敏度低，适合于定性分析，很少用于定量分析。该法常用于矿物、金属等无机材料的分析。

　　DTA 曲线的曲线峰包括吸热峰和放热峰；峰高表示试样和参比物之间的最大温差；峰宽为 DTA 曲线偏离基线又返回基线两点间的距离；峰面积(差热曲线和基线之间面积)和热焓成正比。在测定化学反应的热变化曲线时峰形陡，反应速率快；峰形缓，反应速率慢。从 DTA 曲线不能判断热变化是物理变化还是化学变化，是一步还是分步完成，以及质量有无改变等。而且 DTA 本质上仍然属于动态量热，温度条件是变化的。与 TGA 相比，DTA 更依赖于实验条件，因为温度差比 TGA 的质量变化更加依赖于传热的机理与条件。

　　差热分析对参比物的要求：①整个测温范围内无热效应；②比热和导热系数与试样接近；③粒度为 100～300 目筛(150～50 μm)。差热分析对试样要求：①粉末过 100～300 目筛；②装填密度与参比物相近；③稀释试样用参比物。

　　测试条件中，升温速率一般为 1～10℃·min^{-1}，热电偶选择温度一般小于 1000℃。

3. 差示扫描量热

　　差示扫描量热(DSC)是指在程序控温下，测量输入到物质和参比物的功率差与温度关系的技术。DSC 能直接测量等温或变温状态下的反应热，常用于热焓、熔点的测定。由于差热分析测量准确度不高，只能接近近似值，且由于使用较多的试样，使试样温度在产生热效应期间与程序温度间有明显的偏离，试样内的温度梯度也较大，因此难以获得变化过程中准确的试样温度和反应的动力学数据。DSC 克服了 DTA 在定量测定上存在的难以获得变化过程中准确的试样温度和反应的动力学数据这些不足而迅速发展起来。DSC 的准确性、稳定性和分辨率均较 DTA 好，常用于有机物和有机高分子化合物的分析，测试温度为−175～725℃。

DSC 曲线记录的是热流速率 $dH/dt(mJ \cdot s^{-1})$ 与时间 t 或温度 T 的关系。DSC 的峰面积可表征吸热或放热反应焓变。反应热焓与 DSC 曲线上的峰面积成正比，见式(22.1)。

$$\Delta H = k \frac{A}{m} \tag{22.1}$$

式中，ΔH 为热焓或放出的热量；k 为仪器参数；A 为峰面积；m 为试样质量。k 值可以用标准物质(高纯铟)的熔化峰面积和熔化热求出。

DSC 曲线中的热流速率 dH/dt(即 Y)与试样的定压热容 C_p 成正比，见式(22.2)。

$$Y = \frac{dH}{dt} = mC_p\frac{dT}{dt} \tag{22.2}$$

式中，dT/dt 为仪器的升温速率；m 为试样质量。在相同实验条件下测定试样和标准物质(常为合成的蓝宝石 α-Al_2O_3)的热流速率 dH/dt，可得式(22.3)，由此公式可计算出试样的定压热容。

$$\frac{Y_{样}}{Y_{标}} = \frac{m_{样}C_{p样}}{m_{标}C_{p标}} \tag{22.3}$$

差示扫描量热仪是能准确测量转变温度、转变焓的一种精密仪器，可按所用的测量方法

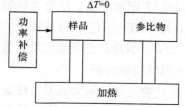

图 22.2　功率补偿型 DSC 仪原理图

分为功率补偿型 DSC 仪和热流型 DSC 仪。功率补偿型 DSC 仪的原理图如图 22.2 所示：将试样和参比物置于相同热条件下，在程序升降温过程中，始终保持样品和参比物的温度相同($\Delta T=0$)，样品与参比物之间无热传导，样品和参比物之间独立加热。当样品发生热效应时，通过微加热器等热元件给样品补充热量或减少热量以维持样品和参比物的温差为零。加热器所提供的热量通过转换器转换为电信号作为

DSC 曲线记录下来。差示扫描量热仪通常包括加热炉、测量系统、温度控制器、记录系统及气氛装置。

差示温度控制回路的作用是维持两个样品支持器的温度始终相等。当试样和参比物间的温差信号经变压器耦合输入前置放大器放大后，再由双管调制电路依据参比物和试样间的温度差改变电流，以调整示差功率增量，保持试样和参比物支持器的温度差为零。与差示功率成正比的电信号同时输入记录仪，得到 DSC 曲线。

使试样和参比物的温度差始终保持为零的工作原理称为动态零位平衡原理，这样得到的 DSC 曲线反映了输入试样和参比物的功率差与试样和参比物的平均温度即程序温度(或时间)的关系。曲线的峰面积可表征吸热或放热反应焓变。

热流型 DSC 仪如图 22.3 所示，仪器在分析过程中输入样品和参比物的功率相同，测试样品和参比物之间的温度差 ΔT，

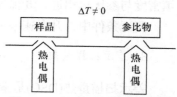

图 22.3　热流型 DSC 仪原理图

通过热流方程, 将温度差 ΔT 换算成热量差(dH/dT)。热流型差示扫描量热仪应用市场较功率补偿型广泛。

DSC 曲线与 DTA 曲线的形状非常相似。横坐标均为温度 T, DSC 曲线的纵坐标是 dH/dT, DTA 曲线的纵坐标是 ΔT。虽然 DSC 克服了 DTA 的不足, 但是它本身具有以下缺点: ①允许的样品量相对较小; ②传感器可能会受到某些特殊样品的污染, 需小心操作。

在 DTA 分析或 DSC 分析中, 常用惰性氧化铝空坩埚或其他惰性空坩埚作参比物。为了保证测试结果的准确性, 应定期使用标准物质对温度进行校准。常用的标准物质见表 22.1。

表 22.1　热分析标准物质特性量值表

标准物质名称	熔化温度($k=2$)/℃	熔化热($k=2$)/(J·g^{-1})	相变温度($k=2$)/℃
铟(In)	156.52±0.26	28.53±0.30	—
锡(Sn)	231.81±0.06	60.24±0.18	—
铅(Pb)	327.77±0.46	23.02±0.28	—
锌(Zn)	420.67±0.60	107.60±1.30	—
硝酸钾(KNO$_3$)	—	—	130.45±0.44

22.1.3　热分析的影响因素

一些因素影响热分析的测量值。这些影响因素主要包括: 升温速率、样品用量、样品粒度及堆积方式、气氛、灵敏度与分辨率、样品的前处理、状态调节及取样等。

1. 升温速率

升温速率对热分析试验的结果有十分明显的影响, 主要可以从快速升温和慢速升温两个方面来概括。

(1) 快速升温: 对于 TGA、DTA 或 DSC 曲线, 提高升温速率通常使测量峰(反应、相转变、失水、分解等)的起始温度 T_i、峰值 T_p 和终止温度 T_f 滞后严重而增高。升温速率过快, 反应(相转变、失水、分解等)尚未来得及进行, 便进入最高的温度, 造成反应或其他物理变化滞后程度较大, 样品内温度梯度增大, 峰分离能力下降, 降低两个相邻峰的分辨率, DSC 基线漂移较大。快速升温将反应推向高温区并使反应或其他物理变化以更快的速度进行, 使 DTA 曲线的峰值升高, 且峰幅变窄, 呈尖高状, 能提高灵敏度。

(2) 慢速升温: 与快速升温相反, 慢速升温的优点和缺点如下: 慢速升温通常使测量峰(反应、相转变、失水、分解等)的起始温度 T_i、峰值 T_p 和终止温度 T_f 滞后小, 试样内外温差不大, 有利于 DTA、DSC、TGA 相邻峰的分离。慢速升温使峰形宽平(降低峰的尖锐度)、DTA 曲线的峰面积较小。慢速升温使 DSC 基线漂移较小, 但灵敏度下降。需要注意的是, 在样品测试中, 应保持稳定的升温速率, 若升温速率不同, 会造成炉内气流上升、反冲、气体浮力发生变化, 从而造成在 TGA 曲线中出现虚假峰(增重或失重)。

为了得到客观、准确的热分析曲线, 在正式实验前, 应先做预实验。在室温至比相变温度或分解温度高 10~20℃的范围内以每分钟 10~20℃的升温或降温速率做快速升温或降温的预实验, 然后在较窄的温度范围内以较慢的速率做升温或降温(甚至低至每分钟 1℃)的精密实验, 以得到准确、可重现的实验结果。

2. 样品用量

样品用量小时，样品内的温度梯度较小，测得特征温度较低但更准确，相邻峰分离度增加；对于测定化学反应或材料分解有气体放出时，样品量少有利于气体扩散。但是，测试的样品量过少造成灵敏度降低。若样品用量大，可以提高灵敏度，峰值温度向高温漂移，峰形加宽，峰之间分离度下降；样品用量大，样品内温度梯度较大，气体产物扩散差。如果热天平的灵敏度足够高，可以选择较小的样品量。

加快升温速率也能显著提高灵敏度，但分辨率会显著降低。增大样品量也能显著提高灵敏度，且对分辨率的降低有限。因此，通常选择较慢的升温速率以保持良好的分辨率，并适当增加样品量来提高灵敏度。

3. 样品粒度与堆积方式

样品粒度小，比表面积大，能加速样品表面的反应，加速热分解。样品粒度小，堆积较紧密，内部导热良好，温度梯度小，因此滞后效应小，DSC 的起峰温度和峰温均有所降低。但是，样品与环境气氛交换稍差。若产生气体，则气体产物扩散差，可能会对气-固反应或生成气态产物的化学平衡有影响。一般情况下，样品在坩埚底部铺平，摊薄，样品厚度比较均匀，能有效降低热电偶与样品间的温度差。此外，样品的热导值、比热、填充密度、释放气体、胀缩性、参比物的性质等因素均能影响差热曲线。

4. 气氛

一般地，气氛影响化学反应但不影响物理反应。变换气氛可以辨别热分析曲线热效应的物理化学归属。例如，在空气中和稀有气体中测量的热曲线均呈现放热峰且大小不变，一般是结晶或固化反应。在材料的热稳定性实验中，在空气或惰性气氛中，测量结果即热分解的起始温度差异很大。

另外，样品的前处理、状态调节与取样也是影响热分析的主要因素。

DSC 测定的是所有化学反应或物理变化的综合表观的热性质，不能从本质上给出多重转变过程，也无法区别出叠加的热效应所对应的每一个反应或变化。并且无法同时获得高灵敏度和高的解析度。由于受到基线斜率和稳定性的限制，DSC 难以准确测量一些微弱转变。这些问题限制了该技术的应用。调制温度式差示扫描量热仪(modulated differential scanning calorimetry, MDSC)很好地解决了这些问题。它是 20 世纪 90 年代由 Reading 等发展的，MDSC 在传统 DSC 线性加热的基础上叠加了一个正弦振荡，所以当缓慢线性加热时，可得到高的解析度；并且正弦波振荡的加热方式引起了瞬间剧烈的温度变化，可以获得较佳的灵敏度。因而，相比传统 DSC，MDSC 在灵敏度和解析度方面均有较大的提升，弥补了传统 DSC 的不足。

22.1.4　热分析的应用

单一的热分析技术仅能提供物质性质变化的某一或某些方面，往往有一定的局限性。DTA、TGA、DSC 等各种热分析技术相互组合在一起，可实现单次测定获得多种信息。目前一些多功能的综合热分析仪已经商品化，用于多种热分析的同时测定。根据热效应的综合结果可以判断热效应的机理。例如，若在一定温度范围内发生吸热并失重，很可能是由脱水或分解造成的；若发生放热并增重，很可能为氧化过程；若发生放热并且体积收缩，则很可能有新晶相形成；若发生吸热并且有体积变化但无质量变化，则可能为晶型转变；若无热效应但体积收缩，则可能烧结开始。

在药物质量控制中，最常用的是热重分析法。根据 TGA 结果，可以判断该化合物是否含有结晶水或结晶溶剂，可以区别样品含结晶水还是吸附水。化合物在失去结晶水或结晶溶剂时会伴随着晶型改变。根据吉布斯相律，失去结晶水或结晶溶剂时，温度保持不变，在 TGA 曲线中表现出失重台阶；而吸附水或吸附溶剂的样品在失重的过程中是随着温度变化逐渐失去，在 TGA 曲线中没有台阶。

差热分析虽然受到检测热现象能力的限制，但是可以应用于单质和化合物的定性和定量分析、反应动力学和反应机理学研究、反应热和比热容的测定等方面。差示扫描量热测量的是与材料内部热转变相关的温度、热流的关系，应用范围非常广，特别是材料的研发、性能检测与质量控制。利用差示扫描量热仪可以测量样品的玻璃化转变温度、热稳定性、氧化稳定性、结晶度、反应动力学、熔融热焓、结晶温度及时间、纯度、沸点、熔点和比热等。热分析法成为刑事技术微量物证的检验方法，用于药物熔点的测定，用于航空涡轮发动机润滑油的比热测定等。

1. 测定药物的熔点

DSC 可用来测定物质的熔点。例如，《中华人民共和国药典(2015 年版)》第四部收载了 DSC、DTA 等方法，在实验前按相关测定熔点的要求对试样进行干燥处理。布洛芬原料药的熔点采用 DSC 法测定。用 DSC 法实验时，氮气流速为 $40\ \text{mL} \cdot \text{min}^{-1}$，约 0.5 mg 样品经研细后，置于加盖的铝坩埚内，以 $4.5\text{℃} \cdot \text{min}^{-1}$ 速率进行加热。从布洛芬的 DSC 曲线(图 22.4)中取峰的外延始点所对应的温度即为该试样的熔点或相变温度。由于人为视觉误差很大，因而采用 b 型管测试或者熔点仪测试，均需人为判断初熔和全熔，有一定的人为误差。而 DSC 法测定熔点能够准确看出熔融的全过程，包括初熔和熔距，因而可以更准确地估计被测物质的纯度。

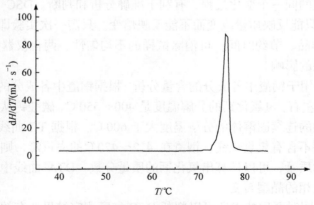

图 22.4　布洛芬原料药的 DSC 曲线

2. 热重分析法应用于橡胶灰分的测定

由中国石油及化学工业协会提出的橡胶灰分的测定的标准 GB/T 4498.2—2017 采用了热

重分析法。将已知质量的橡胶试样在氮气气氛(>99.99%)下加热分解，待样品分解完全后，切换为氧气或空气，继续加热至含碳物质被完全烧尽，达到恒量，残余物的质量即为灰分的质量，灰分一般以质量分数表示。

具体测试方法如下：取制备的生橡胶(混炼胶)样品 1~2 g，剪成粒径不大于 2 mm 的碎粒。打开热重分析仪，设定加热炉初始温度为 30℃。将空样品盘放在样品台上归零。称取 10~20 mg 制备的试样放入样品盘中，将样品盘放入样品台上，加载样品于热天平中。按照仪器使用说明书要求设定气体流速，在氮气气氛下，以 20℃·min^{-1} 或 30℃·min^{-1} 的速率将炉温升至 500℃ 并保持 1 min。将氮气切换到氧气或空气气氛，继续升温至 550℃，在 550℃ 下恒定 5 min 或直至质量恒定为止。用仪器自带分析软件计算灰分含量。

22.1.5　热分析技术的新发展

单一的热分析技术有时难以解释样品的受热行为。近年来随着科学技术的进步，热分析方法出现了新的进展和新的热分析方法：调制差示扫描量热法(MDSC)(或称为动态差示扫描量热法、dynamic DSC 或 DDSC)及热分析联用技术如 TG-DSC、TG-MS、DTA-GC 等，极大地丰富了热分析结果的信息量、扩大了应用范围。综合运用多种热分析技术，能获得有关物质的性质及其变化的更多方面，可以互相补充和印证。现在广泛采用的联用技术就是以多种热分析技术联合使用为主的一种新技术，其中最常见的联用技术是 TG-DTA(或 DSC)联用。

1. TG-DTA 和 TG-DSC 联用技术

1979 年，著名的英国聚合物实验室率先推出了 TG-DSC 联用仪，近 20 年来一直保持世界领先地位。TG-DSC 联用时，使用兼有两种功能的热分析仪，在同一时间对同一试样完成 TG 和 DSC 的测试。这种仪器与热天平相比，主要区别在于将原有的 TG 试样支持器换成了能同时适用于 TG 和 DSC 测试的试样支持器，并在电子仪器与记录仪上做了相应的改进。TG-DSC 联用与 TG-DTA 联用类似，但仅适用于与外热式 DSC 联用。

TG-DSC 同时联用热分析仪，不仅可以代替两台单 TG 和 DSC 仪器使用，联用还可以多侧面多角度反映物质的同一个变化过程，有利于准确分析和判断。DSC 只能反映熔变而不能反映质量改变，TG 只能反映质量改变而不能反映熔变。只需一次实验即可得到 TG、DSC 两种信息，大量节省样品、节约时间；可消除试样的不均匀性、两台仪器间加热条件和气氛条件的差异对实验结果的影响。

TG-DTA 的联用用于钢渣中各成分的含量分析。根据钢渣中各成分的热性质，氢氧化镁成分分解温度是 350℃ 左右，氢氧化钙的分解温度是 400~550℃，碳酸钙从 600℃ 开始分解，铁、镁、锰等金属氧化物的连续固溶体的分解温度大于 600℃。根据 TG 曲线，如果钢渣在 400℃ 以前没有失重，表明不含有氢氧化镁。钢渣在 412~470℃ 的失重峰，则对应为氢氧化钙脱水所致，根据减失水的质量，可以计算出氧化钙的质量分数。DTA 曲线中 400℃ 以前的宽放热峰提示钢渣中硅酸盐相的晶型转变。

另外，TG-DSC 同时联用技术还可以判断 DSC 纯度测定结果的有效性、测定吸潮聚合物的物理参数等。

此外，热分析技术与其他技术如红外、质谱的耦合使用，可以对复杂的样品及热分解过程进行准确解析。例如，热分析-红外-质谱联用系统，在不同的仪器之间设置合适的接口，样品不需要进行前处理，在热分析过程中样品受热分解，同时释放出的气体输送到红外和质谱检测仪中进行数据采集和分析。该系统实现了实时分析样品中受热后的热重变化、不同温度下样品分解的种类与含量。

2. 热载台显微镜分析

热载台显微镜可观察并记录程序温度控制下待测样品的相变化过程，为 TG、DTA、DSC 等分析提供更直观的结果。热载台显微镜的温度控制部分需要校准。《中华人民共和国药典(2015 年版)》第四部收载了该法作为热分析的一部分用于药物质量控制。

22.2　元素分析方法及应用

有机元素分析方法通过测定有机化合物中各有机元素的含量，从而可确定化合物中各元素的组成比例，进而得到该化合物的实验式。测试是基于有机化合物在氧气中发生燃烧，碳(C)、氢(H)、氮(N)、硫(S)分别转化为 CO_2、H_2O、N_2、SO_2，通过测定各种气体产物的质量换算为元素的含量。目前，元素的一般分析法有化学法、光谱法、能谱法等，其中化学法是最经典的分析方法，适合于多种有机化合物，准确度高。

22.2.1　基本原理

早在 1912 年奥地利科学家普雷格尔(Pregl)应用德国库尔曼(Kuhl-mann)制出的微量天平建立了碳、氢元素的微量分析法。随后在 19 世纪 30 年代，李比希建立燃烧法测定样品中碳和氢两种元素的含量。先将样品在燃烧管中充分燃烧，使碳和氢分别转化为二氧化碳和水蒸气，然后分别以氢氧化钾溶液和氧化钙吸收，根据各吸收管的质量变化分别计算出碳和氢的含量。

化学法对有机元素进行分析准确度高，应用广泛，但是传统的化学燃烧法分析时间长、样品用量大，工作量大。早在 20 世纪 60 年代出现了有机元素分析的自动化仪器，后经不断改进，配备了计算机和微处理器进行条件控制和数据处理，逐渐成为元素分析的主要方法手段。目前，有机元素分析仪上常用的检测方法主要有差示热导法、反应气相色谱法、电量法和电导法等。

有机元素中碳、氢元素的测试方法采用普雷格尔法，测氮的方法采用杜马法。仪器的测试原理是在燃烧法的基础上，对燃烧产物进行分析检测。有机元素分析的主要原理是利用高温燃烧法测定样品中常规有机元素碳(C)、氢(H)、氧(O)、氮(N)、硫(S)等的含量。在高温有氧条件下，有机物均可发生燃烧，燃烧方程为

$$C_xH_yN_zS_t + uO_2 \longrightarrow xCO_2 + y/2H_2O + z/2N_2 + tSO_2$$

燃烧后其中的有机元素分别转化为相应稳定形态，如碳(C)、氢(H)、氮(N)、硫(S)分别转化为 CO_2、H_2O、N_2、SO_2。通过测定样品完全燃烧后生成气态产物的质量，并根据样品的总质量，可推算出试样中各常见元素的含量。

22.2.2　元素分析仪的构成

以德国 Elementar 公司生产的 Vario EL Ⅲ型元素分析仪为例。仪器有 CHN 模式、CHNS

模式和 O 模式 3 种工作模式，主要测定固体样品。仪器状态稳定后，每 9 min 即可完成一次样品测定，同时给出所测定元素在样品中的质量分数，且仪器可自动连续进样，实现多个样品的自动分析。仪器具有所需样品量少（几毫克）、分析速度快、适合进行大批量分析的特点。

元素分析仪的核心部件有以下几部分：助燃烧气体 O_2、载气 He、燃烧管、还原管、SO_2 吸收管、H_2O 吸收管、CO_2 吸收管、检测器。基本构成如图 22.5 所示。其中，助燃烧气体 O_2，样品在燃烧管中燃烧，以 He 为载气，将燃烧气体带出燃烧管和还原管，O_2 和 He 纯度均应大于 99.995%。样品中通过一定量的 O_2 助燃，样品燃烧后生成的各气态产物经 CHN 模式还原炉管。燃烧管的结构如图 22.6 所示，管内依次是保护管、灰分管、装填刚玉（Al_2O_3）、氧化剂、石英棉、支撑管、石英棉。从刚玉到石英棉的装填高度约为 3 mm、55 mm、10 mm、65 mm、15 mm。还原管的结构如图 22.7 所示，管内依次有柱头、O 形圈、银丝填充棉、刚玉、铜颗粒、石英棉、支撑管、石英棉，从银丝填充棉到石英棉的高度依次约为 26 mm、45 mm、170 mm、10 mm、65 mm、5 mm。其中装填的还原铜可除去多余的 O_2，银丝除去干扰物质（卤素等）。从还原管流出的气体有 He（冲洗和载气）、H_2O、CO_2 和 N_2，这些气体顺序进入特殊吸附柱，以热导检测器（TCD）连续测定 CO_2、H_2O 和 N_2 含量。除 He 以外从还原管流出气体在一定体积的容器中混匀后，由载气带此气体通过装有高氯酸镁的吸收管以吸收水分。在吸收管前后各安装一个热导检测器，由水分被吸收前后响应信号之差给出水的含量。通过高氯酸镁吸收管的气体通入装有烧碱石棉的吸收管，在这里 CO_2 可以被吸收，由吸收管前后热导池信号之差计算 CO_2 含量。从烧碱石棉的吸收管出来的气体由一组热导池测量纯 He 与含氮的载气的信号差，测量氮的含量。由测出的 H_2O、CO_2 和 N_2 含量分别计算出样品中 H、C、N 的含量。单次同时测定 C、H、N 需耗时 6～9 min；C、H、N、S 同时测定耗时 10～12 min。CHN 模式下 C、H、N 同时测定消耗 2～3 L He、30～50 mL O_2。

氧/硫分析仪与现代的测 C、H、N 的元素分析仪的结构类似，换用燃烧热解管可测定氧或硫。测定氧时，其前处理方法与测定 C、H、N 元素的方法相似，但不用氧气助燃。将样品在高温管内热解，由 He 将热解产物携带通过涂有镍或铂的活性炭填充床，使氧全部转化为 CO，混合气体通过分子筛柱，分离各组分，经热导检测器检测 CO 而进行 O 元素含量的分析。也可以使热解气体通过氧化铜柱，将 CO 转化成 CO_2，由热导池检测烧碱石棉吸收前后的信号差异，或者利用库仑分析法测定。将测得的 CO_2 量换算为样品中 O 元素含量。测定 S 元素时，在热解管内填充氧化剂（WO_3），并通过 O_2 助氧化，S 被氧化为 SO_2，生成的 SO_2 可用多种方法测定含量。例如，可通过分子筛柱用气相色谱法测量；也可通过氧化银吸收管，由吸收前后热导差示响应求出 S 含量；也可将 SO_2 吸收氧化成硫酸，通过库仑滴定法电解产生 OH^- 中和质子，滴定至终点，由消耗的电量求出 S 元素含量。

在 CHN 工作模式下，经精确称量后（用百万分之一电子分析天平称取）的样品由自动进样器自动加入 CHN 模式热解-还原管，如图 22.5 所示，在 950℃高温下氧化剂、催化剂共同作用，样品充分燃烧，其中的有机元素 C、H、N 分别转化为相应最终测量形态 CO_2、H_2O、N_2 等。

元素分析仪使用前需要校准，复校时间间隔一般不超过 1 年，如果仪器经维修、更换重要部件或对仪器性能有怀疑时，应随时校准。由于复校时间间隔的长短是由仪器的使用情况、使用者、仪器本身质量等诸多因素所决定的，因此送校单位也可根据实际使用情况自主决定复校时间间隔。校准规范见《元素分析仪校准规范》（JJF 1321—2011）。

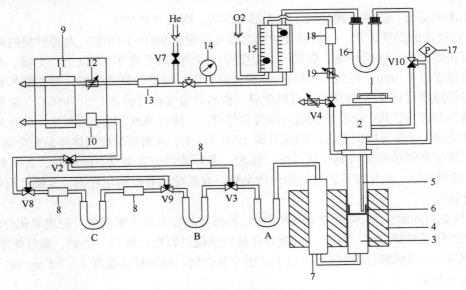

图 22.5　元素分析仪基本构造示意图

1. 进样盘；2. 球阀；3. 燃烧管；4. 加热炉；5. O_2 通入口；6. 灰坩埚；7. 还原管；8. 干燥管；9. 气体控制插入；10. 流量控制器；11. (TCD)热导仪；12. 节流阀；13. 干燥管(He)；14. 量表，测气体入口压力；15. 用于 O_2 和 He 的流量表；16. 气体清洁管；17. 压力传感器；18. 干燥管(O_2)；19. 用于 O_2 加入的针形阀；A. SO_2 吸收管；B. H_2O 吸收管；C. CO_2 吸收管；V2、V3. 用于解吸附 SO_2 的通道阀；V4. O_2 输入阀；V7. He 输入阀；V8、V9. 用于解吸附 H_2O 的通道阀；V10. 连接压力传感器的通道阀

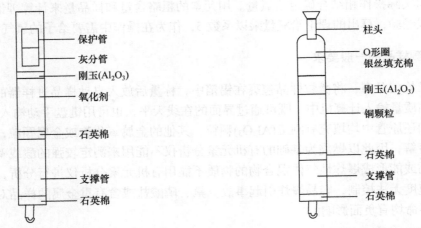

左侧：
保护管
灰分管
刚玉(Al_2O_3)
氧化剂
石英棉
支撑管
石英棉

图 22.6　燃烧管结构示意图

右侧：
柱头
O 形圈
银丝填充棉
刚玉(Al_2O_3)
铜颗粒
石英棉
支撑管
石英棉

图 22.7　还原管结构示意图

影响燃烧过程的因素主要有以下几种：

(1) 氧化剂的状况。PE2400 元素分析仪燃烧管中填装的氧化剂试剂依次为 EA1000、钨酸银-氧化镁、钒酸银。在国家标准《岩石有机质中碳、氢、氧、氮元素分析方法》(GB/T 19143—2017)中，催化剂为三氧化二铬、二氧化锶、镀银四氧化三钴、三氧化二铝、三氧化钨。它们的工作温度为 900～1050℃。氧化剂依靠吸附作用为氧化反应提供足够的表面积，高温下放出额外的活性氧，提高氧化反应效能，其中的银盐氧化剂高效地吸收卤素和硫等干扰元素。为保证气路通畅，在装填燃烧管时应注意不能压得太实，以免造成气流阻滞，影响仪器正常工作。一般氧化剂设计颗粒度为 590～840 μm(20～30 目)。燃烧管可以工作 900 次左右，但在实际工作中为保证样品处于最佳氧化气氛中，工作 500 次左右时，可部分更换氧化剂，即更换各种

氧化剂上面的部分，这样对提高氧化效能很有作用，而且节省试剂。

（2）燃烧炉的温度设置。一般燃烧炉的温度可设定在 900～1000℃。对难燃烧的样品，温度可以设得高一些，如碳纤维、煤炭等，温度可以设到 975℃或 975℃以上；土壤、石油等样品，可将温度设在 950～975℃。对易燃烧的样品，则可设置较低的炉温，如乙酰苯胺之类的样品，可将温度设在 925～950℃；有机肥料、食品等温度也可设在 925～950℃。常见盛样品的舟有锡舟和银舟，其中锡舟特别适合耐烧固体样品。锡在 900℃以上遇氧发生氧化反应，并放出大量的热，可使反应区的温度瞬间升到 1800℃以上，从而使耐烧固体样品充分氧化分解。一般地，属于难燃烧的化合物有碳纤维、煤炭、多环芳烃等含碳量高的样品，含氮量高且有 N≡N 双键和三键、氮化物及含氮的杂环衍生物，有机硅和有机磷化合物，金属有机化合物，硝基化合物等。

（3）燃烧时间的设置。样品在氧气中燃烧，易燃样品在高温下瞬间就可完成氧化分解过程，而难燃烧的样品如碳纤维、煤炭、土壤等样品的燃烧过程则比较长。例如，碳纤维的样品量在 2 mg 左右时，燃烧时间增至 25 s 以上才能充分燃烧；煤炭样品量在 2～3.5 mg 时，燃烧时间不得低于 20 s。

（4）给氧量和耗氧量。样品在燃烧炉中燃烧时，为保证其完全燃烧供给的氧气量对整个分析过程的影响也较大。氧气供给量少，样品燃烧不完全；氧气供给量过多，使铜试剂消耗太快，需频繁更换试剂，影响仪器工作的连续性和稳定性，并对于一些含氮的化合物如硝基化合物，过量的氧气使氮氧化，变成氮氧化物，使分析结果氮含量偏低 0.5%～1%，准确度降低。将理论计算与实际操作相结合确定给氧量。用元素的粗略含量和样品量来计算理论上的给氧量。根据实践经验，算出的理论给氧量乘以系数 5，作为在操作中需要给予的氧气量。

22.2.3　对被测样品的一般要求

样品要求均匀分布，将微粒样品包裹在锡箔中，称量后放入自动样品进样器的旋转式进样盘中。样品质量输入计算机中，既可通过界面的在线天平，也可用键盘手动输入。

燃烧管和还原管中均填充有刚玉(Al_2O_3)颗粒、其他的金属氧化物或金属颗粒，容易被酸或碱腐蚀或溶解，因此以燃烧为基础的有机元素分析仪不能用来测定较强的酸或碱。易燃易爆炸的化合物或能形成爆炸性气体混合物的物质不能用有机元素分析仪进行分析，因为在燃烧管中燃烧速度无法控制，容易爆炸引起事故。氟、磷酸盐或含有重金属的样品对分析结果或仪器部件寿命均有负面影响。

22.2.4　实验条件的选择及选择依据

元素分析仪是一个快速的、用于 C、H、N、O、S 元素定量测定的全自动仪器。根据购买的设备不同，仪器有多种不同的操作模式。对元素分析来说，Vario EL 分析仪根据样品可控制的燃烧性和样品的量，选用不同的操作模式。现有的 Vario EL 型元素分析仪有 CHN 模式、CHNS 模式和 O 模式 3 种工作模式。根据对样品测试的要求不同，选择不同的操作模式。元素分析仪可以同时测定 C、H、N、O、S 中的一些元素，不同的操作模式包括 C、H、N、S 同时测定，C、N、S 同时测定，C、H、N 同时测定，C、N 同时测定，N、S 同时测定。不同操作模式下燃烧炉和还原炉内的氧化剂或催化剂不同，并且燃烧炉温度和还原炉温度不同，错用模式会影响或缩短还原炉内装填的氧化剂寿命。

在 CHNS/CNS/S 操作模式下,可测定 S 元素,燃烧炉温度为 1150℃,还原炉温度为 850℃。在该模式下, 燃烧管同时有硫测定的操作模式时, 用底部空的且中部(最热的区域)装有粒状 WO_3 的试管,石英棉用作中间隔层。在粒状氧化剂 WO_3 和灰分之间用 3 mm 厚刚玉球作隔层。再安装如图 22.6 所示的灰分和保护管。在 CHN/CN/N 操作模式下, 可测定 C、H、N 元素,燃烧炉温度为 950℃, 还原炉温度为 500℃。在 O 操作模式下, 燃烧炉温度为 1150℃。

不同的操作模式选用的氧化剂和还原剂不同,因此在装填燃烧管和还原管时务必选用合适的氧化剂和还原剂。否则会导致结果出错, 甚至损坏仪器。若更换燃烧管、还原管或清除灰分管,必须进行检漏测试。若检漏没通过, 须退出操作软件并激活维护, 查找渗漏的位置。在 CHNS、CHN、CN 和 N 模式中,新换的反应管如氧化管或还原管等部件后, 必须在炉温升至设定温度后, 等待 1 h 后方能进行样品测定。

若关机时,炉温在 300℃左右, 则需开启主机的燃烧单元的门, 散去余热, 否则引起过温保护, 温控元件的开关自动关闭, 下次开机则无法升温。如果遇到测试无法升温, 检查温控元件开关, 将温控元件的开关复位(位于燃烧炉上端的横梁中间), 退出程序后重新进入该程序。

22.2.5　有机元素分析的应用

有机元素分析方法在石油、煤炭、药物研发等领域的应用十分广泛。

1. 岩石有机质中元素测定

岩石有机质中碳、氢、氧、氮元素分析中样品的测定步骤如下:

(1) 样品预处理:煤样的烧失量小于 75%, 应经过干酪根制备后再测。将煤用玛瑙研钵研细混匀, 在烘箱中于 60℃干燥 4 h, 储存于干燥器中备用。原油应预先脱除水和沙等杂质。

开机程序:开机前检查仪器设备电源是否接好及工作环境是否达到要求。开总电源,开稳压器电源, 电源电压稳定在(220±10) V。选择 CHN 模式或 O 模式。确认该分析模式下的燃烧管、分析柱、检测器、气路是否配置正确。

(2) 操作程序:选择与测定样品和测定元素相匹配的标样和校准曲线。标样和样品的取样量为 0.50~5.00 mg, 原油样品根据所测元素确定称样量。输入样品名称和质量。将称好的标样及待测样品装入进样盘中, 运行分析程序, 空白及标样测定值符合质量要求, 开始分析样品至分析完成, 计算机自动采集数据。

(3) 关机程序:主机进入睡眠状态自动降温, 退出操作软件, 关闭主机电源, 打开燃烧单元的门以散去余热。关闭气源, 将主机尾气的两个出口堵住。

(4) 仪器测试结束, 进行数据处理。由全国石油天然气标准化技术委员会提出的标准 GB/T 19143—2017, 规定了岩石有机质中碳、氢、氧、氮元素分析中样品的测定步骤、分析结果计算和精密度。该方法适用于干酪根、有机溶剂抽提物、煤及原油中碳、氢、氧、氮元素的分析。样品在通入氧气的高温燃烧管中燃烧, 碳、氢、氮被氧化成二氧化碳、水和氮的氧化物。再通过还原管, 氧化氮被还原成氮气。检测生成的二氧化碳、水和氮气, 经计算得出样品中碳、氢、氮元素含量。检测样品有机质中的氧在裂解管中高温裂解反应生成一氧化碳, 经计算得出样品中氧元素含量。

2. 化合物的结构鉴定

对于未知结构的化合物,包括新合成的化合物或不明来源的化合物,利用有机元素分析可以测定化合物中 C、H、O、S 等元素的占比,从而可以确定化合物的分子构成。对于未知有机化合物的结构确认,该分析方法是必不可少的有效工具和手段之一,一般不单独应用,通常配合核磁共振、红外、紫外等手段确定化合物的结构。

【例 22.1】　某实验室两种试剂的外标签脱落。比对该实验室的药品购买记录,这两个化合物可能是苯酚和 4-羟基吡啶。如何用元素分析法区分这两种化合物?

解　根据结构式,分别对这两种化合物的各元素含量进行计算。苯酚的结构式为 C_6H_6O,其 C、H、O 元素所占比例分别为

$$C\% = \frac{12 \times 6}{12 \times 6 + 1 \times 6 + 16} \times 100\% = 76.6\%$$

同理可得　　　　　　　　　　　　$H\% = 6.38\%$,　$O\% = 17.0\%$

4-羟基吡啶的结构式为 C_5H_5NO,其 C、H、O、N 元素所占比例分别为

$$C\% = \frac{12 \times 5}{12 \times 5 + 1 \times 5 + 16 + 14} = 63.2\%$$

同理可得　　　　$H\% = 5.26\%$,　$O\% = 16.8\%$,　$N\% = 14.7\%$

对以上两种化合物分别进行元素分析。实验结果与以上理论计算相比对,相符的即是该化合物。

有机元素分析除了应用于化合物或材料的结构解析外,还可以对食品中的蛋白质含量进行测定。依据的原理是对食品中的 N、C 元素进行测定,进而推出蛋白质的含量,替代凯氏定氮法快速准确测定蛋白质含量。土壤中的 N、C、S 的含量是土壤的肥沃程度及保水性质的重要指标,以元素分析的方法可以快速判断多个土壤样品中的 N、C、S 的含量,进而合理指导农业种植。

【拓展阅读】

有机元素分析的鼻祖——普雷格尔

普雷格尔是奥地利著名分析化学家,有机化合物微量分析法的创始人。1904 年,普雷格尔在研究从胆汁中获得的胆酸,由于胆酸量很少,并且当时受技术限制,无法分析定量,这促使他研究有机物的微量分析技术。在库尔曼微量天平的启发下,他自制了全套有机微量分析实验装置,只用 1~3 mg 试样就可以进行比较迅速和准确的定量分析,解决了化学中微量分析问题。1912 年,他又建立了一整套有机物中碳、氢、氮、卤素、硫、羧基等的微量分析方法,对于发展有机化学、鉴定和表征新化合物的结构式的重要性不言而喻。普雷格尔因此荣获 1923 年诺贝尔奖。普雷格尔博学多才,1893 年毕业于格拉茨大学医学院,1899 年任该校生理化学和医药化学助教,1910 年任因斯布鲁克大学化学系主任兼药物化学教授,1913 年任格拉茨大学药物化学系主任。他所领导的实验室成为世界闻名的有机微量分析中心。他创办了著名的刊物——*Microchimica Acta*。1930 年 12 月 13 日,普雷格尔因病去世,享年 61 岁。他把所有诺贝尔奖奖金和遗产捐献给维也纳科学院作基金,利息奖给有贡献的微量分析化学家。奥地利政府决定将格拉茨医学院化学系改名为普雷格尔医药化学

研究所，该名称一直沿用至今。

【参考文献】

国家药典委员会. 2017. 中国药典分析检测技术指南[M]. 北京: 中国医药科技出版社.

刘义, 董家新, 陈静, 等. 2008. 热分析法在药物研究中应用的新进展[J]. 长沙理工大学学报(自然科学版), 5(1): 1-6.

刘振海. 1991. 热分析导论[M]. 北京: 化学工业出版社.

王玉. 2015. 热分析法与药物分析[M]. 北京: 中国医药科技出版社.

吴立军, 尤瑜升. 1996. 有机元素分析中影响燃烧过程的因素[J]. 化学计量, 1: 21-23.

武汉大学. 2018. 分析化学(下册)[M]. 6 版. 北京: 高等教育出版社.

钟虹敏, 张华, 孙玉明. 2013. 基于有机元素分析的粉状食品中蛋白质含量的测定[J]. 食品安全质量检测学报, 1: 235-238.

周玉. 2017. 材料分析方法[M]. 3 版. 北京: 机械工业出版社.

【思考题和习题】

1. 简述热分析的定义和内涵。

2. 简述热重、差热分析和示差扫描量热的曲线及作用。

3. 简述热分析技术的主要应用。

4. 简述热分析的影响因素。

5. TG 曲线可以用来推测热解反应的机理。在 $CaC_2O_4 \cdot H_2O$ 的 TG 曲线上观察它的失重分三步, 在 236℃失去 12.32%, 在 478℃又失去 19.16%, 在 870℃又失去 30.11%。推测其每一步的热解产物。

6. 简述有机元素分析的原理。

7. 简述有机元素分析仪的基本构造。

8. 有机元素分析测定的加热炉有三种操作模式, 分别是什么? 不同模式分别适合测试什么样品?

9. 已知某一有机化合物仅含有 C、H、O 三种元素, 经元素分析测定, C、H、O 元素分别占 62.08%、10.34% 和 27.59%。该化合物可能的经验式是什么?

10. 一个化合物, 其 ^1H NMR 的数据如下: ^1H NMR(CDCl$_3$, δ, ppm), 2.3 (s, 3H), 2.6 (s, 3H), 6.8 (d, 2H), 7.3 (d, 2H)。其元素分析的结果显示 C、H、O 元素分别占 80.6%、7.46%和 11.9%。试推测该化合物的可能结构。